フラッシュ・メモリ・カードの徹底研究

カードとマイコンの接続技法からファイル・システムの移植まで

TECH I
Technology Interface

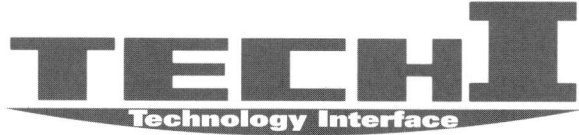

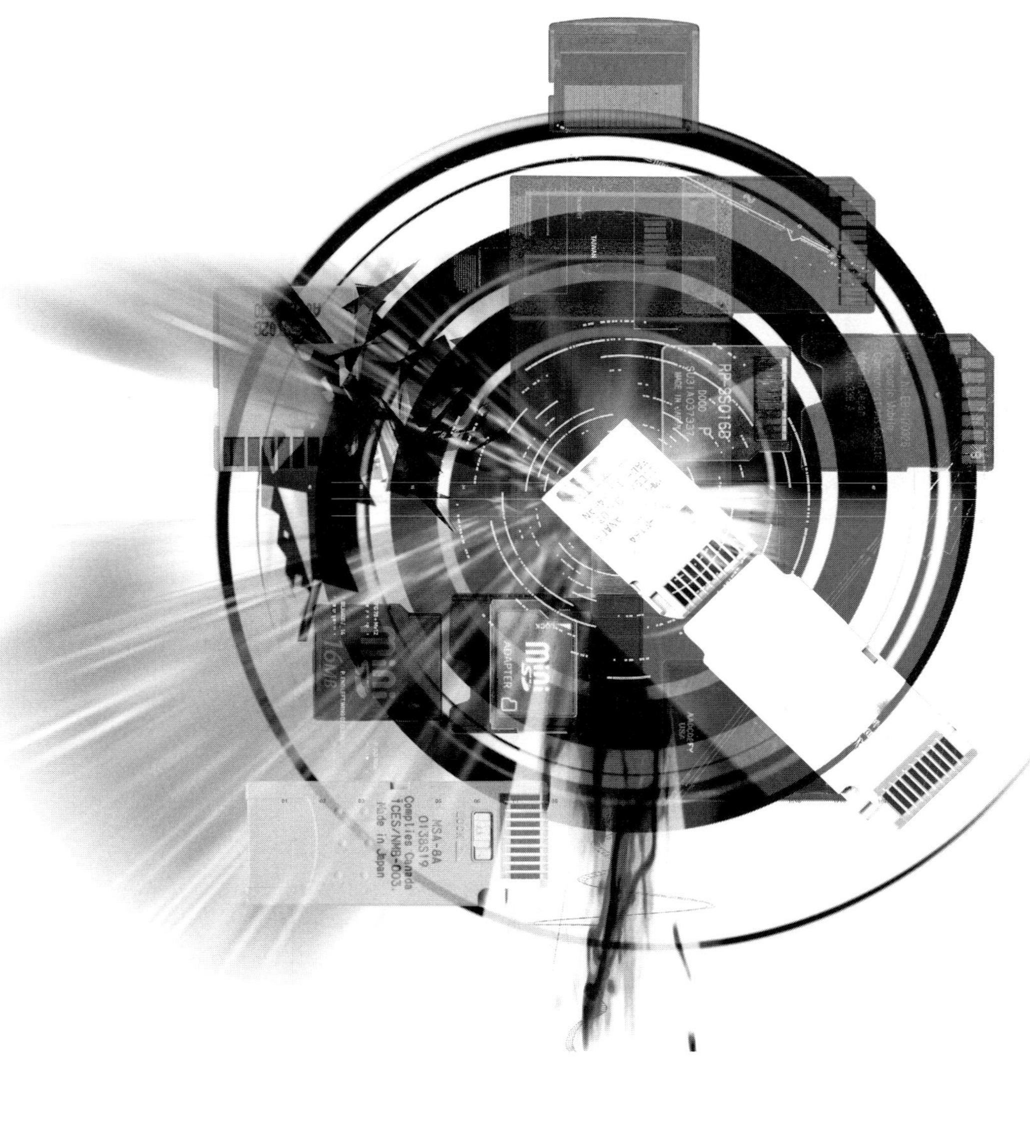

CQ出版社

目次

プロローグ
組み込み分野でもフラッシュ・メモリ・カードが使われる
最新フラッシュ・メモリ・カードのいろいろ ……………………………………… 6
横山 智弘／熊谷 あき

1　小型メモリ・カードが続々登場 ………………… 6
2　今後のフラッシュ・メモリ・カード ……………… 7
3　組み込み分野でのフラッシュ・メモリ・カード採用の必要性 ……………………………………… 8

第1部　スマートメディア編

第1章
NAND型フラッシュ・メモリをダイレクトに接続するメモリ・カード
スマートメディアの概要 ……………… 11
助川 博／前迫 勇人

1　SmartMediaについて ……………………… 11
2　SmartMediaの仕様 ………………………… 12
3　SmartMedia仕様を理解するための予備知識 …………………………………… 13
　　3.1　電気的仕様に関して ………………… 13
　　3.2　物理フォーマット仕様について ……… 15
4　SmartMedia対応機器の設計選択肢 ………… 17
5　電気的仕様 ………………………………… 19
6　物理フォーマット仕様 ……………………… 20
　　6.1　物理ブロックの分類について ………… 20
　　6.2　物理ブロック・アドレスと論理ブロック・アドレスの関係 ……………………… 21
　　6.3　ECCについて ………………………… 22
　　6.4　内部データ・フォーマット一覧 ……… 24
　　6.5　書き込みアルゴリズムについて ……… 25
7　64Mバイト以上での複数ページ同時書き込み仕様 ……………………… 27
8　そのほかの補足事項 ……………………… 29
Column　SmartMediaの規格について …………… 13

表紙デザイン　　　　　MINO MIED・K
本文デザイン/レイアウト　美和印刷(株)

CONTENTS

第2章
アクセス制御からECCの計算法，PLDを使ったコントローラの設計まで
H8マイコンによるスマートメディアへのアクセス事例 …………………30
漆谷 正義

NAND型フラッシュ・メモリの動作とスマートメディアの制御方法
1　スマートメディアの基礎知識 ………………30
2　スマートメディアからのページ読み出し動作 …………33
3　スマートメディアへのページ書き込み動作 …………35
4　スマートメディアのブロック消去動作 …………36
5　スマートメディアのIDやCISについて …………37

論理-物理アドレス変換とECCの計算方法
6　スマートメディアの論理-物理アドレス変換 …39
7　スマートメディアのECCの計算方法 …………40

H8マイコンにスマートメディアをつないで読み書きする
8　使用するマイコンと周辺回路の例 …………44
9　電源を入れて動作を確認，セットアップ …46
10　データを読み込んでみる …………48
11　物理アドレスを指定してブロック消去 …………49
12　冗長部データの読み出しと書き込み …………50
13　ECC計算の具体例 …………………52

PLDを使ったスマートメディア・コントローラの設計
14　スマートメディア・コントローラの設計 …56
15　ECCの計算回路とシミュレーション …………58
16　スマートメディア・コントローラを実際に動かしてみる …………60

Column 1　xDピクチャーカードとスマートメディア …………43
Column 2　スマートメディアの物理フォーマットの修復方法 …………54
Column 3　ECCエラーの訂正方法 …………64

Appendix 1
スマートメディアの後継メディア
ディジタル・カメラ用に開発されたxDピクチャーカード …………………68
助川 博

Column　xDピクチャーカード開発者向けツール ……69

第2部　SD/MMCカード編

第3章
シリアル通信でピン数を減らした小型軽量メモリ・カード
マルチメディアカード＆SDメモリーカードの概要 ……………………70
岡田 浩人／横山 智弘

1　MMC＆SDメモリーカードの特徴 …………70
2　SDメモリーカードの概要 …………72
3　新しいSDメモリーカード規格
　　——miniSDカード，microSDカード …………78
4　続々と登場するMMCカードの新規格 ………81
5　MMCの仕様概要 …………82
6　MMCカードのSPIコマンドの詳細 …………88

Column 1　MultiMediaCard Association …………73
Column 2　SD Card Association（SDA） …………75
Column 3　MMC microの登場 …………83
Column 4　カードの活線挿抜と電源に対する考察 …94

第4章
たった4本の信号線があればマイコンにストレージがつながる！
PC/ATのLPTポートやSH-4/SH-2，H8へのMMCカードの接続事例 ……96
熊谷 あき／横田 敬久／漆谷 正義

1　もっとも基本的なMMCカードのアクセス方法 …………96
2　PC/AT互換機のLPTポートを使ったMMCカードの制御事例 …………98
3　SH-4を使ったMMCカードの制御事例 …107
4　SH-2を使ったMMCカードの制御事例 …112
5　H8マイコンを使ったMMCカードの制御事例 …………116

Column 安定しない場合はバッファを挿入 ………109

第5章
R8Cマイコンだってフラッシュ・メモリ・カードがつながる
R8C/15を使ったMMCカード・インターフェースの製作 ……………122
田口 彰

1 SPIで使えるMMCカード ……………122
2 付録マイコン基板とMMCカードのインターフェース ……………123
3 MMC/SDメモリーカード・スロット・コネクタの接続 ……………124
4 MMCカードの制御方法 ……………125
5 コマンドの発行とデータの送受信 ……126
6 FATファイル・システムを使ったデータ交換 ……………128
Column SSU使用時のデバッグ方法 ………130

第6章
FPGAのブロックRAMを使ったバッファリング機構を搭載
FPGAによるMMCカード・コントローラの設計事例 ……………131
山武 一朗

1 SPIモードのMMCカード・アクセスの実際 ……………131
2 MMCカード・コントローラの仕様の検討 …133
3 FPGAによるMMCカード・コントローラの設計 ……………136
Column 1 さらなるCPU負荷の低減 ……………132
Column 2 MMCカード/SDカード対応ソケット・コネクタのいろいろ ……………135

第7章
イニシャライズ，セクタの読み書き，消去の動作
SDメモリーカードの実装の心得 …148
岡田 浩人

1 イニシャライズ──SDメモリーカードとMMCカードには違いが ……………148
2 データの読み出し，書き込み，消去 ……151

第3部 メモリースティック編

第8章
メモリースティックとPROの違いから超小型カードまで
メモリースティックPRO＆メモリースティックマイクロの基礎知識 ……155
本多 克行／岡田 浩人

1 メモリースティックPROとメモリースティックマイクロ ……………155
2 メモリースティックPROとM2の特徴 ……156
3 システム・レイアとアプリケーション・フォーマット ……………157
4 メモリースティックPROとM2のインターフェース ……………157
5 メモリースティックPROとM2のプロトコル ……………159
Column "Memory Stick" Developers' Siteの中身 ……………161

Appendix 2
PROシリーズ以前のメモリースティック・ファミリ
メモリースティック＆メモリースティックDuoの概要 ……………163
中西 健一

1 内部構成とホスト・インターフェース回路…163
2 プロトコル ……………164
3 コマンド・フロー ……………167
4 論理-物理フォーマット ……………171

第9章
マイコンのGPIOからメモリースティックを制御する
メモリースティックPROインターフェースの実装 ……………174
吉田 和司

1 メモリースティックPROのプロトコルとコマンド ……………174
2 メモリースティックPROとCQ RISC評価キット/ARM7の接続 ……………175

CONTENTS

　3　サンプル・アプリケーション …………178

第4部　ファイル・システム編

第10章
Windows環境とファイルをやりとりするための
**組み込み向けFATファイル・システムの
FFSの概要** …………………**180**

大貫 広幸

1　FFSとは？ …………………………180
2　FFSの概略 …………………………183
3　FFSの移植方法 ……………………188
4　ユーザ・プログラムからのFFSの
　　使用方法 …………………………195
5　ディスク入出力ルーチンの作成 ……201
6　FFSのデータ構造の概略 …………204

Appendix 3
SH-4＋MMCカードでファイルを読み書きする
**FATファイル・システムFFSの
移植事例** …………………**210**

横田 敬久

Column　MMCカードのパーティション・
　　　　テーブル ……………………………211

Appendix 4
フリーのFATファイル・システムのいろいろ
FatFsの概要と移植事例の実際 ……**214**

赤松 武史／横田 敬久

1　FatFsの概要 ………………………214
2　FatFsの移植の実際 ………………219
3　FatFsの改造
　　〜高速化とVFAT簡易対応〜 ………220
Column　NT小文字フラグについて ………215

本書に付属するCD-ROMについて ……………223

　本書では，TECH I Vol.14『PCカード/メモリカードの徹底研究』に掲載した記事を再掲載している章があります．

・第1章　スマートメディアの概要
　Vol.14「第7章　スマートメディアの概要」をベースに，大容量カードの仕様の解説を追加したものです．

・第3章　マルチメディアカード＆SDメモリーカードの概要
　Vol.14「第8章　マルチメディアカード＆SDカードの概要」をベースに，miniSDやmicroSD，SDHCなどの最新情報を追加し，再構成したものです．

・Appendix2　メモリースティック＆メモリースティックDuoの概要
　Vol.14「第10章　メモリースティックの概要」をそのまま再掲しています．

プロローグ

組み込み分野でもフラッシュ・メモリ・カードが使われる

最新フラッシュ・メモリ・カードのいろいろ

横山 智弘／熊谷 あき

1 小型メモリ・カードが続々登場

● 標準からミニへ，さらにマイクロへ

　2003年3月，SDカード（SDメモリーカード）をさらに小さくしたminiSDカードが発表されました．それをきっかけに，フラッシュ・メモリ・カードを取り巻く状況は，さらに目まぐるしいものとなりました（図1）．

　SDメモリーカードはもちろんのこと，フラッシュ・メモリ・カードの代表格ともいえるメモリースティックやMMC（マルチメディア・カード）が，それぞれ新しい仕様規格を発表し続けています．また，これらのフラッシュ・メモリ・カードを使用するアプリケーションの種類も飛躍的に増えています．

　この背景には，三つの技術の進歩が深くかかわっています．一つ目は，メモリ・カードを構成する基幹部品である，コントローラとフラッシュ・メモリの進歩です．二つ目は，その基幹部品を実装するパッケージ技術で，最後は，アプリケーションが必要とする不揮

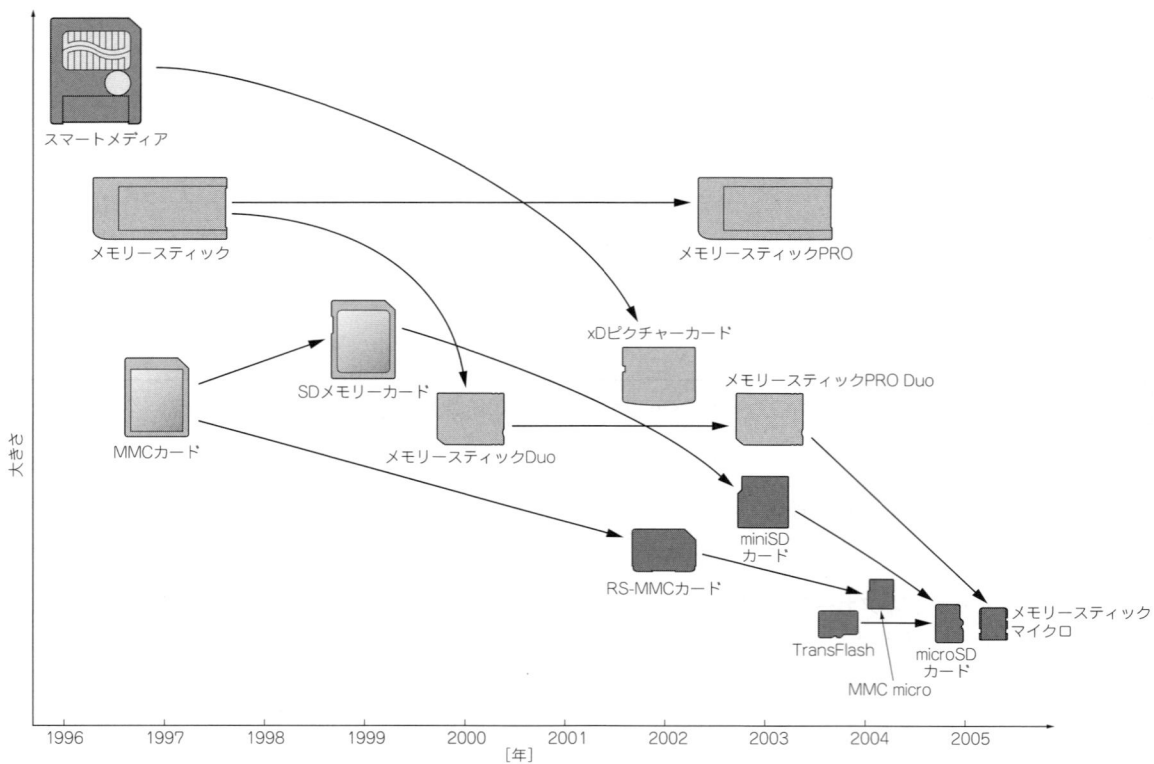

図1　続々と登場するスマートメディア，SDメモリーカード，メモリースティック，MMCカードの大きさの変遷

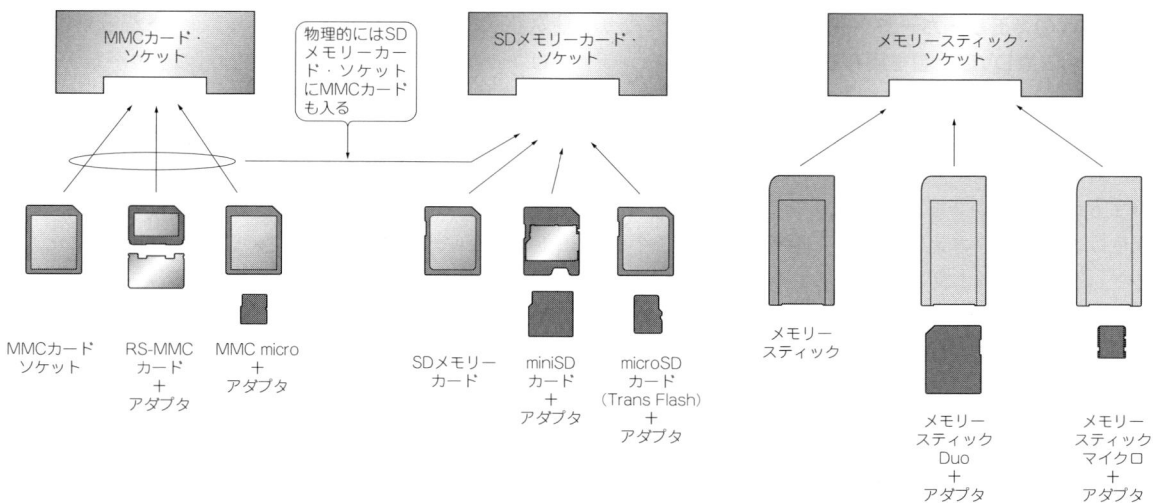

図2 SDメモリーカード，メモリースティック，MMCのカードとアダプタの関係

発性メモリの用途が拡大したことが挙げられます．とくに，データ・ストレージ用途の不揮発性メモリの代表格である，NAND型フラッシュ・メモリは大容量化し続けています．2006年1月現在，NAND型フラッシュ・メモリのシングル・ダイの最大容量は，8Gビット（1Gバイト）にまで達しています．

これからもフラッシュ・メモリ・カードは，新しいアプリケーションの創出に寄与し続けていくと思います．本書では，スマートメディア，SDメモリーカード，MMCカード，メモリースティックに焦点を当て，これらの規格仕様や最新動向について述べます．

● 小型カードとアダプタの組み合わせ

小型のカードは，アダプタと組み合わせることで，標準タイプのソケットに差し込むことができるようになります．たとえばminiSDカードは，miniSDカード用アダプタに差し込むことで，SDメモリーカードの形状に変換することができます．変換後はSDメモリーカード用スロットに差し込んで使うことができるわけです．以上の関係を図2にまとめます．

MMCカードはSDメモリーカードと外形や端子の位置などはまったく同じですが，カードの厚さが薄くなっています．このことから，SDカード用のソケットにMMCカードを差し込むことも可能です．ただしカードの初期化時点で，SDカード以外の場合は動作しないようにプログラムされた機器では，物理的にカードを差し込めても，実際にはアクセスできません．

2 今後のフラッシュ・メモリ・カード

ここからは，フラッシュ・メモリ・カードの今後の動向について述べます．

● 差別化——進むブランド分け

フラッシュ・メモリ・カードのアプリケーション数の増加に伴い，使用用途や性能によって，同じフォーム・ファクタ内でのブランド分けが行われるようになってきています．これにより，従来のストレージ・メディアという位置付けが徐々に変化してきています．エンド・ユーザやアプリケーションを設計するエンジニアが，使用用途や性能によって，同じフォーム・ファクタの中から最適なフラッシュ・メモリ・カードの選択ができるようになってきているのです．

● システム・メモリへの変貌

アプリケーションの高機能化から，アプリケーションに必要な不揮発性メモリの必要容量はどんどん増加してきています．フラッシュ・メモリ・カードの小型化と大容量化に伴って，システム中の不揮発性メモリを，フラッシュ・メモリ・カードへ置き換えるという傾向があるようです．

この傾向から，フラッシュ・メモリ・カードが簡単に使用できるような環境が整ったと言えるでしょう．すでに，CompactFlashに関しては，さまざまな組み込み機器で，OSを格納するストレージ・メディアとして使用されています．

● 次世代のメモリ・カード
　——CDやDVDと置き換わる？

　SanDisk社では，フラッシュ・メモリ・カードを単なるストレージ・メディアとしての用途だけではなく，ストアされるコンテンツに着眼したコンセプトの製品も出荷しています．各種インフラの整備が進み，今後はさまざまなコンテンツの流通が始まっていくことでしょう．もっと簡単に，そして手軽に，かつ高度なセキュリティ技術によって各種コンテンツの著作権を保護し，コンテンツの流通を担うメディアとしての今後が期待されます．

　1995年にCompactFlashがリリースされてから10年，あまたのフォーム・ファクタのフラッシュ・メモリ・カードが，さまざまなところで使用されています．今後も，フラッシュ・メモリ・カードは日々革新を続け，新たなアプリケーションに使用され続けていくでしょう．
　　　　　　　　　　　　　　　　　＜横山 智弘＞

3 組み込み分野でのフラッシュ・メモリ・カード採用の必要性

● 組み込み機器にストレージが欲しいとき

　ちょっとしたログを記録してパソコンで読み出したり，パソコンで作成したデータを組み込み機器に読み込ませたいという要求があった場合，皆さんはどのようなインターフェースを採用するでしょうか．

　最近では小さな組み込み機器でもネットワークにつながるようになってきていますが，ネットワークに接続せず，スタンドアロンで使用する機器もまだまだ存在します．

　また，ネットワークにつながるからといって，ストレージが不要というわけでもありません．ネットワークは接続が切れてしまう場合も考えられるので，ローカルに最低限のストレージを確保しておくほうが安全でしょう．

● 組み込み機器に最適なストレージ

　数十Gバイト・オーダの容量が必要な用途では，実質的にHDD（ハードディスク・ドライブ）が必要です．しかしHDDはモータを駆動するために消費電力や発熱が大きく，ヘッドが動かなくなるなどの機械的なトラブルも発生します．

　低消費電力で機構部分のないストレージが必要であれば，容量の小さいこと多少がまんしても，半導体メモリを使ったものが最適でしょう．容量が少ないといっても，最近のNAND型フラッシュ・メモリは大容量化してきているので，1G～4Gバイト程度の容量ではフラッシュ・メモリの採用も検討の余地があります．

● 内蔵かリムーバブル形式か

　ほかの機器とデータのやり取りを行わないのであれば，システム基板上にNAND型フラッシュ・メモリを直接実装してしまう方法もあります．その場合でも，EthernetやUSBインターフェースを併用することで，ほかの機器からオンボードのフラッシュ・メモリの領域を読み書きすることが可能です．

　また，コストや用途に合わせてメモリの容量を変えたいといった場合は，取り外し可能なリムーバブル形態を採用するのがよいでしょう．

● ストレージ接続インターフェースのいろいろ

　組み込み機器で採用可能なストレージ・インターフェース/メディア（**写真1**）には，どのようなものがあるでしょうか．

▶ IDE（ATA/ATAPI）インターフェースで接続

　ストレージ・インターフェースの代表格といえばIDEでしょう．標準のものは2.54mmピッチ40ピンのコネクタ，より小型の2.5インチHDDなどでは2mmピッチ44ピンのコネクタで接続します．

　接続に必要なリソースとしては，データ・バスは16ビット，アドレス空間なら16バイトもあれば接続できます．それに割り込みも1本あったほうがよいでしょう．電気的特性もTTL互換なので，組み込みマイコンにIDEインターフェースを搭載するのも容易です．

▶ PCカード/CompactFlashカードを接続

　PCカードやCompactFlashカード（以下CFカード）にも，ATAカードと呼ばれるストレージ・カードが数多く市販されています．PCカードには大きく分けて，16ビットPCカードと32ビットCardBusカードの2種類の仕様があります．CardBusカードの中身はPCIバスと同等なので，組み込みシステムの内部バスにPCIバスが採用されている場合は，CardBusも検討の余地があります．

　一般的なローカル・バスしかもっていない組み込みマイコンの場合は，16ビットPCカードが最適でしょう．なお16ビットPCカードから，アドレス・バスの本数を少なくしたものがCFカードであると考えることもできます．また，16ビットPCカードのアドレス空間は最大64Mバイトありますが，実質的にはアドレスの下位ビットしか使っていないカードがほとんどなので，アドレス空間の狭いマイコンでも問題なく接

プロローグ　最新フラッシュ・メモリ・カードのいろいろ

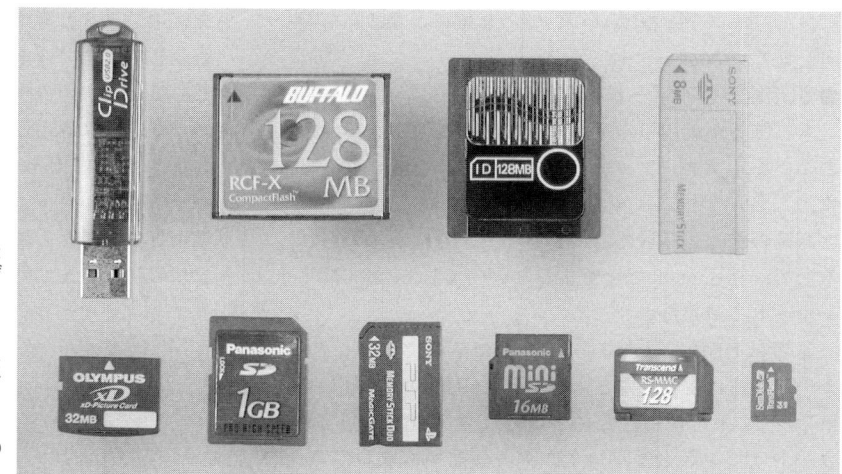

写真1
フラッシュ・メモリを内蔵した
各種ストレージ・メディア
上段左から：USBメモリ, Compact Flash, スマートメディア, メモリースティック
下段左から：xDピクチャーカード, SDカード（上から見た大きさはMMCカードも同じ）, メモリースティックDuo, miniSD, RS-MMC, microSD (TransFlash)

続できます.

さらにPCカードやCFカードはストレージだけでなく，汎用拡張バスという側面ももっています．そのためネットワーク・カードや各種拡張カードも存在します．したがって，ストレージ以外の拡張性も期待する場合には，これらのインターフェースがよいでしょう．

ただし拡張バスであるため，16ビットPCカードは68ピン，CFカードでも50ピンと，コネクタのピン数も多くなり，基板上に実装するソケット・コネクタの面積も大きくなります．

▶ **USBインターフェースで接続**

USBは，今やありとあらゆる拡張機器が接続可能な万能インターフェースとなっています．ストレージも例外ではなく，さまざまなスティック状のUSBメモリ・アダプタが市販されています．またUSBハブでポートを拡張することもできるので，ストレージとネットワークとキーボードを同時に接続するといったことも可能です．

しかし，USB周辺機器を組み込み機器から制御するのはそう簡単ではありません．先に説明したIDEやPCカードなら，マイコンのローカル・バスにバス・バッファをつないだ程度で簡単に接続できます．しかしUSBではUSBホスト・コントローラが必要になり，さらにさまざまなUSB機器やUSBハブにも対応させようとすると，クラス・ドライバなどと呼ばれるプロトコル・スタック・ソフトウェアも必要になります．

▶ **フラッシュ・メモリ・カードを接続**

接続に必要な信号線の本数も少なく，USBのようにややこしい(?)プロトコル・スタックも必要としない，とにかく"簡単にマイコンにつなぎたい"という要求には，本書で解説するフラッシュ・メモリ・カードが最適でしょう．

● **スマートメディア/xDピクチャーカード**

これらはNAND型フラッシュ・メモリをカード化したものと考えることができます．後述するメモリ・カードより信号ピンが多く，論理-物理アドレス変換処理を機器側に実装する必要があります．

スマートメディアへのアクセス事例については，本書の第1部を参照してください．

● **SDメモリーカード/MMCカード**

ホストとカードの間にシリアル通信を採用したメモリ・カードです．NANDフラッシュ・メモリを読み書きするときに発生する論理-物理アドレス変換をカード側で処理してくれるため，HDDと同様にセクタ単位で任意に読み書きでき，非常に扱いやすいカードです．

MMCカードについての詳細は第4章～第6章を，SDメモリーカードについては第7章を参照してください．

● **メモリースティック**

SDメモリーカード/MMCカードと同様にシリアル通信を採用したメモリ・カードです．以前のメモリースティックは，論理-物理アドレス変換処理を機器側に実装する必要がありましたが，メモリースティックPRO以降はカード側で処理するようになったため，SDメモリーカード/MMCカードと同様にセクタ単位でリード/ライトが可能になりました．

9

メモリースティックについての詳細は，第3部を参照してください．

● **汎用組み込みボードを設計するなら…**

もし筆者が汎用組み込みボードを設計するなら，どのようなインターフェースを採用するかを考えてみます．

今後の組み込み機器はネットワーク対応が求められるため，10Base-Tでもかまわないので Ethrenet はオンボードで載せたいところです．

筆者は USB にはあまり詳しくないのですが，PCカード関連は得意なこともあり，汎用拡張バスとして PC カード系を採用したいところです．16ビット PC カードはピン数も多くコネクタ実装面積も取るので，ここは CF カード・ソケットの1スロットになるでしょう．しかし一つのスロットには1枚のカードしか差し込めないので，ストレージ・カードとネットワーク・カードのどちらを使うか悩む場面も出てくることでしょう．

そうなると，やはりストレージ専用のインターフェースも欲しいところです．以前ならここで，IDE を採用していたのですが，今後は最小4本の信号線で接続できる SD メモリーカード/MMC カード・ソケットを採用しようと考えています．

組み込み機器にストレージが欲しいときの選択肢をまとめると，次のようになるでしょうか．

- ネットワーク専用として Ethrenet ポート
- ストレージ専用として SD メモリーカード/MMC カード・ソケット
- 汎用拡張バスとして CF カード・ソケット
- 将来の拡張性を期待して USB ホスト

<熊谷 あき>

参考文献
(1) PCカード/メモリカードの徹底研究，TECH I Vol.14，CQ出版社．
(2) ATA（IDE）/ATAPIの徹底研究，TECH I Vol.10，CQ出版社．
(3) 改訂新版 USBハード&ソフト開発のすべて，TECH I Vol.30，CQ出版社．
(4) 特集 USBホスト機能の組み込み機器への実装，Interface，2005年12月号，CQ出版社．
(5) PC周辺機器オリジナル設計ガイド1，Interface，2005年10月号別冊付録，CQ出版社．

よこやま・ともひろ　サンディスク（株）
くまがい・あき

第1部 スマートメディア編

第1章

NAND型フラッシュ・メモリをダイレクトに接続するメモリ・カード

スマートメディアの概要

助川 博／前迫 勇人

1 SmartMediaについて

SmartMedia（スマートメディア：**図1**，**写真1**）は，ディジタル・カメラをはじめとする幅広い分野で使用されている小型フラッシュ・メモリ・カードです．累計出荷枚数は2001年夏の時点ですでに3000万枚を超えており，世界でもっとも普及しているメモリ・カードといってよいでしょう．近年，さまざまな小型フラッシュ・メモリ・カードが登場する中で，SmartMediaはもっとも入手しやすく汎用性が高いメモリ・

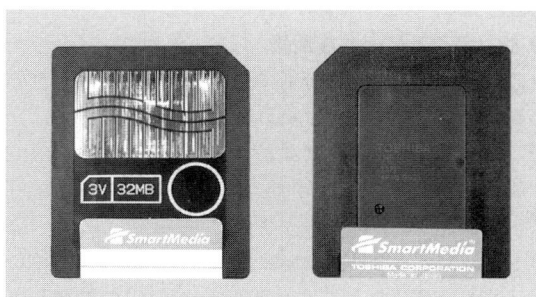

写真1 SmartMediaの外観

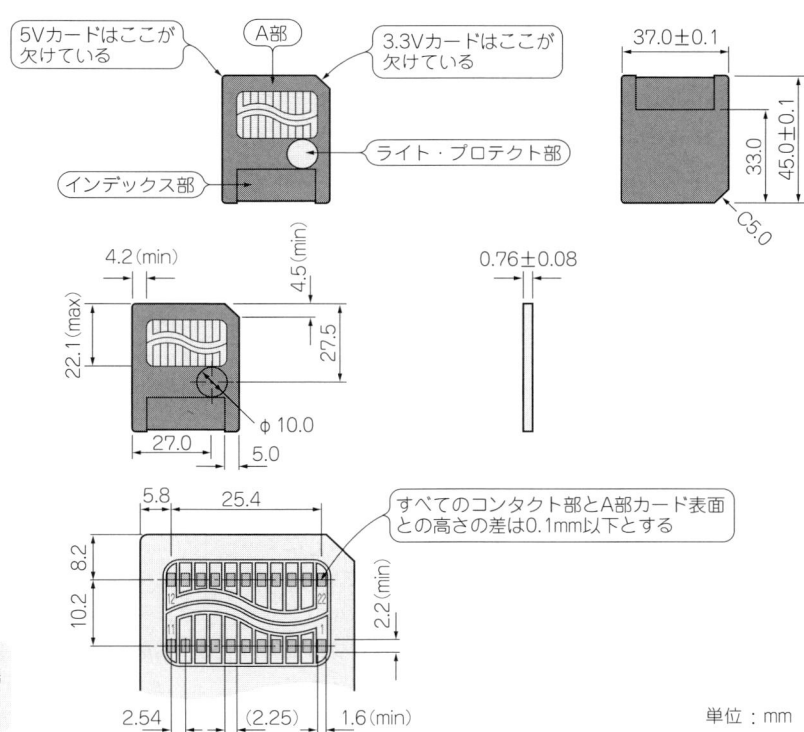

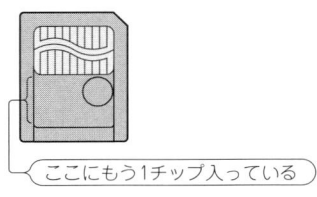

二つのフラッシュ・メモリ・チップを1枚のカードに実装した2チップ構成の場合（チップのプロセス・ルールが低くても容量を稼ぐときに使う）

図1 SmartMediaの外形寸法

カードとしての地位を固めようとしています．

　また，SmartMediaの規格自体としては採用機器にライセンスを要求することもなく，SmartMediaはフラッシュ・メモリのみで構成されることから，扱いの自由度が高く，低消費電力，リード/ライトなどの性能を極めることもできます．

　SmartMediaはその応用範囲において汎用性が高く，電池でいえば単3乾電池のようなものと考えることができます．そのほかのフラッシュ・メモリ・カードはボタン電池，機器専用の特殊電池に相当するものになっていくものと筆者らは予測しています．

2　SmartMediaの仕様

● SmartMediaの仕様

　SmartMediaは，以下のような仕様から構成されています．

1) 物理仕様

　SmartMediaの外形寸法，コネクタ部の寸法などを規定しています．

2) 電気的仕様

　SmartMediaの電気的アクセスについて規定しています．タイミング，コマンドなどの規定がここに含まれます．

3) 物理フォーマット仕様

　SmartMediaの中に書き込むデータ形式を規定しています．SmartMedia内の全メモリ・セルのデータをダンプしたときに，そのデータの意味するところを理解するには本仕様書の知識が必要になります．フロッピーディスク（以下FD）などの磁気記録媒体にたとえて言えば，3.5インチFDにおける「PC/AT互換機の1.44Mバイトフォーマット」と「PC-9800シリーズの1.2Mバイトフォーマット」の違いといった，セクタ長やセクタID情報などをどのように持つかを定義している部分になります．また，ECC（Error Correcting Code）に関する規定もここに含まれます．

4) 論理フォーマット仕様

　SmartMediaを使用した外部記憶装置を作成したときに，セクタ内に書き込むデータを規定しています．具体的には，DOSのFATファイル・システムのクラスタ・サイズ，クラスタの存在位置などのパラメータを規定しています．これを規定している理由は各機器間での互換性を高めるためと，書き込み操作時に，むだの少ない内部動作をさせるためです．なお，この仕様はフラッシュ・メモリの構成に合わせたパラメータとなっています．

5) そのほか，ガイドライン

　規格を記述している仕様書以外に，ガイドラインというドキュメントがあります．

- DOS FATファイル・システム運用ガイドライン
- 互換性ガイドライン
- ソフトウェア・アルゴリズム・ガイドライン
- インターフェース・ガイドライン
- 電圧，容量表記ガイドライン

　これらガイドラインは仕様規格ではありませんが，機器設計上で参考となる資料です．

● 設計者ごとに必要な情報

　設計者ごとに担当分野別に分類すると，それぞれの分野で必要な知識はおよそ以下のようになります．

1) SmartMediaのコネクタ設計者

　物理仕様や互換性ガイドライン，インターフェース・ガイドラインの知識が必要です．

2) SmartMediaを外部記憶装置〔たとえばATA（IDE），USB，SCSIなどのインターフェース〕に見せるコントローラの設計者

　電気的仕様や物理フォーマット仕様，互換性ガイドライン，ソフトウェア・アルゴリズム・ガイドライン，インターフェース・ガイドラインの知識が必要です．

3) SmartMediaを直接制御するハードウェア（ECCを含まない場合）の回路設計者

　電気的仕様や互換性ガイドライン，インターフェース・ガイドラインの知識が必要です．

4) SmartMediaを直接制御するハードウェア（ECCを含む場合）の回路設計者

　電気的仕様や物理フォーマット仕様のうち，ECCに関する仕様，互換性ガイドライン，インターフェース・ガイドラインの知識が必要です．

5) SmartMediaを直接制御するハードウェア用のドライバ・ソフトウェアの設計者

　コマンド・プロトコルなどに関する電気的仕様や物理フォーマット仕様，互換性ガイドライン，DOS FATファイル・システム運用ガイドライン，ソフトウェア・アルゴリズム・ガイドライン，インターフェース・ガイドラインの知識が必要です．

6) SmartMediaを使用する機器のファイル・システム設計者

　互換性ガイドライン，DOS FATファイル・システム運用ガイドライン，ソフトウェア・アルゴリズム・

Column
SmartMediaの規格について

SmartMediaの規格はSSFDCフォーラムで規定されています．SSFDCフォーラムとは，次世代のフラッシュメモリ・カードの規格化団体の一つとして，1996年4月末に幹事会社5社と一般会員会社32社の計37社により発足しました．SSFDC(Solid State Floppy Disk Card)という名称が示すように，現状でもっとも普及しているリムーバブル媒体であるフロッピーディスクを置き換えることを当初の目標として規格化されました．

そして1996年7月に，SSFDCの愛称(ロゴ名称)として，より親しみやすい呼称ということで「スマートメディア(SmartMedia)」を用いることに決まりました．SmartMediaのロゴを図Aに示します．

本章ではその規格の一部を紹介し，それに解説を加えます．正規に製品を設計/製造/販売する場合にはSSFDCフォーラムへ加入し，フルスペック仕様書の入手，SmartMediaのロゴの使用権を得るなどの手続きが必要です．

年会費は20万円からとなっています．詳しくはhttp://www.ssfdc.or.jp/を参照してください．

なお，ここでは規格の一部のみを解説しているので，それ以外の仕様(たとえば，ここで取り上げなかった記憶容量のSmartMediaに関しての仕様など)については，単純な延長ではない部分があるので，かならずフルスペック仕様書に準拠するようにしてください．

また，上記URLから，ユーザ登録をすれば一般公開用のスマートメディアの物理的/電気的各仕様書のPDFファイルがダウンロードできます．

図A SmartMedia™のロゴ〔記事中ではTM表記を省略している．SmartMedia™は(株)東芝の商標〕

ガイドラインと論理フォーマット仕様の知識が必要です．ただし，使用するDOS FATファイル・システムが，すべてのパラメータに対して動作するのであれば，とくにSmartMediaの論理フォーマット仕様に関する知識は不要です．DOS FATファイル・システムがすべてのパラメータに対して動作するのではなく，ある限定範囲(たとえばクラスタ・サイズ8Kバイトのみなど)でのサポートになる場合には，SmartMediaの論理フォーマット仕様に合致しているかどうかを確認することが必要です．

一方，ファイル・システムがドライバ・ソフトウェアに対して要求を出す場合(とくにSmartMediaに対する書き込みの場合)に効率の良い処理を望むのであれば，ドライバ・ソフトウェア自身の挙動とSmartMediaの物理フォーマット仕様を知っておくべきです．

7) SmartMediaを使用する機器のアプリケーション・ソフトウェアでフォーマッタをもつ場合，その部分の設計者

論理フォーマット仕様や互換性ガイドライン，DOS FATファイル・システム運用ガイドライン，ソフトウェア・アルゴリズム・ガイドラインの知識が必要でしょう．

8) SmartMediaを使用する機器のアプリケーション・ソフトウェア設計者

SmartMediaの各仕様に関する知識はとくには不要です．ただし，アプリケーション・ソフトウェアがファイル・システムに要求を出す場合(とくにSmartMediaに対する書き込みの場合)に効率の高い処理を望むのであれば，ファイル・システムおよびドライバ・ソフトウェア自身の挙動とSmartMediaの物理フォーマット仕様を知っておくべきです．

なお，キオスク端末や高画素数ディジタル・カメラなどの高速記録が必要な機器を設計する場合は，現行仕様の知識のみばかりでなく，今後の拡張仕様の動向を知っている必要があります．SSFDCフォーラムなどに確認されるようにお願いします．

3 SmartMedia仕様を理解するための予備知識

3.1 電気的仕様に関して

SmartMediaは，NAND-EEPROMというフラッシュ・メモリのみで構成されています．ほかのフラッシュ・メモリ・カードでは，フラッシュ・メモリ＋コントローラといった構成が一般的なので，ここがほかのフラッシュ・メモリ・カードと大きく異なる点といえます．

第1部　スマートメディア編

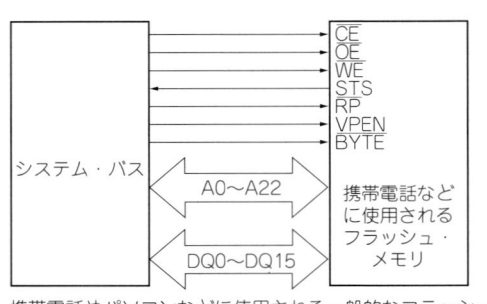

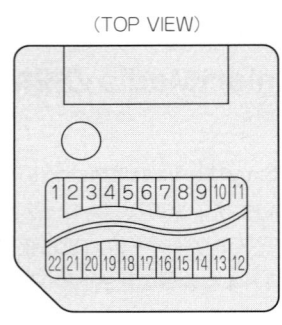

(a) 携帯電話やパソコンなどに使用される一般的なフラッシュ・メモリのシステム・インターフェース例

ピン番号	信号名	機能	ピン番号	信号名	機能
1	V_{SS}	グラウンド	12	V_{CC}	電源（5Vカードでは5V．3.3Vカードでは3.3V）
2	CLE	コマンド・ラッチ・イネーブル	13	I/O5	アドレス/データ/コマンド入出力
3	ALE	アドレス・ラッチ・イネーブル	14	I/O6	アドレス/データ/コマンド入出力
4	$\overline{WE}$	ライト・イネーブル	15	I/O7	アドレス/データ/コマンド入出力
5	$\overline{WP}$	ライト・プロテクト（注1）	16	I/O8	アドレス/データ/コマンド入出力
6	I/O1	アドレス/データ/コマンド入出力	17	LVD	ロー・ボルテージ検出（注2）
7	I/O2	アドレス/データ/コマンド入出力	18	GND/OP	グラウンドまたはオプション（注3）
8	I/O3	アドレス/データ/コマンド入出力	19	R/$\overline{B}$	レディ/ビジー出力
9	I/O4	アドレス/データ/コマンド入出力	20	$\overline{RE}$	リード・イネーブル
10	V_{SS}	グラウンド	21	$\overline{CE}$	チップ・イネーブル
11	V_{SS}	グラウンド	22	V_{CC}	電源（5Vカードでは5V．3.3Vカードでは3.3V）

注1) マスクROMカードではNC
注2) 5Vカードでは NC，3.3Vカードでは V_{CC} 機器側ではこのピンをプルダウンしてカードを識別する
注3) 一部のカードではオプション入力として使用するものがある．フォーラムとしてはGND入力を推奨

(b) SmartMediaのピン配置図

図2　SmartMediaのピン構成

したがって，SmartMediaの電気的仕様を理解することは，NAND-EEPROMの電気的仕様を理解することとほぼ等価です．NAND-EEPROMおよびSmartMediaの電気的仕様に相当するものは，Samsung Electronics社や東芝から公開資料として各Webサイトなどから入手できます．ただし，そこで入手できる仕様は各製品型番ごとの仕様になっています．一方，SSFDCフォーラムの仕様は，長期的な製品に対する仕様の変化を加味した共通仕様として規定されています（メモリ側に甘い仕様で，コントローラ側に厳しい仕様となっている）．そのため，実際に製品設計をする際には，フォーラムの仕様書に基づいた設計としてください．

● ピン構成について

SmartMediaに使用されるNAND-EEPROMは携帯電話，パソコンのBIOS格納などに使用されるフラッシュ・メモリとは構成ピン数が異なります（図2）．アドレス入力やコマンド入力，データ入出力はすべて8本のI/Oピンで行われ，アドレスであること，コマンドであることはALE，CLE信号をアサートすることによりSmartMediaに伝えられます．

● データ記録内部動作について

SmartMediaからのデータ読み出しや書き込みのコントロールを理解するためには，SmartMediaのデータ記録の内部構造を理解しておくことが必要です．図3にSmartMediaの内部ブロック図を，図4に内部構造とデータ入出力のようすを示します．

SmartMediaのデータ入出力は，図4に示すように512＋16バイトのレジスタとの間で行われ，直接フラッシュのメモリ・セルとの間で行われるわけではありません．つまり，読み出しであれば，まずフラッシュ・メモリのメモリ・セルから512＋16バイトのレジスタにデータがダウンロードされ（このダウンロード動作の間，SmartMediaはビジーとなる），その後レジスタから8ビット転送でデータが出力されます．

書き込みの場合はその逆で，512＋16バイトのレジスタにデータが外部からシリアル転送で入力され，その後フラッシュ・メモリのメモリ・セルにアップロードが行われます（このアップロード動作の間，SmartMediaはビジーとなる）．

第1章　スマートメディアの概要

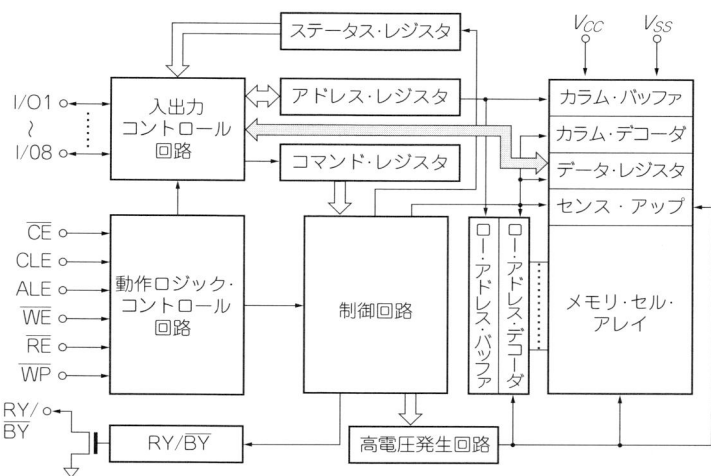

図3
SmartMediaの内部ブロック図

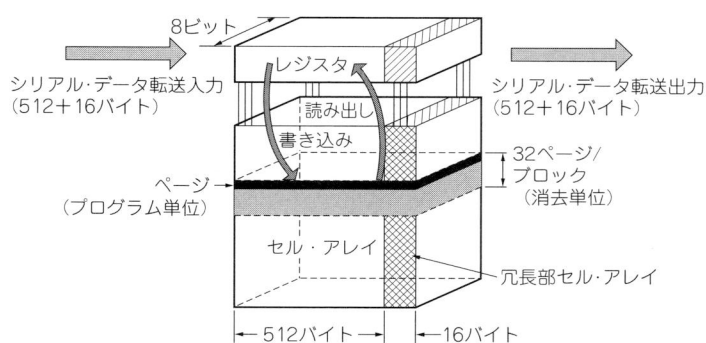

図4
16MバイトのSmartMediaの
内部構造とデータの入出力

　そして，このメモリ・セルと512＋16バイトのレジスタ間のデータ入出力が512＋16バイトについて並列動作で行われるので，高速読み出し，高速書き込みの性能が得られます．

　具体的なシリアル転送のイメージは，**図5**のようになります．リード・コマンド（コマンド値00h）で512＋16バイトのリードを行い，その後リセット・コマンド（FFh）を発行した例です．

3.2　物理フォーマット仕様について

　物理フォーマットを統一することにより，論理セクタ・アドレスと物理アドレスの関係，ECC定義の互

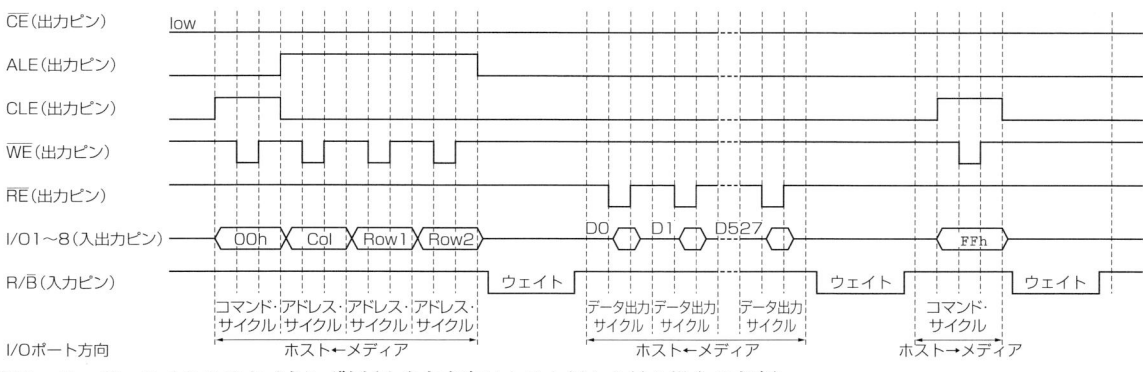

図5　リード・サイクルのタイミング例（入出力方向はホスト側から見た場合の方向）

第1部 スマートメディア編

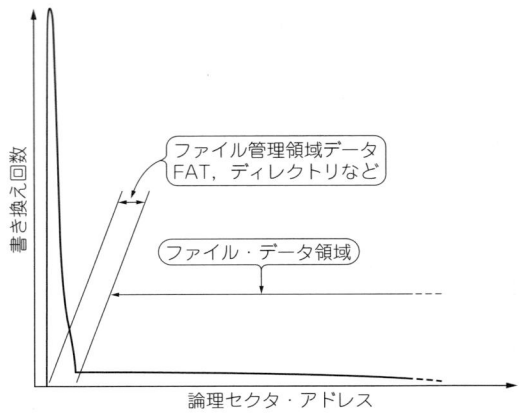

図6 論理セクタと書き換え回数頻度

表1 SmartMedia記憶容量と消去ブロック・サイズ

SmartMedia記憶容量	消去ブロック・サイズ
2Mバイト	4K+128バイト
4M，8Mバイト	8K+256バイト
16M〜256Mバイト	16K+512バイト

換がとれます．ただし，ここでいう論理セクタ・アドレスとは，SmartMediaを外部記憶装置とみなしたときの，外部記憶装置ボリュームとしてのセクタ・アドレスのことです．一方，物理アドレスとは，SmartMediaの電気的仕様上に現れるアドレス，すなわちメモリ素子としてのアドレスのことです．

なお，論理セクタ・アドレスに，どのようなデータが書かれているかについては（DOSフォーマットなど），論理フォーマット仕様で規定されています．

● 物理フォーマット仕様の背景にあるフラッシュ・メモリの性質について

物理フォーマットは，以下のフラッシュ・メモリの性質，および使用環境の条件を考慮して規定されています．

たとえば，書き込み時に書いたデータが，読み出し時に異なるデータとなることが，ごくまれにあります．このためにECCを用いて訂正を行います．フラッシュ・メモリは，消去/書き込み回数を1万回，10万回と繰り返していると，信頼性が低下してきます．

そして，外部記憶装置として使用した場合は，アプリケーションやファイル・システムは通常データ書き換え回数の平均化を意識しないので，一部の論理セクタに書き換えが集中するケースが多く見られます（**図6**）．したがって，アプリケーションによっては，書き換え回数の平均化を考慮する必要もあります．

SmartMediaの物理フォーマットでは，書き換え回数の平均化（論理セクタと，それに対応するフラッシュ・メモリの物理番地の関係を一定とせずに入れ替えを行うこと）が可能な構造になっています．

なお，ECCを併用した場合の書き換え回数の保証値は100万回程度が一般的です．

● 物理フォーマットの特徴

▶ アドレス管理は消去ブロック単位

アドレス管理は消去ブロック単位で，論理アドレスが0番地から，消去ブロック単位の大きさで区切られ，それぞれに物理消去ブロックが割り当てられます．したがって，個々の物理消去ブロック内論理アドレスはシーケンシャルに並んでいます．

なお，消去ブロック・サイズはSmartMediaの記憶容量によって異なります（**表1**）．

▶ 論理アドレスと物理アドレスとの関係を変更可能

各物理消去ブロックに対応する論理アドレスは，個々の物理消去ブロック内ページ・データの冗長部内に記録されます．したがって，書き込みのつど論理アドレスと物理アドレスとの関係を変更することが可能で，特定の物理アドレスに対する書き換えの集中を回避できます．

たとえば，新たに要求された書き込みデータは，前もって用意しておいた消去済みブロックに書き込み，古いデータが書かれているブロックを直ちに消去するなどの書き込みアルゴリズムが考えられます．

なお，電源の異常遮断を想定するなどのケースを除いて，通常は1個の論理アドレスに対して複数の物理アドレスが割り当てられることはありません．

▶ 論理アドレスに対する物理アドレスが存在しない場合もある

SmartMediaでは，論理アドレスに対する物理アドレスが存在しないことを認めています．つまり，各物理消去ブロックに記録されている論理アドレスをすべて集めても，論理アドレスに対して物理アドレスが存在しないものがある可能性があります．この場合，論理・物理の対応関係をもたないブロックは消去状態で存在することになります．

したがって，これから書き込みをする論理アドレスが，対応する物理アドレスの存在しない状態であれば，前述の書き込みアルゴリズムの例では，書き込み直後の旧ブロック消去が不要となるため，書き込み速度が

向上します．これはディジタル・カメラの画像記録動作のように，残り枚数を表示した後に同一論理セクタに対して1回しか書き込みが発生しないような場合などに有効です．

たとえば，16MバイトのSmartMediaであれば，消去を同時にともなわない書き込みであれば，約2割程度書き込み速度が向上します．

この，消去を別に済ませておくことができる本フォーマットの特徴を活かす例としては，SmartMediaをディジタル・カメラで初期化するとき，データ領域に対応するブロックを消去する，あるいはディジタル・カメラで画像を消去する際に，該当するファイル・データが記録されていたブロックを消去するなどの処理が考えられます．

なお，論理アドレスに対する物理アドレスが存在しない論理アドレスに対する読み出しがあり得る場合は，ダミー・データを返す必要があります．たとえば，これはWindowsツールであるSCANDISKのクラスタ・スキャンなどの操作で発生します．SCANDISKでは，ファイルが存在していないはずのクラスタの読み出し操作が発生するからです．フォーラム仕様書ではその際のダミー・データを"FF"とすることにしています．

▶1ビット・エラーの訂正が可能なECC

SmartMediaではECCを定義しています．ECCの演算単位（256バイト）で1ビットのエラー訂正が可能です．なお，ページ・データ冗長部のデータ（512＋16バイトのページ・データのうちの16バイト・データ）はECCに組み入れられていません．したがって，ページ・データ冗長部のデータは信頼性確保のために二重化されており，その正誤判定が可能なしくみになっています．これにより，1ビット・エラーがページ・データ冗長部で発生しても問題がありません．

▶PCカードATAへの対応

PCカードATAインターフェースを容易に実現するため，PCカードATAとしてのカード属性情報を記録した領域があります．この領域の先頭10バイトの固定値を参照し，SmartMedia準拠の機器はSmartMediaの規格に従ったフォーマットがなされているかどうかを判断するようにしています．

もし，異なる値が入っていた場合には，未知の機器が何らかの別な目的でSmartMediaを使用している可能性があると判断し，データ破壊を防ぐためにアクセスを禁止します．

4 SmartMedia対応機器の設計選択肢

SmartMedia対応機器を設計するにあたって，既存のATA（IDE）コントローラを使用する場合や，ECCそのほかのハードウェア回路を用意する場合，専用のハードウェアを用意しない場合など，いくつかの選択肢があります．

また，それらの選択肢とは別に，サポートするSmartMediaの電圧，記憶容量，クラスタ・サイズなどのDOS FATファイル・システムのパラメータをどの範囲にするのか，といったサポート範囲に関する選択肢も考慮する必要があります．

● 既存のATA（IDE）コントローラを使用する場合

機器側の設計負荷を省力化するもっとも手軽な方法がこれです．なお，ATA（IDE）コントローラ自体はDOS FATファイル・システムには関与しないので，DOS FATファイル・システムへの対応は機器側で行う必要があります．

また，ATA（IDE）コントローラは，インターフェースの規約上からはSmartMediaの消去ブロックの概念などを見えなくします．ATA（IDE）コントローラのSmartMediaに対する処理速度を最適化するには，SmartMediaの消去ブロックに合わせた書き込み命令を発行するなどの配慮が必要です（たとえば，所定のDOSフォーマット下で，クラスタ単位での書き込み命令を発行するようにし，細分化した書き込み命令を発行しないようにするといった操作をしないとパフォーマンスが低下する）．

● ECCそのほかのハードウェア回路を用意する場合

ある程度，あるいは最大限のパフォーマンスを発揮するためのコストに見合った最適化設計が可能なのがこの方法です．必要なハードウェアとしては以下のようなものが考えられます．

▶ECCのパリティ生成回路のみを用意

これを用意しておくと，データ転送におけるECC処理のオーバヘッドがなくなります．ソフトウェアによるECC処理は，比較的"重い"処理といえます．

▶SmartMediaの信号ピンをソフトウェアから直接制御するためのレジスタを用意

ソフトウェアからは，レジスタに対するデータ書き込みによって，ALEやCLEなどの制御信号のON/OFFが可能になります．これらの制御信号は，ソフトウェア・コントロールが可能な信号線（I/Oポート

▶ SmartMedia専用のデータ転送回路を用意

SmartMediaのビジー状態を監視して，レディになったことを検知し，ハードウェアがソフトウェアによってプリセットされたパラメータに従って動作を始めるコントローラを用意する方法もあります．CPU自身の能力，またそのコントローラを接続しているバスのデータ転送能力にもよりますし，コントローラを制御するドライバ・ソフトウェアも必要になりますが，この方法が最高のデータ転送能力をもつと思います．

● 専用のハードウェアを用意しない場合

ソフトウェア・コントロールが可能な信号線をもっているマイコンの場合には，ALEやCLEなどの信号線をソフトウェアで制御できるので，ハードウェアを一切設けなくてもSmartMediaの制御が可能です．

この方法は専用のハードウェアを用意しないので，ECCの計算もソフトウェアで行うことになります．したがって，ECC計算がシステムに搭載するCPUにとってどの程度の負荷になるのか見当をつけておく必要があります．なお，ECCの計算方法については後述します．

● メディアの電源電圧/容量に関する選択について

SmartMediaには，5V電源電圧の2M，4Mバイト仕様のメディアと，3.3V電源電圧の2M，4M，8M，16M，32M，64M，128M，256Mバイト仕様のメディアがあります．〔原稿執筆時点（2006年9月末）では256Mバイトのメディアは未発売〕

この中で，どの範囲をサポートするかはシステムの用途や応用範囲など状況に応じて決めてください．ただし現状では，5V電源電圧品は店頭で見かけることが少なくなってきています．また，3.3V電源電圧品のうち，2Mと4Mバイトのものについても，同様に少なくなってきています．ただし，これらの記憶容量のSmartMediaは，機器製品に同梱されて出荷されることも多く，世の中にはまだ相当数が存在するものと考えられます．

SmartMedia対応機器を設計する場合には，ユーザが入手する際の便宜を考え，小記憶容量で済むアプリケーション用の機器であっても，8Mもしくは16Mバイトのメディアをサポートしておくことをお勧めします．

またDOS FATファイルのパラメータとして，どこまでのバリエーションに対して動作すべきかも検討してください．SmartMediaはその仕様環境において，パソコンでフォーマットされる可能性があるので，出荷時のクラスタ・サイズ（クラスタ・サイズ＝消去ブロック・サイズとしている）が小さなクラスタ・サイズに変わってフォーマットされることがあります．

その場合，そのままで使用できることがユーザ・フレンドリである反面，速度や消費電流などの面からはSmartMediaとしての効率的な使用ができなくなる可能性があります．

このため，各機器において，SmartMediaのフォーマット機能をもつことをお勧めします．実際に，SmartMediaを採用しているほとんどのディジタル・カメラでは，SmartMediaを機器単体でフォーマットできるようになっています．

● 必要なRAM容量について

SmartMediaの論理アドレスと物理アドレスの関係を一括してRAM内のテーブルで持とうとすると，記憶容量（総消去ブロック数）に応じたRAMが必要になります．

また，32Mバイト以上の容量では16Mバイトごとに区切られたゾーンで論理アドレス・物理アドレスの区画がされています．たとえば128Mバイトの記憶容量全体に渡って論理アドレス・物理アドレスの関係を一括してRAMテーブルで持つのではなく，1ゾーンのみ，あるいは，2ゾーンのみについて論理アドレス・物理アドレスの関係をRAMテーブルで持つ構成も選択できます．

いずれにしても，このテーブルをRAMに持つことが必要であるかないかは，機器とアプリケーションの都合で判断してください．たとえば，RAMが十分にある場合は，RAM上にテーブルを確保したほうがソフトウェアの構成も楽になります．

一方，RAMが十分に確保できない機器で，論理アドレスと物理アドレスの関係を検索する速度に対して，必要なデータの取得速度がゆっくりで良い場合は，そのつどの1ブロックごとのサーチ，あるいは複数ブロック分のサーチを間欠的に行うなどの処理でも対応できる可能性があります．

また，直接SmartMediaフォーマットには関係ないかもしれませんが，ファイル・システムの都合から用意しておきたいRAM容量も考慮が必要です．たとえ

第1章 スマートメディアの概要

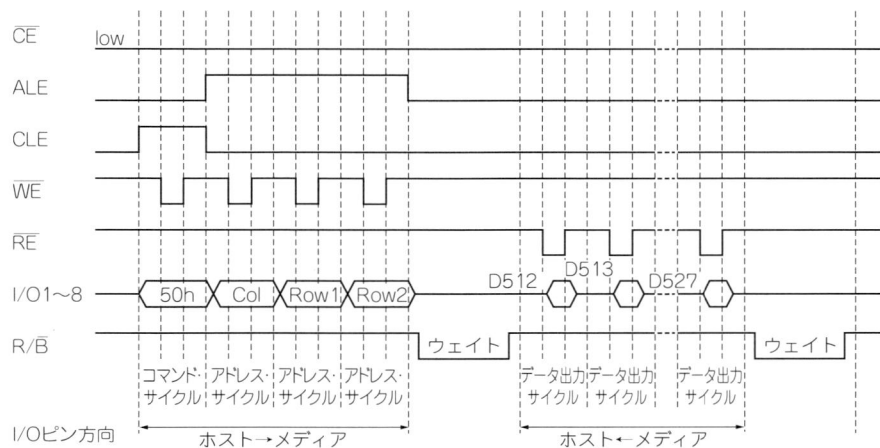

図7
冗長部リード・コマンド
のタイミング例

ば，ディジタル・カメラなどのように単体でファイル・システムを認識してファイルを読み書きするような機器では，単体でファイル・システムを管理する必要があります．

そのためにFATを常にRAM上に持つのか，読み書きのたびにサーチするのかで，ファイル管理のために必要なテーブル・サイズが変わってきます．一方，USBなどでパソコンと接続してSmartMediaを読み書きするようなアダプタでは，ファイル・システムそのものはパソコンで管理させるので，アダプタ自体でFAT領域を保持する必要はありません．

5 電気的仕様

ここでは細かいタイミング仕様などは省き，コマンド・プロトコルのみを紹介します．

● リード・コマンド・プロトコル

リード・コマンドのデータ転送サイクルの最高速は，80nsです．また，図5のようにコマンド00h＋アドレス発行後のビジー時間は，最大100μsというのがフォーラム仕様ですが，現状の実力値は20μs程度です．コマンドの書き込み時の$\overline{\text{WE}}$の最小クロック幅は40ns，データ読み出し時の$\overline{\text{RE}}$の最小クロック幅は60nsです．

● 冗長部リード・コマンド・プロトコル

このコマンド50hは，読み出したいデータが冗長部（512＋16バイトの16バイト）のみに存在する場合に使用されます．したがって，SmartMedia交換後に冗長部からデータを得て，論理・物理のテーブルを生成する際などに使用されます（図7）．

また，コマンド00hの場合は，512＋16バイトの読み出しに使用されます．

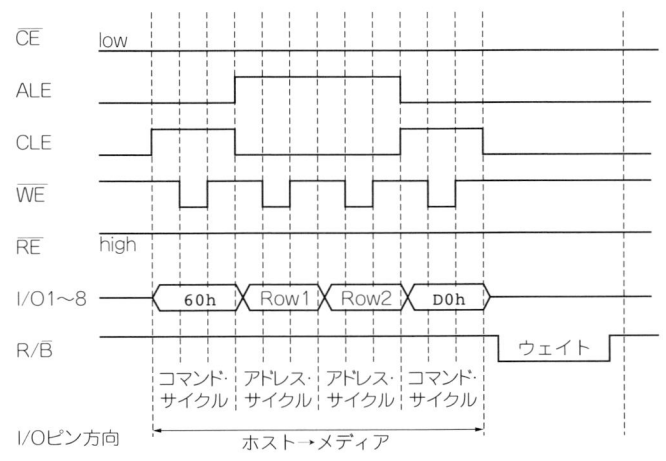

図8
消去コマンドのタイミング例

19

第1部 スマートメディア編

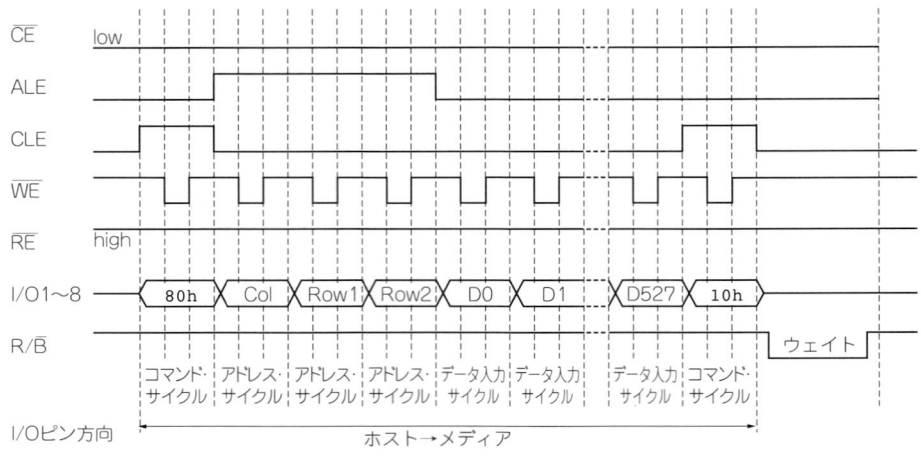

図9 ページ書き込みコマンドのタイミング例

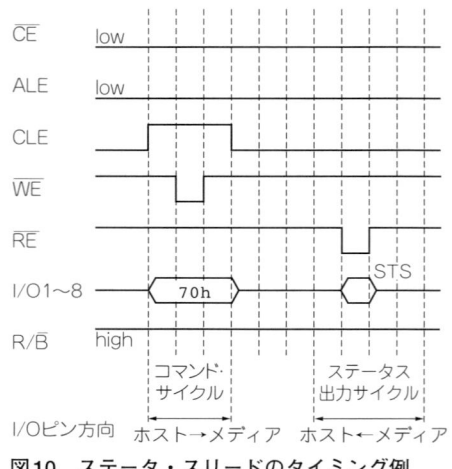

図10 ステータ・スリードのタイミング例

● 消去コマンド・プロトコル

コマンド60hに引き続きアドレスを入力して，コマンドD0hで消去動作が開始されます．消去にかかる時間は2ms程度です（図8）．

●ページ書き込みコマンド・プロトコル

コマンド80hに引き続きアドレスおよびデータを入力して，コマンド10hで書き込み動作が開始されます．書き込みにかかる時間は200μs程度です．なお，消去済みのブロックに対して，書き込みはページ0から最終ページまで，そのページ順に書き込みをしていくことになります（図9）．

● ステータス・リード・プロトコル

消去/プログラム・コマンドのビジー終了後には，かならず操作が成功したかどうかの確認を，ステータス・リードによって確認してください（図10）．ここで，ステータスがNGの場合には，そのブロックは使用できないので，不良ブロック・マークを付けて，別のスペア・ブロックへ代替処理を行うことになります．

6 物理フォーマット仕様

6.1 物理ブロックの分類について

次に，物理ブロックについて説明します．図11に示すように，各ブロックのBlock Status Area（同一データがブロック内全ページに重複して記述されている）を参照し，まず先にBAD（不良）ブロックと正常ブロックの区分を判断します．

そしてBADブロックとみなされたものは，アクセス対象から外します．ここで，BADブロック・マークはソフトウェア的にフラッシュ・メモリに記録されているデータと考えてください．したがって，不良マーク"00"は，フラッシュ・メモリを消去すると"FF"になってしまうので，機器上でSmartMediaの初期化動作などを行う場合は，誤って消去してしまわないように注意してください．

また，正常ブロックの場合には図12に示すように，各ブロックのBlock Address Area（同一データがブロック内の全ページに重複して記述されている）を参照し，

1) CISブロック

　ブロック・アドレス0から順にサーチして，最初の正常ブロックがCISブロック

2) 論理割り付け済みブロック

第1章 スマートメディアの概要

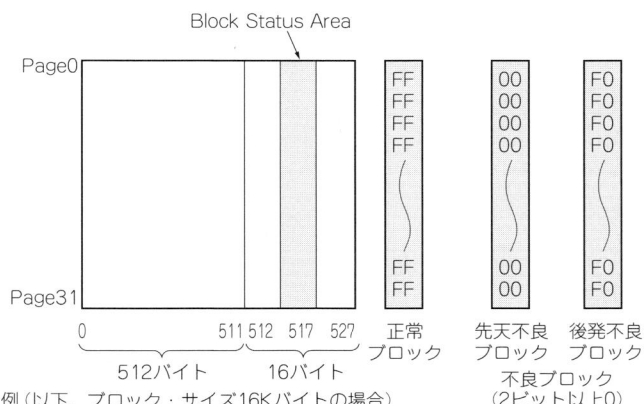

図11
物理ブロックの区分

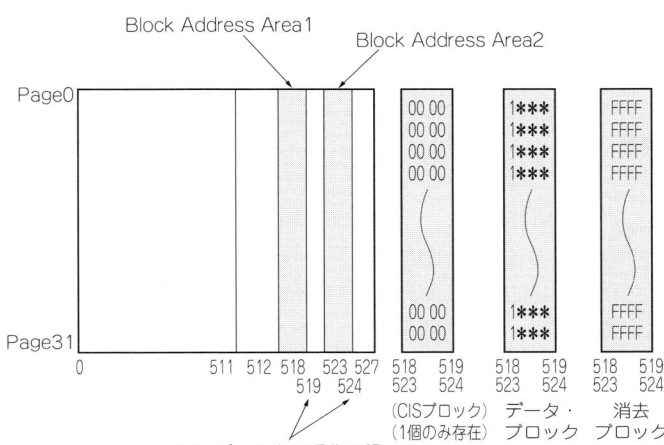

図12
正常ブロックの区分

論理アドレスに割り付けが済んでおり、データが格納されている

3) 消去済みブロック

ブロック全体(512 + 16バイト)×ページ数分が消去状態(全データ"FF")となっている

のどの状態であるかを区分します．

6.2 物理ブロック・アドレスと論理ブロック・アドレスの関係

各消去ブロックのBlock Address Area 1(**図12**)に，以下のフォーマットでデータが書かれています．なお，このデータはBlock Address Area 2(**図12**)，および同一ブロック内の全ページに同一データが書かれます．したがって，パリティ・チェックで異常が検出された場合でも，ほかの箇所のデータを参照して正しい値を得ることができます(**表2**)．

▶ゾーンについて

16Mバイトまでのスマートメディアはゾーンが一つしかないため，ゾーンの区画を気にする必要はありません．

32Mバイト以上のスマートメディアは16Mバイトごとにゾーンの区画を持っています．

ゾーンの区画は論理ブロック・アドレスの区切りでは1000個ごと，物理ブロック・アドレスの区切りで

表2
パリティ・チェック異常検出時の参照箇所

D7	D6	D5	D4	D3	D2	D1	D0	記録場所
0	0	0	1	0	BA9	BA8	BA7	518, 523バイト
BA6	BA5	BA4	BA3	BA2	BA1	BA0	P	519, 524バイト

BA9〜BA1：Block Address，P：偶数パリティ・ビット

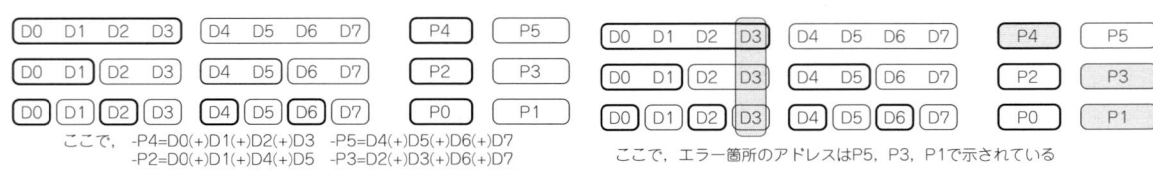

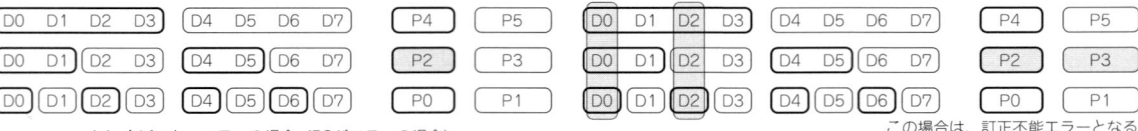

図13 ECCの計算原理

は1024個ごとになります．

つまり，論理ブロックの0〜999は物理ブロックの0〜1023に，論理ブロック1000〜1999は物理ブロックの1024〜2047に，論理ブロックの7000〜7999は物理ブロックの7168〜8191の範囲に存在することとの対応関係になっています．

そして，物理フォーマットのBlock AddressカラムBA0〜BA9で表現される論理ブロック・アドレスはそれぞれのゾーンの中の論理ブロック・アドレス（0〜999の範囲の値）になります．

6.3 ECCについて

3.2項でも簡単に説明しましたが，データ領域256バイトに対し22ビットのECCが付加されます．つまり，1ページ（512バイト）の前半の256バイトと後半の256バイトそれぞれにECCが付加されるわけです．

これによる訂正能力は1ビットで，検出能力は2ビットのランダム・エラーです．ECCコードはデータ領域を対象に生成され，ECCコードを含むページ冗長部データは対象としません．したがって，ペー

ジ・データ冗長部のデータは信頼性確保のために二重化されており，その正誤判定が可能になっています．つまり，1ビット・エラーがページ・データ冗長部で発生しても問題がないわけです．

ECCの計算式上で256バイトは2048ビットのシリアル・データとして扱われます．そしてエラーが発生した場合は，パリティ・データの情報からエラーの発生ビット位置を検出し，ビット反転させることで訂正できます．

● ECCの原理

このECCの原理をデータ長が短い場合を例として説明します．以下の例は，入力データ数が8ビットの場合（実際には256×8＝2048ビット）で，いくつかのエラー・パターンを示します．なお，このECCは厳密には若干異なりますが，ハミング符号とほぼ同じ方式です．図13にECCの計算原理を示します．

● 実際のECCについて

▶2048ビット・シリアル・データの位置アドレスの定義

図14のように，256バイトをビット・シリアル・

	ビット7	ビット6		ビット1	ビット0
1バイト目	00000000 111	00000000 110	〜	00000000 001	00000000 000
2バイト目	00000001 111	00000001 110	〜	00000001 001	00000001 000
〜					
255バイト目	11111110 111	11111110 110	〜	11111110 001	11111110 000
256バイト目	11111111 111	11111111 110	〜	11111111 001	11111111 000

図14 ECC計算上の2048ビットのアドレス定義

ビット7	ビット6	ビット5	ビット4	ビット3	ビット2	ビット1	ビット0	記録場所
LP07	LP06	LP05	LP04	LP03	LP02	LP01	LP00	520,525バイト
LP15	LP14	LP13	LP12	LP11	LP10	LP09	LP08	521,526バイト
CP5	CP4	CP3	CP2	CP1	CP0	"1"	"1"	522,527バイト

図15　ECCデータの記録アドレス

```
LP00 = D (*******0 , ***)      CP0 = D (******** , **0)
LP01 = D (*******1 , ***)      CP1 = D (******** , **1)
LP02 = D (******0* , ***)      CP2 = D (******** , *0*)
LP03 = D (******1* , ***)      CP3 = D (******** , *1*)
LP04 = D (*****0** , ***)      CP4 = D (******** , 0**)
LP05 = D (*****1** , ***)      CP5 = D (******** , 1**)
LP06 = D (****0*** , ***)
LP07 = D (****1*** , ***)      ただし，* は"0"または"1"を
LP08 = D (***0**** , ***)      示す
LP09 = D (***1**** , ***)
LP10 = D (**0***** , ***)
LP11 = D (**1***** , ***)
LP12 = D (*0****** , ***)
LP13 = D (*1****** , ***)
LP14 = D (0******* , ***)
LP15 = D (1******* , ***)
```

図16
各パリティ・データの演算
組み入れ条件表

データ状に並べたものとします．図14において，上から1バイト目の入力となり，もっとも下が256バイト目の入力となります．つまり，1バイト目の入力のビット0が2048ビットの1ビット目（アドレス：00000000 000）となり，256バイト目の入力のビット7が2048ビットの2048ビット目（アドレス：11111111 111）となります．

▶パリティ・データの生成

パリティ・データはCP0，CP1，CP2，CP3，CP4，CP5，LP00，LP01，LP02，LP03～LP14，LP15（カラム・パリティ6ビット，ライン・パリティ16ビット）の合計22ビットが存在します．そして，生成されたパリティ・データは，ページ・データ冗長部に図15のような配列で格納されます（データ部0～255バイトのECCは525～527バイト，データ部256～511バイトのECCは520～522バイト）．なお，図15の"1"のデータを読み出し時にチェックする必要はありません．

ここで，

　－P4 = D0（+）D1（+）D2（+）D3
　－P5 = D4（+）D5（+）D6（+）D7
　－P2 = D0（+）D1（+）D4（+）D5
　－P3 = D2（+）D3（+）D6（+）D7
　－P0 = D0（+）D2（+）D4（+）D6
　－P1 = D1（+）D3（+）D5（+）D7

（+）はXORを示します．P0の0/1を反転したものを"－P0"と表記しています（以下，CP0などについても同様に"－CP0"とする）．

また，－CP0は上記の11ビットで表現されるアドレスの最下位ビットが0の位置に現れるデータのXORをとっていったもの，－CP1は上記の11ビットで表現されるアドレスの最下位ビットが1の位置に現れるデータのXORをとっていったものとなります．

以下同様に，最下位から2番目のビットに関してはCP2，CP3，最下位から3番目のビットに関してはCP4，CP5，最下位から4番目のビットに関してはLP0，LP1……というように生成されます．したがって，2048ビットをシリアル・データとみなしたときに，CP0，CP1は1ビットごとに，CP2，CP3は2ビットずつまとめて，LP00，LP01は8ビットずつまとめて生成していったものとなります．

これを各パリティについて1024ビットのシリアル・アドレスに対して定義づけると，図16に示す一覧となります．

以上の，各パリティ・データに入力データが含まれていくようすを図17に示します．

▶パリティ・データの生成例（CP0の場合）

－CP0は，図18の塗りつぶし部のビット・データのXORをとったものとなります．

▶パリティ・データの生成例（LP03の場合）

－LP03は，図19の塗りつぶし部のビット・データのXORをとったものとなります．

第1部　スマートメディア編

図17　各パリティ・データの演算組み入れ条件

図18　CP0の演算組み入れ対象範囲

図19　LP03の演算組み入れ対象範囲

6.4　内部データ・フォーマット一覧

図20に1ページのデータ・フォーマット一覧を，図21にブロック内の冗長部データの例を示します．なお，図22は1ブロック＝16セクタのときの一例です．ページ6からページ13はセクタ・データがたまたますべて"00"だったので，ECCデータが"FF"になっています．

● Data Area 1とData Area 2

ECCとの対応を示すために，便宜上二つに分けていますが，このデータはホストからのセクタ・データそのものです．

● Data Status Area

本セクタのデータが正常でないことを示します．実際には，データの読み込みで，エラー訂正不能エラー（Uncorrectable Error）が発生したとみなす場合にセットします．通常はFFhを，読み込みエラーが発

第1章 スマートメディアの概要

バイト	内容	
0〜255	Data Area 1	
256〜511	Data Area 2	
512	Reserved Area	"FF"
513		"FF"
514		"FF"
515		"FF"
516	Data Status Area	
517	Block Status Area	
518〜519	Block Address Area 1	
520〜522	ECC Area 2	
523〜524	Block Address Area 2	
525〜527	ECC Area 1	

図20 1ページ内データ・フォーマット

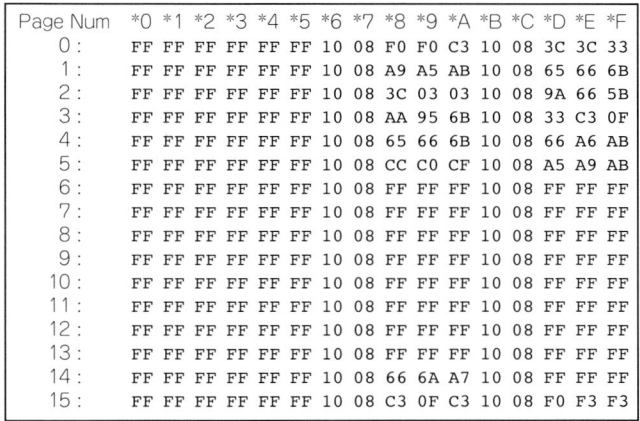

図21 ブロック内の冗長部データ例

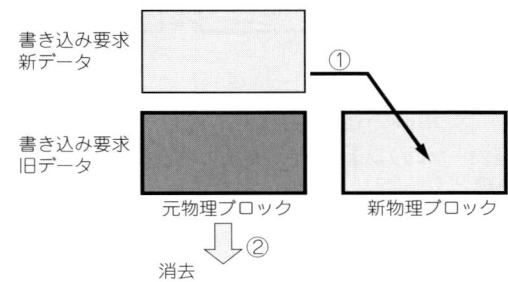

図22 ブロック単位の書き込み命令に対する処理

生したとみなす場合には00hをセットします．

　書き込み値は，FFhと00hの2通りしかありませんが，本エリアでエラーが発生した場合でECCによる検知ができません．したがって，FFh，00h以外のデータが読み出された場合で，4ビット以上0があったときは，元の書き込みデータが00hであったと判断します．

　なお，具体的にUncorrectable Errorのフラグ・セットが発生するケースは，消去ブロックの一部のセクタに対する書き込み命令が発生した場合で，ブロック内そのほかのセクタの巻き添え移動の際に元ブロックからの読み出しでエラー訂正不能エラーが発生したときです（以降の読み出しコマンドに対してエラーが含まれているデータであることを示すためにセット）．

● Block Status Area

　ブロックの良/不良の状態を示します．2ビット以上0が続いた場合は，不良ブロックだと判断します．書き込みデータは，

　　00h：初期不良ブロック
　　F0h：後発不良ブロック
　　FFh：正常ブロック

です．なお，本データは1個のブロック内はすべて同じ値を書き込みます．また，不良ブロック判定定義の"2ビット以上"というのは，1箇所のBlock Status Areaに関してのことです．したがって，たとえばブロック内のすべての箇所のBlock Status AreaがFEhと読み出せた場合でも，2ビット以上ではないので，正常ブロックとしてデータ読み出しを行います．

● Block Address Area 1とBlock Address Area 2

　この物理ブロックが対応する論理ブロック・アドレスを示します．なお，本データは1個のブロック内ではすべて同じ値を書き込みます．

6.5 書き込みアルゴリズムについて

● ブロック単位の書き込み命令に対する処理

　図22に示すように，新たな書き込みを，消去済みのブロックに対して論理ブロック・アドレスを付与して行い，その後，古いブロックを消去状態にする方法が一般的です．

● ブロックより小さい単位の書き込み命令に対する処理

　ここでは，図22の方式の延長で考えます．Smart Mediaの書き換えは消去ブロック単位なので，図23(a)に示すように新たな書き込み要求の前後のデータ

第1部 スマートメディア編

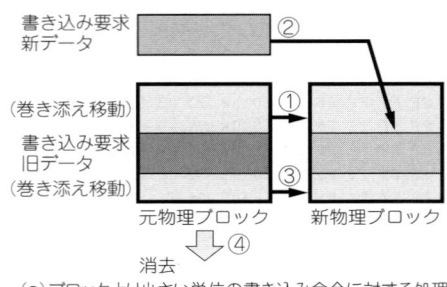

(a) ブロックより小さい単位の書き込み命令に対する処理

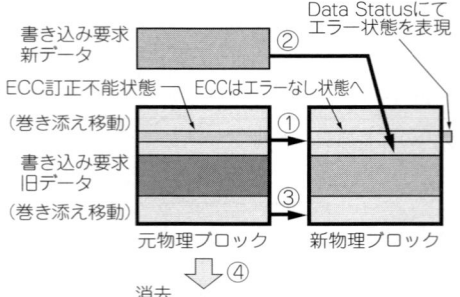

(b) 巻き添え移動時に訂正不能エラー発生の場合

図23 ブロックより小さい単位の書き込み命令に対する処理

を，巻き添えで移動することになります．

なお，この巻き添え移動の際の読み出しで訂正不可能ECCエラーがあった場合には，Data Status Areaをfailにすることになります〔図23(b)〕．

● シーケンシャル書き込み命令を想定した効率的な処理

上位ソフトウェアからのSmartMediaドライバ階層への書き込み命令がブロックより小さい単位で行われたとします．そして，それが実際には連続論理セクタ・アドレスに対して行われている場合があります（たとえば，8セクタ単位で書き込み命令は完結してしまうが，次の書き込み命令が後続の論理セクタ・アドレスに対して行われるなどのケース）．この場合に，図23の方式の延長でSmartMediaの処理を行うと，図24のようにオーバヘッドが多い処理となってしまいます．

このオーバヘッドを防ぐためには，上位ソフトウェアの側で個々の書き込み命令セクタ数を大きく設定する方法が効果的ですが，上位ソフトウェアの構成上，その適用が困難な場合もあります．

そのような場合には，上位ソフトウェアからの命令の種類を変え，次の2種類に分けてもらうことによってオーバヘッドをなくすことができます．

命令1：ここまでの書き込みを終えて待機しておけ
命令2：これ以上の書き込み命令はないと思って，SmartMediaフォーマットを完結せよ

SmartMediaのドライバ階層は，命令1に対しては

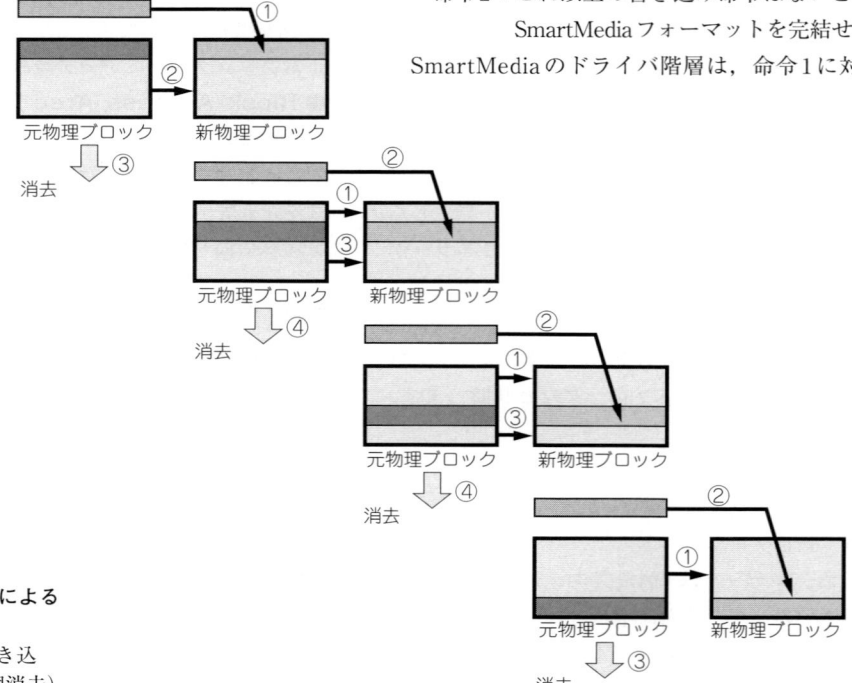

図24
図23の方式の単純延長によるオーバ・ヘッド例
（新物理ブロック4個書き込み，元物理ブロック4個消去）

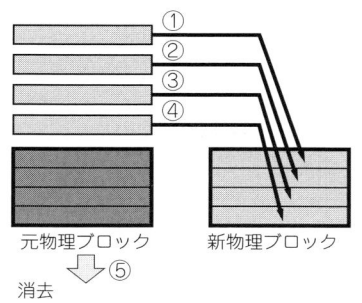

図25 命令体系の変更で効率を上げた場合（新物理ブロック1個書き込み，元物理ブロック1個消去）

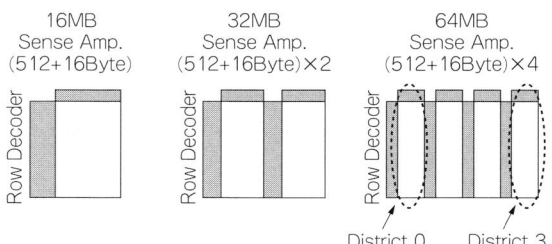

図26 想定されるメモリ構造例（実際のメモリと一致するとは限らない）

ブロックの途中までの書き込みで待機しておくようにします（ブロック内後半の巻き添え移動を行わずに次の命令を待つ）．続いての命令1が引き続いての論理セクタに対してであれば，ブロック内での書き込みを進めます．逆に，続いての命令1が別のブロックに対してであれば，先行するブロックについて後半の巻き添え移動処理をまず行い，先行するブロックについてはSmartMediaフォーマットに完結させ，新たな命令1に対する処理を行います．このようにすると，上位ソフトウェアのアーキテクチャはほとんど変更せずに，単純に従来の命令を命令1に置き換え，ファイル書き込み完了時に命令2を発行すればよいことになります．この適用結果を図25に示します．

この方式は，ソフトウェアとSmartMediaがATAインターフェースで完全に途切れてしまうATAカード・アダプタなどには適用が困難ですが，ディジタル・カメラなどのファイル・システムを有する機器でSmartMediaを使用する場合には適用が可能です．

そして，コントローラを内蔵してフラッシュ・メモリのブロック・サイズなどを見えなくしているコンパクトフラッシュなどに代表されるほかのフラッシュ・メモリ・カードに対して，こういった処理を行えることが，SmartMediaシステムの大きな特徴です．

7 64Mバイト以上での複数ページ同時書き込み仕様

● 64Mバイト以上での仕様追加の背景

記憶容量が増えるに従い，メモリ内部の配列は以下のようになります．たとえば，64Mバイトのメモリでは総メモリ・セル数は64M×8＝512M個になり，

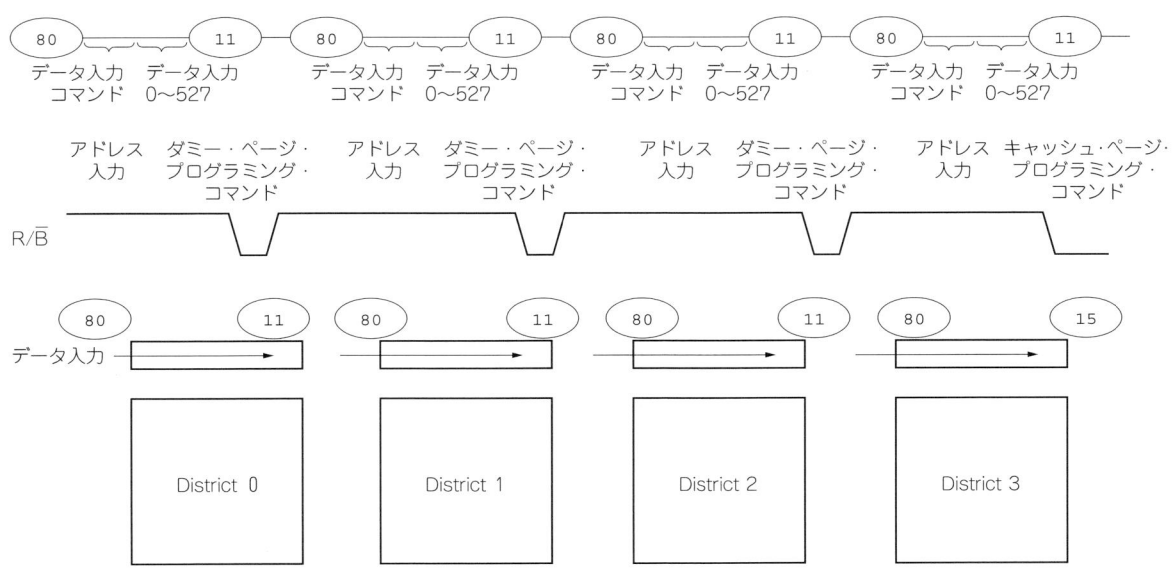

図27 複数ページ書き込みコマンド・シーケンス

第1部　スマートメディア編

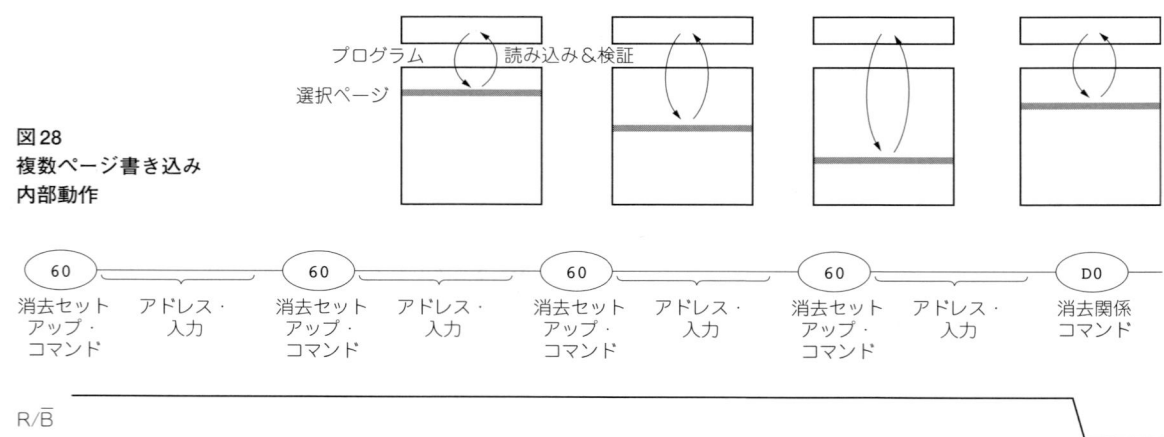

図28　複数ページ書き込み内部動作

図29　複数ブロック消去コマンド・シーケンス

それを仮に縦横同数に配置した場合は，一辺のセル数は(512M)1/2＝21/2×16K個になります．

つまり，64Mバイトのメモリなら，ページ・サイズを16K＝2Kバイト程度にしても経済的なメモリになります．一方，ホスト設計の継承性やスマートメディアの規格を維持するためにはページ・サイズを変えることはできません．このため，図26のような構造をとることが考えられます．

この配列構造により，容量の大きなスマートメディアは同時に複数のページ・データの書き込みが可能となります．

この状況を受けて，64Mバイト以上で最大4ページを同時に書き込むプロトコルが規格化されています．

● 複数ページ同時書き込み，複数ブロック同時消去シーケンス

複数ページ同時書き込みのコマンド・シーケンスを図27に示します．コマンド(11)は，まだ次のデータ入力が続くことを示します．

また，各Districtの選択順は任意で，選択数も1～4の中で任意です．コマンド(15)，(10)を受けて図28のようにメモリ・セルへの書き込みが実行されます．なお，各Blockから選択されるBlock内ページ・アドレスは同一である必要があります．図29に複数ブロック同時消去のシーケンスを示します．

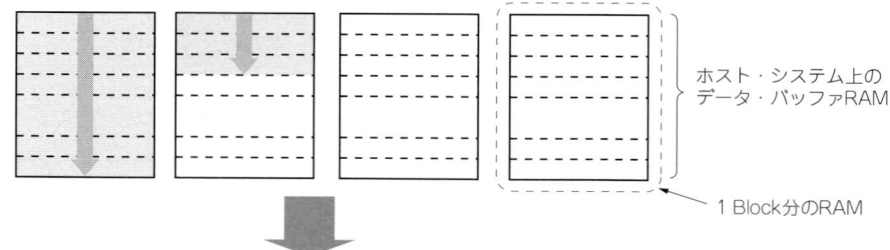

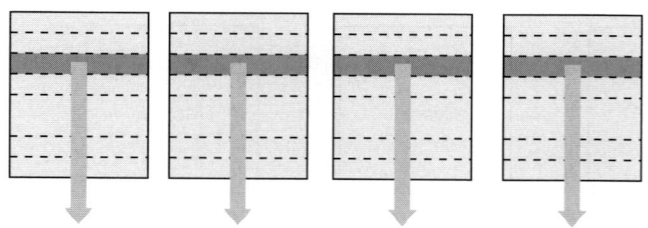

図30　複数ページ同時書き込み時にはデータ順番を入れ替えて書き込む

● **フォーマット互換を保つ書き込み方法**

　複数ブロックに渡って同時に複数ページの書き込みは可能ですが，論理的なセクタ・アドレスはあくまでも各Block内でシーケンシャルに配置されます．言い換えれば，複数ページを同時に書き込んだスマートメディアも，そうでないスマートメディアもデータは交換媒体として同一データ形式の記録状態であることが必要です．

　このために，**図30**に示すようにホスト機器内のバッファRAMにデータを溜め込んでから順番を入れ替えてスマートメディアへのデータ転送を行うことになります．

8　そのほかの補足事項

● **電源投入時，アクセス開始の初期動作などの配慮**

　SmartMediaはリムーバブルメモリ・カードであるため，不意の抜去やチャタリングなどを想定する必要があります．

　経験的にはホストがカードを検出した後，200ms～500ms後にはチャタリングが収まるので，カード検出直後のアクセスは避けてこの時間が経過するのを待ち，SmartMediaにアクセスすることをお勧めします．

　ユーザの操作などによる不意のカードの抜き取りを回避する意味では，アクセス中にLEDを点灯させたり，メディア・スロットにふたを付け，ふたの検知スイッチを併用することで抜き取られるまでの時間にメディアへのアクセスを終了させる方法などが考えられます．

　訂正不可能なエラーが発生した場合，即座にエラー処理（代替処理）を行うのではなく，そのエラーが本質的なものかどうかを事前に見きわめなければなりません．訂正不可能な読み出しエラーが発生した場合には再度同一領域を読み出し，本当にエラーかどうかを確認したり，CISなどをダミーで読み出し，コンタクトに問題はないのか（携帯機器などではアクセス中に機器に強い振動が伝わり，接続コネクタが一時的に接触不良になることもある）などを確認することを忘れないでください．

すけがわ・ひろし
SSFDCフォーラム フラッシュ・メモリグループ　(株)東芝
まえさこ・たけと

第1部 スマートメディア編

第2章

アクセス制御からECCの計算法，
PLDを使ったコントローラの設計まで

H8マイコンによるスマートメディアへのアクセス事例

漆谷 正義

NAND型フラッシュ・メモリの動作とスマートメディアの制御方法

　フラッシュ・メモリは，EEPROMの技術の流れをくんでおり，構造的にはMOS（CMOS）メモリに分類されます．書き換え寿命は，NAND型の場合で100万回以上あり，データ保持性能や耐久性に優れています．このフラッシュ・メモリを切手くらいのサイズに小型化，集積化したモジュールを，小型メモリ・カードと呼んでいます．

　小型メモリ・カードにはいくつかの種類があります．代表的なものとして，スマートメディアや，その後継のxDピクチャーカードなどが登場しています．**写真1**にスマートメディアとxDピクチャーカードの外観を示します．

　スマートメディアは小型メモリ・カードとしてはすでに1世代前のものです．現在ではxDピクチャーカードに切り替わりつつあるため，手元にスマートメディアのカードが余っている人も多いことでしょう．

　スマートメディアはコントローラを内蔵せず，NAND型フラッシュ・メモリからそのまま端子を引き出したものなので，設計の自由度が大きいという利点があります．この点でNAND型フラッシュ・メモリの制御の学習には適しています．

　そこで，本章ではスマートメディアとその発展系であるxDピクチャーカードを取り上げ，その基礎知識や制御方法の基本，マイコンやFPGAを使ったインターフェースの設計事例などを解説していきます．

1 スマートメディアの基礎知識

● フラッシュ・メモリとは

　スマートメディア，xDピクチャーカード，SDメモリーカード，メモリースティック，CompactFlashなどの小型メモリ・カードは，NAND型のフラッシュ・メモリを使っています．素子数はNOR型より多いのですが，チップ面積は逆に小さく，大容量化に向いています．

　フラッシュ・メモリは，UV-EPROMとEEPROMが進化したものです．浮遊ゲートに電荷を蓄えることで記憶が行われ，浮遊ゲートとの電荷のやり取りにトンネル効果が利用されるなど，原理はほとんどいっしょで，消去が電気的に一挙に（フラッシュ）行われるのが特徴です．

● NAND型とNOR型の違い

　図1に，NAND型フラッシュ・メモリとNOR型フラッシュ・メモリのセル構造を示します．

　NOR型は，ソースが共通でグラウンドにつながっており，ドレインと制御ゲートで単位セルをアクセスする構造です．ランダム・アクセスが行えますが，配線面積が大きく，単位セルあたりの面積はNAND型の約2.5倍となります．

　NAND型の利点は，消去と書き込みの時間が短い

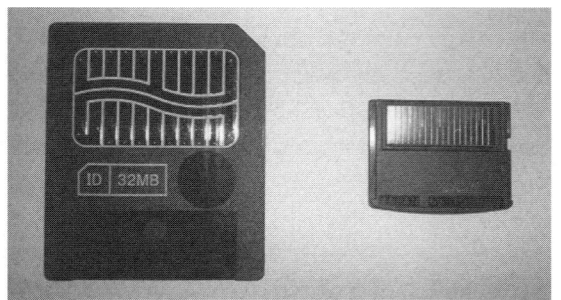

写真1 スマートメディア（左）とxDピクチャーカード（右）

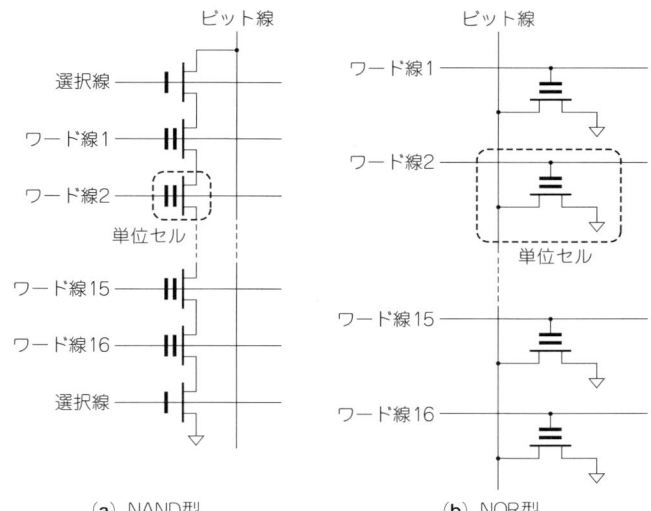

図1
NAND型フラッシュ・メモリとNOR型フラッシュ・メモリのセル結線方法

(a) NAND型　　(b) NOR型

ことです．図1の例で，点線で囲まれたセルを選択するには，これ以外のワード線と上下の選択線に電圧を加えて，選択したセルの上下の線を導通させます．NAND型は，消去と書き込みの両方にFNトンネル効果[注1]を使うので，大容量でも書き込み電力が少なくて済みます(ハードディスクの1/10程度)．

● スマートメディアの各部の名称と外形

スマートメディアの外形形状を図2に示します．厚さは0.76mmと極めて薄いのが特徴です．5Vの場合，切り欠きの位置は左側になります．図2は3.3V仕様のものです．書き込み禁止にするためには，図の円形の部分に導電性のライト・プロテクト・シールを貼ります．図2は1チップ仕様(中に半導体のダイが一つ)ですが，このほかに2チップ仕様のものがあります．凹部の形状がやや異なりますが，ほかは同一寸法です．

● スマートメディアのピン配置と機能

表1にスマートメディアの端子機能を示します．入出力(I/O)は，スマートメディアから見た表記です．D0～D7は，アドレス・コマンド・データ入出力ピンです．チップ・イネーブル($\overline{CE}$，カード・イネーブルとも呼ぶ．$\overline{}$記号は負論理を示す)は，チップの書き込み，読み出し動作を許可します．$\overline{CE}$が"H"レベルのときは，$\overline{RE}$と$\overline{WE}$は無視され，D0～D7は3ステートになります．ライト・イネーブル($\overline{WE}$)は，D0～D7

表1　スマートメディアの端子機能($\overline{}$は負論理を示す)

ピン番号	ピン名	I/O	機能
1	GND	—	グラウンド
2	CLE	I	コマンド選択
3	ALE	I	アドレス選択
4	$\overline{WE}$	I	書き込み許可
5	$\overline{WP}$	I	書き込み消去禁止
6	D0	I/O	データ0
7	D1	I/O	データ1
8	D2	I/O	データ2
9	D3	I/O	データ3
10	GND	—	グラウンド
11	$\overline{CD}$	O	カード検出
12	V_{cc}	—	電源
13	D4	I/O	データ4
14	D5	I/O	データ5
15	D6	I/O	データ6
16	D7	I/O	データ7
17	LVD	O	3.3Vカード検出
18	GND	I	GNDレベル入力
19	R/$\overline{B}$	O (OD)	内部動作ステータス
20	$\overline{RE}$	I	読み出し許可
21	$\overline{CE}$	I	デバイス選択
22	V_{cc}	—	電源

のデータをチップに書き込む指示信号です．リード・イネーブル($\overline{RE}$)は，データをD0～D7に読み出す指示信号です．

$\overline{WP}$は，電源投入/しゃ断時などに，書き込みや消

注1：Fowler-Nordheim Tunnelingの略．浮遊ゲートに蓄えられた電荷は，まわりの誘電体の電位に妨げられて通常は井戸の中に落ち込んだようになっている．しかし，浮遊ゲートの下のチャネル(電荷の通り道)が，ある厚さの範囲にある場合は，外部電界を加えることで，浮遊ゲートの電荷がトンネルを抜けるように外に出ることができる．

第1部 スマートメディア編

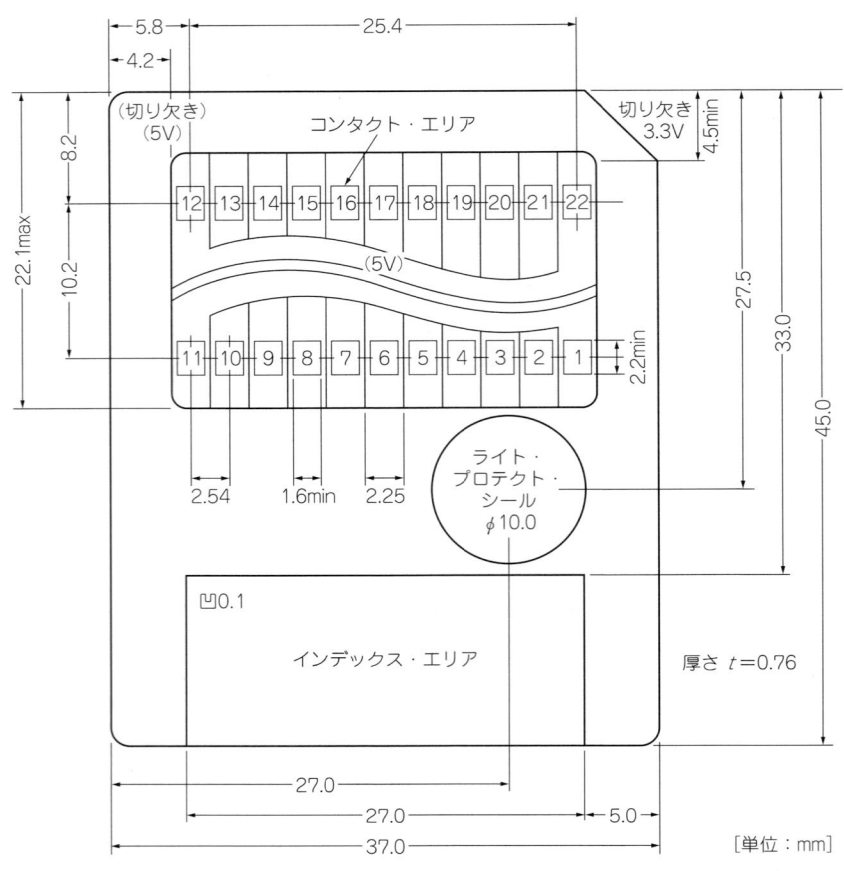

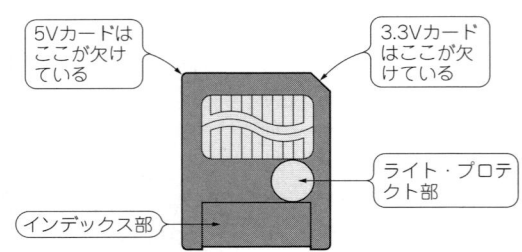

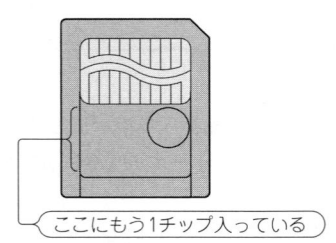

図2 スマートメディアの外形形状

去動作を禁止させるための信号です．R/$\overline{B}$は，カードの内部動作中を示す信号です．$\overline{CD}$は，スマートメディア側でGNDに接続されているので，ホスト側でこの信号をプルアップしておけば，カードの挿入によりグラウンド・レベルになり，カードの有無を検出できます．

● コマンド，アドレス，データの選択

コマンド選択信号CLEとアドレス選択信号ALEは，内部マルチプレクサ選択端子として働き，どの内部レジスタをD0～D7ピンに接続するかを決定します（表2）．

● スマートメディアへはページ単位でアクセス

読み書きの単位は，NOR型フラッシュ・メモリがバイトまたはワード単位であるのに対し，NAND型はページ（たとえば528バイト）を単位として行います．ページはデータ・レジスタの大きさに相当します．なお，消去の単位はブロック（たとえば32ページ）です．

NAND型フラッシュ・メモリは，ハードディスク

第2章 H8マイコンによるスマートメディアへのアクセス事例

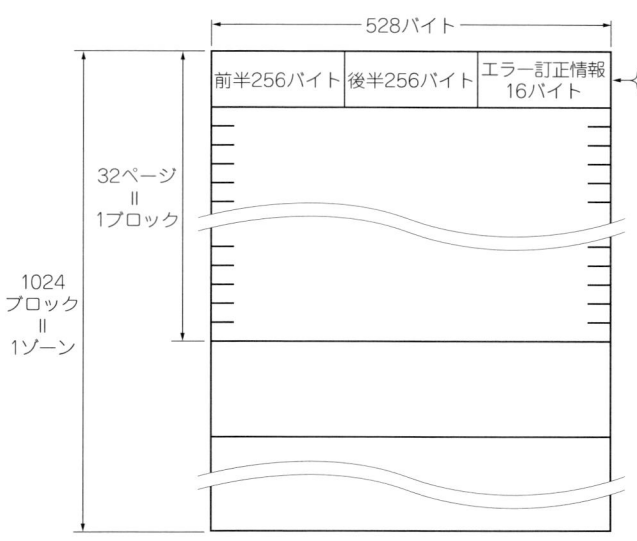

図3 スマートメディアのページ，ブロック，ゾーンの関係

表2 内部レジスタの選択方法

ALE	CLE	レジスタ選択
0	0	データ・レジスタ
0	1	コマンド・レジスタ
1	0	アドレス・レジスタ
1	1	未定義

を置き換えることが当初からの目標でした．ハードディスクの1セクタ（最小の読み書き単位）は512バイトであり，これにエラー訂正のための16バイトを付加して528バイトとなったのです．そのため，1ページを1セクタと呼ぶ場合もあります．さらに容量の大きなカードでは，1024ブロックを1ゾーンと呼びます．以上のページ，ブロック，ゾーンの関係をまとめ，図3に示します．

2 スマートメディアからのページ読み出し動作

図4にページ読み出し動作の概念を，図5に実際のページ読み出しシーケンスを，表3に代表的なコマンドを示します．ページの読み出しは528バイト単位で行います．その動作は次のようになります．

● コマンド期間のシーケンス

CLE＝1，ALE＝0として，バイト・コマンド00h

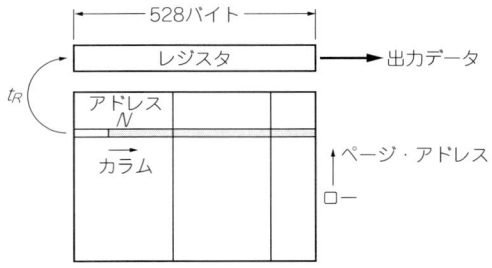

図4 スマートメディアのページ読み出し動作

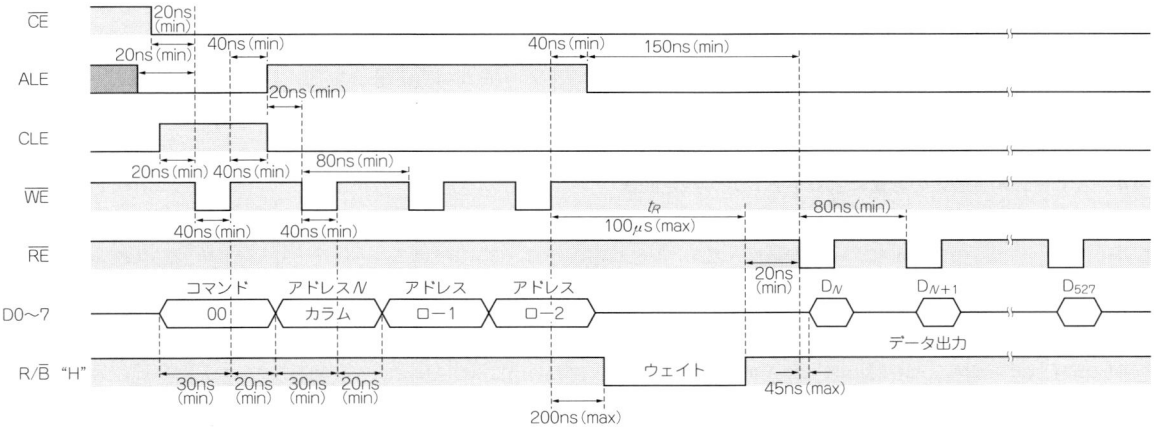

図5 スマートメディアのページ読み出しシーケンス

第1部　スマートメディア編

表3　スマートメディアの代表的なコマンド

コマンド名称	第1サイクル	第2サイクル	概　要	備　考
シリアル・データ入力	80h	—	データ・レジスタにデータを書き込む	
読み出しモード1	00h	—	ページ先頭から1ページ分読み出す	
読み出しモード2	01h	—	ページの半分以降を読み出す	528バイト/ページのカードのみ
読み出しモード3	50h	—	冗長部データのみ読み出す	
リセット	FFh	—	スマートメディアを初期化する	ビジー状態でも受け付ける
ページ書き込み	10h	—	データ・レジスタからセルに書き込む	
ブロック消去	60h	D0h	消去ブロック指定/消去実行	
ステータス読み出し	70h	—	消去，書き込み後の異常判定用	ビジー状態でも受け付ける
ID読み出し	90h	—	デバイスIDを読み出す	

をD0〜D7ピンに設定します．そして$\overline{WE}$ピンを"L"レベルにした後，"L"レベル→"H"レベルと変化させると，読み出しモード1コマンドがコマンド・レジスタに設定されます．$\overline{WE}$のアサート時間は最小40nsです．データD0〜D7のセットアップ/ホールド・タイムは$\overline{WE}$信号の立ち上がりに対して，最小値がそれぞれ30ns/20nsとなっているので，これを守れば$\overline{WE}$を"H"レベル→"L"レベルとした後でデータを確定させてもかまいません．スマートメディアは，$\overline{WE}$信号の立ち上がりエッジでデータを取り込みます．読み出しモード1は，1ページの528バイトすべてを読み出すもので，もっともよく使われるモードです．

● アドレス期間のシーケンス

CLE = 0，ALE = 1として，アドレスの最初のバイトをD0〜D7ピンに設定します．そして$\overline{WE}$ピンを"L"レベルに落とした後，"L"レベル→"H"レベルとすると，このバイトがアドレス・レジスタに設定されます．この最初のアドレス値N（カラム・バイトと呼ぶ）は通常0です．ページの先頭から読み出すためですが，途中から読み出す場合は任意の値（0〜255）に設定することも可能です．

また，コマンドを01hとすると，読み出しモード2となります．この場合は，データを256バイト目からスタートして511バイトまで読み出すことができます．

もう一つ，読み出しモード3というものもあります．これはコマンドを50hとした場合で，データを512バイト目から527バイト目まで読み出します．どの場合もページの全体がレジスタにコピーされ，Nはレジスタから読み出すときのポインタの役割を果すだけです．1番目のカラム・バイトNに続くアドレスは，2番目がロー1（下位），3番目がロー2です．

容量が64Mバイト以上の場合は，さらに4番目のロー3（ゾーン・アドレス）が付け加わります．ゾーンは16Mバイト単位で最大8です．ロー1の下位4または5ビットがブロック内のページを指定し，残りがブロックの位置を指定します．

アドレス指定の関係を表4に示します．タイミング的には，コマンドの場合とほぼ同じですが，$\overline{WE}$の繰り返し周期 t_{WC} が最小80nsであることに注意してください（$t_{WP} + t_{WH}$ = 40ns + 20ns = 60nsより大きい）．

● データ転送期間のシーケンス

この後，CLEとALEをともに"L"レベルにすると，メモリ・アレイからデータ・レジスタにデータが転送されます．この間，R/$\overline{B}$ピンが"L"レベルとなり，チップがビジー状態であることを知らせてきます．ビジー期間は長くても100μsです．注意するのは，ビジー期間は$\overline{CE}$端子を"L"レベルにしておく必要があることです．"H"レベルにするとスタンバイ・モード

表4　スマートメディアの容量によるアドレスの設定関係

容量	4番目のアドレス		3番目のアドレス								2番目のアドレス								*	1番目のアドレス							
1M, 2Mバイト	—		A23	A22	A21	A20	A19	A18	A17	A16	A15	A14	A13	A12	A11	A10	A9	A8	—	A7	A6	A5	A4	A3	A2	A1	A0
			PA15	PA14	PA13	PA12	PA11	PA10	PA9	PA8	PA7	PA6	PA5	PA4	PA3	PA2	PA1	PA0	—	CA7	CA6	CA5	CA4	CA3	CA2	CA1	CA0
8M, 16M, 32Mバイト	—		A24	A23	A22	A21	A20	A19	A18	A17	A16	A15	A14	A13	A12	A11	A10	A9	A8	同上							
			PA15	PA14	PA13	PA12	PA11	PA10	PA9	PA8	PA7	PA6	PA5	PA4	PA3	PA2	PA1	PA0	CA8								
64M, 128Mバイト	etc	A26 A25	A24	A23	A22	A21	A20	A19	A18	A17	A16	A15	A14	A13	A12	A11	A10	A9	A8	同上							
	L	PA17 PA16	PA15	PA14	PA13	PA12	PA11	PA10	PA9	PA8	PA7	PA6	PA5	PA4	PA3	PA2	PA1	PA0	CA8								

＊：'00'または'01'コマンドにより自動的に設定される

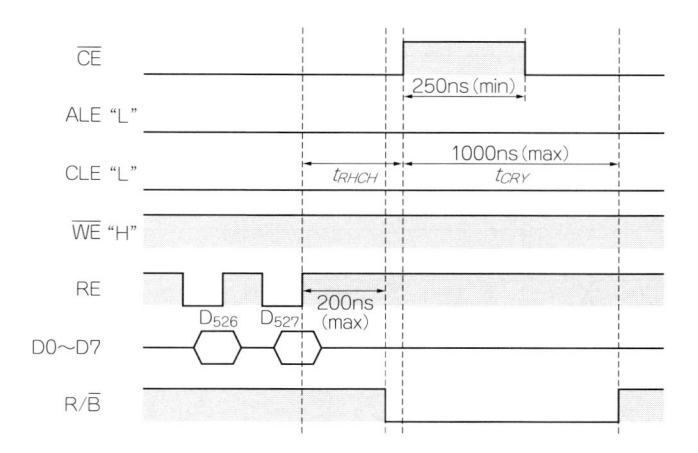

図6 ページ読み出し後のビジー R/B解除シーケンス

になり，転送は途中で中断されます．

● 読み出し期間のシーケンス

データ・レジスタへのデータ転送が完了すると，R/B端子が"H"レベルになります．この後，$\overline{RE}$端子にクロック・パルスを送ることで，1バイトずつデータ・レジスタからデータを読み出すことができます．最初のデータはバイトD_N（1ページ中のNバイト目）です．最後のバイトD_{527}（1ページ中の527バイト目）を読み出すと，R/B端子が勝手に"L"レベル（ビジー状態）になります．これは素子側が次のページの読み出しの準備を行うための動作で，シーケンシャル・リードと呼ばれます．シーケンシャル・リードが必要ない場合は，$\overline{CE}$端子を"H"レベルにします．

また，読み出しモード2やモード3で，256バイト目や512バイト目からの読み出し，さらにアドレスNで8ビットのオフセットを付けたアドレスを先頭アドレスにできることはすでに説明しましたが，終了アドレスを途中で打ち切ることもできます．たとえばコマンド00hで，アドレスNも00hだった場合，データは最大528バイトを読み出せるわけですが，途中のXバイト目以降は不要だとします．この場合，Xバイト目を読み出した後で，$\overline{CE}$端子を"H"レベルにすれば，ここで読み出しは終了します．

ページ読み出し後にビジーR/Bを解除するタイミングを図6に示します．$\overline{RE}$の立ち上がりから$\overline{CE}$の立ち上がりまでの時間t_{RHCH}が30nsより小さい場合，ビジーは出力されず，"H"レベルのままとなります．しかし，t_{RHCH}が30ns以上の場合はビジーが出力されます．この場合，$\overline{CE}$を"H"レベルとすることにより，t_{CRY}後にビジーが解除（"L"→"H"）されます．t_{CRY}は最大1μsですが，これはR/B端子のプルアップ抵抗値に依存します．短くするには2kΩぐらいのプルアップ抵抗値とすると良いでしょう．

3 スマートメディアへのページ書き込み動作

書き込みは"プログラム"ともいいます．ページ書き込み動作では，まず1ページ分のデータである528バイトがデータ・レジスタに書き込まれ，次にメモリ・アレイに転送されます．図7に書き込み動作の概念を，図8に書き込みシーケンスを示します．

● コマンド期間のシーケンス

CLE = 1，ALE = 0として，コマンド80hをD0～D7ピンに設定します．その後，$\overline{WE}$ピンを"L"レベル→"H"レベルとします．これによりシリアル・データ入力コマンドがコマンド・レジスタにセットされます．このコマンドは，データ・レジスタの内容をすべて1（FFh）にリセットします．

● アドレス期間のシーケンス

CLE = 0，ALE = 1として，最初のアドレス・バイトをD0～D7ピンに設定します．その後，$\overline{WE}$端子をパルス駆動します．最初のアドレスNは，カラム・バイトと呼ばれ，たいていは0に設定してページの先頭から書き込みます．Nは0～255の任意の値とするこ

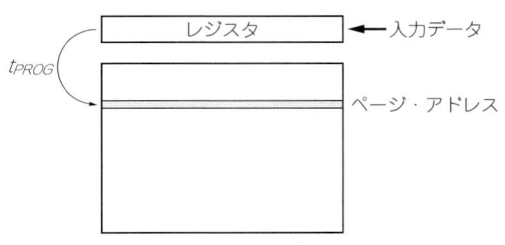

図7 スマートメディアのページ書き込み動作

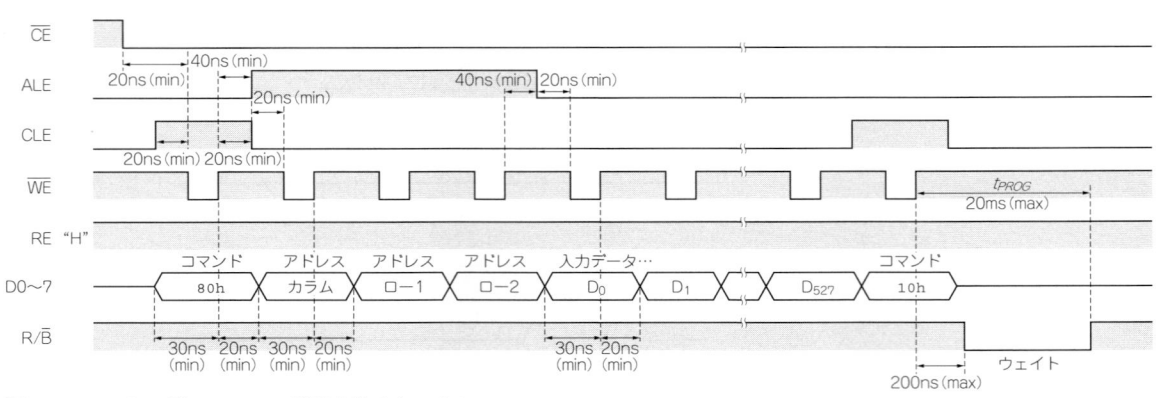

図8 スマートメディアのページ書き込みシーケンス

ともできます．この場合，データ・レジスタのNの位置から先ほどリセットされたFFhの上にデータが上書きされることになります．

$N=256 \sim 527$に上書きしたいときは，80hコマンドを発行する前に，読み出しコマンド01h（読み出しモード2）か50h（読み出しモード3）を発行してデータ・ポインタを変更しておく必要があります．注意してほしいのは，書き込みコマンド（10h）が発行されるたびに，データ・レジスタからメモリ・セルへ，ページ全体が書き込まれるということです．データ・ポインタは図7のデータ・レジスタに対するもので，メモリ・セルに対するものではありません．したがって，オフセットがある場合，データ・ポインタが指し示すアドレス以前は，FFhのままとなります．シリアル・データ入力コマンド80hは，データ・レジスタをすべて1にリセットするので，データ・レジスタの中で上書きされなかったバイトはすべて1のままであり，メモリ・セルには何の影響も与えません．

カラム・バイトNの次のアドレスは，読み出しモードと同様にロー1とロー2です．ロー1の下位4ビットまたは5ビットがブロック内のページを指定し，残り

図9 スマートメディアのブロック消去動作

は素子内のブロック（およびゾーン）を指定します．

● データ入力期間のシーケンス

CLEとALEをともに0にします．次に$\overline{WE}$端子をトグルさせて，データ・バイトをデータ・レジスタに書き込みます．

● 書き込み期間のシーケンス

CLE=1，ALE=0として，コマンド・レジスタに10h（自動書き込みコマンド）を設定します．これにより，R/$\overline{B}$端子はt_{PROG}期間〔250μs（typ）〕だけビジーとなります．このビジー期間に$\overline{CE}$端子を"H"レベルにしてしまっても影響はなく，書き込みは継続されます．

● タイム・アウト検査期間のシーケンス

タイム・チャートには示していませんが，書き込み（ビットを1から0に変える）が失敗した場合，ステータス・レジスタにこれを書き込む期間があります．

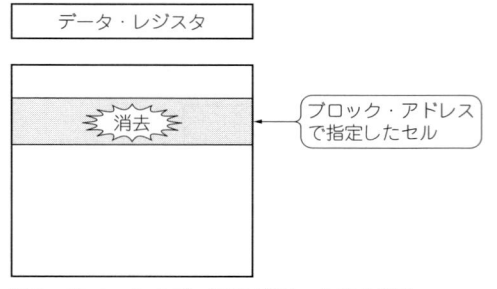

4 スマートメディアのブロック消去動作

ブロック消去動作では，ひと組の連続したページが単一の命令で消去されます．書き込みがビットを1から0に変えるのに対し，消去動作はビットを0から1に戻す動作となります．ブロック消去の概念を図9に，ブロック消去のシーケンスを図10に示します．

● コマンド期間のシーケンス

CLE=1，ALE=0として，コマンド60hをD0～D7ピンに設定し，$\overline{WE}$ピンを"L"レベル→"H"レベルとします．コマンド・レジスタにはブロック消去命令を設定します．

● アドレス期間のシーケンス

CLE=0，ALE=1として，アドレス・レジスタに

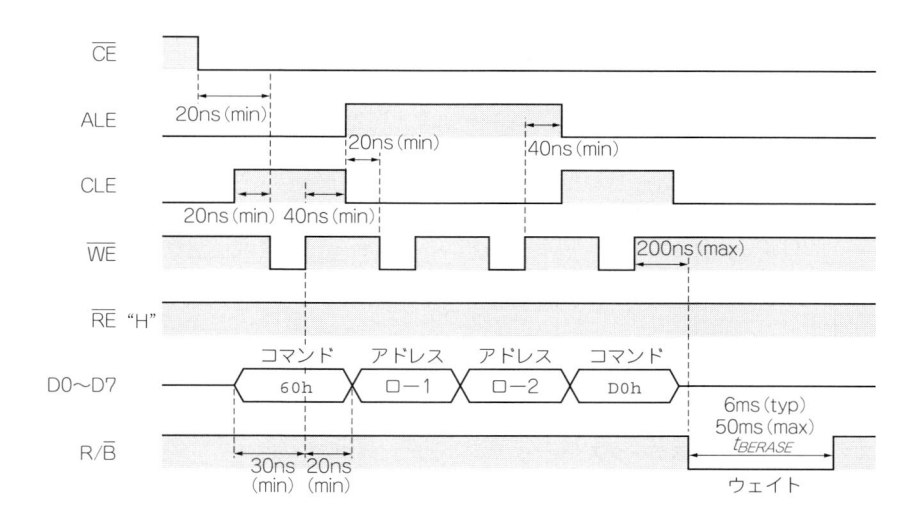

図10
スマートメディアのブロック消去シーケンス

2バイトのアドレスを書き込みます．読み出しや書き込みのときのようなカラム・バイトがないので，ロー2バイトだけです．最初のアドレス・バイト（ロー1）は，上位3ビットだけが有効です．ロー1の下位5ビットは（32ページ構成の場合は）ブロック内のページを指定するためのものですが，ブロック内のすべてのページが消去されるので，事実上意味がありません．これにロー2の8ビットを加えた11ビットで，消去すべきブロックを指定します．32Mバイトのカードの場合，$2^{11}=2048$ブロックが最大値になりますが，これより大容量のものは，3バイトのアドレスとなります．

● **消去期間のシーケンス**

CLE＝1，ALE＝0として，コマンド・レジスタにブロック消去確認コマンド（D0h）を書き込みます．これによりR/$\overline{\text{B}}$端子はビジー状態を示します．ビジー期間 t_{ERASE} は約2ms程度です．なお，この間に$\overline{\text{CE}}$端子が"H"レベルになったとしても，消去動作は継続されます．

● **タイム・アウト検査期間のシーケンス**

図10のタイミング図にはありませんが，消去動作の後，タイム・アウト（消去失敗）が発生したかどうかのチェックを行います．定められた時間内にブロック消去が行えなかった場合，ステータス・レジスタの合否ビットにこれを反映します．内部ではこの時間内に複数回トライするので，消去できずタイム・アウトとなれば，このブロックは不良であると結論づけられます．

● **書き込み/消去後のビジー信号の監視**

書き込みや消去コマンドを発行して，R/$\overline{\text{B}}$が"L"レベル（ビジー）となった状態で，$\overline{\text{CE}}$を"H"レベルとしても，R/$\overline{\text{B}}$は当該動作が終了するまで"L"レベルのままです．再度アクセスが必要になって，$\overline{\text{CE}}$を"L"レベルとしても，R/$\overline{\text{B}}$端子には影響しません．したがって，ビジー信号をタイマで監視し，一定時間が経過してもビジーが解除されないときはエラーとし，リトライやエラー終了などに分岐するようにしておく必要があります（この場合のビジー信号の解除はリセット・コマンドで行う）．

● **ステータス・レジスタへのアクセス**

書き込みや消去に失敗した場合は，ステータスに反映されます．これを読み出すには，**図11**のようなタイミングでコマンド70hを発行します．

5 スマートメディアのIDやCISについて

● **容量の取得方法**

挿し込まれたカードの容量を判定するためには，ID読み出しコマンド（90h）を発行します．読み出した最初のバイトがメーカ・コードで，たとえば98hが富士写真フイルム，EChがSamsung Electronics社を表します．そして次のバイトが容量を表します．

スマートメディアを扱う場合は，まずこの容量を調べることが重要です．スマートメディアでは，容量によってページ・サイズやブロック・サイズが異なるためです．**表5**にスマートメディアの容量と各種パラメータの一覧を示します．

現在では16Mバイト未満の容量のカードを使うことはほとんどないので，ページ・サイズは528バイト，ブロック・サイズは32ページと決定しても問題ないかもしれません．しかし，容量の違いによって**表5**のように各サイズが異なることにはかならず注意してくだ

第1部　スマートメディア編

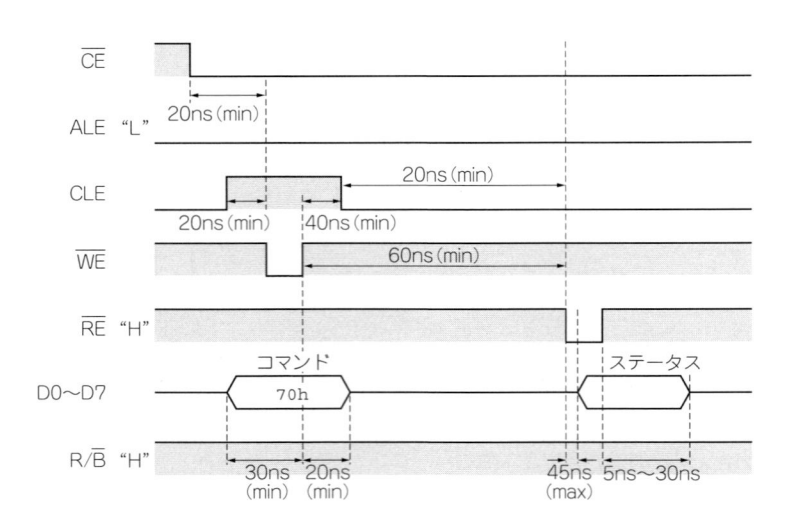

図11 スマートメディアのステータス読み出しシーケンス

表5 スマートメディアの容量と各種パラメータの一覧

カード容量（バイト）	IDコードの容量情報	ページ・サイズ（バイト）	ブロック・サイズ（ページ/ブロック）	ゾーン（1024ブロック/ゾーン）	アドレス指定4バイト目
1M	6E, E8, EC	256 + 8	16	一つのみ	なし
2M	64, EA				
4M	6B, E3, E5				
8M	E6h	512 + 16	32		
16M	73h				
32M	75h			2	あり
64M	76h			4	
128M	79h			8	
256M	71h			16	
512M	DCh			32	
1G	D3h			64	

注：スマートメディアは最大128Mバイトまで．
256Mバイト以上はxDピクチャーカードの場合．

表6 ATAインターフェースのCIS情報の先頭部分

アドレス	データ	内容
00	01h	タプルID（CIS TPL_Device）
01	03h	次のタプルへのリンク
02	D9h	デバイス・タイプ：I/O, 速度：250ns
03	01h	デバイス・サイズ：2Kバイト
04	FFh	デバイスIDタプル終端
05	18h	タプルID（CIS TPL_JEDEC_C）
06	02h	次のタプルへのリンク
07	DFh	JEDEC製造ID（PCカードATA）
08	01h	JEDECデバイスID（VPP不必要）
09	20h	タプルID（CIS TPL_MANF_ID）

さい．

● **CIS領域にある情報**

　CIS領域とは，スマートメディアをPCカードとして使う場合に必要となる部分で，**表6**のようなATAインターフェースのCIS（Card Information Structure）情報が記録されています．この領域の先頭10バイトは固定値で，**表6**のデータと同じ内容であれば，スマートメディアの物理フォーマット仕様が満たされていると判断します．

　CIS情報は，先頭ブロックの先頭ページに記録されていますが，そのブロックが不良ならば次のブロックの先頭ページに，そこも不良ならばさらに次のブロックに…，というように記録されています（連続する2ページの計4か所に同じものがある）．

　スマートメディアでは先頭ブロックにこのCISが格納され，それ以降のブロックをユーザ・データの記録用の領域として使います．ディジタル・カメラやWindowsでスマートメディアを使っていて，ときどきフォーマットすらできないようなエラーが発生し，メディアが使えなくなる場合があります．その場合，このCIS領域が破壊されてしまった可能性があります．CIS領域が破壊されたスマートメディアを復活させる方法については後述します．

　ちなみに，参考文献（2）に掲載されているPCカードのタプル解析ツールを使って，スマートメディアのCISを解析した結果を**リスト1**に示します．

● **固有IDについて**

　著作権のあるコンテンツをスマートメディアに記録するときは，コンテンツを暗号化して記録しますが，暗号化のキーとなるものが固有IDです．再生時に復号

第2章　H8マイコンによるスマートメディアへのアクセス事例

リスト1　スマートメディアのCISのタプル解析表示結果（32Mバイトのスマートメディア）

```
CISTPL_DEVICE :                                  PeackI : 45.00mA
 Device type : FUNCSPEC card                    CISTPL_CFTABLE_ENTRY :
 Write Protect Switch : Diseble                  Default bit
 Device speed : Extend 400ns                     Index Number : 01h
 Device Size : 2KBytes   Unit : 1                Interface : I/O & Memory   READY Enabled
CISTPL_DEVIC_OC :                                Vcc power Infomation
 3.3V Vcc                                         NomV : 5.00V
 Device type : FUNCSPEC card                     I/O Infomation
 Write Protect Switch : Diseble                   I/O decode address line : 4   full 16/8bit
 Device speed : 250ns                             I/O bytes : 10h
 Device Size : 2KBytes   Unit : 1                Interrupt Infomation
CISTPL_JEDEC_C :                                  share pulse level
CISTPL_MANFID :                                   IRQ : 0 1 2 3 4 5 6 7 8 9 10 11 12 13 14 15
 Manufacturer ID : 0045h                         Misc Infomation
 Manufacturer Information : 0401h                 max twin carda  : 0
CISTPL_VERS_1 :                                   power down
 Verison : Ver4.1                                CISTPL_CFTABLE_ENTRY :
 [                    ]                          Index Number : 01h
 [PCMCIA Adapter      ]                          Vcc power Infomation
CISTPL_FUNCID :                                   NomV : 3.30V
 Card Function : PC Card ATA                      PeackI : 45.00mA
 Sytem initializ bit 01h                         CISTPL_CFTABLE_ENTRY :
CISTPL_FUNCE :                                    Default bit
 Disk Device Interface Tuple : PC card ATA        Index Number : 02h
CISTPL_FUNCE :                                    Interface : I/O & Memory   READY Enabled
 Basic PCCard Extension Tuple(1) : Silicon       Vcc power Infomation
Device/IDENTIFY                                   NomV : 5.00V
 DEVIDE Serial number is unique/Sleep mode       I/O Infomation
           /Standby mode/IDLE mode/Auto Power mode I/O decode address line : 10   full 16/8bit
CISTPL_CONFIG :                                   I/O address range : 2
 Last Index Number : 03h                          I/O start address : 1F0h
 CCR Address : 200h                               I/O bytes : 8h
 CCR : CCOR CCSR PRR SCR                          I/O start address : 3F6h
CISTPL_CFTABLE_ENTRY :                            I/O bytes : 2h
 Default bit                                     Interrupt Infomation
 Index Number : 00h                               share pulse level
 Interface : Memory   READY Enabled               IRQ : 14
 Vcc power Infomation                            Misc Infomation
  NomV : 5.00V                                    max twin carda  : 0
 Memory Infomation(1)                           ～中略～
  memory field(1) :                              CISTPL_CFTABLE_ENTRY :
  window size 8h                                  Index Number : 03h
 Misc Infomation                                 Vcc power Infomation
  max twin carda  : 0                             NomV : 3.30V
  power down                                      PeackI : 45.00mA
CISTPL_CFTABLE_ENTRY :                           CISTPL_NO_LINK :
 Index Number : 00h                              CISTPL_END : FF
 Vcc power Infomation
  NomV : 3.30V
```

化する際，スマートメディアの固有IDが違う場合は元の情報に復元することはできません．

　固有IDはスマートメディアのCIS領域の後のIDI（ID information fields）領域に，カードごとに異なったコードで記録されています．このコードについては，SSFDCフォーラム（http://www.ssfdc.or.jp/）の固有ID管理規定で定められています．固有IDの読み出しコマンドは，フォーラム会員のみに公開されています．

論理-物理アドレス変換とECCの計算方法

6　スマートメディアの論理-物理アドレス変換

● 論理アドレスとは

　スマートメディアでは，物理ブロック・アドレスが不良で使えない場合があることと，CISのようにアクセスしてほしくない領域があることから，表向き（ユーザ向け）のアドレスが必要になります．これが論理アドレスです．

　表7は論理アドレスの割り当て例です．物理アドレスB_pに論理アドレスB_Lを割り振っていきますが，順不同であり，物理アドレスが対応しない場合（$B_L = 0$,

表7　論理アドレスの割り当て例

物理ブロック B_P	データ例	論理ブロック B_L
0	不良	使用せず (0)
1	CIS	使用せず (1)
2	空き	2
3	空き	5
4	空き	3
5	空き	4
⋮	⋮	⋮

1) もあります．この論理アドレスは，各セクタの冗長部に書き込むことになっています．

● **各セクタのエラー訂正情報部のフォーマット**

物理ブロックと論理ブロックの対応情報は，各ページのエラー訂正情報部に格納します．**図12**にエラー訂正情報部のフォーマットを示します．アドレス0が1ページ内の512バイト目に相当します．アドレス6, 7とアドレス11, 12は同一の内容を示します．ブロックの良/不良は，アドレス5のブロック・ステータスで判断します．エラー訂正情報部がすべてFFhの場合（消去状態）はブロックが未使用であると判断できます．

また，論理ブロックの値は，**図12**のように2バイトを使って格納します．Pはパリティで，スマートメディアでは偶数パリティを使うように規定されています．先頭バイトのビット7～3の'00010'の5ビットとパリティで，論理アドレスの正当性を判断します．

● **論理ブロックの割り当て方**

前節で説明したように，1ゾーンは1024ブロックからなります．論理ブロックと物理ブロックの対応付けは，このゾーン内で行います．また，物理ブロックは0～1023の全1024ブロックですが，論理ブロックは0～999の1000ブロックを使います．複数のゾーンをもつ大容量のスマートメディアの場合は，物理ブロック0～1023（最初のゾーン）に論理ブロック0～999を割り当て，物理ブロック1024～2047（次のゾーン）に論理ブロック1000～1999を割り当てます．

すべてのブロックが劣化せず正常な場合でも，論理ブロックとして割り当てられないブロックが，1ゾーン中に最大24ブロック存在することになります．これらの未割り当てブロックは，論理ブロックとして割り当てられていたどこかのブロックを消去した場合に，新たに論理ブロックとして割り当てられ，一部の特定ブロックに書き込み/消去が集中しないようにするために使われます．

さらにNAND型フラッシュ・メモリは，何度も書き込み/消去を行っていると劣化してきます．正常に書き込み/消去が行えなくなった段階でそのブロックを使用禁止とし，未割り当てブロックから新たに論理ブロックを割り当てます．

7　スマートメディアのECCの計算方法

● **ECC（Error Check and Correct）の必要性とハミング符号**

NAND型フラッシュ・メモリに限らず，半導体メモリは，次の三つの要因によってランダム・エラーが

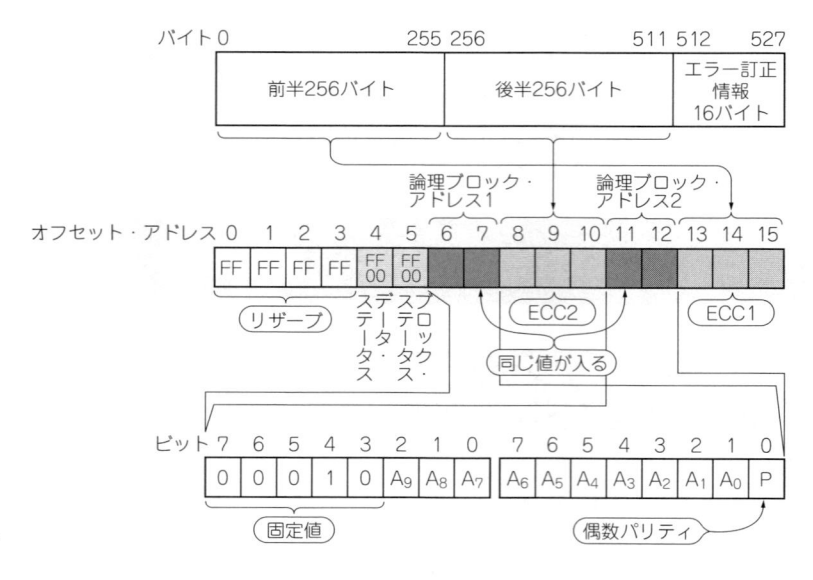

図12　エラー訂正情報部のフォーマット

発生する可能性があります．
(1) パターンの微細化による欠陥の増加
(2) ビット線につながるセルの増加によるS/Nの低下
(3) アルファ線による蓄積電荷の消失

　そのため，半導体メモリのエラー訂正（ECC）の歴史は古く，1ビット・エラー訂正や2ビット・エラー検出の可能なハミング符号が，1960年代にすでにIBM社で実用化されています．スマートメディアも，エラー検出能力が高く，符号化と復号化の時間が短いハミング符号であるSEC-DEDをECCに採用しています．

● ECCの生成方法

　ハミング符号は，エラー検出やエラー訂正のためのパリティ・ビットを情報ビット（正確には通報message）の1次結合（線形連立方程式）で得るのが特徴です．スマートメディアのECCでは，256バイト（2048ビット）をひと組のシリアル・データとして扱い，これに22ビットのECCを付け加えます．ECCの計算方法を，表8と表9を使って説明します．

　表8は，256バイトのうちの最初の32バイトを上から順に並べたものです．左端がMSBです．表8の中央のLP00などはライン・パリティで，次のように計算します．

　　LP00 = bit7 + bit6 + bit5 + bit4 + bit3 + bit2
　　　　　　　　　　　　　　　　+ bit1 + bit0 + LP00

　ここで，+は普通の加算ではなく，mod2の計算です．この加算の場合は，1 + 1 = 0であること（つまり − 1 = 1）が普通の加算と異なるところです．排他的論理和（Ex-OR）と言ったほうがわかりやすいかもしれません．

　このLP00は，表8のLP00のラインのデータを次々と加算していくことを意味します．LP00がこのように偶数行を加算していくのに対して，LP01は奇数行

表8　ECCの計算方法（最初の32バイトを並べたもの）

7	6	5	4	3	2	1	0							
7	6	5	4	3	2	1	0	LP00	LP02					
7	6	5	4	3	2	1	0	LP01		LP04				
7	6	5	4	3	2	1	0	LP00	LP03					
7	6	5	4	3	2	1	0	LP01			LP06			
7	6	5	4	3	2	1	0	LP00	LP02	LP05				
7	6	5	4	3	2	1	0	LP01						
7	6	5	4	3	2	1	0	LP00	LP03					
7	6	5	4	3	2	1	0	LP01				LP08		
7	6	5	4	3	2	1	0	LP00	LP02					
7	6	5	4	3	2	1	0	LP01		LP04				
7	6	5	4	3	2	1	0	LP00	LP03		LP07			
7	6	5	4	3	2	1	0	LP01						
7	6	5	4	3	2	1	0	LP00	LP02	LP05				
7	6	5	4	3	2	1	0	LP01						
7	6	5	4	3	2	1	0	LP00	LP03					
7	6	5	4	3	2	1	0	LP01					LP10	LP12	LP14
7	6	5	4	3	2	1	0	LP00	LP02					
7	6	5	4	3	2	1	0	LP01		LP04				
7	6	5	4	3	2	1	0	LP00	LP03		LP06			
7	6	5	4	3	2	1	0	LP01						
7	6	5	4	3	2	1	0	LP00	LP02	LP05				
7	6	5	4	3	2	1	0	LP01						
7	6	5	4	3	2	1	0	LP00	LP03					
7	6	5	4	3	2	1	0	LP01				LP09		
7	6	5	4	3	2	1	0	LP00	LP02					
7	6	5	4	3	2	1	0	LP01		LP04				
7	6	5	4	3	2	1	0	LP00	LP03		LP07			
7	6	5	4	3	2	1	0	LP01						
7	6	5	4	3	2	1	0	LP00	LP02	LP05				
7	6	5	4	3	2	1	0	LP01						
7	6	5	4	3	2	1	0	LP00	LP03					
7	6	5	4	3	2	1	0	LP01						

表9 ECCの計算方法（最後の16バイトを並べたもの）

7	6	5	4	3	2	1	0	LP00	LP02	LP04	LP06				
7	6	5	4	3	2	1	0	LP01							
7	6	5	4	3	2	1	0	LP00	LP03						
7	6	5	4	3	2	1	0	LP01							
7	6	5	4	3	2	1	0	LP00	LP02	LP05		LP09	LP11	LP13	LP15
7	6	5	4	3	2	1	0	LP01							
7	6	5	4	3	2	1	0	LP00	LP03						
7	6	5	4	3	2	1	0	LP01							
7	6	5	4	3	2	1	0	LP00	LP02	LP04	LP07				
7	6	5	4	3	2	1	0	LP01							
7	6	5	4	3	2	1	0	LP00	LP03						
7	6	5	4	3	2	1	0	LP01							
7	6	5	4	3	2	1	0	LP00	LP02	LP05					
7	6	5	4	3	2	1	0	LP01							
7	6	5	4	3	2	1	0	LP00	LP03						
7	6	5	4	3	2	1	0	LP01							
CP1	CP0	CP1	CP0	CP1	CP0	CP1	CP0								
CP3		CP2		CP3		CP2									
CP5				CP4											

を加算していきます．LP02とLP03は2行ごと，LP04とLP05は4行ごとに加算します．このような規則でLP14やLP15まで計算できます．LPはいずれもデータの全ビット加算であることに注意してください．

表9は表8の続きで，256バイトの最後の16バイトの部分です．表9のCP0～CP5はカラム・パリティで，表の上下（カラム）方向でビットを指定しています．図13のように加算します．

このようにして得たECCは，さらにビット反転した後，表10のように3バイトにまとめられます．

● ECC検出と訂正の方法

エラー検出はECC生成と同じ手順です．メモリから読み出したデータを使って，ECC1，ECC2，ECC3を計算し，冗長領域22ビット内のECCデータと比較（XOR）して求めます．この結果が0（つまり同じ）であればエラーはなく，訂正は不要であることがわかります．22ビットのうちの11ビットが1である場合は訂正可能なエラーです．この場合は，LPからエラー箇所のバイト・アドレス，CPからビット・アドレスを求め，訂正したデータと置き換えます．

訂正可能なパターン（11ビットが1）でない場合は，ビット1の数を数えます．そして，これが1のときは，ECCエラー（ECCデータそのものに誤りがある）なので，今回計算した正しいECCコードと置き換えます．

これ以外は訂正不可能と判断します．これをフローチャートにまとめたものが図14です．

● 不良ブロック処理はユーザ側の仕事

NAND型フラッシュ・メモリでは，すでに工場出荷段階において数個～数十個の不良ブロックが含まれていることが前提となります．したがって，不良ブロックを検出し，これを物理ブロックの割り当てから除外することは，ユーザの作業になります．不良ブロック情報は冗長16バイトの517バイト目（Block Status Area）に書き込まれているので，この部分をまちがって消去してしまわないように気をつけなければなりません．

▶ページ書き込み失敗時の動作

消去動作でエラーとなった場合は，不良ブロックとみなし，今後はこのブロックにアクセスしないようにします．書き込み動作のエラーの場合は，図15のよ

```
CP0 =        bit6        + bit4        + bit2        + bit0 + CP0
CP1 = bit7        + bit5        + bit3        + bit1        + CP1
CP2 =                bit5 + bit4                + bit1 + bit0 + CP2
CP3 = bit7 + bit6                + bit3 + bit2                + CP3
CP4 =                                bit3 + bit2 + bit1 + bit0 + CP4
CP5 = bit7 + bit6 + bit5 + bit4                                + CP5
```

図13
カラム・パリティの計算ルール

第2章　H8マイコンによるスマートメディアへのアクセス事例

表10
ECC計算結果のまとめ

データ	ビット7	ビット6	ビット5	ビット4	ビット3	ビット2	ビット1	ビット0
ECC1	LP15	LP14	LP13	LP12	LP11	LP10	LP09	LP08
ECC2	LP07	LP06	LP05	LP04	LP03	LP02	LP01	LP00
ECC3	CP5	CP4	CP3	CP2	CP1	CP0	1	1

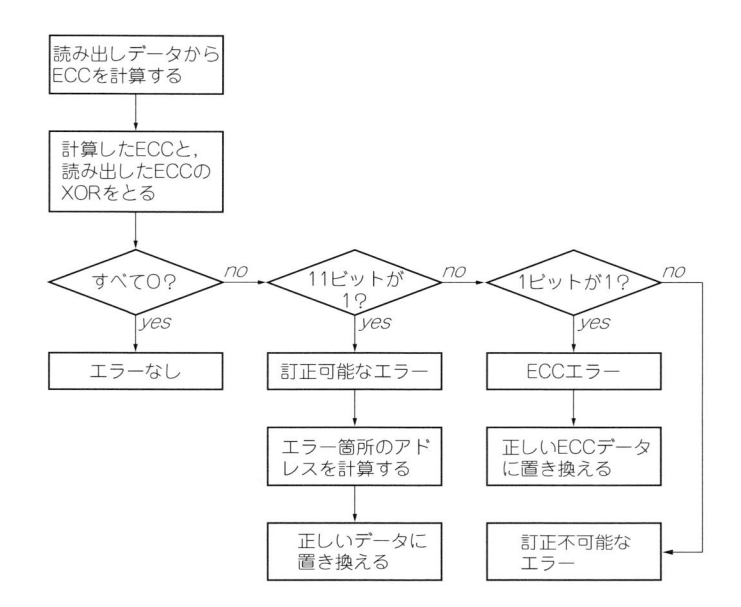

図14
ECC計算と訂正アルゴリズム

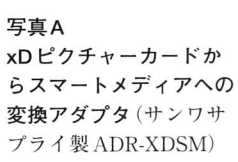

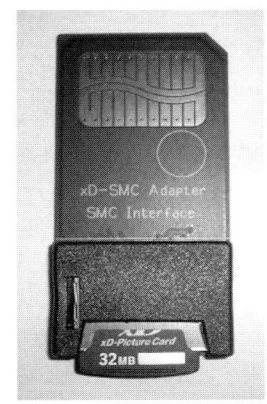

うにブロックの置き換えを行います．たとえば(1)ブロックAでエラーが発生したとします．この場合，(2)ブロックBに再度書き込み，(3)不良ブロック表にブロックAを追加して，二度とこのブロックにはアクセスしないようにします．

▶アクセス平均化アルゴリズム

NAND型フラッシュ・メモリでは，書き込みと消去がFNトンネル効果によって行われます．そして，この際，約20Vの高圧（IC内で発生）をかけます．これにより，トンネル部分の酸化物が劣化し，これを何

Column 1

xDピクチャーカードとスマートメディア

スマートメディアを小型化，大容量化したものが，xDピクチャーカードです．このインターフェースは，スマートメディアと基本的には同じです．

xDピクチャーカードでは，CE#，RE#，WE#，R/B#ピンのカードV_{cc}へのプルアップ，CLE，ALE，WP#ピンのプルダウン（10k～47kΩの抵抗）が必須です．これらはスマートメディアでもハードウェア設計時に考慮していたことですが，確認が必要です．

スマートメディアのコネクタにxDピクチャーカードを接続するためのアダプタも市販されています（**写真A**）．このアダプタを使うと，スマートメディア・インターフェースのホスト側端子にxDピクチャーカードを直接接続できます．当然外にはみ出る形になるため，ふたを閉めないと電源が入らないようなディジタル・カメラなどでは使用できません．パソコンと接続するUSBスマートメディア・リーダなど，スマートメディアのお尻がはみ出たまま使う機器で使用できるアダプタです．

今回，このアダプタを使用して，スマートメディアと同じ方法でxDピクチャーカードの読み書きができることを確認しています．

写真A
xDピクチャーカードからスマートメディアへの変換アダプタ（サンワサプライ製ADR-XDSM）

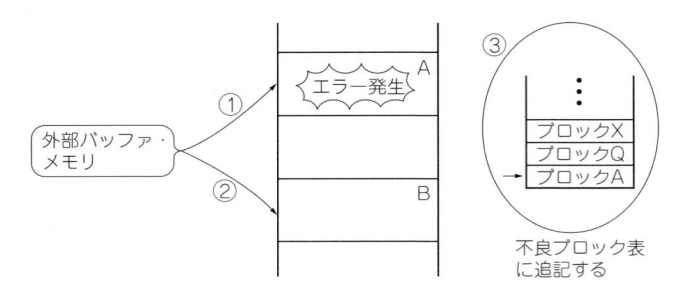

図15
動作中のブロックの置き換え

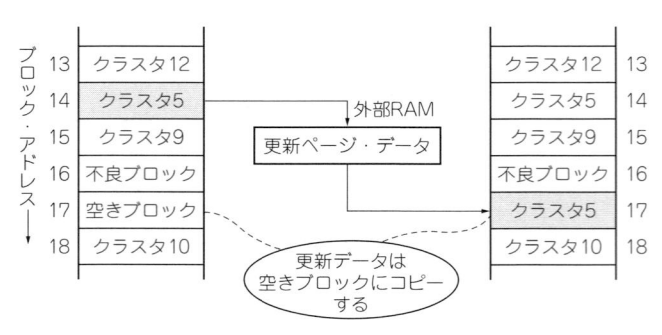

図16
書き込みブロックの平均化

回も繰り返すうちにエラー発生確率が上昇します．つまり，特定の物理アドレスにアクセスが集中することのないようくふうが求められます．ブロック当たりの消去/書き込みサイクルのモニタリングや，拡散書き込みアルゴリズムを用いますが，データ・ブロック更新時にはかならず異なったブロックに書き込み，リンク・リストを変更するだけでも，特定アドレスへの集中を防止できます（**図16**）．

H8マイコンにスマートメディアをつないで読み書きする

　本節では，マイコンとのインターフェース回路を示した後，メディアの認識方法などの基本的なプログラムについて解説します．続いて，読み書きと消去のプログラムについても，順を追って説明します．なお，これらのプログラムは，スマートメディアの後継機種であるxDピクチャーカードの場合も，同じような結果が得られます（コラム1を参照）．

8 使用するマイコンと周辺回路の例

● 使用するマイコン──H8/3052F

　マイコンは，要求に合った処理速度，RAMの容量（16Kバイト以上），汎用ポート数（20ポート以上）など，一定の要件を満たせば何を使ってもかまいません．
　今回は，ルネサス テクノロジの16ビット・マイコンであるH8/300シリーズのH8/3052Fを使いました．電源電圧は5Vですが，3.3Vであれば，そのままスマートメディアに接続できます．クロックは25MHzで，これは1命令あたり約79nsで処理できる速度です．内部RAMは8Kバイトで，スマートメディアにアクセスするにはやや力不足です．そのため，外部RAMとして1Mビット（128Kバイト）のSRAMを追加しました．マイコンのプログラムはRAM上で動作させ，RS-232-Cなどを介してパソコン上でモニタできるようにしておきます（**写真2**）．

● スマートメディアのインターフェース回路

　マイコンの周辺回路を**図17**に，レベル変換回路を

写真2　システムの外観──H8/3052Fボードにスマートメディアを接続

第2章 H8マイコンによるスマートメディアへのアクセス事例

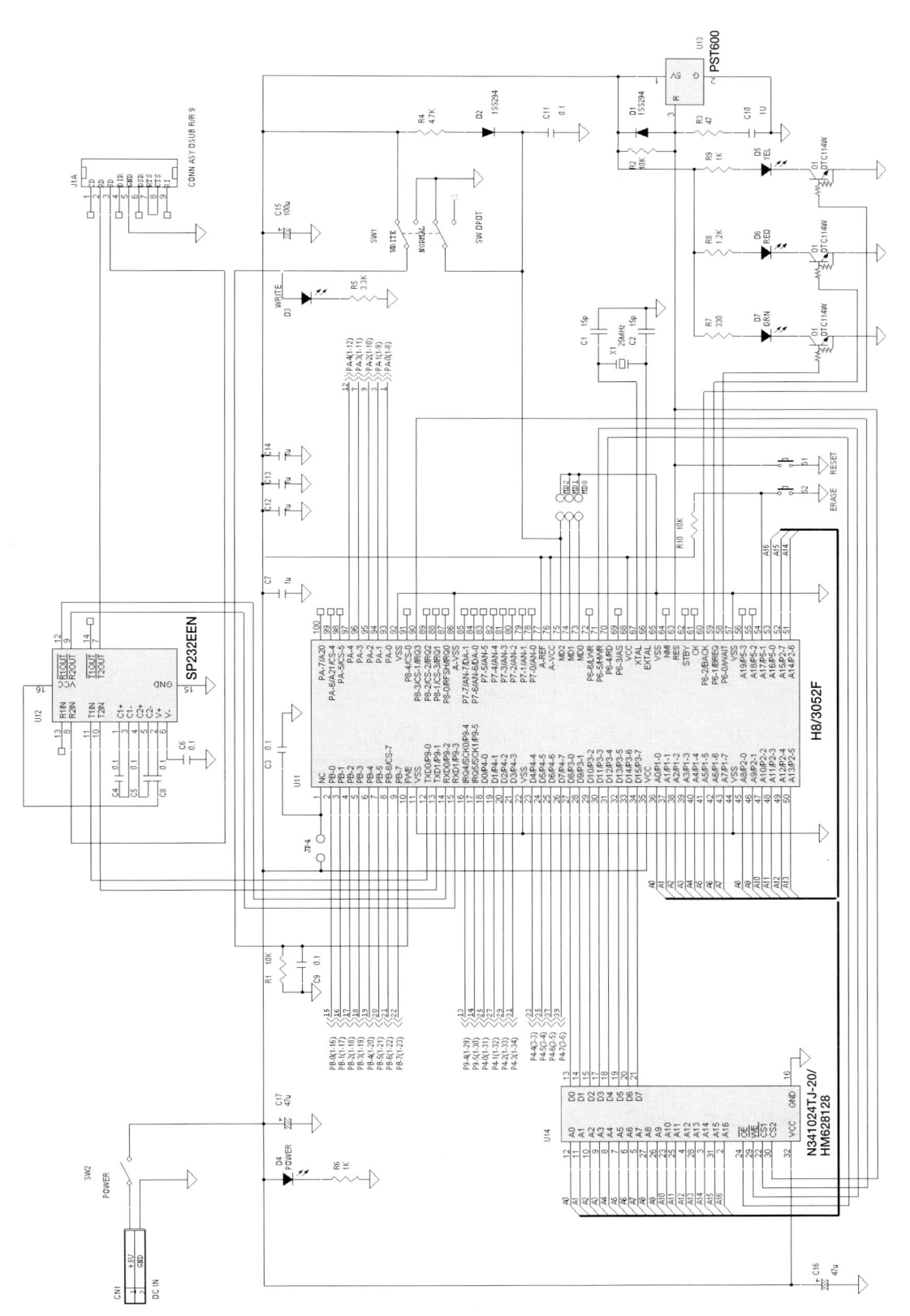

図17 マイコン周辺回路

第1部 スマートメディア編

(a) レベル変換回路

(b) スマートメディア・コネクタ部

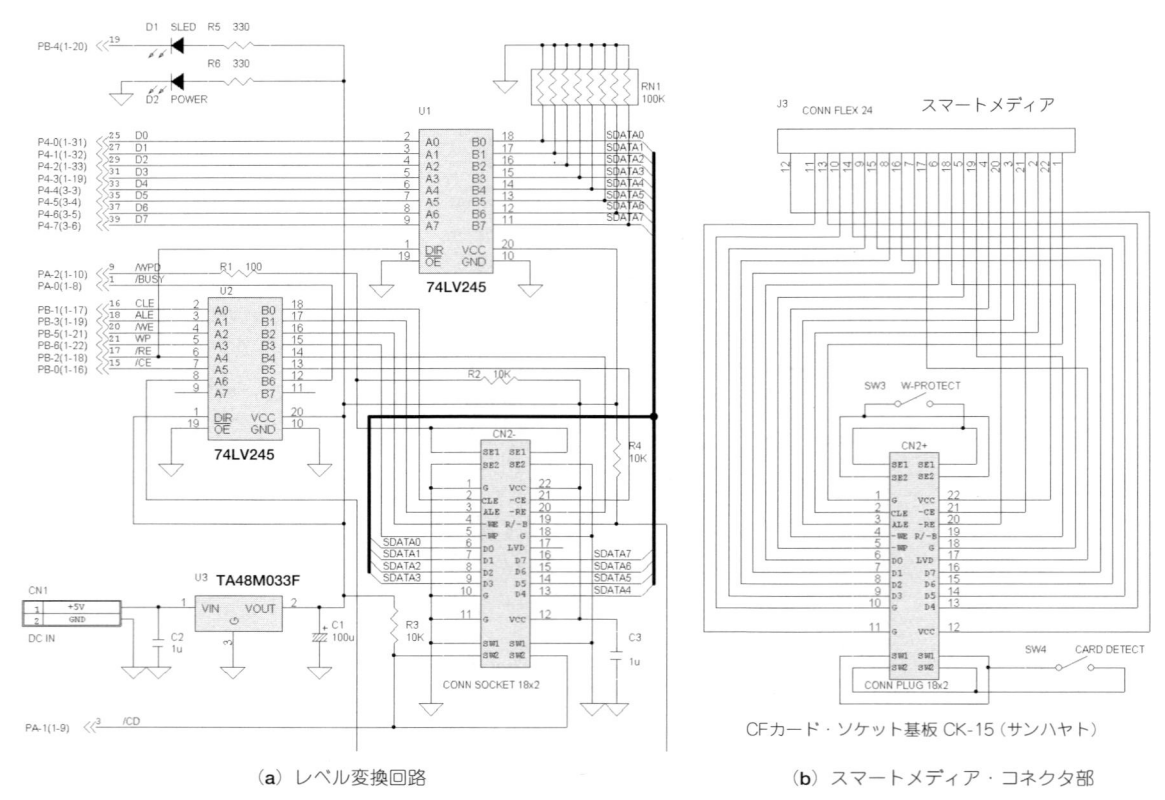

図18 スマートメディアのインターフェース回路（レベル変換）

図18に示します．なお，スマートメディアは，現在市場に出回っている数が多い，電源電圧が3.3V仕様のものを対象としました．

H8マイコンから見て，スマートメディアは汎用I/Oポートに接続します．しかし，H8マイコンは多数の汎用I/Oポートをもっているので，どこに接続するかが問題です．今回はメモリを拡張するため，H8マイコンに外付けSRAMを接続するので，アドレス・バスやデータ・バスとして使用するポートP1〜P3は使えません．

そこで，スマートメディアのデータ・バスはポートP4に，制御線はポートPBに接続しました（BUSY信号のみポートPAのビット0に接続）．また，今回のH8マイコンは電源電圧を5Vで使用するため，これらのポートとスマートメディアの間には，74LV245によるバス・バッファを挿入しています．

なお，ライト・プロテクト・シールの状態を検出する$\overline{WPD}$信号は，スマートメディアの内部回路と電気的には接続されないので，バス・バッファを経由せず，プルアップ抵抗を付けてポートPAのビット2に接続しています．

9 電源を入れて動作を確認，セットアップ

● まずスマートメディアをリセットする

システムの電源をONにしたら，まずはリセット・コマンドFFhによって，スマートメディアを初期化しなければなりません．このときに使用するルーチンSsfdc_Resetについて説明します（リスト2）．

まず，リスト2の①の部分では$\overline{CE}$ = 0，CLE = 1，ALE = 0として，RST_CHIPコマンドFFhを発行します．次に，②ではビジーの解除を待ちます．BUSY_RESET = 60 × 0.1 [ms/ビット] = 6 [ms] 間にビジーが解除されない（'H'に戻らない）場合，エラー終了します．③ではREADコマンド00hを発行し，バッファ・ポインタを通常状態に戻します．④ではビジー解除を待ちます．最後に，⑤の部分でスマートメディアをスタンバイ・モード（$\overline{CE}$ = 1，ALE = CLE = 0，$\overline{WP}$ = 0）に戻して終了します．図19に実測結果を示します．

第2章　H8マイコンによるスマートメディアへのアクセス事例

リスト2　スマートメディアのリセット

```
void Ssfdc_Reset(void)
{
    _Set_SsfdcRdCmd(RST_CHIP);      ←①
    _Check_SsfdcBusy(BUSY_RESET);   ←②
    _Set_SsfdcRdCmd(READ);          ←③
    _Check_SsfdcBusy(BUSY_READ);    ←④
    _Set_SsfdcRdStandby();          ←⑤
}
```

リスト3　デバイス・コードを読み出す

```
void Ssfdc_ReadID(unsigned char *buf)
{
    _Set_SsfdcRdCmd(READ_ID);   ←①
    _Set_SsfdcRdChip();         ←②
    _Read_SsfdcByte(buf++);     ←③
    _Read_SsfdcByte(buf++);     ←④
    _Read_SsfdcByte(buf++);     ←⑤
    _Read_SsfdcByte(buf);       ←⑥
    _Set_SsfdcRdStandby();      ←⑦
}
```

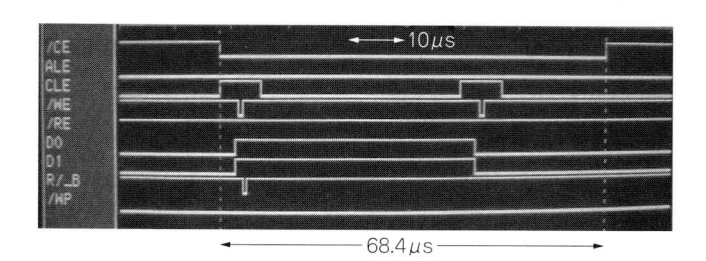

図19
スマートメディアの初期化
タイミングの実測結果

● デバイス・コード（ID）を取得する

すでに説明したように，デバイス・コードには，メーカ・コードやメディアの容量が記録されています．これを取得することは，メディアが正常にアクセスできるかどうかを確かめることにもなります．このときに使用するルーチンであるSsfdc_ReadIDについて説明します（リスト3）．

まず，リスト3の①では，$\overline{CE}$ = 0，CLE = 1，ALE = 0として，READ_IDコマンド90hを発行します．続いて②では，CLE = 0，ALE = 1として，アドレス00hを設定します．③では$\overline{RE}$ = 0とした後，$\overline{RE}$ = 1の立ち上がりで1バイト・データを読み込みます．同じように④では次の1バイトを読み込みます．以下，⑤と⑥も同じです．⑦では，最後にスマートメディアをスタンバイ・モード（$\overline{CE}$ = 1，ALE = CLE = 0，$\overline{WP}$ = 0）に戻して終了します．図20に実測結果を示します．

それでは，実際にデバイス・コードを取得してみましょう（リスト4）．リスト4の①は，マイコンのポートの初期設定です．②でスマートメディアをリセットします．③では，マイコンのポート94を"H"とします．これは，図20の最上段に示すように，このルーチンに入ったタイミングを示すもので，実際に必要なものではありません．④でIDを読みます．このルーチンについては前項で述べたので，説明を割愛します．⑤では，ポート94を"L"にします．これは，③で述べたように，ルーチン④が終了したことを知るためのフラグです．⑥のprintf文は，マイコンのモニタ上にテキストを表示するもので，idcode[0]を1バイト表示します．以下，同様です．

図21はモニタ上の表示結果です．idcode[0] = ecなのでメーカはSamsung社であり，idcode[1] = 75なので容量が32Mバイトであることがわかります．

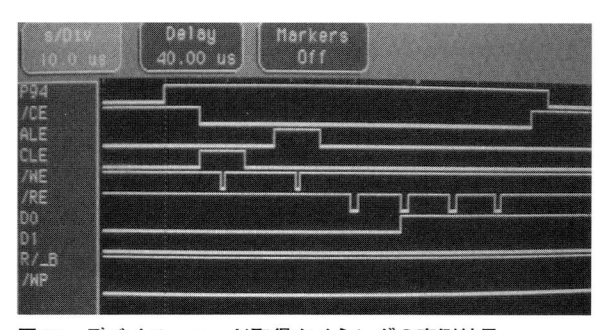

図20　デバイス・コード取得タイミングの実測結果

リスト4　デバイス・コードの取得

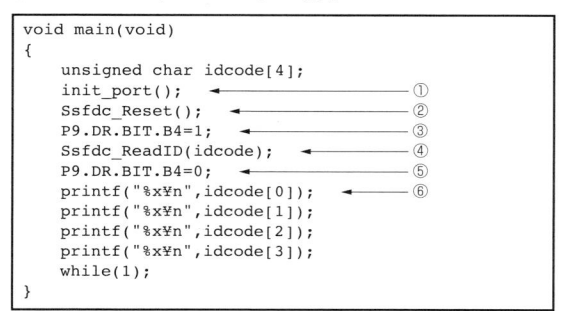

```
void main(void)
{
    unsigned char idcode[4];
    init_port();                    ←①
    Ssfdc_Reset();                  ←②
    P9.DR.BIT.B4=1;                 ←③
    Ssfdc_ReadID(idcode);           ←④
    P9.DR.BIT.B4=0;                 ←⑤
    printf("%x\n",idcode[0]);       ←⑥
    printf("%x\n",idcode[1]);
    printf("%x\n",idcode[2]);
    printf("%x\n",idcode[3]);
    while(1);
}
```

第1部 スマートメディア編

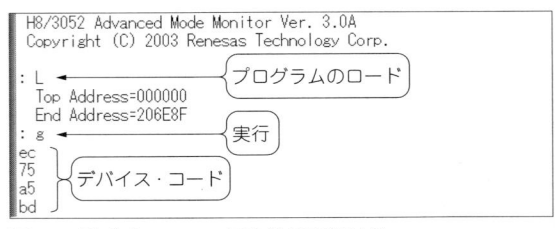

```
H8/3052 Advanced Mode Monitor Ver. 3.0A
Copyright (C) 2003 Renesas Technology Corp.

: L          ← プログラムのロード
  Top Address=000000
  End Address=206E8F
: g          ← 実行
ec
75           ← デバイス・コード
a5
bd
```

図21 デバイス・コード取得の実行結果

リスト5 物理アドレス0のデータを読む

```c
unsigned char buff[0x200];
void main(void)
{
    unsigned short addr;
    init_port();
    Ssfdc_Reset();
    addr = 0;                                ← ①
    if(xSsfdc_ReadSect(addr, buff))          ← ②
        printf("Data Read Error¥n");
    DumpBufData(&buff[0]);                   ← ③
    while(1);
}
```

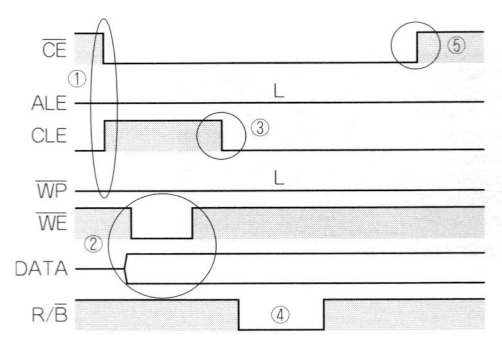

図22 エラー発生時のリセット処理

リスト6 1セクタ分のデータを読むルーチン

```c
int xSsfdc_ReadSect(unsigned short addr,
                    unsigned char *buf)
{
    _Set_SsfdcRdCmd(READ);          ← ④
    x_Set_SsfdcRdAddr(addr);        ← ⑤
    if(_Check_SsfdcBusy(BUSY_READ)) ← ⑥
        { _Reset_SsfdcErr();      return(ERROR); }
    x_Read_SsfdcBuf(buf);           ← ⑦
    _Set_SsfdcRdStandby(            ← ⑧
    return(SUCCESS);
}
```

10 データを読み込んでみる

● 物理アドレスを指定して1ページ分のデータを読む

ここからは，話を簡単にするために，16Mバイト以上の容量のスマートメディアについて説明します．それでは，物理アドレス0のデータを読んでみましょう（リスト5）．

リスト5の①では，物理アドレス0を指定します．次の②では，1セクタ分のデータを読みます．このルーチンはリスト6のとおりです．③では，バッファの内容（512バイト）を表示します．

リスト6の④では，読み出し制御コマンド（READ = 00h）を発行します．⑤ではアドレス（addr）を設定します．アドレスは512バイト単位です．⑥ではBusy解除を待ちます．BUSY_READ×100［μs］内に解除されなければ，エラー終了させます．_Reset_SsfdcErr()の動作は図22のようになります．図中の番号は実行順を表します．

続いて，リスト6の⑦では，バッファに1セクタ分のデータを転送します（冗長部は含まない）．⑧ではメディアをスタンバイ状態に戻します．これ以下のルーチンは，直接ポートを操作する内容です．機種依存の部分もあることから煩雑になるので，説明を省きます．詳しくは作成した実際のコードを参照してください．

図23は実行結果です．図23(a)はすべて00hで，図23(b)はすべてFFhです．これは，いずれも物理アドレス0が不良ブロックとなっている場合です．意味のあるデータを表示するには，アドレスを変更してCIS領域を見つけ出す必要があります．図23(c)は，CISデータが表示されたものです．

```
0000h:  00 00 00 00 00 00 00 00 00 00 00 00 00 00 00 00
0010h:  00 00 00 00 00 00 00 00 00 00 00 00 00 00 00 00
0020h:  00 00 00 00 00 00 00 00 00 00 00 00 00 00 00 00
```
(a) メディアA——物理アドレス0が不良ブロック

```
0000h:  FF FF FF FF FF FF FF FF FF FF FF FF FF FF FF FF
0010h:  FF FF FF FF FF FF FF FF FF FF FF FF FF FF FF FF
0020h:  FF FF FF FF FF FF FF FF FF FF FF FF FF FF FF FF
```
(b) メディアB——物理アドレス0が不良ブロック

```
0000h:  01 03 D9 01 FF 18 02 DF 01 20 04 00 00 00 00 21
0010h:  02 04 01 22 02 01 01 22 03 02 04 07 1A 05 01 03
0020h:  00 02 0F 1B 08 C0 C0 A1 01 55 08 00 20 1B 0A C1
0030h:  41 99 01 55 64 F0 FF FF 20 1B 0C 82 41 18 EA 61
0040h:  F0 01 07 F6 03 01 EE 1B 0C 83 41 18 EA 61 70 01
0050h:  07 76 03 01 EE 15 14 05 00 20 20 20 20 20 20 20
0060h:  00 20 20 20 20 00 30 2E 30 00 FF 14 00 FF 00 00
0070h:  00 00 00 00 00 00 00 00 00 00 00 00 00 00 00 00
            ︙
0100h:  01 03 D9 01 FF 18 02 DF 01 20 04 00 00 00 00 21
0110h:  02 04 01 22 02 01 01 22 03 02 04 07 1A 05 01 03
            ︙
01E0h:  00 00 00 00 00 00 00 00 00 00 00 00 00 00 00 00
01F0h:  00 00 00 00 00 00 00 00 00 00 00 00 00 00 00 00
```
(c) メディアC——CISデータが表示されている

図23 物理アドレス0のデータを読んだ実行結果

●CIS領域の表示

図23(a)と図23(b)の場合は,いずれも最初のブロックが不良で,正常なCISが格納されていませんでした.したがって,次のブロックを調べることになります.次のブロックのアドレスは32となります.

それでは,CIS領域のデータを読み出してみましょう.リスト5の①でaddr = 32とします.図23(c)のようなCISのデータが表示されない場合は,addr = 64…と数値を32ずつ増やしていきます.

●物理アドレスを指定して1ページ分のデータを書き込む

CISの後のブロックは自由に使えるので,ここにデータを書き込んでみましょう(リスト7).

リスト7の①でバッファにデータを準備し,②で書き込みアドレス(セクタ)を96に,つまりブロック・アドレス2に設定しています.CISブロックを誤って上書きすると,一般的な機器(ディジタル・カメラやパソコンなど)ではメディアが認識されなくなります(物理フォーマットの回復についてはコラム2を参照).そして,③で書き込みます.各ルーチンはリスト8〜リスト10のようになります.

リスト8の④でバッファ全部を乱数で埋めます.⑤でセクタ先頭に"Hello,world!"の文字を入れます.バッファにはリスト9のようにしてコピーします.

また,書き込みルーチンの本体(リスト7の③)は,

リスト7 CISの後のブロックにデータを書き込む

```
unsigned char buff[0x200];
void main(void)
{
    unsigned short addr;
    init_port();
    Ssfdc_Reset();
    xSetBufData();            ←──① 
    addr = 96;                ←──② 
    if(xSsfdc_WriteSect(addr, buff))  ←──③
        printf("Data Write Error¥n");
}
```

リスト10のようになります.リスト10の⑥では,WRDATA = 80hコマンドを発行します.次に⑦でアドレスを設定し,⑧でバッファからスマートメディアに1セクタ分のデータを転送します.⑨ではWRITE = 10hコマンドを発行し,⑩でビジー解除を待ちます.⑪では$\overline{CE}$ = 1として,⑫では$\overline{WP}$ = 0(リード・スタンバイ状態)にします.実行後,先ほどの読み取りルーチンを走らせると,図24のように表示されます.図24により,"Hello,world!"の後に,ランダムな数字が並んでいることがわかります.

11 物理アドレスを指定してブロック消去

先ほど書き込んだ"Hello,world!"とランダム・データを消去してみましょう.前に説明した消去シーケンスに従えば消去も簡単です(リスト11).

リスト8 バッファにデータを設定する

```
void xSetBufData(void)        ←── リスト6の①
{
    int i;
    for(i=0; i<0x200; i++)
        buff[i]=(char)rand();     ←──④
    StringCopy((char *)buff, "Hello,world!",12);  ←──⑤
}
```

リスト9 文字列をバッファにコピー

```
void StringCopy(char *stringA, char *stringB, int count)  ←── リスト7の⑤
{
    int i;
    for(i=0; i<count; i++)
        *stringA++ = *stringB++;
}
```

リスト10 書き込みルーチンの本体

```
int  xSsfdc_WriteSect(unsigned short addr, unsigned char *buff)  ←── リスト6の③
{
    _Set_SsfdcWrCmd(WRDATA);       ←──⑥
    x_Set_SsfdcWrAddr(addr);       ←──⑦
    x_Write_SsfdcBuf(buff);        ←──⑧
    _Set_SsfdcWrCmd(WRITE);        ←──⑨
    if(_Check_SsfdcBusy(BUSY_PROG)) ←──⑩
        { _Reset_SsfdcErr(); return(ERROR); }
    _Set_SsfdcWrStandby();         ←──⑪
    _Set_SsfdcRdStandby();         ←──⑫
    return(SUCCESS);
}
```

第1部 スマートメディア編

```
0000h:  48 65 6C 6C 6F 2C 77 6F 72 6C 64 21 1B 1E 5F 13   Hello,world!.._.
0010h:  70 79 6C FD 10 FF 19 AF 60 1D 04 AC B4 1D 02 2B   pyl.....`......+
0020h:  46 78 73 3A F2 DF 5F AE B7 08 59 D1 EE 39 10 CB   Fxs:.._...Y..9..
0030h:  48 95 B5 CC 89 29 11 FF 06 B6 62 2E DF 3C F9 35   H....)....b..<.5
0040h:  FD 4B 94 28 CA 09 7C 44 B3 02 5E 96 5F B3 EA 6D   .K.(..|D..^._..m
0050h:  AC D4 2D 81 6E 69 AF E0 E6 87 4C 9C 04 E7 D2 36   ..-.ni....L....6
```

図24 書き込んだ結果を読み出す

リスト11 消去のためのプログラム

```
void main(void)
{
    unsigned short addr;
    init_port();
    Ssfdc_Reset();
    addr = 96;                              ←①
    if(xSsfdc_EraseBlock(addr))             ←②
        printf("Erase Error¥n");
}
```

リスト12 ブロック消去ルーチン

```
int xSsfdc_EraseBlock(unsigned short addr)  ←リスト10の②の部分
{
    _Set_SsfdcWrCmd(ERASE1);                ←③
    x_Set_SsfdcWrBlock(addr);               ←④
    _Set_SsfdcWrCmd(ERASE2);                ←⑤
    if(_Check_SsfdcBusy(BUSY_ERASE))        ←⑥
        { _Reset_SsfdcErr(); return(ERROR); }
    _Set_SsfdcWrStandby();                  ←⑦
    _Set_SsfdcRdStandby();                  ←⑧
    return(SUCCESS);
}
```

```
0000h:  FF FF FF FF FF FF FF FF FF FF FF FF FF FF FF FF
0010h:  FF FF FF FF FF FF FF FF FF FF FF FF FF FF FF FF
0020h:  FF FF FF FF FF FF FF FF FF FF FF FF FF FF FF FF
           :
01D0h:  FF FF FF FF FF FF FF FF FF FF FF FF FF FF FF FF
01E0h:  FF FF FF FF FF FF FF FF FF FF FF FF FF FF FF FF
01F0h:  FF FF FF FF FF FF FF FF FF FF FF FF FF FF FF FF
```

図25 ブロック消去の結果

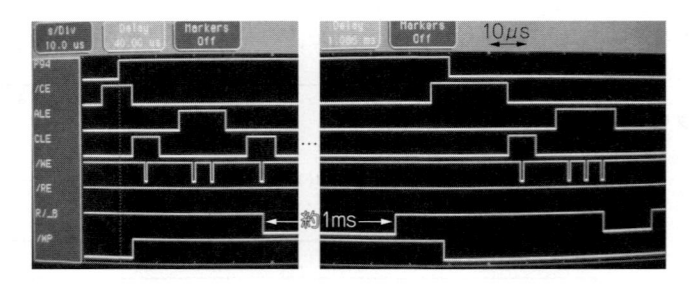

図26 消去シーケンスの実測結果

　まず，**リスト11**の①では，アドレスを指定しています．これは，先ほど書き込みを行ったセクタです．これは，ブロックの先頭のアドレス（0，32，64，96，128…）でなければなりません．また，先ほど見つけたCIS部分を消去してはいけません．このため，やや離して96としています．②はブロック消去ルーチンです．これは**リスト12**のようになっています．

　最初に，**リスト12**の③で制御コマンド60hを発行します．次に④でブロック・アドレスを設定します．そして⑤で制御コマンドD0hを発行します．⑥でビジー解除を待ち，⑦，⑧でスタンバイ状態に戻します．このルーチンを実行し，先ほどのページ読み出しルーチンを使って同じアドレスを読んだ結果が**図25**です．すべて消去されていることがわかります．

　なお，**図26**は実測波形です．P94の"H"の間が消去ルーチンの実行期間です．ビジーが約1msの間，"L"になっています．

12 冗長部データの読み出しと書き込み

● 冗長部データを読み出してみよう

　ブロック・データ（512バイト）の次に16バイトの冗長部があり，ECCと論理アドレスの割り当てに使われます．これを読み出してみましょう（**リスト13**）．

第2章 H8マイコンによるスマートメディアへのアクセス事例

リスト13 CIS領域の冗長部データを読み出す

```
unsigned char redundant[16];
void main(void)
{
    unsigned short addr;
    init_port();
    Ssfdc_Reset();
    addr = 32;                                      ──①
    if(xSsfdc_ReadRedtData(addr, redundant))        ──②
        printf("RedtData Read Error¥n");
    DumpRdtData(&redundant[0]);                     ──③
    while(1);
}
```

図27 CIS領域の冗長部データの読み出し結果

```
: g
0200h:   FF FF FF FF FF FF 00 00 0C CC C3 00 00 0C CC C3
```

リスト14 冗長部読み出しルーチン

```
int xSsfdc_ReadRedtData(unsigned short addr, unsigned char *redundant)
{
    _Set_SsfdcRdCmd(READ_REDT);                     ──④
    x_Set_SsfdcRdAddr(addr);                        ──⑤
    if(_Check_SsfdcBusy(BUSY_READ))                 ──⑥
        { _Reset_SsfdcErr(); return(ERROR); }
    x_ReadRedt_SsfdcBuf(redundant);                 ──⑦
    if(_Check_SsfdcBusy(BUSY_READ))
        { _Reset_SsfdcErr(); return(ERROR); }
    _Set_SsfdcRdStandby();
    return(SUCCESS);
}
```

リスト15 リスト14の⑦の詳細

```
static void x_ReadRedt_SsfdcBuf(unsigned char *redundant)
{
    char i;
    for(i=0x00; i<0x10; i++)
        redundant[i] = Hw_InData();                 ──⑧
}
```

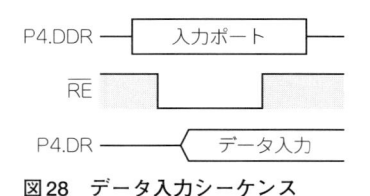

図28 データ入力シーケンス

リスト13では，物理ブロック・アドレス1(セクタ・アドレス32)を指定します．ここがCIS領域であることは前に確かめました．②では，物理ブロック1の冗長部データ16バイトをバッファredundantに読み込みます．③ではバッファの内容をダンプ表示します．読み出し結果は**図27**のようになります．なお，冗長部読み出しルーチンである②は，**リスト14**のようになっています．

リスト14の④で，冗長部データ読み出しコマンド(READ_REDT = 50h)を発行します．⑤でメディアにアドレスを送信します．⑥では，メディアのビジー状態解除を待ちます．⑦では，バッファがメディアから1セクタ分の冗長部データの転送を受けます．⑦の詳細は**リスト15**のようになります．⑧はデータを1バイトずつ読み出すルーチンで，**図28**のようなシーケンスを実行します．

● 物理アドレスを指定して冗長部にデータを書き込む

冗長部へのデータの書き込みは，**リスト16**のようにします．①ではバッファredundantに，たとえば**リスト17**のように適当な書き込みデータを入れておきます．

リスト16の②では，書き込むデータがどのようなデータなのか，前もってダンプしておきます．③ではアドレスをCISから十分離れたところに設定します．このとき，アドレスは32の倍数である必要があります．④では冗長部書き込みモードにします(**リスト18**)．**リスト16**の⑤では，バッファに準備した冗長部データをメディアに書き込みます(**リスト19**)．

実行結果を**図29**に示します．上段が書き込み前のバッファ・データ，下段が書き込み後に読み出したデータです．

第1部 スマートメディア編

リスト16 冗長部へのデータの書き込み

```
unsigned char redundant[16];
void main(void)
{
    unsigned short addr;
    init_port();
    Ssfdc_Reset();
    xSetRdtData();              ←──────────────── ①
    DumpRdtData(&redundant[0]); ←──────────────── ②
    addr = 256;                 ←──────────────── ③
    Ssfdc_WriteRedtMode();      ←──────────────── ④
    if(xSsfdc_WriteRedtData(addr, redundant))  ←── ⑤
        {Ssfdc_Reset(); printf("RedtData Write Error¥n");};
    Ssfdc_Reset();              ←──────────────── ⑥
}
```

リスト17 書き込みデータの例

```
void xSetRdtData(void)
{
    int i;
    for(i=0; i<0x10; i++)
        redundant[i]=(char)i;
}
```

リスト18 冗長部書き込みモードにする

```
void Ssfdc_WriteRedtMode(void)
{
    _Set_SsfdcRdCmd(RST_CHIP);      ← リセット・コマンド(0FFh)を発行
    _Check_SsfdcBusy(BUSY_RESET);   ← ビジー解除待ち
    _Set_SsfdcRdCmd(READ_REDT);     ← 冗長部読み出しコマンド発行
    _Check_SsfdcBusy(BUSY_READ);    ← ビジー解除待ち
    _Set_SsfdcRdStandby();          ← Rスタンバイ・モードに戻す
}
```

リスト19 バッファの冗長部データをメディアに書き込む

```
int xSsfdc_WriteRedtData(unsigned short addr, unsigned char *redundant)
{
    _Set_SsfdcWrCmd(WRDATA);        ← 書き込みデータ入力コマンド発行
    x_Set_SsfdcWrAddr(addr);        ← アドレスをメディアに設定する
    x_WriteRedt_SsfdcBuf(redundant); ← 冗長部データを転送する
    _Set_SsfdcWrCmd(WRITE);         ← 書き込み実行コマンド発行
    if(_Check_SsfdcBusy(BUSY_PROG)) ← ビジー解除待ち
        { _Reset_SsfdcErr();  return(ERROR); }
    _Set_SsfdcWrStandby();          ← スタンバイ・モードに戻す
    _Set_SsfdcRdStandby();
    return(SUCCESS);
}
```

図29 冗長部へのデータの書き込み実行結果

```
: g
0200h:   00 01 02 03 04 05 06 07 08 09 0A 0B 0C 0D 0E 0F

0200h:   00 01 02 03 04 05 06 07 08 09 0A 0B 0C 0D 0E 0F
```

● 論理ブロックおよび物理ブロック・アドレス変換テーブルの作成

アドレス変換テーブルは,次式で定義されます.

$$B_p = \log 2\, Phy\,[B_L]$$

B_pは物理ブロック・アドレス,
B_Lは論理ブロック・アドレス

それでは,このテーブルを作成してみましょう.このルーチンの概要を図30に示します.

全ブロックのブロック・アドレス・エリア(冗長部の中の2か所)を読み出し,テーブルに物理アドレスを代入していきます.図30の中の※の部分は,冗長部の情報とテーブルが矛盾する場合です.この場合,何らかの対処が必要となりますが,ここではわかりやすくするために省略しています.

実際に動作させてみると(リスト20),図31のようになります.図31(a)は全体を消去した後,図31(b)はファイルが1個ある場合です.FFFFhは割り当てなし(空き)です.物理アドレス0と1は,割り当てから除外されています.

13 ECC計算の具体例

● ECC計算ルーチンを動かしてみる

ECCは,データ領域の256バイトをひとまとめとして,前節で解説したアルゴリズムで計算します.まずは,実際に動かしてみましょう(リスト21).

リスト21の②は,前に説明したxSsfdc_ReadSectの末尾に1行付け加えただけです(リスト22).

実行結果を図32に示します.CISデータの冗長部のECCデータ(コラム2の図Bを参照)と同じ値が得

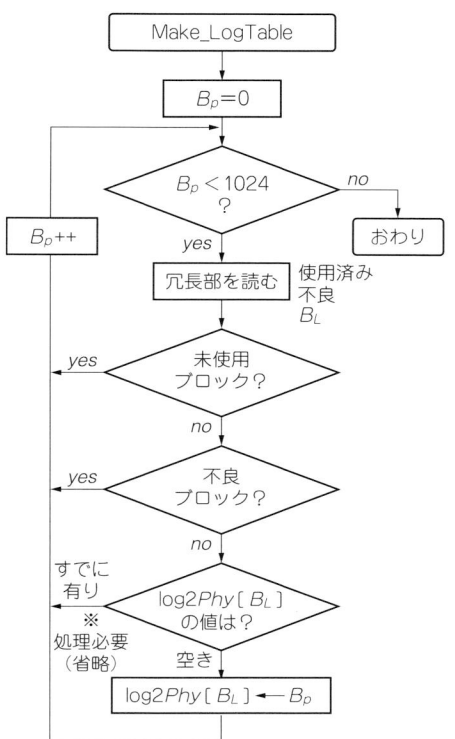

第2章 H8マイコンによるスマートメディアへのアクセス事例

図30 変換テーブル作成ルーチン

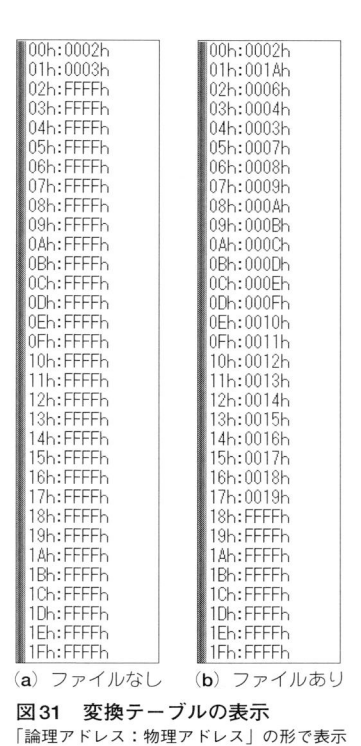

(a) ファイルなし	(b) ファイルあり
00h:0002h	00h:0002h
01h:0003h	01h:001Ah
02h:FFFFh	02h:0006h
03h:FFFFh	03h:0004h
04h:FFFFh	04h:0003h
05h:FFFFh	05h:0007h
06h:FFFFh	06h:0008h
07h:FFFFh	07h:0009h
08h:FFFFh	08h:000Ah
09h:FFFFh	09h:000Bh
0Ah:FFFFh	0Ah:000Ch
0Bh:FFFFh	0Bh:000Dh
0Ch:FFFFh	0Ch:000Eh
0Dh:FFFFh	0Dh:000Fh
0Eh:FFFFh	0Eh:0010h
0Fh:FFFFh	0Fh:0011h
10h:FFFFh	10h:0012h
11h:FFFFh	11h:0013h
12h:FFFFh	12h:0014h
13h:FFFFh	13h:0015h
14h:FFFFh	14h:0016h
15h:FFFFh	15h:0017h
16h:FFFFh	16h:0018h
17h:FFFFh	17h:0019h
18h:FFFFh	18h:FFFFh
19h:FFFFh	19h:FFFFh
1Ah:FFFFh	1Ah:FFFFh
1Bh:FFFFh	1Bh:FFFFh
1Ch:FFFFh	1Ch:FFFFh
1Dh:FFFFh	1Dh:FFFFh
1Eh:FFFFh	1Eh:FFFFh
1Fh:FFFFh	1Fh:FFFFh

図31 変換テーブルの表示
「論理アドレス：物理アドレス」の形で表示

```
: g
0Ch,CCh,C3h
```

図32 ECCの計算結果

リスト20 論理ブロックおよび物理ブロックのアドレス変換

```c
void main(void)
{
    init_port();
    Ssfdc_Reset();
    if(xDisp_Log2Phy())              ←①変換テーブルを作成，表示する
        printf("Disp_Log2 ERROR\n");
    while(1);
}
int xDisp_Log2Phy(void)              ←①の詳細
{
    unsigned short i;
    if(Set_PhyFmtValue())            ←②デバイスの容量を調べる
        return(ERROR);
    if(Search_CIS())                 ←③CIS領域をチェックする
        return(ERROR);
    if(Make_LogTable())              ←④変換テーブル作成（図20）
        return(ERROR);
    for(i=0; i<0x20; i++)
        printf("%02Xh:%04Xh\n", i,Log2Phy[0][i]);   ←⑤内容を表示する
    return(SUCCESS);
}
```

リスト21 ECCの計算プログラム

```c
unsigned char buff[0x200];
void main(void)
{
    unsigned short addr=32;          ←①CIS領域のアドレスを指定
    init_port();
    Ssfdc_Reset();
    if(ySsfdc_ReadSect(addr, buff))  ←②セクタを読み，ECC計算と結果表示
        printf("Data Read Error\n");
    while(1);
}
```

第1部 スマートメディア編

リスト22
リスト21の②の詳細

```
int ySsfdc_ReadSect(unsigned short addr, unsigned char *buf)
{
    x_Read_SsfdcBuf(buf);
    (中略，xSsfdc_ReadSectと同じ)
    _Calc_ECCdata(buf);                ←―――③この行を追加，ECC計算
    printf("%02Xh,%02Xh,%02Xh\n",EccBuf[0],EccBuf[1],EccBuf[2]);   ←― 表示
    _Set_SsfdcRdStandby();
    return(SUCCESS);
}
```

られ，計算が正しいことがわかります．

● ECC計算ルーチンの中身は

リスト22の③のルーチンについて解説します．

ここでは実行速度を高めるために，CP0～CP5のECC計算は**図33**のテーブルを使います．たとえばデータがDAhだとします．すると，DAh = 1101 1010bなので，前回の式を使って，

CP5 = 1，CP4 = 0，CP3 = 1，CP2 = 0，CP1 = 1，CP0 = 0

と計算できます．CPテーブルのデータ・フォーマットは**図34**のようになっています．"ALL"は，全ビットのXORです．この場合は，1となります．すると，

Column 2
スマートメディアの物理フォーマットの修復方法

物理フォーマットの判定はCIS領域で行います．したがって，この部分を上書き，または消去すると，通常の機器ではスマートメディアとして認識されなくなります．**図A**は，**リストA**のように，CIS領域を消去してからカード・リーダで読んだ場合の反応です．

図Aのように，メディアとしてまったく認識されていません．しかしこの場合でも，本文の各プログラムは問題なく実行できます．CIS情報は固定情報なので，CISデータと冗長部を**リストB**のように書き込めば，物理フォーマットを修復できます．

なお，**リストB**の①の詳細を**リストC**に，④の詳細を**リストD**に示します．また，**図B**はCISのデータのダンプ結果です．200h以降は冗長部です．

図A
CIS領域を消去
したとき

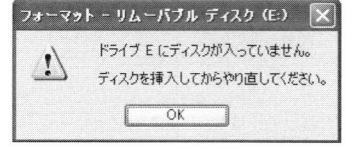

```
0000h:  01 03 D9 01 FF 18 02 DF 01 20 04 00 00 00 00 21
0010h:  02 04 01 22 02 01 01 22 03 02 04 07 1A 05 01 03
0020h:  00 02 0F 1B 08 C0 C0 A1 01 55 08 00 20 1B 0A C1
0030h:  41 99 01 55 64 F0 FF FF 20 1B 0C 82 41 18 EA 61
0040h:  F0 01 07 F6 03 01 EE 1B 0C 83 41 18 EA 61 70 01
0050h:  07 76 03 01 EE 15 14 05 00 20 20 20 20 20 20 20
0060h:  00 20 20 20 20 00 30 2E 30 00 FF 14 00 FF 00 00
0070h:  00 00 00 00 00 00 00 00 00 00 00 00 00 00 00 00
0080h:  00 00 00 00 00 00 00 00 00 00 00 00 00 00 00 00
0090h:  00 00 00 00 00 00 00 00 00 00 00 00 00 00 00 00
00A0h:  00 00 00 00 00 00 00 00 00 00 00 00 00 00 00 00
00B0h:  00 00 00 00 00 00 00 00 00 00 00 00 00 00 00 00
00C0h:  00 00 00 00 00 00 00 00 00 00 00 00 00 00 00 00
00D0h:  00 00 00 00 00 00 00 00 00 00 00 00 00 00 00 00
00E0h:  00 00 00 00 00 00 00 00 00 00 00 00 00 00 00 00
00F0h:  00 00 00 00 00 00 00 00 00 00 00 00 00 00 00 00
0100h:  01 03 D9 01 FF 18 02 DF 01 20 04 00 00 00 00 21
0110h:  02 04 01 22 02 01 01 22 03 02 04 07 1A 05 01 03
0120h:  00 02 0F 1B 08 C0 C0 A1 01 55 08 00 20 1B 0A C1
0130h:  41 99 01 55 64 F0 FF FF 20 1B 0C 82 41 18 EA 61
0140h:  F0 01 07 F6 03 01 EE 1B 0C 83 41 18 EA 61 70 01
0150h:  07 76 03 01 EE 15 14 05 00 20 20 20 20 20 20 20
0160h:  00 20 20 20 20 00 30 2E 30 00 FF 14 00 FF 00 00
0170h:  00 00 00 00 00 00 00 00 00 00 00 00 00 00 00 00
0180h:  00 00 00 00 00 00 00 00 00 00 00 00 00 00 00 00
0190h:  00 00 00 00 00 00 00 00 00 00 00 00 00 00 00 00
01A0h:  00 00 00 00 00 00 00 00 00 00 00 00 00 00 00 00
01B0h:  00 00 00 00 00 00 00 00 00 00 00 00 00 00 00 00
01C0h:  00 00 00 00 00 00 00 00 00 00 00 00 00 00 00 00
01D0h:  00 00 00 00 00 00 00 00 00 00 00 00 00 00 00 00
01E0h:  00 00 00 00 00 00 00 00 00 00 00 00 00 00 00 00
01F0h:  00 00 00 00 00 00 00 00 00 00 00 00 00 00 00 00
0200h:  FF FF FF FF FF FF 00 00 0C CC C3 00 00 0C CC C3
```

図B　CIS領域の内容

リストA
CIS領域を消去

```
addr = 32;       ←――――――― CIS領域を指定（ブロック・アドレス先頭，本文参照）
if(xSsfdc_EraseBlock(addr))    ←― CIS部のブロックを消去する
    printf("Erase Error\n");
```

01101010b＝6Ahとなり，図33の値が得られました．

ECC計算はリスト23のルーチンで行います．引数のtableは図33のCPテーブル，dataは256バイトの入力データ，ecc1，ecc2，ecc3はECCデータ・バッファのそれぞれ1番目，0番目，2番目のデータです．

＊　　　　　　＊

スマートメディアの読み書き，消去から始めて，物理および論理変換テーブルの作成，ECC計算まで，実際にプログラムを動かしながら理解を深めてきました．ここでは参考文献の手ほどきとなることを目的としたので，詳細はSMIL（SmartMedia Interface Library）の資料を参考にしてください[3]．本章では，

```
     00 01 02 03 04 05 06 07 08 09 0A 0B 0C 0D 0E 0F
00:  00,55,56,03,59,0C,0F,5A,5A,0F,0C,59,03,56,55,00,
10:  65,30,33,66,3C,69,6A,3F,3F,6A,69,3C,66,33,30,65,
20:  66,33,30,65,3F,6A,69,3C,3C,69,6A,3F,65,30,33,66,
30:  03,56,55,00,5A,0F,0C,59,59,0C,0F,5A,00,55,56,03,
40:  69,3C,3F,6A,30,65,66,33,33,66,65,30,6A,3F,3C,69,
50:  0C,59,5A,0F,55,00,03,56,56,03,00,55,0F,5A,59,0C,
60:  0F,5A,59,0C,56,03,00,55,55,00,03,56,0C,59,5A,0F,
70:  6A,3F,3C,69,33,66,65,30,30,65,66,33,69,3C,3F,6A,
80:  6A,3F,3C,69,33,66,65,30,30,65,66,33,69,3C,3F,6A,
90:  0F,5A,59,0C,56,03,00,55,55,00,03,56,0C,59,5A,0F,
A0:  0C,59,5A,0F,55,00,03,56,56,03,00,55,0F,5A,59,0C,
B0:  69,3C,3F,6A,30,65,66,33,33,66,65,30,6A,3F,3C,69,
C0:  03,56,55,00,5A,0F,0C,59,59,0C,0F,5A,00,55,56,03,
D0:  66,33,30,65,3F,6A,69,3C,3C,69,6A,3F,65,30,33,66,
E0:  65,30,33,66,3C,69,6A,3F,3F,6A,69,3C,66,33,30,65,
F0:  00,55,56,03,59,0C,0F,5A,5A,0F,0C,59,03,56,55,00
```

図33　CP0～CP5の計算結果テーブル

リストB　CISデータと冗長部を書き込む

```
unsigned char buff[0x200];
unsigned char redundant[16];
void main(void)
{
    init_port();
    Ssfdc_Reset();
    xSetCISData();                              ←――― ①CISデータをバッファに設定する
    addr = 32;                                  ←――― ②CIS領域の物理アドレスを指定する
    if(xSsfdc_WriteSect(addr, buff))            ←――― ③CISのデータ部分を書き込む
        printf("Data Write Error\n");
    xSetCISRdtData();                           ←――― ④CISの冗長部分をバッファに設定する
    Ssfdc_WriteRedtMode();                      ←――― ⑤冗長部書き込みモードにする
    if(xSsfdc_WriteRedtData(addr, redundant))   ←――― ⑥CISの冗長部を書き込む
        {Ssfdc_Reset(); printf("RedtData Write Error\n");};
    Ssfdc_Reset();                              ←――― ⑦冗長部書き込み後はリセットが必要
    while(1);
}
```

リストC　リストBの①の詳細

```
void xSetCISData(void)
{
    int j,i;
    unsigned char cistable[112] = {             ←――― CISデータ部の内容
    0x01,0x03,0xD9,0x01,0xFF,0x18,0x02,0xDF,0x01,0x20,0x04,0x00,0x00,0x00,0x00,0x21,
    0x02,0x04,0x01,0x22,0x02,0x04,0x01,0x22,0x03,0x02,0x04,0x07,0x1A,0x05,0x01,0x03,
    0x00,0x02,0x0F,0x1B,0x08,0xC0,0xC0,0xA1,0x01,0x55,0x08,0x00,0x20,0x1B,0x0A,0xC1,
    0x41,0x99,0x01,0x55,0x64,0xF0,0xFF,0xFF,0x20,0x1B,0x0C,0x82,0x41,0x18,0xEA,0x61,
    0xF0,0x01,0x07,0xF6,0x03,0x01,0xEE,0x1B,0x0C,0x83,0x41,0x18,0xEA,0x61,0x70,0x01,
    0x07,0x76,0x03,0x01,0xEE,0x15,0x14,0x05,0x00,0x20,0x20,0x20,0x20,0x20,0x20,0x20,
    0x00,0x20,0x20,0x20,0x20,0x00,0x30,0x2E,0x30,0x00,0xFF,0x14,0x00,0xFF,0x00,0x00
    };
    for(j=0; j<2; j++) {
        for(i=0; i<112; i++)
            buff[i+j*256]=(char)cistable[i];    ←――― CISデータ部をバッファに移す
            for(i=0; i<144; i++)
                buff[i+j*256+112]=(char)0x00;
    }
}
```

リストD　リストBの④の詳細

```
void xSetCISRdtData(void)
{
    int i;
    unsigned char cisrdttbl[16] = {             ←――― CIS冗長部の内容
    0xFF,0xFF,0xFF,0xFF,0xFF,0xFF,0x00,0x00,0x0C,0xCC,0xC3,0x00,0x00,0x0C,0xCC,0xC3
    };
    for(i=0; i<16; i++)
        redundant[i]=(char)cisrdttbl[i];        ←――― CIS冗長部をバッファに移す
}
```

第1部 スマートメディア編

リスト23 ECCの計算ルーチン

```
static void calculate_ecc(table,data,ecc1,ecc2,ecc3)
(変数宣言略)
{
(変数宣言略)
    reg1=reg2=reg3=0;                       /* 変数をクリア */
    for(i=0; i<256; ++i) {                  /* 以下256バイト分繰り返し */
        a=table[data[i]];                   /* CPテーブルを読む */
        reg1^=(a&MASK_CPS);                 /* ALL部分を捨てる */
        if ((a&BIT6)!=0) {                  /* ALLビットが1なら */
            reg3^=(unsigned char)i;         /* カウント値とXORする */
            reg2^=~((unsigned char)i);      /* カウント値とXORする */
        }
    }
/* LP14,12,10,... &LP15,13,11,... を LP15,14,13,... &LP7,6,5,..に順序変換 */
    trans_result(reg2,reg3,ecc1,ecc2);
    *ecc1=~(*ecc1); *ecc2=~(*ecc2);         /* 最終的に反転する */
    *ecc3=((~reg1)<<2)|BIT1BIT0;            /* ECCデータを得る */
}
```

7	6	5	4	3	2	1	0
'0'	ALL	CP5	CP4	CP3	CP2	CP1	CP0

図34 CPテーブルのデータ・フォーマット

できるだけ互換性を保つため，ルーチンの頭にxやyを付けてSMILの関数と区別できるように配慮しました．

実際のルーチンは，メディアの活線挿抜，各容量への対応など，細かな配慮がなされています．煩雑にならないように，本章ではこの部分の説明を省きました．実際に応用する場合には，SMILを参考にすることをお勧めします．

PLDを使ったスマートメディア・コントローラの設計

前節では，マイコンにスマートメディアをつないで，すべてソフトウェアで制御してみました．これによって，ハードウェアが簡素化されましたが，処理速度が遅いなどのデメリットもあります．

本節では，マイコンとスマートメディアの間にPLDを入れます．そして，ソフトウェアで処理すると負荷の大きいECCの計算などをハードウェアで処理し，マイコン側にはできるだけ単純な処理だけを行わせて，スマートメディアのセクタ・リード/ライトを行うシステムを実現する方法を紹介します．

14 スマートメディア・コントローラの設計

● マイコンだけの場合──ECC計算に要する時間がネック

前節では，マイコンのソフトウェアでECC処理を行いました．図35は，セクタ読み出しルーチン（ECC処理付き）の実測波形です．データはCISなので，D0，D1を見ると同じデータを2回読み出していることがわかります．

P94は，前節で紹介した，calculate_ecc()ルーチンの動作中を示す信号で，ECC計算中であることを意味します．このように，ソフトウェアECCではセクタ・リード・モードでバッファに1セクタ分（512バイト）取り込んだ後，これを読み出して計算を行います．この計算には，セクタ・リード時間とほぼ同じ3msもかかっています．これは，メモリ・アクセス時間が実質的に2倍になったのと同じであり，容量の大きな画像データを扱うような場合に問題となります．

このとき，セクタ・リード期間に，データの1バイ

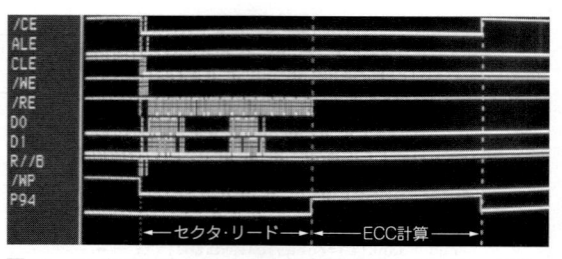

図35 マイコンによる，ECC処理付きセクタ・リード動作波形

写真3　システムの外観
左からスマートメディア，CPLD，マイコン

トごとにハードウェアでECC計算を行えば，ECC計算に要する時間を短縮できます．このためのハードウェアとしては，FPGAやCPLDなどを使います．

● **CPLDか，それともFPGAか**

CPLDにするか，それともFPGAにするかは回路の規模によります．回路規模が小さければCPLDのほうが使いやすく，価格も手ごろです．本節の回路は3000ゲート程度なのでCPLDが使えます．

筆者はXilinx社のXCR3000とAltera社のMAX7000で動作を確認しました．ここでは，MAX7128を使うことにしました[注2]．写真3にシステムの外観を示します．

● **5Vトレラント・ピンでマイコンと接続**

前節と同じように，マイコンとしてはルネサス テクノロジのH8/3052Fを使います．マイコンのインターフェース電圧は5Vですが，CPLDは3.3Vです．スマートメディアとCPLDの間の接続は問題ありませんが，CPLDとマイコンの接続では，CPLD側の5Vトレラント・ピンを使います．

図36に全体の回路を示します．左側の端子がマイコンとのインターフェース信号です．データ・バスと

注2：MAX7128（84ピンのPLCCパッケージ）は，Altera社の開発ツール Quartus II Ver5.0以降ではサポートされていない．そのため今回は，Quartus II Ver4.0を使用した．

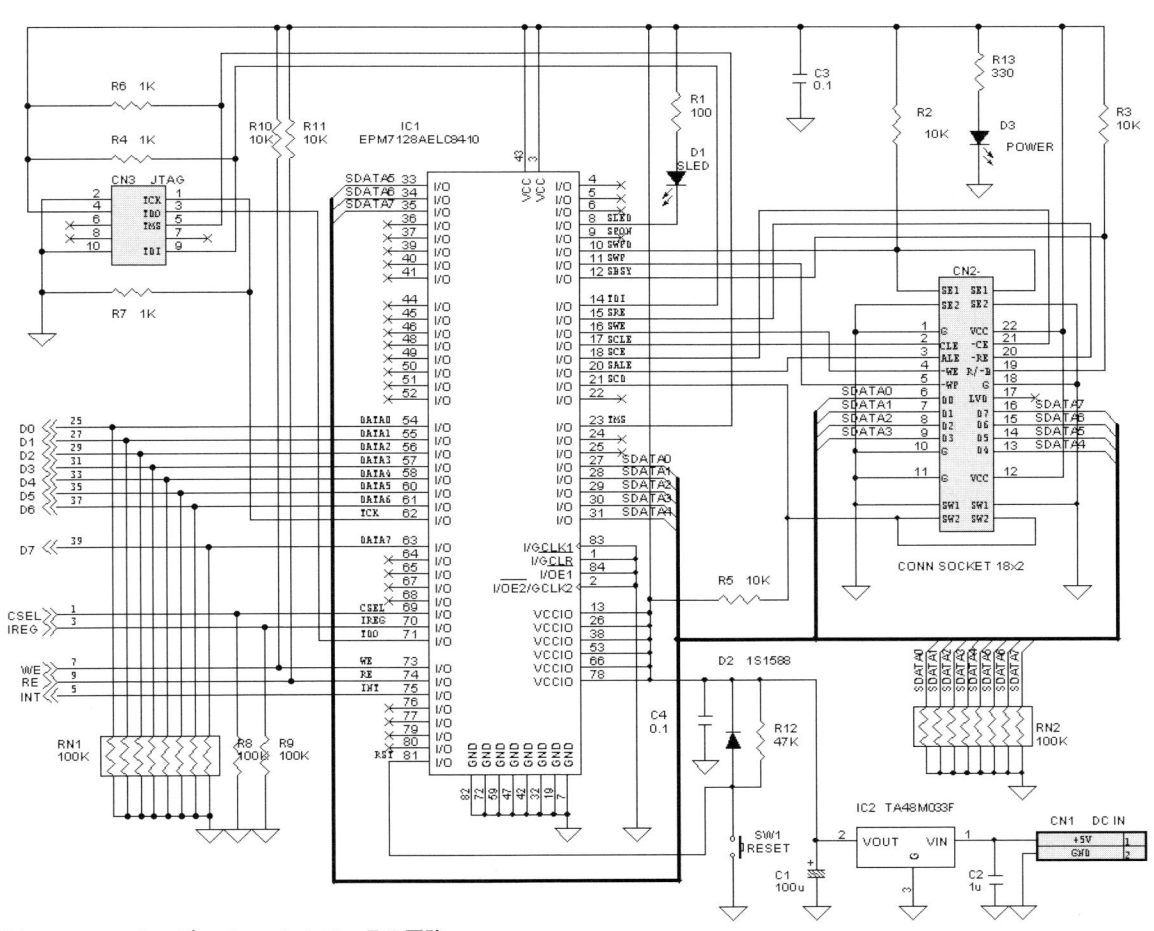

図36　スマートメディア・コントローラの回路

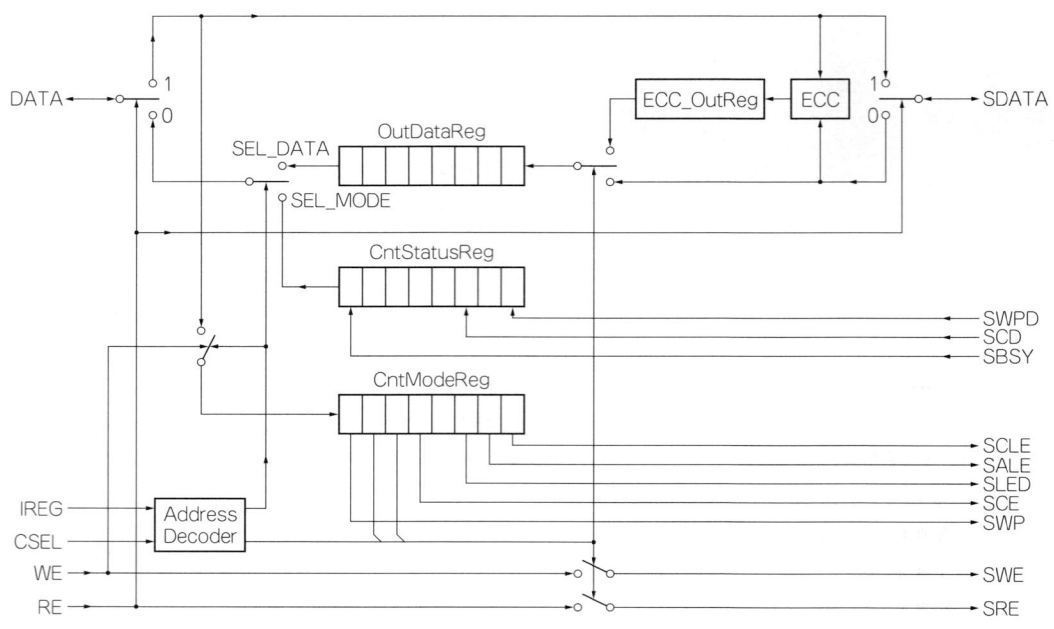

図37 スマートメディア・コントローラの構成
左側の端子がマイコンで，右側がスマートメディアとのインターフェース信号

RE/WEの方向指示信号，レジスタ・アドレス信号などから構成されます．CN1はマイコン系の5V電源入力で，IC2により3.3Vを得ています．CN2にはスマートメディア基板がつながります．CN3はCPLDのプログラミング用のJTAG端子です．

回路は非同期設計なので，クロックや発振子を使いません．D1のLEDはスマートメディアへのアクセス・ランプです．バス・ラインはいずれも双方向なので，ハイ・インピーダンス（インピーダンス無限大）の状態を作らないように，100kΩの抵抗でGNDに落としています．

● CPLDに書き込むハードウェアのブロック

図37に，CPLDに書き込むハードウェアのブロックを示します．回路は二つの部分から構成されます．
① ハードウェアECC回路
② スマートメディアとのインターフェース回路

図37のECCと書かれたブロックが①に相当します．マイコン側とのデータのやり取りは，データ・レジスタOutDataRegを介して行います．②はマイコンのポート・エキスパンダの役割を果たしており，マイコン側とは次の三つのレジスタを通して接続を確立します．
① データ・レジスタ（OutDataReg）
② ステータス・レジスタ（CntStatusReg）
③ モード・レジスタ（CntModeReg）

● インターフェース用レジスタの機能

表11は，スマートメディアの状態を読み出すための，ステータス・レジスタの中身です．また，**表12**はコントローラの動作モードを指定するためのモード・レジスタの機能です．

このほかにも，SMIL[3]にはカード挿入や抜去などを割り込みで検知するためのレジスタもありますが，ここでは簡単化のため使用していません．

15 ECCの計算回路とシミュレーション

● ライン・パリティの場合

ECCの計算方法については，すでに説明しました．ライン・パリティの場合，これを次のようにまとめることができます．

$$LP00 = D(*******0, ***)$$
$$LP01 = D(*******1, ***)$$
$$LP02 = D(******0*, ***)$$
$$LP03 = D(******1*, ***)$$
$$LP04 = D(*****0**, ***)$$
$$LP05 = D(*****1**, ***)$$
$$LP06 = D(****0***, ***)$$
$$LP07 = D(****1***, ***)$$

第2章 H8マイコンによるスマートメディアへのアクセス事例

表11 ステータス・レジスタの機能

ステータス・レジスタ CntStatusReg (read)							
7	6	5	4	3	2	1	0
Busy	Model	'0'	PwrON	STCHG	CENB	EJREQ	WPD
1：Busy	1：5V		1：PwON	1：挿抜あり	1：挿入	1：EJ要求	1：シールあり
0：Ready	0：3.3V		0：PwOFF	0：なし	0：カードなし	0：なし	0：なし
/SBSY	'0'	'0'	'1'	'0'	/SCD	'0'	/SWPD

表12 モード・レジスタの機能

モード・レジスタ CntModeReg (write)							
7	6	5	4	3	2	1	0
SWP	ECC制御		/SCE	使用せず	SLED	SALE	SCLE

$LP08 = D(***0****, ***)$
$LP09 = D(***1****, ***)$
$LP10 = D(**0*****, ***)$
$LP11 = D(**1*****, ***)$
$LP12 = D(*0******, ***)$
$LP13 = D(*1******, ***)$
$LP14 = D(0*******, ***)$
$LP15 = D(1*******, ***)$

ただし，*は0または1を表します．D(addr)は，アドレスaddrのデータ（全部で1024ビット）を'1'の個数が奇数になるように加算（XOR）したもので，奇数パリティと呼ばれています．アドレスはカンマ（,）で区切った前半がライン・アドレスで，後半がカラム・アドレスです．この計算をVHDLで表現するとリスト24のようになります．

図38にリスト24のシミュレーション結果を示します．ECC_Clock（REまたはWEに相当）の立ち上がりで，ライン・パリティ（ECC_LineParity）が瞬時に計算されることがわかります．

●カラム・パリティの場合

カラム・パリティの場合は，ECCの計算を次の式のようにまとめることができます．

$CP0 = D(********, **0)$
$CP1 = D(********, **1)$
$CP2 = D(********, *0*)$
$CP3 = D(********, *1*)$

リスト24 ライン・パリティ生成回路のVHDLソース

```
process (ECC_Reset,ECC_Clock,ECC_Input)
 variable Parity :std_logic;
 begin
 Parity := '0';                                    --初期値を0として，偶数パリティに設定
 for I in 0 to 7 loop                              --データ幅8ビットについて，
  Parity := ECC_Input(I) xor Parity;               --全ビットXOR
 end loop;
 if (ECC_Reset='1') then                           --初期値を
  ECC_LineParity <= (others => '1');               --1として，奇数パリティに設定
 elsif (ECC_Clock'event and ECC_Clock='1') then    --RE/WEパルス立ち上がり時
  if (ECC_LineAddr(8)='0') then                    --前半256バイトのECC計算
     for I in 0 to 7 loop                          --ライン・アドレスの各ビットが
       if (ECC_LineAddr(I)='0') then               --0のときのパリティを計算する
        ECC_LineParity(I*2) <= ECC_LineParity(I*2) xor Parity;
       else                                        --1のときのパリティを計算する
        ECC_LineParity(I*2+1) <= ECC_LineParity(I*2+1) xor Parity;
       end if;
     end loop;
   else                                            --後半256バイトのECC計算
     for I in 0 to 7 loop                          --ライン・アドレスの各ビットが
       if (ECC_LineAddr(I)='0') then               --0のときのパリティを計算する
        ECC_LineParity(I*2+16) <= ECC_LineParity(I*2+16) xor Parity;
       else                                        --1のときのパリティを計算する
        ECC_LineParity(I*2+17) <= ECC_LineParity(I*2+17) xor Parity;
       end if;
     end loop;
   end if;
 end if;
end process;
```

第1部 スマートメディア編

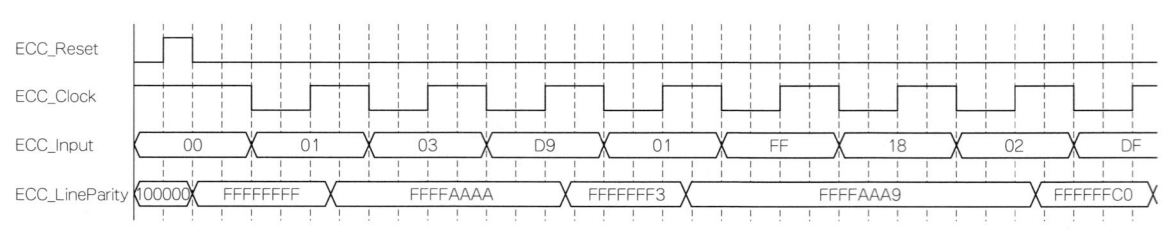

図38 ライン・パリティ生成回路のシミュレーション結果

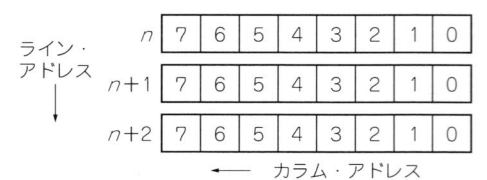

ECC_Reset	
ECC_Clock	
ECC_Input	00, 01, 03, D9, 01, FF, 18, 02, DF
ECC_LineParity	100000, FFFFFFFF, FFFFAAAA, FFFFFFF3, FFFFAAA9, FFFFFFC0

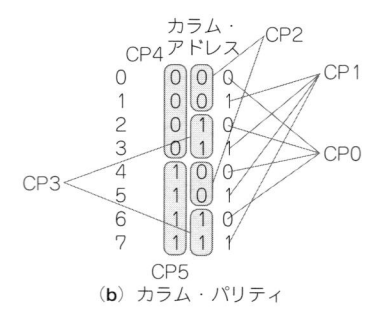

図39 カラム・アドレスとパリティ
(a) ライン・アドレスとカラム・アドレス
(b) カラム・パリティ

$$CP4 = D(*******, 0**)$$
$$CP5 = D(*******, 1**)$$

各変数の意味は，ライン・パリティの場合と同じです．カラム・アドレス（カンマの右側）は，**図39(a)**の

上のようにラインを並べたときのビット方向のアドレスに相当します．

上記の式に該当するアドレスは，**図39(b)**のようになります．カラム・パリティCPxは該当するアドレスのデータを加算（XOR）したものです．**リスト25**にカラム・パリティ生成部のVHDLソースを，**リスト26**にパリティ生成部以外のスマートメディア・コントローラのVHDLソースを示します．

図40に**リスト25**のシミュレーション波形を示します．

16 スマートメディア・コントローラを実際に動かしてみる

● スマートメディア・コントローラのテスト

では，まずスマートメディア・コントローラとマイコンとの通信のテストを行います（**リスト27**）．

リスト27中の①の詳細は**リスト28**のようになります．また，**リスト28**中の②の詳細は**リスト29**のようになります．**リスト29**中の③は最下位のルーチンで，**リスト30**のようにマクロで定義しています．**リスト30**にある_outpbは最下層（ハードウェア＝マイコン

リスト25 カラム・パリティ生成回路のVHDLソース

```
process (ECC_Reset,ECC_Clock,ECC_Input)
variable Parity :std_logic_vector(5 downto 0);
begin
  for I in 0 to 1 loop                                          --カラム・アドレスのビットが0と1の場合について
    Parity(I)   := ECC_Input(I)   xor ECC_Input(I+2)   xor ECC_Input(I+4)   xor ECC_Input(I+6);     --CP0とCP1を計算する
    Parity(I+2) := ECC_Input(I*2) xor ECC_Input(I*2+1) xor ECC_Input(I*2+4) xor ECC_Input(I*2+5);
                                                                                                     --CP2とCP3を計算する
    Parity(I+4) := ECC_Input(I*4) xor ECC_Input(I*4+1) xor ECC_Input(I*4+2) xor ECC_Input(I*4+3);
                                                                                                     --CP4とCP5を計算する
  end loop;

  if (ECC_Reset='1') then                           --初期値を
    ECC_ColumnParity <= (others => '1');            --1として，奇数パリティに設定
  elsif (ECC_Clock'event and ECC_Clock='1') then    --RE/WEパルス立ち上がり時
    if (ECC_LineAddr(8)='0') then                   --前半256バイトのECC計算
      for I in 0 to 5 loop                          --CP0～5について奇数パリティを計算
        ECC_ColumnParity(I) <= ECC_ColumnParity(I) xor Parity(I);
      end loop;
    else                                            --後半256バイトのECC計算
      for I in 0 to 5 loop                          --CP0～5について奇数パリティを計算
        ECC_ColumnParity(I+6) <= ECC_ColumnParity(I+6) xor Parity(I);
      end loop;
    end if;
  end if;
end process;
```

リスト26　スマートメディア・コントローラのVHDLソース（一部）

```vhdl
        ～中略～
                    SDATA <= (others => 'Z');
                end if;
            else
                SRE <= '1';
                SWE <= '1';
                SDATA <= (others => '0');
            end if;
            ------------------------
            SCE <= not CntModeReg(4);
            SCLE <= CntModeReg(0);
            SALE <= CntModeReg(1);
            SWP <= CntModeReg(7);
        end if;
end process;

--- カード・ステータス変化チェック(カード入出力)
process (Reset,SEL_MODE,CntWrite,SMediaCardIn)
begin
    if (Reset='1' or (SEL_MODE='1' and CntWrite='0')) then
        CntCardOut <= '0';
    elsif (SMediaCardIn'event and SMediaCardIn='0') then
        CntCardOut <= '1';
    end if;
end process;
process (Reset,SEL_MODE,CntWrite,SMediaCardIn)
begin
    if (Reset='1' or (SEL_MODE='1' and CntWrite='0')) then
        CntCardIn <= '0';
    elsif (SMediaCardIn'event and SMediaCardIn='1') then
        CntCardIn <= '1';
    end if;
end process;

-- コントローラID出力およびECCレジスタ出力用カウンタ--"SMIL_1.00"
またはECC計算結果出力用
process (CntRead,MODE_ReadID,MODE_ReadECC)
begin
    --ID読み出しモードでもなく，ECC読み出しモードでもなければ，
    if (MODE_ReadID='0' and MODE_ReadECC='0') then
        CntCounter <= (others => '1');
                                --カウンタを"1111"に初期化
    elsif (CntRead'event and CntRead='0') then
                                --CntRead(=RE)の立ち下がりで，
        if (SEL_DATA='1') then          --
                                かつSEL_DATA='1'(CSEL=0)ならば，
            CntCounter <= CntCounter + '1';
                                --カウンタを1増やす
        end if;
    end if;
end process;

--- コントローラIDデータ出力デコード(12Byte)
process (CntCounter)
begin
    case CntCounter is
        when "0000" => CntIDdtReg <= "01010011";
                                --- 'S': 0x53
        when "0001" => CntIDdtReg <= "01001101";
                                --- 'M': 0x4D
        when "0010" => CntIDdtReg <= "01001001";
                                --- 'I': 0x49
        when "0011" => CntIDdtReg <= "01001100";
                                --- 'L': 0x4C
        when "0100" => CntIDdtReg <= "00100000";
                                --- ' ': 0x20
        when "0101" => CntIDdtReg <= "00110001";
                                --- '1': 0x31
        when "0110" => CntIDdtReg <= "00101110";
                                --- '.': 0x2E
        when "0111" => CntIDdtReg <= "00110000";
                                --- '0': 0x30
        when "1000" => CntIDdtReg <= "00110000";
                                --- '0': 0x30
        when "1001" => CntIDdtReg <= "00000000";
                                --- : 0x00
        when "1010" => CntIDdtReg <= "11000000";
                                --- : 0xC0
        when "1011" => CntIDdtReg <= "00000000";
                                --- : 0x00
        when others => CntIDdtReg <= "00000000";
    end case;
end process;

-- ECC計算結果出力
process (CntCounter,ECC_LineParity,ECC_ColumnParity)
begin
    case CntCounter is
                --カウンタ値により，ECC_OutRegの内容を設定する
        when "0000" => ECC_OutReg <= ECC_LineParity(7
                        downto 0);      --ライン・パリティ下位
        when "0001" => ECC_OutReg <= ECC_LineParity(15
                        downto 8);      --ライン・パリティ
        when "0010" => ECC_OutReg <= ECC_ColumnParity(5
                        downto 0) & "11";  --カラム・パリティ下位
        when "0011" => ECC_OutReg <= ECC_LineParity(23
                        downto 16);     --ライン・パリティ
        when "0100" => ECC_OutReg <= ECC_LineParity(31
                        downto 24);     --ライン・パリティ上位
        when "0101" => ECC_OutReg <= ECC_ColumnParity(11
                        downto 6) & "11";  --カラム・パリティ上位
        when others => ECC_OutReg <= "00000000";
    end case;
end process;

-- ECC計算データ入力
process (CntRead,CntDataInput,SMediaInput)
begin
    if (CntRead='1') then       --CntRead(=RE)が'1'ならば
        ECC_Input <= CntDataInput;
                        --書き込みデータ(DATA端子)を入力する
    else
        ECC_Input <= SMediaInput;
                        --スマートメディアのデータ(SDATA端子)を入力する
    end if;
end process;

-- ECCリセット選択
process (Reset,SEL_DATA,CntWrite,CntRead,MODE_RstECC)
begin
    if (Reset='1') then         --コントローラのリセット時は，
        ECC_Reset <= '1';                --ECCもリセットする
    elsif (SEL_DATA='1' and MODE_RstECC='1') then
                        --SEL_DATA='1'(CSEL=0)かつECCリセット時は，
        ECC_Reset <= not (CntWrite and CntRead);
                        --WE=0かつRE=0のとき，リセットする
    else
        ECC_Reset <= '0';
    end if;
end process;

-- ECCクロック選択
process (SEL_DATA,CntWrite,CntRead,MODE_EnbECC)
begin
    if (SEL_DATA='1' and MODE_EnbECC='1') then
                        --SEL_DATA='1'(CSEL=0)かつECCイネーブル時は，
        ECC_Clock <= CntWrite and CntRead;
                        --ECCクロックは，WEおよびREを使用する
    else
        ECC_Clock <= '1';
    end if;
end process;

-- ECCライン・アドレス設定用カウンタ
process (ECC_Reset,ECC_Clock,ECC_LineAddr)
begin
    if (ECC_Reset='1') then
        ECC_LineAddr <= (others => '1');
    elsif (ECC_Clock'event and ECC_Clock='0') then
                        --ECCクロックの立ち下がりで，
        ECC_LineAddr <= ECC_LineAddr +1;
                        --ECCライン・アドレス・カウンタを1増やす
    end if;
end process;
```

第1部 スマートメディア編

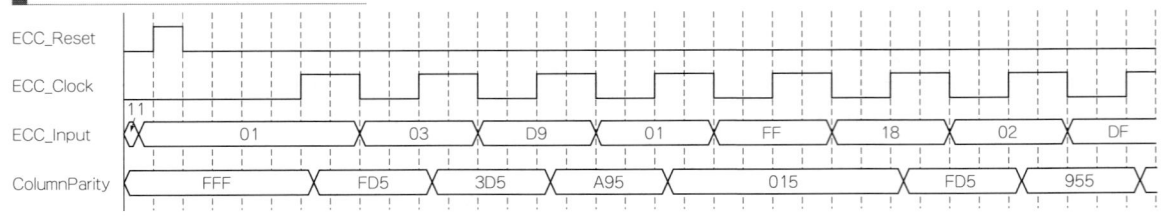

図40 カラム・パリティ生成回路のシミュレーション結果

に依拠)のポート操作部分で，**リスト31**のような内容になっています．この部分はマイコンの種類やポート配置によって変わってきます．

また，**リスト29**中の④は次のようにマクロで定義しています．

```
#define _Hw_InData()    _inpb(DATA)
```

_inpbは，同じく最下層のポート操作部分で，リスト32のようになっています．

通信が正常に行われた場合，実行結果は**図41**のようになります．

● スマートメディアからデータとECCを読み出し，エラー・チェックと訂正を行う

次に，スマートメディア・コントローラのECC計算機能を使って，データの読み出しとエラー・チェックを行ってみます．メイン・ルーチンは**リスト33**のようになります．

リスト27 スマートメディア・コントローラとマイコンとの通信のテスト・プログラム

```
void main(void){
    printf("\n << Read Chip ID >>\n");  //モニタにタイトルを表示する
    printf("\n");              //改行する
    Ssfdc_ReadChipID();        //コントローラからチップIDを読み出して表示する（①）
    while(1);                  //無限ループに入れる
}
```

リスト28 リスト27中の①の詳細プログラム

```
void Ssfdc_ReadChipID(void)
{
    int  i;
    _Load_ChipID();  //コントローラからチップIDを読み出す
    for(i=0; i<12; i++){
        if(IDBuf[i]==0x00) break;  //データ内容が'0x00'なら終了する
        printf("%c", IDBuf[i]);    //読み出したデータ（ID）を表示する（②）
    }
    printf("\n");                  //改行する
}
```

リスト29 リスト28中の②の詳細プログラム

```
unsigned char IDBuf[12];
static void _Load_ChipID(void)
{
    int i;
    _Hw_ChkID();         //コントローラをID読み出しモードにする（③）
    for(i=0; i<12; i++)
        IDBuf[i]=_Hw_InData();  //データ・レジスタの内容を読み出す（④）
    _Hw_EccRdStop();     //ID読み出しモードを停止する
}
```

リスト30 リスト29中の③のマクロ定義

```
#define _Hw_ChkID()    _outpb(MODE,(unsigned char)(ID_READ|ENB_WP|LED))
#define ID_READ        0x40 /* -100 ----  */ //モード・レジスタの設定内容
```

リスト31 _outpbの内容

```
static void _outpb(unsigned short addr, unsigned char data)
{
    volatile unsigned int i;
    P4.DDR = 0xff;           // ポート4を出力に設定する
    P4.DR.BYTE = data;       // ポート4にデータを出力する
    PA.DR.BYTE = (addr & 0x03) | (PA.DR.BYTE & 0xfc);  //アドレスを設定
    PA.DR.BIT.B3 = 0;        // /WR=Lとする
    PA.DR.BIT.B3 = 1;        // /WR=Hとする
    P4.DDR=0x00;             // ポート4=z（ハイ・インピーダンス）にする
}
```

第2章 H8マイコンによるスマートメディアへのアクセス事例

リスト32　_inpbの内容

```
static unsigned char _inpb(unsigned short addr)
{
    unsigned char data;
    P4.DDR=0x00;            // ポート4を入力に設定する
    PA.DR.BYTE = (addr & 0x03) | (PA.DR.BYTE & 0xfc); //アドレスを設定
    PA.DR.BIT.B2 = 0;       // /RD=Lとする
    data = P4.DR.BYTE;      // ポート4からデータを入力する
    PA.DR.BIT.B2 = 1;       // /RD=Hとする
    return(data);           // 読み出したデータを返す
}
```

図41 コントローラのチップIDの読み出し結果

```
: g
<< Read Chip ID >>
SMIL 1.00
```

　リスト33中の①の関数xRead_PhyOneSectはリスト34のようになっています．また，リスト34中の②の関数xxSsfdc_ReadSectは，スマートメディアから1セクタ（512バイト）のデータをバッファに読み込むもので，リスト35のとおりです．

　リスト35中の③のCheck_DataStatus関数は，冗長部の先頭から5番目のデータ（データ・ステータス）を調べ，FFhならば正常，また4ビット以上0ならば異常と判断します．

　図42は実行結果の最初の部分です．冗長部のECCデータと計算したECCデータが一致しているので，エラー・メッセージは表示されていません．

　では，エラーがある場合はどのようになるのでしょうか．今，図42のデータ82h = 10000010bに1ビット・エラーを入れて00000010b = 02hとし，冗長部はそのままにして書き込んでみます．エラー訂正なしで

リスト33　データの読み出しとエラー・チェックのメイン・ルーチン

```
unsigned char buff[0x200];                              //512バイトのデータ・バッファを用意する
unsigned char redundant[16];                            //16バイトの冗長部バッファを用意する
void main(void)
{
    unsigned short addr;
    unsigned int ErrCode;
    init_port();
    Ssfdc_Reset();
/************     READ PAGE with ECC ************/
    addr = 32;                                          //物理ブロック・アドレス1，セクタ・アドレス32を指定する
    if(ErrCode=xRead_PhyOneSect(addr, buff)){           //データとECCを読む（①）
        switch(ErrCode){
            case ERR_HwError:                           //ビジー信号が解除されない場合
                printf("Busy Time Out Error\n");  break;
            case ERR_DataStatus:                        //データ・ステータス異常の場合
                printf("Data Status Read Error\n");  break;
            case ERR_CorReadErr:                        //訂正可能なエラーの場合
                printf("ECC Correctable Read Error\n");  break;
            case ERR_EccReadErr:                        //訂正不可能なエラーの場合
                printf("ECC Uncorrectable Read Error\n");  break;
            default:                                    //読み出しができない場合
                printf("Data Read Error\n");  while(1);
        }
    }
    DumpBufData(&buff[0]);                              //読み出したデータをダンプ表示する
    while(1);                                           //無限ループに入れる
}
```

リスト34　xRead_PhyOneSect

```
int xRead_PhyOneSect(unsigned short addr, unsigned char *buf)
{
    Ssfdc_Reset();                                      //スマートメディアをリセットする
    if(xxSsfdc_ReadSect(addr,buf,Redundant))            //冗長部を含めてデータを読み出す（②）
            return(ERR_HwError);                        //ビジー・タイム・アウト・エラー
    if(Check_DataStatus(Redundant))                     //冗長部のデータ・ステータスを調べる（③）
            return(ERR_DataStatus);                     //ステータス・エラー
    if(! Check_ReadError(Redundant))  return(SUCCESS);  //ECCチェック
    if(! Check_Correct(buf,Redundant))                  //エラー訂正可能なら訂正する
            return(ERR_CorReadErr);                     //訂正可能エラー
    return(ERR_EccReadErr);                             //訂正不可能エラー
}
```

第1部 スマートメディア編

リスト35　xRead_PhyOneSect

```
static unsigned char EccBuf[6];              //ECCデータ・バッファを用意する
int xxSsfdc_ReadSect(unsigned short addr, unsigned char *buf, unsigned char *redundant)
{
    int i;
    _Set_SsfdcRdCmd(READ);                   //読み出し制御コマンドREAD(00h)を発行する
    x_Set_SsfdcRdAddr(addr);                 //セクタ・アドレスaddrを設定する
    if(_Check_SsfdcBusy(BUSY_READ))          //ビジー解除を待つ
        { _Reset_SsfdcErr();      return(ERROR); }   //解除せず，エラー
    _Start_SsfdcRdHwECC();                   //ECC回路を初期化し，ECC計算を開始する
    x_Read_SsfdcBuf(buf);                    //メディアからバッファに，セクタ・データを転送する
    _Stop_SsfdcRdHwECC();                    //ECC計算を停止する
    x_ReadRedt_SsfdcBuf(redundant);          //メディアから冗長部データを転送する
    DumpRdtData(&redundant[0]);              //冗長部データを表示する（デバッグ用）
    x_Load_SsfdcRdHwECC();                   //ECC計算値→EccBuf
    printf("Calculated ECC:");               //タイトル表示（デバッグ用）
    for(i=0;i<6;i++)
        printf("%02X",EccBuf[i]);            //EccBuf[6]の内容を表示する
    printf("¥n");
    if(_Check_SsfdcBusy(BUSY_READ))          //ビジー解除を待つ
        { _Reset_SsfdcErr();      return(ERROR); }
    _Set_SsfdcRdStandby();                   //メディアをスタンバイ・モードに戻す
    return(SUCCESS);                         //正常終了
}
```

Column 3
ECCエラーの訂正方法

　SMIL（SmartMedia Interface Library）では，エラーの訂正はソフトウェア（マイコン側）で行っています．エラー訂正のアルゴリズムは本文中の**図14**を参考にしてください．ここでは，本文で実験したCISデータの1ビット・エラーの場合について，エラー訂正の手順を具体的に説明します．

　まず，データから計算したECC値のECC1とECC2，ECC3を，冗長部から読み出したECCデータのECCDATA1，ECCDATA0，ECCDATA2と比較（XOR）します（**図C**）．

$$d = ECC \text{ xor } ECCDATA$$

　$d = 0$であればエラーはないことになりますが，ここでは$d \neq 0$となり，エラーが存在することがわかります．

　図Cのパリティ・データを，下位からp_0，p_2，p_3，…，p_{21}とします．ただし，p_0は**図C**の下位3ビット目から数えます．下位2ビットは '1' 固定で，ここに情報はありません．pは1ビット・エラーの場合，次の特徴をもっ

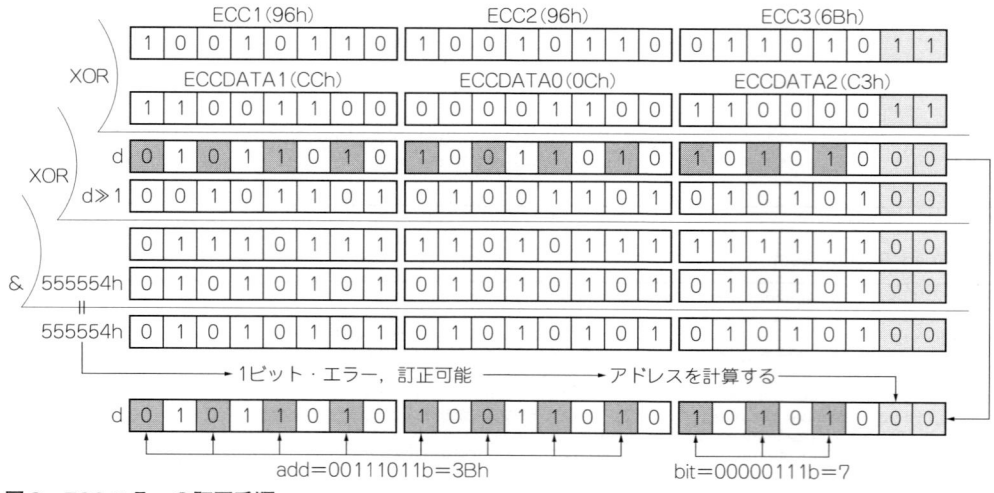

```
         ECC1(96h)          ECC2(96h)          ECC3(6Bh)
        1 0 0 1 0 1 1 0    1 0 0 1 0 1 1 0    0 1 1 0 1 0 1 1
XOR     ECCDATA1(CCh)      ECCDATA0(0Ch)      ECCDATA2(C3h)
        1 1 0 0 1 1 0 0    0 0 0 0 1 1 0 0    1 1 0 0 0 0 1 1

XOR  d  0 1 0 1 1 0 1 0    1 0 0 1 1 0 1 0    1 0 1 0 1 0 0 0
    d≫1 0 0 1 0 1 1 0 1    0 1 0 0 1 1 0 1    0 1 0 1 0 1 0 0
        0 1 1 1 1 1 1 1    1 1 0 1 1 1 1 1    1 1 1 1 1 1 0 0
&  555554h
  ═
  555554h 0 1 0 1 0 1 0 1   0 1 0 1 0 1 0 1   0 1 0 1 0 1 0 0

        ←1ビット・エラー，訂正可能→  →アドレスを計算する→
      d 0 1 0 1 1 0 1 0    1 0 0 1 1 0 1 0    1 0 1 0 1 0 0 0
             add=00111011b=3Bh              bit=00000111b=7
```

図C　ECCエラーの訂正手順

第2章 H8マイコンによるスマートメディアへのアクセス事例

図42 ECC付きデータ読み出しルーチンの実行結果

```
                            読み出した冗長部ECCデータ
0200h: FF FF FF FF FF FF 00 00 0C CC C3 00 00 0C CC C3 ..........
Calculated ECC: 0C CC C3 0C CC C3  データ内容から計算したECC値
0000h: 01 03 D9 01 FF 18 02 DF 01 20 04 00 00 00 00 21 .........!
0010h: 02 04 01 22 02 01 01 22 03 02 04 07 1A 05 01 03 ..."..."........
0020h: 00 02 0F 1B 08 C0 C0 A1 01 55 08 00 20 1B 0A C1 .........U.. ...
0030h: 41 99 01 55 64 F0 FF FF 20 1B 0C 82 41 18 EA 61 A..Ud... ...A..a
0040h: F0 01 07 F6 03 01 EE 1B 0C 83 41 18 EA 61 70 01 ..........A..ap.
0050h: 07 76 03 01 EE 15 14 05 00 20 20 20 20 20 20 20 .v.......
0060h: 00 20 20 20 20 20 00 30 2E 30 00 FF 14 00 FF 00 .     .0.0......
0070h: 00 20 20 20 20 20 20 20 20 20 20 20 20 20 20 20 .
0080h: 00 00 00 00 00 00 00 00 00 00 00 00 00 00 00 00 ................
                     セクタ・データ (CIS領域)
```

図43 データ部に1ビット・エラーを入れてみる

```
                                  82hから02hに変わった
0000h: 01 03 D9 01 FF 18 02 DF 01 20 04 00 00 00 00 21 .........!
0010h: 02 04 01 22 02 01 01 22 03 02 04 07 1A 05 01 03 ..."..."........
0020h: 00 02 0F 1B 08 C0 C0 A1 01 55 08 00 20 1B 0A C1 .........U.. ...
0030h: 41 99 01 55 64 F0 FF FF 20 1B 0C 02 41 18 EA 61 A..Ud... ...A..a
0040h: F0 01 07 F6 03 01 EE 1B 0C 83 41 18 EA 61 70 01 ..........A..ap.
```

図44 ECCによって1ビットのエラーが訂正された

```
ECC Correctable Read Error      エラー訂正が行われている
0000h: 01 03 D9 01 FF 18 02 DF 01 20 04 00 00 00 00 21 .........!
0010h: 02 04 01 22 02 01 01 22 03 02 04 07 1A 05 01 03 ..."..."........
0020h: 00 02 0F 1B 08 C0 C0 A1 01 55 08 00 20 1B 0A C1 .........U.. ...
0030h: 41 99 01 55 64 F0 FF FF 20 1B 0C 82 41 18 EA 61 A..Ud... ...A..a
0040h: F0 01 07 F6 03 01 EE 1B 0C 83 41 18 EA 61 70 01 ..........A..ap.
0050h: 07 76 03 01 EE 15 14 05 ..                      .v......
```

ています．

① 集合$A(p_0, p_2, p_4, \cdots, p_{20})$と集合$B(p_1, p_3, p_5, \cdots, p_{21})$は離散集合である．つまり，$A$と$B$のパリティ計算に使ったビットは重複しない．ビット・エラーが1個だけの場合は，そのビットは集合AかBのどちらかに属する．したがって，AかBのどちらかに誤りがあり，他方は正しい

② $(p_0, p_1), (p_2, p_3), \cdots, (p_{20}, p_{21})$の対のうち，一方が0であれば他方は1である．もし，あるビットが誤りとなれば，それはある一つの対のどちらかの値に反映する

つまり，図Cにおいて，dを右1ビットだけシフトさせた$d>>1$とXORすれば，このチェックを実現できます．これを検査定数CORRECTIVE = 555554hとANDし，その結果がCORRECTIVEと同じ値になれば，上記①，②より1ビット・エラーだと結論づけられます．

エラー・ビットのアドレスは，図Cの最下段のようにして求めることができます．上のCORRECTIVEは，p（偶数）の場合ですが，p（奇数）を使っても同じ結果が得られます．

C言語で表すと，**リストE**のようになります．後半はECCエラー（ECC値自体のエラー）の場合の処理です．

リストE Cのコード

```c
static unsigned char correct_data(unsigned char *data,
unsigned char *eccdata, unsigned char ecc1, unsigned char
ecc2, unsigned char ecc3)
{
unsigned long l, d;
unsigned int i;
unsigned char d1,d2,d3,a,add,b,bit;

d1=ecc1^eccdata[1]; d2=ecc2^eccdata[0];
                            /* ライン・パリティを比較する*/
d3=ecc3^eccdata[2];         /* カラム・パリティを比較する*/
d=((unsigned long)d1<<16)+((unsigned long)d2<<8)+
  (unsigned long)d3;        /*比較結果 */
if (d==0) return(0);        /* エラーがない場合は戻る*/
if (((d^(d>>1))&CORRECTABLE)==CORRECTABLE) { /* 訂正可能な場合*/
    l=BIT23;                /* BIT23=0x800000 */
    add=0;                  /* バイト・アドレスを初期化*/
    a=BIT7;                 /* BIT7=0x80 */
    for(i=0; i<8; ++i) {    /* 8ビット分チェックする*/
        if ((d&l)!=0) add|=a; /* LPからバイト・アドレスを生成*/
        l>>=2; a>>=1;       /* 右シフトする*/
    }
    bit=0;                  /*ビット・アドレスを初期化*/
    b=BIT2;                 /* BIT2=0x04 */
    for(i=0; i<3; ++i) {    /* 3ビット分チェックする*/
        if ((d&l)!=0) bit|=b; /* CPからビット・アドレスを生成*/
        l>>=2; b>>=1;       /* 右シフト */
    }
    b=BIT0;                 /* BIT0=0x01 */
    data[add]^=(b<<bit);    /* 訂正データと入れ替える*/
    return(1);              /* 訂正可能エラーで返る */
}
i=0;                        /* カウンタ初期化*/
d&=0x00ffffffL;             /* マスク*/
while(d) {                  /* d=0ならカウント終了*/
    if (d&BIT0) ++i;        /* '1'のビットの数を数える*/
    d>>=1;                  /* 右シフト */
}
if (i==1) {                 /* ECCエラーの場合*/
    eccdata[1]=ecc1; eccdata[0]=ecc2;
                            /* 正しいECCコードを入れる*/
    eccdata[2]=ecc3;
    return(2);
}
return(3);                  /* 訂正不可能エラーで返る*/
}
```

第1部 スマートメディア編

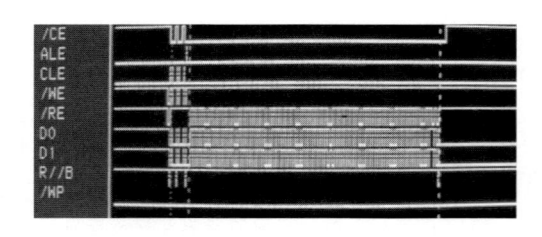

図45
ECC付きセクタ・リードの実測波形

リスト36
メモリ書き込み上位ルーチン

```
/*********** 　　　WRITE PAGE w/o ECC 　　**************/
    xSetBufData();    //バッファにセクタ・データ（512バイト）を設定する（①）
    addr = 96;//セクタ・アドレス96（ブロック・アドレス2）に設定
    if(xSsfdc_WriteSect(addr, buff))    //メモリに書き込む
        printf("Data Write Error\n");    //書き込みエラー時のメッセージ
```

リスト37
リスト36中の①のデータ

```
void xSetBufData(void)
{
    int i;
    for(i=0; i<0x200; i++) buff[i]=(char)0xaa;    // 10101010    （②）
}
```

```
: g
0000h:    FF FF FF FF FF FF FF FF FF FF FF FF FF FF FF FF
0010h:    FF FF FF FF FF FF FF FF FF FF FF FF FF FF FF FF
0020h:    FF FF FF FF FF FF FF FF FF FF FF FF FF FF FF FF
```
（**a**）書き込み前

```
: g
0000h:    AA AA AA AA AA AA AA AA AA AA AA AA AA AA AA AA
0010h:    AA AA AA AA AA AA AA AA AA AA AA AA AA AA AA AA
0020h:    AA AA AA AA AA AA AA AA AA AA AA AA AA AA AA AA
```
（**b**）AAhを書き込んだ後

```
: g
0000h:    00 00 00 00 00 00 00 00 00 00 00 00 00 00 00 00
0010h:    00 00 00 00 00 00 00 00 00 00 00 00 00 00 00 00
0020h:    00 00 00 00 00 00 00 00 00 00 00 00 00 00 00 00
```
（**c**）55hを上書きした後

図46
データを上書きした結果

　読み出した結果は**図43**のように82hから02hへと変わっています．これを**リスト33**に通すと，**図44**のようになります．

　図44では，冗長部のECCデータを使って，1ビットのビット・エラーが訂正されています．なお，訂正結果はデータ・バッファに書き込まれたもので，スマートメディアのデータはそのままです．したがって，この後で正しいデータを書き込む処理が別途必要になります．このエラー訂正はコントローラで行われたものではなく，マイコンのソフトウェアによるものです．エラーは頻繁に発生するものではないので，ハードウェアによる高速化はかならずしも必要ではありません．エラー訂正ルーチンの詳細については，コラム3を参照してください．

　図45にECC付き読み出しルーチンの実測波形を示します．なお，読み出したデータは**リスト33**のCISではなく，ランダム数値のデータです．

● データの上書きはSRAMのようにはいかない

　スマートメディア・コントローラをテストするため，まずECCなしでメモリに書き込んでみます．上位ルーチンはマイコンだけで制御する場合と同じです（**リスト36**）．

　最下位ルーチンは，コントローラに接続するように変えています．わかりやすくするため，**リスト36**中の①のデータを**リスト37**のように設定します．

　最初に②で10101010 = AAhを書き込みます．その後に②を01010101 = 55hに変えて書き込んだ結果を**図46**に示します．

　AAhを書き込んだ後のデータは正常ですが，この上に55hを書き込んだ場合はメモリ内容は00hとな

第2章　H8マイコンによるスマートメディアへのアクセス事例

リスト38
消去ルーチン

```
/*********        ERASE BLOCK        **************/
    addr = 96;                        //ブロック・アドレスを2に設定する
    if(xSsfdc_EraseBlock(addr))       //指定したブロックを消去する
        printf("Erase Error\n");      //消去エラーの場合は表示する
```

リスト39
ECC付きデータ書き込み
ルーチン

```
/*********        WRITE PAGE with ECC    **************/
xSetCISData();                        //データ・バッファにCISデータを設定する
addr = 96;                            //セクタ・アドレス96（ブロック2）に設定
Clr_RedundantData(redundant);         //冗長部バッファをクリア（FFh）する
if(xxSsfdc_WriteSect(addr, buff, redundant))  //データと冗長部をメモリに書き込む（①）
    printf("Data Write Error\n");     //書き込みエラー表示
```

リスト40
リスト39中の
①の関数

```
int xxSsfdc_WriteSect(unsigned short addr, unsigned char *buff, unsigned char *redundant)
{
    _Set_SsfdcWrCmd(WRDATA);          //WRDATA=80hコマンドを発行する
    x_Set_SsfdcWrAddr(addr);          //物理アドレスを設定する
    _Start_SsfdcWrHwECC();            //ハードウェアECC開始処理
    x_Write_SsfdcBuf(buff);           //1セクタ分のデータをメモリに転送する
    x_Load_SsfdcWrHwECC();            //ECC回路から計算値を読み出す
    x_Set_ECCdata(redundant);         //その計算値を冗長部バッファに代入する
    x_WriteRedt_SsfdcBuf(redundant);  //冗長部データをメモリに転送する
    _Set_SsfdcWrCmd(WRITE);           //WRITE=10h（書き込み）コマンドを発行する
    if(_Check_SsfdcBusy(BUSY_PROG))   //ビジー解除を待つ
        { _Reset_SsfdcErr();  return(ERROR); }  //ビジー・タイム・アウト
    _Set_SsfdcWrStandby();            //Writeスタンバイ・モードにする
    _Set_SsfdcRdStandby();            //Readスタンバイ・モードにする
    return(SUCCESS);                  //SUCCESS=00h,正常終了
}
```

図47
ECC付き書き込みの実行結果

```
:g
0000h:  01 03 D9 01 FF 18 02 DF 01 20 04 00 00 00 00 21
0010h:  02 04 01 22 02 01 01 22 03 02 04 07 1A 05 01 03
0020h:  00 02 0F 1B 08 C0 C0 A1 01 55 08 00 20 1B 0A C1
0030h:  41 99 01 55 64 F0 FF FF 20 1B 0C 82 41 18 EA 61
0040h:  F0 01 07 F6 03 01 EE 1B 0C 83 41 18 EA 61 70 01
0050h:  07 76 03 01 EE 15 14 05 00 20 20 20 20 20 20 20
0060h:  00 20 20 20 00 00 30 2E 30 00 FF 14 00 FF 00 00
          :
01F0h:  00 00 00 00 00 00 00 00 00 00 00 00 00 00 00 00
0200h:  FF FF FF FF FF FF FF FF (0C CC C3) FF FF (0C CC C3)
                                    ECC1              ECC0
```

り，55hとはなりません．これは，書き込みにおいて，既存のAAh＝10101010データの0のビットが1に戻ることはないことを意味しています．逆に言えば，書き込みとはビットの1を0にすることです．

　SRAMなどを使っているとつい忘れがちですが，書き込み前にはデータの有無の確認が必要です．そして，データがある場合は消去してから書き込みます．消去はビット0を1に戻すことです．消去の最上位ルーチンは，マイコンだけの場合と同じです（**リスト38**）．

● スマートメディアにECC付きでデータを書き込む
　マイコン側からは，**リスト39**のように制御します（リセットの後に置く）．
　リスト39中の①の内容は**リスト40**のとおりです．xは単独で走らせるために変更を加えたルーチンを意味します．このルーチンの後に，データと冗長部の読み出しルーチンを付け加えて実行した結果は，**図47**のようになります．これにより，冗長部に正しいECC値が書き込まれていることがわかります．

参考文献
(1) SSFDCフォーラム；スマートメディア仕様書のダウンロード・サイト，http://www.ssfdc.or.jp/japanese/business/spec_down/main.thm
(2) PC周辺機器オリジナル設計ガイド1, Interface　2005年10月号　別冊付録，CQ出版社．
(3) SSFDCフォーラム；SMILのダウンロード・サイト，htmp://www.ssfdc.or.jp/japanese/business/smil/main.htm

うるしだに・まさよし

第1部 スマートメディア編

Appendix 1 スマートメディアの後継メディア
ディジタル・カメラ用に開発されたxDピクチャーカード

助川 博

ここでは，ディジタル・カメラ用途のために開発されたxDピクチャーカードの概要について解説します．

● 小型で大容量化が可能なxDピクチャーカード

2002年に発表されたxDピクチャーカード（xD-Picture Card，**写真A**）は，ディジタル・カメラで使用することを前提に開発されたフラッシュ・メモリ・カードです．**図A**に示すように，外形寸法は20mm×25mm×1.7mmと小型で，大容量化が可能な規格となっています．

また，xDピクチャーカードのホスト機器認証テストに合格した場合には，**図B**のようなロゴの使用が認められます．

● 信号定義はNAND型と同じ

表AにxDピクチャーカードの信号の定義を示します．これは，NAND型フラッシュ・メモリのものと同じです．このようにすることによって，小容量から大容量まで，幅広い範囲の応用に対応できるようになっています．

● フォーマットはパソコンではなくディジタル・カメラで

補足事項となりますが，xDピクチャーカードを快適に使うためには，ディジタル・カメラで直接，フォーマット

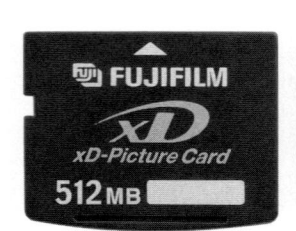

写真A xDピクチャーカードの外観

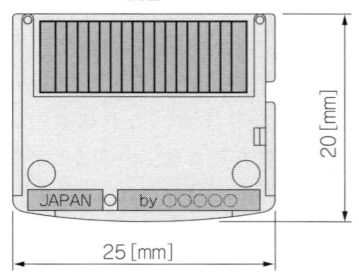

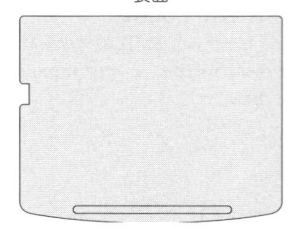

図A xDピクチャーカードの外形

図B xDピクチャーカードのロゴ・マーク

表A xDピクチャーカードの信号定義

ピン番号	信号		
	ピン名	タイプ	機能
1	GND	(O)	GND/(Card Detect)
2	R/−B	O	Ready/Busy
3	/RE	I	Read Enable
4	/CE	I	Card Enable
5	CLE	I	Command Latch Enable
6	ALE	I	Address Latch Enable
7	/WE	I	Write Enable
8	/WP	I	Write Protect
9	GND		GND
10	D0	I/O	Data0
11	D1	I/O	Data1
12	D2	I/O	Data2
13	D3	I/O	Data3
14	D4	I/O	Data4
15	D5	I/O	Data5
16	D6	I/O	Data6
17	D7	I/O	Data7
18	V_{cc}	S	V_{cc}

S：power supply，I：Input to Card，O：Output from Card，I/O：Bi-directional

Appendix 1 ディジタル・カメラ用に開発されたxDピクチャーカード

をする必要があります．フォーマットをパソコンもしくはパソコンに接続したカード・リーダ・ライタ機器で行うことは避けてください．また，パソコンからUSB経由でディジタル・カメラのフォーマットを行うということも避けてください．

さらに，xDピクチャーカード内に必要なデータがなく，初期状態に戻したい場合には，全コマ消去メニューによる全ファイル削除よりも，フォーマットを行ったほうが，より初期状態に近い状態に戻せる場合があります．

つまり，パソコンから操作した場合，xDピクチャーカードはパソコンからカード・リーダ・ライタ機器や，USB接続されたディジタル・カメラを介した，ただの所定記憶容量の論理ドライブ・ユニットにしか見えません．そのためにxDピクチャーカードであることを認識せず，所定容量の論理ドライブに対してのフォーマット操作が行われるだけなので，xDピクチャーカードに合わせたフォーマットは行われないのです．

一方，ディジタル・カメラのメニューから直接フォーマットを行う場合は，ディジタル・カメラはxDピクチャーカードであることを認識したうえでフォーマットを行います．そのため，xDピクチャーカードに合ったクラスタ・サイズや境界設定ができるのです．さらに，xDピクチャーカードの状態制御がパソコンでの操作よりも深い階層で行うこともできます．

● xDピクチャーカード対応ホスト機器を設計する場合

xDピクチャーカードに対応したホスト機器を設計する場合には，次のURLから必要な情報が取得できます．

http://www.xd-picture.com/

このWebサイトでは，ライセンス取得に関する情報も公開されています．もし，ライセンスを受けている会社から調達したxDピクチャーカード制御部を組み込んで，機器設計やプリント・サービス端末設計を行う場合は，このWebサイト内の「Compliant Products」を参照すれば，該当するxDピクチャーカード制御部が最新のバージョンに基づいた認証テストを受けているかどうかを知ることができます．

すけがわ・ひろし　（株）東芝

Column
xDピクチャーカード開発者向けツール

xDピクチャーカードのライセンスを取得すると，xDピクチャーカードのデータ状態を確認するためのアナライザ・ツールの購入が可能になります．**図a**にxDピクチャーカードのデータ状態の確認例を示します．

現在のツールはPCカード・アダプタ型になっており，付属のアプリケーション・ソフトウェアを経由して，xDピクチャーカードにアクセスするものです．

このツールを利用してxDピクチャーカードとして規定されているデータ形式との適合性の確認や，セクタ・データのダンプなどが可能になります．

付属のアプリケーション・ソフトウェアがxDピクチャーカードに直接アクセスするために，汎用のリーダ/ライタ経由では確認できないレベルのxDピクチャーカードのデータ状態を確認できるのが特徴です．

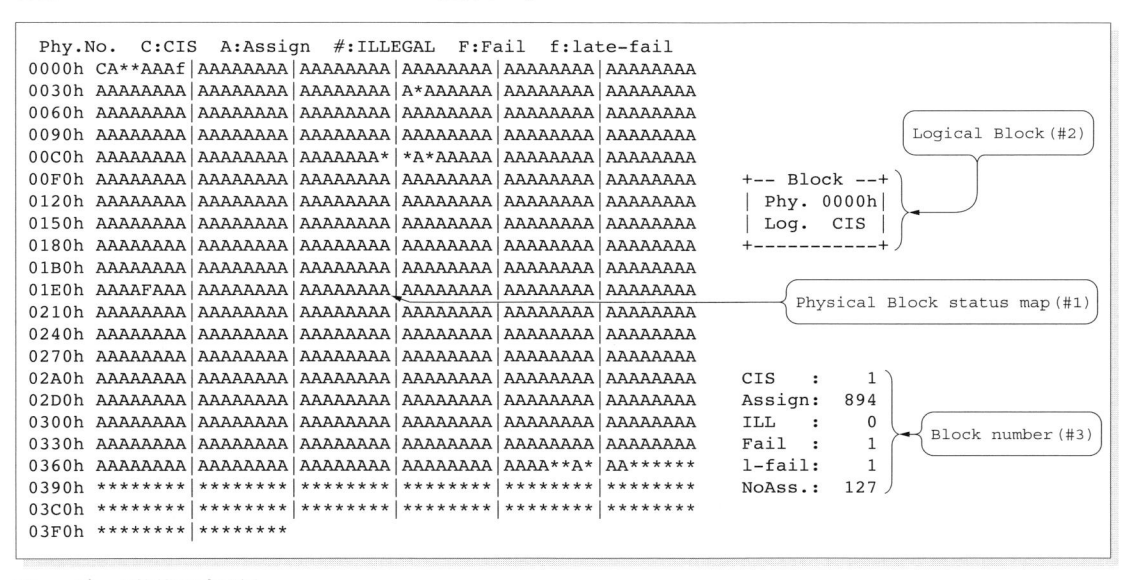

```
 Phy.No.   C:CIS   A:Assign  #:ILLEGAL  F:Fail   f:late-fail
 0000h  CA**AAAf|AAAAAAAA|AAAAAAAA|AAAAAAAA|AAAAAAAA|AAAAAAAA
 0030h  AAAAAAAA|AAAAAAAA|AAAAAAAA|A*AAAAAA|AAAAAAAA|AAAAAAAA
 0060h  AAAAAAAA|AAAAAAAA|AAAAAAAA|AAAAAAAA|AAAAAAAA|AAAAAAAA
 0090h  AAAAAAAA|AAAAAAAA|AAAAAAAA|AAAAAAAA|AAAAAAAA|AAAAAAAA
 00C0h  AAAAAAAA|AAAAAAAA|AAAAAAA*|*A*AAAAA|AAAAAAAA|AAAAAAAA
 00F0h  AAAAAAAA|AAAAAAAA|AAAAAAAA|AAAAAAAA|AAAAAAAA|AAAAAAAA     +-- Block --+
 0120h  AAAAAAAA|AAAAAAAA|AAAAAAAA|AAAAAAAA|AAAAAAAA|AAAAAAAA     | Phy. 0000h|
 0150h  AAAAAAAA|AAAAAAAA|AAAAAAAA|AAAAAAAA|AAAAAAAA|AAAAAAAA     | Log.  CIS |
 0180h  AAAAAAAA|AAAAAAAA|AAAAAAAA|AAAAAAAA|AAAAAAAA|AAAAAAAA     +-----------+
 01B0h  AAAAAAAA|AAAAAAAA|AAAAAAAA|AAAAAAAA|AAAAAAAA|AAAAAAAA
 01E0h  AAAAFAAA|AAAAAAAA|AAAAAAAA|AAAAAAAA|AAAAAAAA|AAAAAAAA
 0210h  AAAAAAAA|AAAAAAAA|AAAAAAAA|AAAAAAAA|AAAAAAAA|AAAAAAAA
 0240h  AAAAAAAA|AAAAAAAA|AAAAAAAA|AAAAAAAA|AAAAAAAA|AAAAAAAA
 0270h  AAAAAAAA|AAAAAAAA|AAAAAAAA|AAAAAAAA|AAAAAAAA|AAAAAAAA
 02A0h  AAAAAAAA|AAAAAAAA|AAAAAAAA|AAAAAAAA|AAAAAAAA|AAAAAAAA     CIS   :    1
 02D0h  AAAAAAAA|AAAAAAAA|AAAAAAAA|AAAAAAAA|AAAAAAAA|AAAAAAAA     Assign:  894
 0300h  AAAAAAAA|AAAAAAAA|AAAAAAAA|AAAAAAAA|AAAAAAAA|AAAAAAAA     ILL   :    0
 0330h  AAAAAAAA|AAAAAAAA|AAAAAAAA|AAAAAAAA|AAAAAAAA|AAAAAAAA     Fail  :    1
 0360h  AAAAAAAA|AAAAAAAA|AAAAAAAA|AAAAAAAA|AAAA**A*|AA******     l-fail:    1
 0390h  ********|********|********|********|********|********     NoAss.:  127
 03C0h  ********|********|********|********|********|********
 03F0h  ********|********
```

図a　データ状態の確認例

第2部 SD/MMCカード編

第3章 マルチメディアカード＆SDメモリーカードの概要

シリアル通信でピン数を減らした小型軽量メモリ・カード

岡田 浩人／横山 智弘

1 MMC＆SDメモリーカードの特徴

　マルチメディアカード（以下MMC：**写真1**）は，1997年11月，ドイツのSiemens社とSanDisk社の共同開発により発表されました．PCカードATA，CompactFlashと同様にオープン・スタンダードによる業界標準化を目ざしています．

　これまでのメモリ・カードがパソコンを中心としたデータのやり取りをターゲットとしていたのに対して，MMCは発表当初より，スウェーデンのEricsson社，フィンランドのNokia社，Motorola社，QUALCOMM社の各社から強いサポートを受けたことに象徴されるように，携帯電話やPHSをメイン・ターゲットとし，ディジタル家電，およびディジタル・ネットワーク機器間での情報やコンテンツの移動を目的としています．

　そのため，PCカードATAやCompactFlashが，パソコンのハードディスクで使用されていたATAインターフェースを採用しているのに対して，ホスト・システムの負荷を低減し，より簡易なシステムでも使用できるように，7ピンのシリアル・インターフェースを採用しています．

　インターフェース以外にも，携帯電話などの小型携帯機器でも使用できるサイズと形状，電池駆動のための低電圧，低消費電力化など，ディジタル家電やディジタル・ネットワーク機器に対応したくふうが施されています．また，CompactFlashなどと同様にカード内部にコントローラを内蔵しており，フラッシュ・メモリの制御とホスト・システムとのインターフェースを独立させることができます．これによりフラッシュ・メモリ技術の世代間，およびベンダ間の互換性を確保しています．

　MMCカードは，1999年に松下電器産業，SanDisk社，東芝の3社が共同開発した著作権保護対応のSDメモリーカードのベースにもなっています．**写真1**と**写真2**にMMCカードとSDメモリーカードの外観を，**図1**にMMCカードとSDメモリーカードの関係を示します．

　ディジタル・カメラで普及したCompactFlashやスマートメディア，大々的に宣伝やプロモーションが行われているメモリースティックなどに比べると，少しなじみが薄いかもしれません．しかし，次に挙げる理由から，組み込みシステムで外部ストレージをサポー

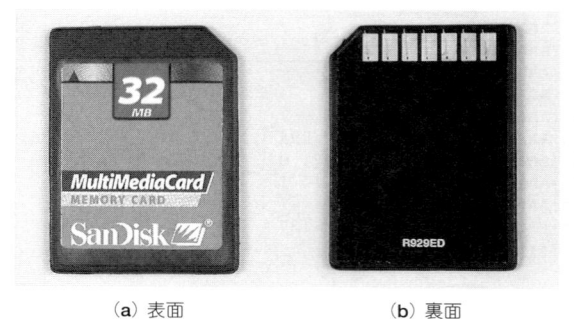

　　　　（a）表面　　　　　　（b）裏面
写真1 マルチメディアカードの外観

　　　　（a）表面　　　　　　（b）裏面
写真2 SDメモリーカードの外観

第3章 マルチメディアカード&SDメモリーカードの概要

トする場合，MMC&SDメモリーカードは実に最適なメディアであるといえるのです．

(1) シンプルなインターフェース

フラッシュ・メモリ・カードというと，専用のコントローラをもっていないと制御できないとか，大容量フラッシュ・メモリの制御には，物理アドレスと論理アドレスのマッピングの管理やECCエラー処理など，特別な制御ソフトウェアが必要になると思われている方も多いかもしれません．

しかし，MMC&SDメモリーカード用インターフェースのハードウェアは，多くのマイコンでサポートされているシリアル・インターフェースを用いてサポートすることができます．ソフトウェア的にも，カードの初期化，書き込み，読み出しと数個のコマンドで制御することができます．これは，互換性のとれたMMC&SDメモリーカードのホスト・システムを容易に開発できることを意味します．

(2) 場所を取らない，選ばない

図2に示したように，MMCカードの大きさは横24mm，縦32mm，厚さ1.4mmです．SDメモリーカードは横と縦の長さはMMCカードと同一で，厚さが少し厚く，2.1mmとなっています．まさに切手サイズ

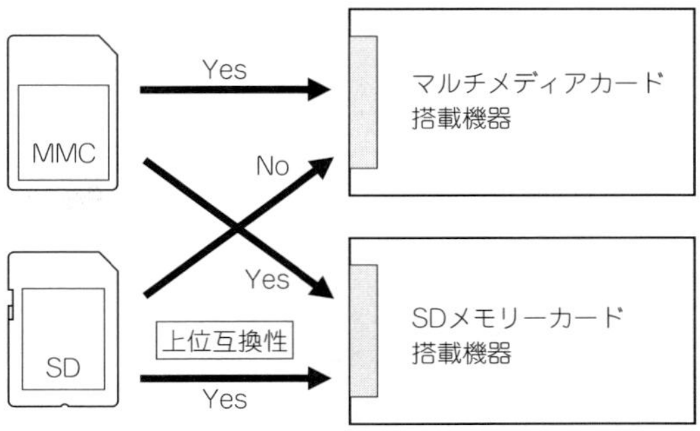

図1 MMCカードとSDメモリーカードの互換性

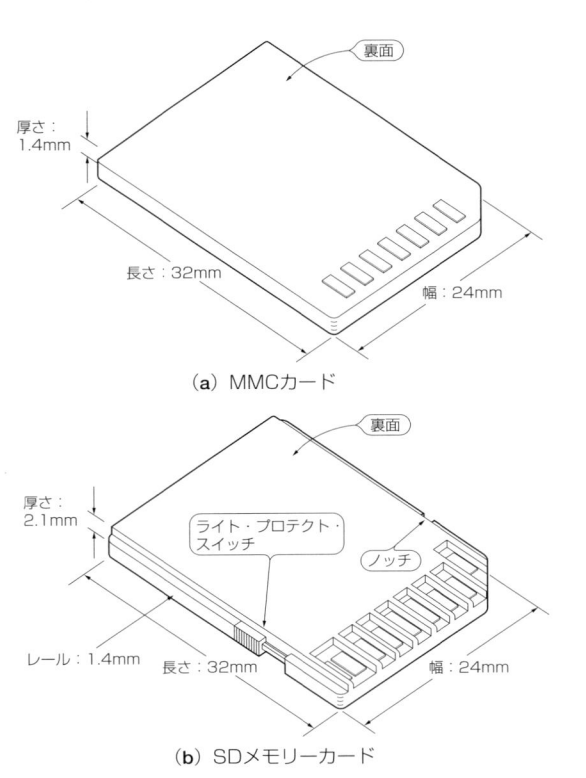

の大きさです．また，カードが小さくても，コネクタが大きくては小さな機器に採用することはできません．そのため，MMC&SDメモリーカードは，コネクタの実装サイズも横31mm，幅35mm，厚さ3mmに収まります（**写真3**）．

なお，MMCカードの信号線は，電源（1本），GND（2本）を入れても7本（SDメモリーカードは9本）と少なく，実装面積をとりません．さらに，MMC&SDメモリーカードは，不揮発性のフラッシュ・メモリを採用しているので，電源を切っても保存されたデータは消えずに保持されます．このため，低消費電力のシス

図2 カードの寸法
(a) MMCカード
(b) SDメモリーカード
(c) MMCカード寸法詳細

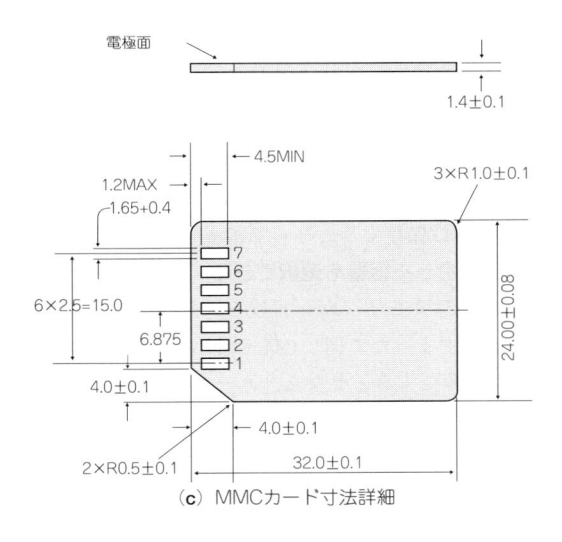

第2部　SD/MMCカード編

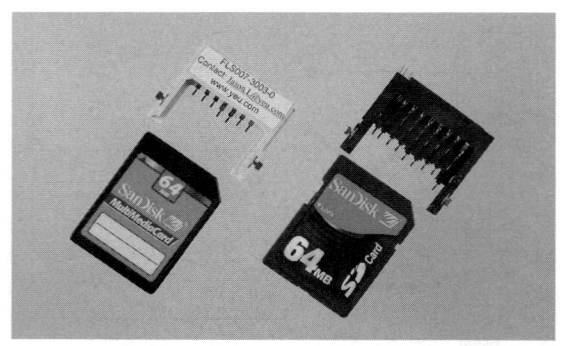

写真3　MMCカード（左）とSDメモリーカード（右）およびコネクタ

テムにも適しています．

　ちなみに，動作電圧は2.7V～3.6Vです．また，半導体メモリなので駆動部がなく，厳しい動作環境にも適しており，動作温度範囲が−25℃～85℃，対衝撃性も1000G以上あります．

（3）いろいろなアプリケーションに使える

　MMCカード/SDメモリーカードはデータ・ストレージ用なので，通常のメモリのようにバイト単位のランダム・アクセスはできません．アクセスは512バイトごとのブロック単位で行います．

　このため，これらのカードに保存したプログラムを，CPUのメモリ空間に直接マッピングして実行させることはできません．しかし，ハードディスクのようにホスト・システムのRAMにMMCカードやSDメモリーカードに保存したプログラムを展開して実行させる用途には適しています．当然，アプリケーションのデータを記録/保存することもできます．

（4）用途に合った容量を選択できる

　MMC＆SDメモリーカードのインターフェースは，容量によらずまったく同一のものが使用できるので，システムを変更することなく，カードの容量を変えるだけでシステムのアップグレードが行えます．また，着脱が可能なのでメンテナンスも容易です．

（5）汎用性の高いFATファイル・フォーマットを採用

　MMC＆SDメモリーカードは，Windowsで使われているFATファイル・フォーマットを採用することにより，市販されているMMC＆SDメモリーカード用PCカード・アダプタやUSBリーダ/ライタを使った，パソコンとのデータ交換が容易に行えます．また，カシオ計算機のカシオペアやシャープのザウルス，Palm社のPalmパイロットなどのPDAでも，MMCまたはSDメモリーカード・スロットがサポートされているので，幅広くデータを活用することができます．

　もちろん，ほかのシステムとのデータ交換を必要としないシステムのデータ・ストレージ・デバイスとしても使用できます．

　以上の特徴は，MMCカードとSDメモリーカードの両方に当てはまります．そしてもう一つ，MMCカードにはSDメモリーカードにはない，さらに大きな特徴があります．

（6）ライセンス/ロイヤリティ・フリー（MMCカードのみ）

　MMCカードを使用するシステムの開発・販売にライセンスは不要です．MMCカードの普及と標準化を推進する団体としてMultiMediaCard Association（MMCA）があります．MMCAの互換性ロゴを使用する場合はMMCAへの加入が必要ですが，MMCカードを使用するシステムを開発/販売する際にこのロゴは必須ではありません．めんどうな契約やライセンス料，ロイヤリティなしでMMCカードを使うことができます（コラム1を参照）．

2　SDメモリーカードの概要

● 3社共同開発によるカード

　SDメモリーカードはMMCカードをベースに規格化されたものです．ここではSDメモリーカードの特徴について解説します．

　1999年8月に松下電器産業，東芝，SanDisk社の3社によって，SDメモリーカードに関する提携が行われ，開発，規格化，普及推進，ライセンス機構の設立が発表されました．

● SDメモリーカードが登場した背景

　インターネットの普及やディジタル技術の進化，今後のディジタル家電の普及に向けて，各種情報（コンテンツ）を保存する記憶メディアとして，フラッシュ・メモリ・カードが最有力になってきました．また，各種情報（コンテンツ）の著作権を守る（不正なコピーを防止する）ために，暗号化技術も必要になってきています．

　これらを考慮すると，これからのマルチメディア時代に対応するメモリ・カードのキーワードは，
1) 小型
2) 高速データ転送
3) 大容量

> *Column 1*
> ## MultiMediaCard Association
>
> 　MMCの標準化を推進する団体として，1998年1月にNokia社，Ericsson社，Motorola社，QUALCOMM社，Siemens社，SanDisk社を含む14社がMultiMediaCard Association（MMCA）を設立しました．
> 　MMCAの目的は，MMCをディジタル家電，ディジタル・ネットワーク機器の分野で，データ/情報の交換を担う標準メディアにすることです．その活動は，おもに次の3点からなります．
>
> **(1) MMCの仕様の管理と拡張**
> 　1997年11月にSiemens社とSanDisk社が発表したMMCの仕様（バージョン1.3）をもとに，MMCAの仕様としてバージョン1.4を1998年2月にリリースしました．その後も改善および拡張が進められています．そして，1999年6月にバージョン2.11改定版が承認されています．
>
> **(2) MMCの互換性の維持**
> 　ベンダ間や世代間の互換性の問題は，このようなメモリ・カードにとっては死活問題です．コンシューマ機器をターゲットとするMMCは，PCMCIAカードに見られた"Plug&Pray"〔機器に入れてみて，無事に動くことを祈る（Pray）〕のようなことは許されません．"Plug&Play"（機器に入れたら，そのまま使える）でなくてはなりません．しかし，現実には異なるメーカ間で互換性を保つのは容易なことではありません．ドキュメントの仕様書ではカバーしきれないところがかならずあります．
> 　そこでMMCAは，互換性認定プログラムの作成を進めています．これは，MMCのコマンドに対する動作の確認を行うソフトウェアのチェックや，電気的特性を確認するハードウェアのチェックなどを行うものです．各カード・ベンダやメーカはこの互換性認定プログラムを自社開発のカードに適用し，パスしたもののみがMMCAから互換性が認められた正式なMMCとなり，互換性の証として互換性認定ロゴの使用が認められます．これは，CompactFlashの互換性維持のために，CompactFlash Associationで実施され，成功してきた方法でもあります．
>
> **(3) MMCAとしてのプロモーション**
> 　MMCの普及やプロモーションを目的とする団体として，ビジネスショウや展示会に出展し，各メンバのMMC関連製品の展示やセミナを実施します．1999年6月に米国カリフォルニア州で行われた総会に付随して，メンバ以外の一般向けのMMC技術セミナが実施されました．また，日本でも1999年9月，幕張で開催されたWorld PC ExpoでMMCA主催のMMC技術セミナが一般参加者向けに無料で実施されました．
> 　MMCAは，このような活動を通してMMCの普及に努めています．1999年7月の時点でMMCAのメンバは51社を数えます．メンバは，総会での投票権があるエグゼクティブ・メンバと，それがない一般メンバからなります．エグゼクティブ・メンバの年会費は5000USドル，一般メンバは2500USドルです（1999年9月現在）．四半期に一度の割合で総会が開かれています．
>
> MultiMediaCard AssociationのWebサイト
> `http://www.mmca.org/`

4) 高度な著作権保護

の四つになると考えられます．

　ここで，上記のキーワードとMMCカードの特徴を照らし合わせると，MMCカードには少し足りない機能があります．同じクロック周波数による通信なら，データ線が1本よりも複数のほうが高速です．カードの厚さが薄いので，フラッシュ・メモリ・チップを複数重ねてカード内に実装することも難しいでしょう．そして何より，高度な著作権保護機能がMMCカードにはありませんでした[注1]．

　このように，MMCカードに不足する機能をカバーする目的で，SDメモリーカードは誕生しました．

● **SDメモリーカードの仕様**

　SDメモリーカードでは，たんにカードの物理的/電気的仕様のみを定めるだけではなく，機器間の互換性についてのトラブルを避けるために，各種アプリケーションの仕様まで規格化されています．具体的には，図3に示すような四つの階層があります．

▶ **物理層（Part1）**
　カードのロー・レベルの物理的・電気的仕様や，カード・コマンド仕様

▶ **ファイル・システム層（Part2）**
　ファイル・システムの仕様（ISO9293）

注1：SDメモリーカード発表の後，日立製作所を中心としたグループから"ケータイデミュージック"という高度な著作権保護機能を内蔵したMMCカードが登場した．MMCAで規格として採用したセキュアマルチメディアカードの一つとして認められている．なお，筆者の所属する会社（サンディスク）では，現在，このカードをサポートする予定はない．

第2部　SD/MMCカード編

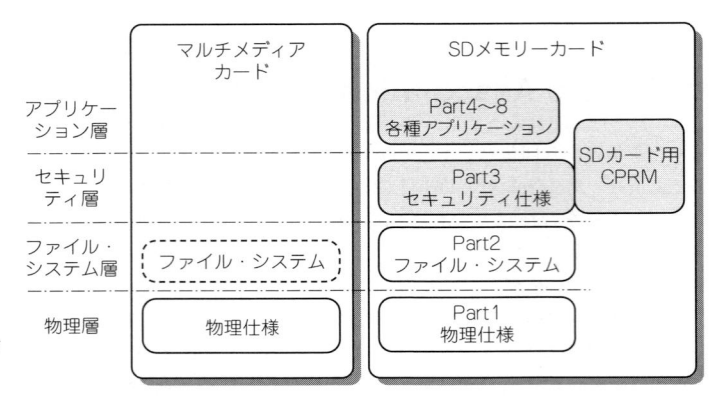

図3 MMCカードとSDメモリーカードの仕様の範囲

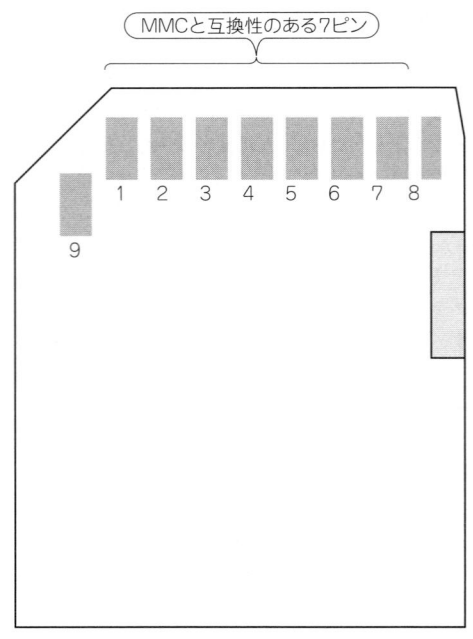

図4 SDメモリーカードのピン配置

▶ セキュリティ層（Part3）
　著作権保護のための相互認証やプロテクト・エリアのアクセスの仕様

▶ アプリケーション層（Part4〜8）
　各アプリケーションごとの，互換性を意識したファイル構造などの仕様

　各種アプリケーション層における仕様書も随時，SDA（コラム2を参照）のワーキング・グループによって規格化されており，現在は，SD-AUDIO（セキュリティ付き音楽）だけでなく，ほかの何種類かの規格も制定されています．

　例えば，1998年12月にディジタル・オーディオをはじめとしたディジタル・コンテンツ（著作権物）の著作権の保護や取り扱いに関する産業界のルールの策定を目的としたSecure Digital Music Initiative（SDMI）が設立され，1999年7月に仕様Version1が作成されています．そして，SD-AUDIOはSDMIの技術仕様Version1を満たしています．

表1　MMCカードとSDメモリーカードのピン名称

(a) SD/MMCモード時

ピン番号	MMCカード 名称	MMCカード 説明	SDメモリーカード 名称	SDメモリーカード 説明
ピン1	RSV	NC	CD/DAT3	Data3/Card Detect
ピン2	CMD	Command	CMD	Command
ピン3	V_{SS}	V_{SS}	V_{SS}	V_{SS}
ピン4	V_{DD}	V_{DD}	V_{DD}	V_{DD}
ピン5	CLK	Clock	CLK	Clock
ピン6	V_{SS}	V_{SS}	V_{SS}	V_{SS}
ピン7	DAT0	Data0	DAT0	Data0
ピン8	−	−	DAT1	Data1
ピン9	−	−	DAT2	Data2

(b) SPIモード時

ピン番号	MMCカード 名称	MMCカード 説明	SDメモリーカード 名称	SDメモリーカード 説明
ピン1	CS	Chip Select	CS	Chip Select
ピン2	DataIn	Data Input	DataIn	Data Input
ピン3	V_{SS}	V_{SS}	V_{SS}	V_{SS}
ピン4	V_{DD}	V_{DD}	V_{DD}	V_{DD}
ピン5	CLK	Clock	CLK	Clock
ピン6	V_{SS}	V_{SS}	V_{SS}	V_{SS}
ピン7	DataOut	Data Output	DataOut	Data Output
ピン8	−	−	−	−
ピン9	−	−	−	−

第3章　マルチメディアカード＆SDメモリーカードの概要

> **Column 2**
> **SD Card Association(SDA)**
>
> 　SDメモリーカードの業界標準化を目ざす団体として，SD Card Association(SDA)があります．
> 　SDAは，SDメモリーカードの今後の応用規格に関する議論や規格の標準化を行うため，2000年1月に設立されました．
> 　Technical CommitteeとMarketing Committeeの二つの委員会に分かれ，それぞれの下にWorking Groupが作られ，各テーマごとに検討が進められています．2001年7月現在，加入メンバの数は273社になっています．
> 　SDAに関する質問や問い合わせについては，下記のアドレスを参照してください．
>
> SDAのWebサイト
> 　　http://www.sdcard.org/

● SDメモリーカードのピン・アサイン

　SDメモリーカードのピン配置を**図4**に，MMCカードと比較したピン名称表を**表1**に示します．MMCカードのピン数が7本だったのに対し，SDメモリーカードでは9本に増えています．SDメモリーカードでは，データ転送の高速化のため，データ・バス幅を1ビットから最大4ビットに拡張したからです．

　表1のSD/MMCモードとSPIモードの違いは，データ転送プロトコルの違いです．詳細は後述します．

● SDメモリーカードの厚さ

　すでに述べたように，SDメモリーカードはMMCカードに比べ，カードの厚さが1.4mmから2.1mmになっています．厚みが増したのは，民生機器のラフな使われ方に配慮し，いくつかのくふうを施したためです．

　まず，カード電極部分にノッチを設けて，端子部分を指でさわっても電極には直接触れないようにし，電極を静電気などから保護しています．ただし，そのままカード全体を厚くせずにレール部分を1.4mmにしたのは，SDメモリーカード用スロットにMMCカードを差し込んでも使用できるようにするためです．

　また，厚さが少し増えたことにより，内蔵フラッシュ・メモリの増加への対応も容易です．MMCカードやSDメモリーカードに限らず，フラッシュ・メモリ・カードは内蔵するフラッシュ・メモリの半導体製造プロセスによって，実現できる容量が決まってきます．つまり，半導体の集積度が上がらないと，カード容量を増やすことができません．

　しかし，それほど製造プロセスが微細化していなくても，フラッシュ・メモリ・チップをカード内で複数並べたり，重ねて実装することで，大容量カードを実現できます．フラッシュ・メモリ・チップを横に並べるとカード・サイズに大きく影響しますが，重ねて実装する場合は，厚さを少し確保するだけで実現できます．

　さらに，SDメモリーカードには，MMCカードにはないメカニカルなライト・プロテクト・スイッチがあります．これは，ユーザの操作ミスによって誤ってデータが消去されないように，また，目で見てプロテクト状態がわかるように設けられました．

● SDメモリーカードのアーキテクチャと内部レジスタ

　MMCカードと同じようにSDメモリーカードも，カード内部にフラッシュ・メモリ・セルだけではなく，インテリジェントなコントローラを内蔵しています（**図5**）．カード内部にコントローラを搭載することにより，

(1) 簡単なメモリ・アクセス
　　メモリ構造を意識しないコマンド・アクセス
(2) 互換性

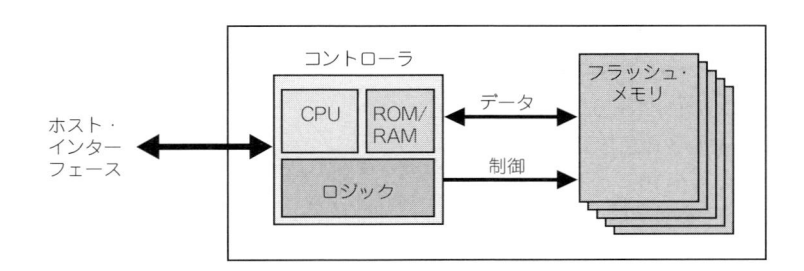

図5
インテリジェントなカード

第2部　SD/MMCカード編

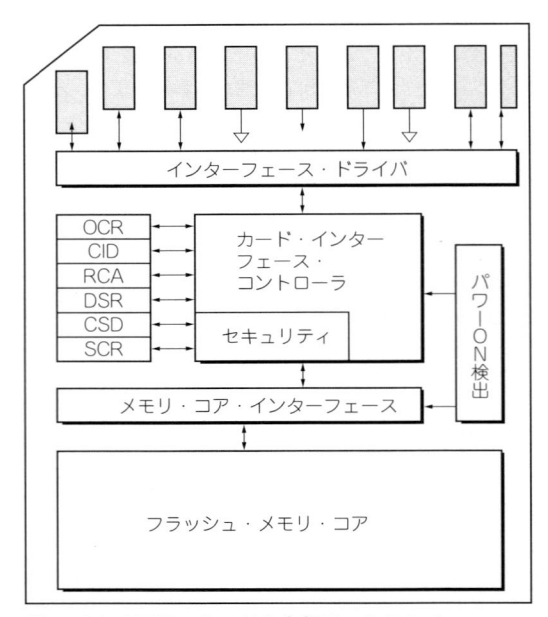

図6　SDメモリーカードの内部アーキテクチャ

メモリ制御と独立したホスト（カード・コントロールCPUなど）インターフェース
(3) データ信頼性
　ECCなどのエラー訂正機能
(4) ホスト側の負荷軽減
　デファクト・マネージメント機能
(5) 著作権保護機能
などを容易に実現することができます．

　図6に，SDメモリーカードの内部アーキテクチャを示します．ホスト（カード・コントロールCPUなど）は，カードの内部レジスタを介してカードと通信を行い，各レジスタの情報をリード/ライトすることで，ホスト側は容易にカードの制御が行えるようになります．
　SDメモリーカードが内蔵しているレジスタを簡単に示すと，次のようになります．
1) OCR reg（32ビット）
　動作電源電圧など
2) CID reg（128ビット）
　マニュファクチャID，製品名など
3) CSD reg（128ビット）
　カードの各種仕様値など
4) RCA reg（16ビット）
　ホスト/カード間のカード・アドレス
5) DSR reg（16ビット）

　出力ドライブ能力（オプション）
6) SCR reg
　（64ビット，SDメモリーカード専用レジスタ）
　特別仕様など

● SDメモリーカードの著作権保護
　SDメモリーカードは，コンテンツの著作権保護機能を有しています．この著作権保護とは，大きく次の二つを実現しなければなりません．
(1) 不正なホスト・システムの無効化
　不正なホスト・システムからは使用できなくする
(2) 各種コンテンツのコピー回数を制限するCCI（Copy Control Information）著作権情報の管理と制御（たとえばチェック・イン/チェック・アウト機能）
　チェック・イン：カード→パソコンなど
　チェック・アウト：パソコンなど→カード
　（コピー回数なども管理する）
　この著作権保護を実現するためには，
1) 相互認証（ホスト/カード）用のかぎをもつ
2) 暗号化/復号化のエンジンをもつ
3) 相互認証したホストのみがアクセスできる保護されたエリアをもつ
4) 暗号化されたコンテンツは，通常のデータ・エリアに記録される
といったような機能が必要とされ，SDメモリーカードはこれらの機能をすべてサポートしています．SDメモリーカードでは，この著作権保護技術にCPRM[注2]を採用しています．

● SDメモリーカードの著作権保護のしくみ
　SDメモリーカードにおける著作権保護のしくみを，具体例を挙げて説明します．
▶著作権で保護されたコンテンツをSDメモリーカードに保存する場合（例：パソコン→SDメモリーカード）
(1) インターネットなどから，著作権保護されたコンテンツがパソコンにダウンロードされます．そのとき，このコンテンツには電子配信（EMD）における暗号化がなされています．
(2) パソコンにダウンロードされたコンテンツをSD

注2：CPRM（Content Protection for Recordable Media）とは4C（Intel社，IBM社，松下電器産業，東芝）の共同開発で，かぎに関しては4Entityより入手できる．4CentityのWebサイトは以下のとおり．
http://www.4Centity.com/

第3章 マルチメディアカード＆SDメモリーカードの概要

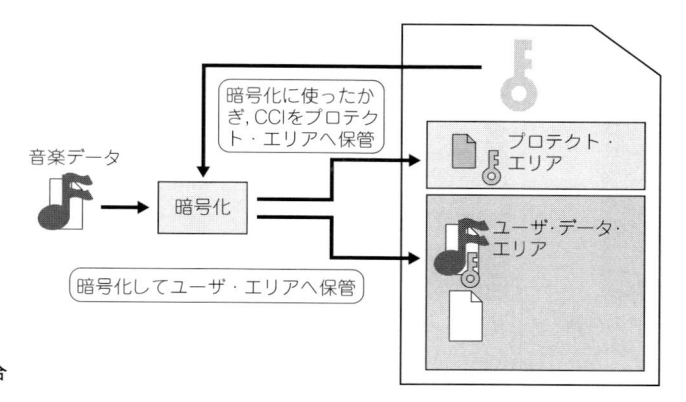

図7
著作権で保護されたコンテンツを
SDメモリーカードに保存する場合

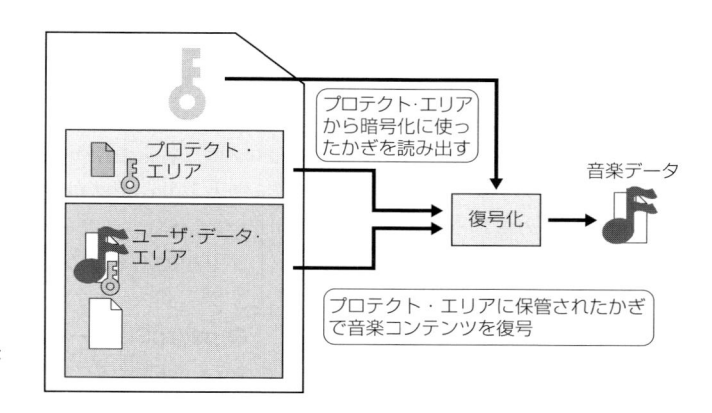

図8
SDメモリーカードに保存された
コンテンツを再生する場合

メモリーカードに保存する前に，パソコンとSDメモリーカードの間で，お互いが正規のシステムかどうかの確認を，4C[注2]から供与されたかぎを使用して行います（相互認証）．

(3) (2)における確認ができたら，SDメモリーカードにコンテンツを保存します．保存する際にコンテンツに対して再度暗号化をかけます．このとき，暗号化に使用したかぎをカード内部のプロテクト・エリアに，暗号化されたコンテンツをユーザ・エリアに保存します．カード内部のプロテクト・エリアに対しては，4Cから供与されたかぎがないとアクセスできません（**図7**）．また，同様に，CCIもプロテクト・エリアに格納します．

▶SDメモリーカードに保存されたコンテンツを再生する場合

（例：SDメモリーカード→SDメモリーカード・オーディオ・プレーヤ）

(1) パソコンとSDメモリーカードの間の認証と同様に，SDメモリーカードと再生するSDメモリーカード・オーディオ・プレーヤの間で相互認証が必要になります（お互いが正規のシステムであることの確認）．確認ができたら，カードのプロテクト・エリアにある暗号に使用したかぎを読み出します．

(2) 暗号化されたコンテンツをSDメモリーカードから読み出します．

(3) 暗号化されたコンテンツを，暗号化に使用したかぎを使用して復号化し，コンテンツを再生します（**図8**）．

● SDメモリーカードの今後（SD I/Oカード）

SDメモリーカードの今後として，SDメモリーカードのデータ転送速度の高速化（10Mバイト/s以上）や，内蔵メモリの大容量化といったデータ・ストレージ機能の拡張が考えられています．そのほかに，データ・ストレージとしてではなく各種I/O機能を実現するSD I/Oカードの規格化も予定されています．

SD I/Oカードとは，SDメモリーカードのコネクタを実装したSDメモリーカード応用機器のための機能拡張カードであり，Bluetoothカード，カメラ・カードなどが規格化される予定です．

第2部　SD/MMCカード編

写真4　miniSDカードの外観

写真5　専用アダプタ

3 新しいSDメモリーカード規格——miniSDカード，microSDカード

● miniSDメモリーカード
——携帯電話の高機能化を受けて2003年に登場

▶規格策定の背景

　携帯電話の高機能化（とくにデジタル・カメラ機能の搭載）により，外部メモリの実装が急務となりました．SDメモリーカードは，以前よりいくつかの携帯電話に使用されていましたが，実装容積の観点から，より小型の外部メモリの要求が高まりました．そこで，SDAが規格策定と標準化を行い，2003年3月に「miniSDメモリーカード」（写真4）として発表されました．

　SDの名称どおり，形状以外はSDメモリーカードの電気的特性，仕様を継承しており，SDメモリーカード・アダプタと併用すると，SDメモリーカードとして使用できます．とくに，SDメモリーカードと比べ，容積比で約60％も削減されています．また，miniSDを採用した最初のアプリケーションは，NTTドコモの携帯電話の505iシリーズでした．

　なお，SanDisk社製のminiSDは，2006年1月現在，1Gバイトの容量のものが発売されています．

▶miniSDカードの仕様

　miniSDカードの仕様を図9に示します．

　SDメモリーカードとminiSDカードの大きな違いは形状だけです．細かい差異ですが，SDメモリーカードで採用されている誤消去防止のためのライト・プロテクト・スイッチは，miniSDカードではサポートされていません．ただし，既存のSDメモリーカード対応製品でminiSDカードを使用するための専用のアダプタ（写真5）ではサポートされています．

　外形寸法は，21.5mm×20.0mm×1.4mmです．端子数は，SDメモリーカードが9ピンであるのに対し，miniSDカードは11ピンとなります．追加された2ピンは，将来の拡張機能用に用意されたものです．前述のとおり，形状以外はSDメモリーカード互換であるため，SDメモリーカードの特徴である著作権保護機能（CPRM）や電気的特性も，同じ仕様を継承しています．

● microSDカード/TransFlash（T-Flash）

▶TransFlashのコンセプトは「セミリムーバブル・メディア」

　miniSDカードの規格策定から約1年後の2004年，miniSDカードよりも小型のフラッシュ・メモリ・カードの製造が可能になるパッケージ技術をSanDisk社が開発しました．そして同年2月，同社はminiSDカードよりも小さい「TransFlash」を独自規格として発表しました．

　TransFlashのコンセプトは，SDメモリーカードや

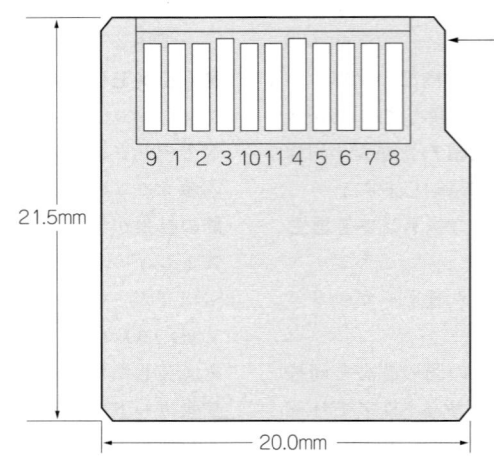

ピン番号	SDモード	SPIモード
1	DAT3/CD	CS
2	CMD	DI
3	V_{SS}	V_{SS}
4	V_{DD}	V_{DD}
5	SCLK	SCLK
6	V_{SS}	V_{SS}
7	DAT0	DO
8	DAT1	—
9	DAT2	—
10	—(NC)	—
11	—(NC)	—

図9　miniSDカードの寸法とピン配置

（厚さ1.0mm，21.5mm，20.0mm）

第3章 マルチメディアカード＆SDメモリーカードの概要

miniSDカードのように持ち運びが可能なリムーバブル・メディアという位置付けだけではありません．飛躍的に大容量化する携帯電話の内蔵メモリの一部や補完メモリ，またはSIMカードのような「セミリムーバブル・メディア」としての用途を想定して開発されたのです．そのため，携帯電話に使用されるフラッシュ・メモリとほぼ同じ大きさになっています．

メモリ・カード・インターフェース仕様として，SDメモリーカードと同じものを採用しています．また，著作権保護機能（CPRM）にも対応しています．なお，TransFlashを採用した最初のアプリケーションは，Motorola社の3Gの携帯電話でした．

▶ 規格策定の背景——TransFlashからmicroSDカードへ

最初はSanDisk社の独自規格として発表されたTransFlashは，海外の携帯電話などで採用されるようになりました．さらに，SDメモリーカード・インターフェースを採用していることもあって，TransFlashはSD Card Associationで標準化される運びとなりました．

そして2005年7月，世界最小のフラッシュ・メモリ・カードとして「microSDカード」（**写真6**）が発表されました．miniSDカードと同様に，専用のアダプタを介することで，既存のSDメモリーカード対応機器でも使用できます．さらに，TransFlashとも完全な互換性があります．また，電気的特性などは，SDメモリーカードやminiSDカードと同じです．

microSDカードは，SDメモリーカードやminiSDカードとは形状のみが異なります．容積ですが，SDメモリーカードに比べると約90％削減できます．また，

写真6
microSDカードの外観

miniSDカードに比べれば約70％の削減となります．

なお，SanDisk社製のmicroSDカードは，2006年1月現在，1Gバイトのものが出荷されています．

▶ microSDカードの仕様

microSDカードの仕様を**図10**に示します．

miniSDカードと同様に，SDメモリーカードとの大きな違いは形状のみです．また，誤消去防止のためのライト・プロテクト・スイッチはサポートしていません．ただし，専用のアダプタではサポートしています．

外形寸法は，15.0mm×11.0mm×1.0mmです．端子数は8ピンとなります．

現在，次期仕様を策定中ですが，miniSDカード同様に，将来の拡張機能用として2ピンが追加される予定です．

前述のとおり，形状以外の部分ではSDメモリーカードと互換性を保つため，著作権保護機能（CPRM）や電気的特性などは，SDメモリーカードと同じ仕様を継承しています．

● SDメモリーカード物理規格 V1.10

▶ SDメモリーカードの大容量化と高速化の要求

NAND型フラッシュ・メモリの大容量化により，1Gバイトや2Gバイトといった大容量のSDメモリー

ピン番号	SDモード	SPIモード
1	DAT2	—
2	DAT3	CS
3	CMD	DI
4	V_{DD}	V_{DD}
5	SCLK	SCLK
6	V_{SS}	V_{SS}
7	DAT0	DO
8	DAT1	—

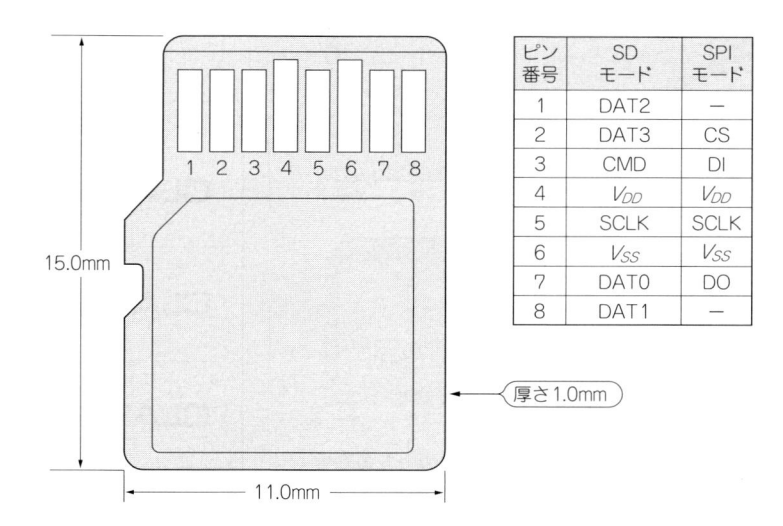

図10
microSDカードの寸法とピン配置

第2部　SD/MMCカード編

(a) SDHC　(b) miniSDHC　(c) microSDHC

図11　SDHCのロゴ・マーク

カードを製造できるようになりました．また，SDメモリーカードを使用した大容量のディジタル・コンテンツ・データの転送や，ディジタル・カメラの高速連写機能，高画質のディジタル・ビデオ録画を実現するために，高速なデータ転送の必要性が高まっています．

▶SDメモリーカード物理規格 V1.10

2004年10月，SDAは，高速なデータ転送の実現のため，「SDメモリーカード物理規格 V1.10」を策定しました．V1.01からのおもな変更点として，転送クロックが挙げられます．25MHzに加えて，高速データ転送のために50MHzが追加されました．この変更により，最大25Mバイト/s（理論値）のデータ転送が実現できます．現在，すでに，SDメモリーカード物理規格 V1.10に準拠した製品が，市場に出回っています．

● SDメモリーカード物理規格V2.00

2006年1月，SDAでは，SDメモリーカード物理規格V1.10の容量の上限であった2Gバイトを超える容量仕様を含む，SDメモリーカード物理規格V2.00の仕様を策定しました．V1.10からのおもな変更点としては，2Gバイト超から32Gバイトまでの大容量カードの仕様（SDHC）と最低速度保証（Speed Class）です．

写真8に4GバイトのSDメモリーカードの外観を示します．

▶SDHC（High Capacity）

物理規格V1.10ではFAT16を採用していたため，ファイル・システムの関係で最大容量が2Gバイトまでという制限がありました．そこで2Gバイトを超える容量のために，FAT32を採用したSDメモリーカードの仕様策定が行われました．容量サポート範囲は，2Gバイト超から32Gバイトまでです．

しかし，いくつかの理由から，新仕様はV1.10以前のホスト・システムとの互換性がありません．新仕様のカードと，従来のSDメモリーカードを識別するために，2Gバイトを超える容量のSDメモリーカードをSDHC（High Capacity）という名称にしました．図11にそのロゴ・マークを示します．

SDHCは，従来のSDメモリーカードをサポートしていたホスト・システムと互換性がないため，使用する際には注意が必要です．一方，SDHC対応のホスト・システムには，従来のSDメモリーカードを使用することができます（図12）．

▶最低速度保証（Speed Class）

従来のSDメモリーカード物理仕様（V1.10以前）では，カード仕様としてデータの書き込み速度を規定していませんでした．

大容量化や使用アプリケーションの増加に伴い，最低速度保証を規定するSpeed Classを策定しました．それは大きく以下の二つの目的からなります．

(1) ホスト・システムに対して，書き込み速度を保証する
(2) エンド・ユーザに対して，SDメモリーカード/ホスト・システム購入時の判断を容易にする

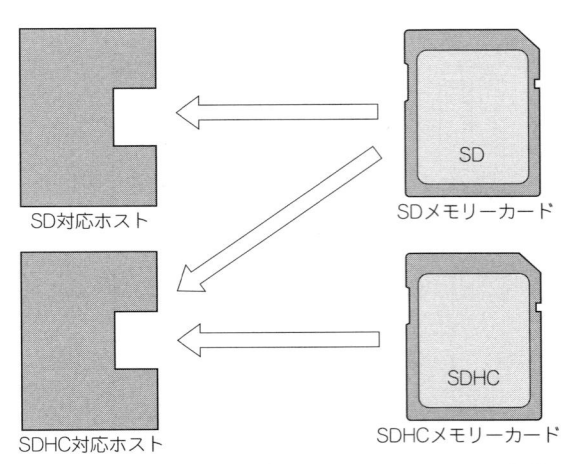

図12　SDメモリーカードとSDHCメモリーカードの互換性の関係

表記1	表記2
CLASS②	②
CLASS④	④
CLASS⑥	⑥

図13　最低速度保証のロゴ・マーク

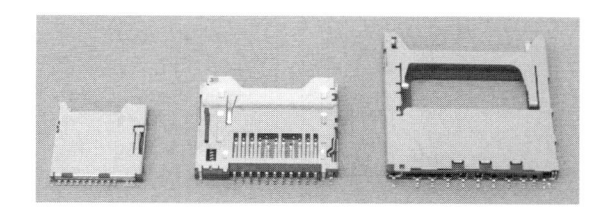

写真7 各種SDメモリーカード対応ソケット・コネクタ
（山一電機）
左からmicroSDカード，miniSDカード，SDメモリーカード

写真8
4GバイトのSDメモリーカード
（SDHC）

写真9
RS-MMCカード
の外観

このSpeed Classの規定により，ホスト・システム設計者にとってはあいまいだったSDメモリーカードのさまざまな状態におけるベスト・パフォーマンスを考慮したアプリケーションの設計を行うことが可能となります．

SDHC対応のSDメモリーカードには，Speed Classのロゴ・マークが必須となっています．転送速度として，それぞれClass2は2Mバイト/s，Class4は4Mバイト/s，Class6は6Mバイト/sとなります．**図13**にそのロゴ・マークを示します．

● 各種SDメモリーカード対応ソケット・コネクタ

実際に各種SDメモリーカード対応機器を設計するときに必要になるのが，ソケット・コネクタです．**写真7**に各種SDメモリーカードに対応したソケット・コネクタを示します．

4 続々と登場するMMCカードの新規格

● アグレッシブな規格策定

MMCカードは，Siemens社（現在はInfineon Technologies社）とSanDisk社によって共同開発が進められ，1997年11月に発表されました．その後，Secure MMCやRS-MMC，High Speed MMC（MMC Plus，MMC mobile）とさまざまな新規格が発表されています．

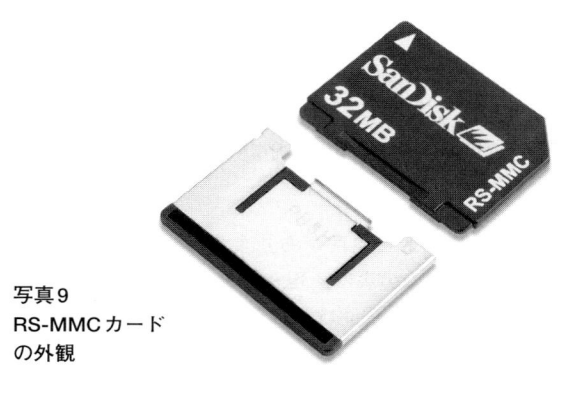

ここでは，各仕様の概要について述べます．詳細な仕様については，標準化団体であるMMCA（Multi MediaCard Association）のWebサイト http://www.mmca.org/ を参照してください．

● さまざまな新規格の概要

▶ RS-MMC（Reduce Size - MMC）カード──フラッシュ・メモリ・カードの小型化の先駆け

MMCカードは，発売当初から携帯電話向けとしての位置付けが強いフラッシュ・メモリ・カードといえます．2002年11月，MMCAからMMCカードの約半分のサイズであるRS-MMCカード（**写真9**）が発表されました．発表当時は，世界最小で最軽量のフラッシュ・メモリ・カードでした．寸法は18mm×24mm×1.4mmで，機能やピン数，厚さに関して，

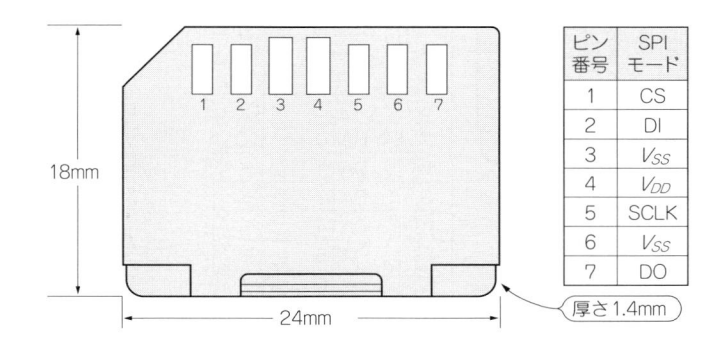

図14
RS-MMCカードの寸法とピン配置

ピン番号	SPIモード
1	CS
2	DI
3	V_{SS}
4	V_{DD}
5	SCLK
6	V_{SS}
7	DO

厚さ1.4mm

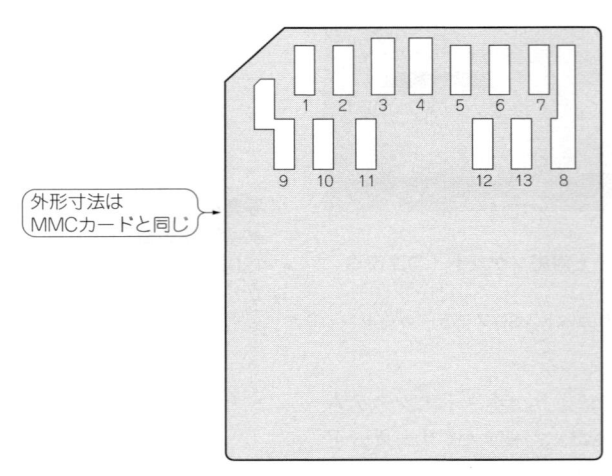

第2部　SD/MMCカード編

図15
MMC plusの寸法とピン配置

外形寸法はMMCカードと同じ

ピン番号	High speed MMCモード	SPIモード
1	DAT3	CS
2	CMD	DI
3	$V_{SS}1$	V_{SS}
4	V_{DD}	V_{DD}
5	SCLK	SCLK
6	$V_{SS}2$	V_{SS}
7	DAT0	DO
8	DAT1	—
9	DAT2	—
10	DAT4	—
11	DAT5	—
12	DAT6	—
13	DAT7	—

MMCカードと互換性があります（図14）．このRS-MMCカードの出現は，現在のフラッシュ・メモリ・カードの小型化の先駆けといえるでしょう．

このRS-MMCカードは，おもに欧州の携帯電話で採用されました．専用アダプタを使用すると，MMCカードとして使用することができます．

▶ Dual Voltage仕様

MMCAは，新規格としてDual Voltage仕様も発表しました．前述のように，MMCカードは携帯電話向けとしての位置付けが強いことから，低電圧で動作する仕様となりました．この仕様により，異なる電源（3.3Vと1.8V）をもつ機器に対応することができます．

▶ High Speed仕様/MMC plus，MMC mobile

2004年2月，MMCAからHigh Speedに向けた仕様が発表されました．このMMC plus（図15）とMMC mobile（図16，写真10）は，SDメモリーカードの取り組みとは異なり，転送クロック速度を向上させピン数（データ・バス幅）を変更することにより，より高速化を実現しています．

MMC plusの形状は，MMCカードと同一です．また，MMC mobileはRS-MMCカードと同一です．従来の転送クロックは20MHzでしたが，ともに26MHz，52MHzと向上しています．さらに，バス幅としては，従来は1ビット転送でしたが，MMC plusとMMC mobileは1ビット，4ビット，8ビットと一つのカードで，三つのバス幅をサポートしており，最大52Mバイト/s（理論値）のデータ転送速度を実現しています．このため，ピン数が7ピンから13ピンへ拡張されています．なお，Dual Voltageにも対応しています．

5　MMCの仕様概要

本節では，MMCカードの仕様について説明します．

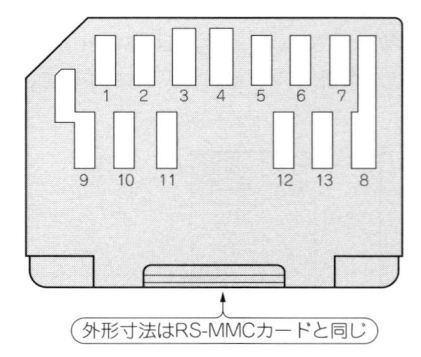

ピン番号	High speed MMCモード	SPIモード
1	DAT3	CS
2	CMD	DI
3	$V_{SS}1$	V_{SS}
4	V_{DD}	V_{DD}
5	SCLK	SCLK
6	$V_{SS}2$	V_{SS}
7	DAT0	DO
8	DAT1	—
9	DAT2	—
10	DAT4	—
11	DAT5	—
12	DAT6	—
13	DAT7	—

外形寸法はRS-MMCカードと同じ

図16　MMC mobileの寸法とピン配置

写真10　MMC mobileとアダプタの外観

第3章　マルチメディアカード＆SDメモリーカードの概要

Column 3
MMC microの登場

　RS-MMCカードやMMC mobileに続いて，2004年12月にはさらに小型のフラッシュ・メモリ・カードがSamsung社から発表されました（**写真A**）．

　外形寸法は12mm×14mm×1.1mmで，MMC plusやMMC mobileと同様に，Dual Voltage（3.3Vと1.8Vの両方）に対応しています．転送クロックは，26MHzと52MHzをサポートしています．バス幅に関しては1ビットと4ビットのみをサポートし，8ビット転送はサポートしていません．

　そして発表から半年後の2005年7月，MMCAはこの仕様を正式に「MMC micro」として承認しました．

（編集部）

写真A　MMC microの外観

● インターフェース

　MMCのデータ転送方式の基本はシリアル・インターフェースですが，その通信手順には二つの方法があります．一つはSiemens社により開発されたMMCモード，もう一つはSanDisk社からの提案で取り入れられたSPI（Serial Peripheral Interface）モードです．

　MMCモードは，複数のカードを同時に使用するシステムに適しています．SPIは，より簡易で安価なシステムでの使用に適しています．このモードの違いは，あくまでもMMCのアクセス時のインターフェースだけです．どちらのモードで書き込んだデータであっても，同じようにどちらのモードでも読み出すことが可能です．つまり，MMCモードで書き込んだデータをSPIモードで読み出すことや，その逆が可能です．

▶双方向バスと単方向バス

　MMCモードにおけるホスト・システムとのインターフェースは，クロック，コマンド信号，データ信号の3本で行われます．クロックは，カードとシステムの同期をとるためのリファレンス・クロックです．コマンド信号は，カードにコマンドを送るためのものです．また，このコマンドに対するカードからのレスポンス（応答）もこのコマンド信号で返されます．そしてデータ信号は，データの読み出しや書き込みに使用されます．このようにMMCモードでは，コマンド信号，データ信号は双方向バスとなります．

　一方，SPIモードにおけるホスト・システムとのインターフェースには，クロック，データ・イン信号，データ・アウト信号，そしてチップ・セレクト信号が使用されます．データ・イン信号（MMCモードのコマンド信号）は，ホスト・システムからカードへのコマンド，および書き込みデータの転送に，データ・アウト信号（同データ信号）はカードからのコマンドのレスポンス（応答），および読み出しデータの転送に用いられます．SPIモードでは，信号線は単方向バスとなります．

▶転送モード

　MMCでは，データの転送モードとして三つのモードがあります．すなわち，ストリーミング転送，シングル・ブロック転送，マルチプル・ブロック転送です．MMCモードでは，このすべての転送モードが使用可能です．一方，SPIモードの現状の仕様では，シングル・ブロック転送のみサポートされています．

　MMCカードへのアクセスの基本はブロック単位になります．このブロックの概念は，ハードディスクやPCカードATA，CompactFlashのセクタの概念に似ています．SanDisk社のMMCカードの場合，デフォルトのブロック・サイズが512バイトです．

　シングル・ブロック転送では，1コマンドに対して一つのブロックが転送されます．また，マルチプル・ブロック転送では，1コマンドに対して複数のブロックが転送されます．そしてストリーミング転送は，マルチ・ブロック転送と同様に複数ブロックの転送を行いますが，マルチ・ブロック転送時に行われるCRC（Cyclic Redundancy Codes）の転送が行われません．

　マルチ・ブロック転送では，読み出し，書き込みとも1ブロックの整数倍の単位でアクセスしなければなりませんが，ストリーミング転送では任意のバイト数の読み出しが可能です．一方，書き込みは，書き込み開始バイト，書き込みデータ量ともにブロック単位でアライメントされる必要があります．そして，ストリーミング転送，マルチ・ブロック転送ともにデータ転送の終了は転送終了コマンドの発行によります．

表2 MMCの内部レジスタ

OCR	動作条件レジスタ	カードの動作電圧
CID	カード識別レジスタ	製造者番号 カードごとのシリアル番号
CSD	カード特性データ・レジスタ	アクセス・タイム，消費電流，カード容量，コマンド
RCA	相対カード・アドレス・レジスタ	カードのニックネーム（ホストが付与）
DSR	ドライバ・ステージ・レジスタ	バスのスイッチON時間，ピーク電流
Status	ステータス・レジスタ	カードのステータス

表4 CIDの内容

Manufacturer ID	MID	8	[127〜120]
OEM/Application ID	OID	16	[119〜104]
Product Name	PNM	48	[103〜56]
Product Revision	PRV	8	[55〜48]
Product Serial Number	PSN	32	[47〜16]
Manufacturing Date	MDT	8	[15〜8]
CRC	CRC	7	[7〜1]
1	−	1	[0]

表3 OCRの動作電圧

D31	電源立ち上げ時ステータス(BUSY)	0
D[30〜24]	予約	0
23	3.5〜3.6V	1
22	3.4〜3.5V	1
21	3.3〜3.4V	1
20	3.2〜3.3V	1
19	3.1〜3.2V	1
18	3.0〜3.1V	1
17	2.9〜3.0V	1
16	2.8〜2.9V	1
15	2.7〜2.8V	1
14	2.6〜2.7V	1
13	2.5〜2.6V	0
12	2.4〜2.5V	0
11	2.3〜2.4V	0
10	2.2〜2.3V	0
9	2.1〜2.2V	0
8	2.0〜2.1V	0
D[7〜0]	予約(1.8V以下)	0

　パソコンをはじめとするDOS，Windowsシステムとの互換性を保つためには，MMCのデータもDOS互換のファイル・システムに準拠する必要があります．この場合，セクタがデータ管理の基本になるので，ストリーミング転送はそのようなシステムには不向きと考えられます．

▶カード識別ID

　SPIモードとMMCモードの違いとして，カード識別の方法があります．SPIモードではチップ・セレクト信号を用います．このチップ・セレクト信号がアクティブ（L）のカードだけがホスト・システムと通信できます．またMMCモードでは，チップ・セレクト信号は使用されません．その代わり，ホスト・システムから各カードに対して割り振られた番号（相対アドレス）を使用してカードを識別します．

　MMCモードでは，電源投入後，まずこの相対アドレスを各カードに割り当て，ホスト・システムが各カードを識別する必要があります．MMCモードでは，この識別を行うカード識別モードとデータ転送モード，そして非動作モードがあります．

▶CRC

　ホスト・システムの負荷の点から考慮すべき事項としてCRCがあります．このCRCは，カード内のデータ・エラー検出用ではなく，ホスト・システムとカードの間の通信時のエラー検出を目的としています．このCRCはMMCモードでは必須です．コマンドには7ビット，データには512バイト当たり16ビットのCRCを付ける必要があります．一方，SPIモードではCRCはオプションであり，デフォルトでは不要です．

● 動作周波数

　MMCにおける最大動作周波数（クロック周波数）は，MMCモード，SPIモードともに20MHzです．クロックは，どのオペレーション中でも任意に止めることができます．クロックの再開によりカード・アクセスの再開が可能です．クロックの停止時間に対するカード側でのタイム・アウトはありません．

● カード内部レジスタ

　MMCでは，表2に示す6種類の内部レジスタがあります．OCRとCID，およびRCAは，MMCモードにおけるカード識別に使用されます．CSDは，PCカードのCIS（Card Information Structure）情報にあたります．SanDisk社のMMCではDSRはサポートされていません．CIDは128ビット長であり，その内容は各カードごとに違っています．これは，ディジタル・オーディオの著作権保護技術仕様を作成しているSDMI（Secure Digital Music Initiative）のポータブル・メディアのIDに対する要求を満足しています．

▶OCR（動作条件レジスタ）

　32ビット長のレジスタで動作電圧を定義します．1ビットは100mVのレンジを表し，対応するビットを

第3章 マルチメディアカード＆SDメモリーカードの概要

表5 ステータス・レジスタ

ビット	タイプ注1	値	内容	クリア・コンディション注2
31	E R	'0' = no error '1' = error	このコマンドの主旨はこのカードでは使用できなかった	C
30	E R X	'0' = no error '1' = error	ブロック長に対し位置の合っていないアドレスがコマンドに使用された	C
29	E R	'0' = no error '1' = error	転送されたブロック長がこのカードに合わない，または転送されたバイト数がブロック長に合わない	C
28	E R	'0' = no error '1' = error	消去コマンドのシーケンスにエラーが発生した	C
27	E X	'0' = no error '1' = error	無効なセクタもしくはグループを消去する選択	C
26	E R X	'0' = not protected '1' = protected	ライト・プロテクトされたブロックに書き込みを行おうとしたコマンド	C
25～24	Reserved	予約		
23	E R	'0' = no error '1' = error	直前のコマンドのCRCチェックに問題があった	B
22	E R	'0' = no error '1' = error	現在の状態においてコマンドが不適切である	B
21	E X	'0' = success '1' = failure	データの修正に失敗したが，カード内部のECCが働かない	C
20	E R X	'0' = no error '1' = error	カード内部のコントローラのエラー	C
19	E R X	'0' = no error '1' = error	一般的な，または不明なエラーが動作中に発生した	C
18	E X	'0' = no error '1' = error	ストリーム読み出しモードにおいて，カードがデータ転送を受けられない	C
17	E X	'0' = no error '1' = error	ストリーム書き込みモードにおいて，カードがデータ・プログラミングを受けられない	C
16	E R	'0' = no error '1' = error	次のエラーの一つに相当する： - CIDレジスタがすでに書き込まれており上書きできない - CDSの読み込み限定の部分がカードの内容に合わない - コピーを繰り返そうとしたり，恒久的な書き込み保護(保護されていない)ビットが作られた	C
15	S X	'0' = not protected '1' = protected	書き込み保護ブロックを作ろうとして一部のアドレス領域だけが消去された	C
14			適用しない．このビットはつねに'0'が設定されている	
13	S R	'0' = cleared '1' = set	消去シーケンス・コマンド以外が受け取られ，消去シーケンスが実行される前に解消された	C
12～9	S X	0 = idle 1 = ready 2 = ident 3 = stby 4 = tran 5 = data 6 = rcv 7 = prg 8 = dis 9～15 = reserved	コマンドが受け取られたときのカードの状態．もし，状態が変わってコマンドが実行されたら，次のコマンドへの応答においてホストへ知らせる．4ビットは0～15のバイナリ数で表現される	B
8	S X	'0' = not ready '1' = ready	バスで空のバッファを送信することに相当する(RDY/BSY)	A
7～0	予約．つねに'0'が設定されている			

注1：タイプ(Type)：
- E …エラー・ビット (Error bit)
- S …ステータス・ビット (Status bit)
- R …消去される．実施されたコマンドへのレスポンスとしてセットされる．
- X …消去される．コマンド実行時にセットされる．ホストは，これらのビットを読むためにステータス・コマンドを実施し，ポーリングする必要がある．

注2：クリア・コンディション (Clear Condition)：
- A …カードの現状のコマンドによる．
- B …一つ以前のコマンドによる．正しいコマンドの受け付けでクリアされる(1コマンドに遅延がある)．
- C …読み出しによってクリアされる．

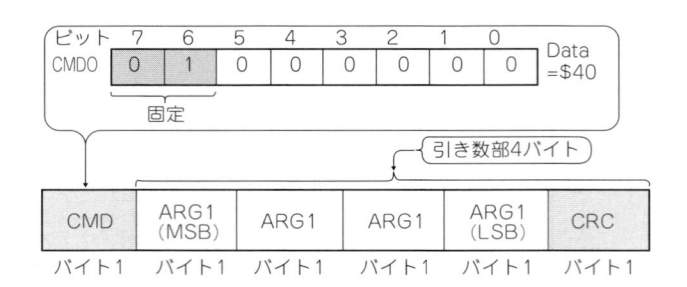

図17
コマンド構成

立てて動作範囲を表します（**表3**）．
▶ CID（カードIDレジスタ）
　128ビット長のレジスタで，カードの固有識別情報（製造者名，OEM名，製品名，製造時期，カードのシリアル番号）が，カード製造者によって書き込まれています．読み出しのみで，書き込みは行えません（**表4**）．
▶ CSD（カード特性レジスタ）
　128ビット長のレジスタで，MMCプロトコル・バージョンやメモリ・アレイ情報，コマンド・クラス，アクセス・モード，アクセス時間，メモリ容量，データ・ブロック長などを規定しています．
▶ RCA（相対カード・アドレス・レジスタ）
　16ビット長のレジスタでMMCモードだけで使用します．カード識別期間中にホストよりアドレス（ニックネーム）を設定します．`0x0001`～`0xFFFF`のニックネームが使用可能です．なお，`0x0000`は予約されています．
▶ DSR（ドライバ・ステージ・レジスタ）
　16ビット長のレジスタで，Push-Pullモードにおけるカードのバス駆動力を設定します．スイッチ時間やピーク電流，および立ち上がり時間などを設定できます．DSRはオプション・レジスタです．SanDisk社のMMCではサポートされていません．

表6 コマンド・クラス

コマンド・クラス	クラス定義
Class 0	Basic
Class 1	Stream Read
Class 2	Block Read
Class 3	Stream Write
Class 4	Block Write
Class 5	Erase
Class 6	Write Write-Protection
Class 7	Read Write-Protection
Class 8	Erase Write-Protection
Class 9	I/O Mode
Class 10～11	Reserved

▶ ステータス・レジスタ
　32ビット長のレジスタで，カードの内部ステートや各種エラー表示を行います（**表5**）．
● コマンド
　MMCカードは，カード内部にコントローラを内蔵しています．このコントローラは，ホスト・システムとのインターフェースを司るとともに，カード内のフラッシュ・メモリの制御も行っています．このため，通常のフラッシュ・メモリ・チップやフラッシュ・メモリのみのカード（スマート・メディアなど）での制御に必要なFlash Translation Layer（FTL）や，Media Technology Driver（MTD）はホスト側には不要です．
　フラッシュ・メモリで，書き込みが特定のブロックに偏るのを防ぐための平滑化などの処理は必要ありません．内蔵のコントローラが，これらの処理を行います．MMCのコマンドは，簡単な書き込みや読み出しのコマンドが中心です．実際，ほとんどのアプリケーションは，これら数種のコマンドで済みます．
▶ コマンド構成
　図17に示すように，コマンドはコマンド部1バイト，引き数部4バイト，そしてCRC 1バイトの計6バイトで構成されます．コマンドの上位2ビットは"01"で固定なので，残りの6ビットが実質的なコマンドになります．なお，コマンド・インデックスはここに入ります．
▶ コマンド・クラス
　MMCカードのコマンドは，読み出しや書き込み，消去，およびそれぞれへのプロテクトとアクセスのモードによってクラス分けがなされています（**表6**）．このコマンド・クラスは，CSDレジスタに記載されています．
　ホスト・システムは，この情報からアクセスしているカードがサポートしているコマンド・クラスを識別する必要があります．たとえば，ROMバージョンの

第3章 マルチメディアカード＆SDメモリーカードの概要

▶ R1：通常コマンド48ビット長

ビット位置	47	46	[45～40]	[39～8]	[7～1]	0
ビット幅	1	1	6	32	7	1
値	'0'	'0'	×	×	×	'1'
定義	start bit	transmission bit	command index	card status	CRC7	end bit

(R1b：R1と同じ．ただし，データ・チャネルを通してBUSY信号を返す)

▶ R2：(CID, CSD)コマンド2, 9, 10対応136ビット長

ビット位置	135	134	[133～128]	[127～1]		0
ビット幅	1	1	6	127		1
値	'0'	'0'	'111111'	×		'1'
定義	start bit	transmission bit	reserved	CID or CSD register incl interal CRC7		end bit

▶ R3：(OCR)コマンド1対応48ビット長

ビット位置	47	46	[45～40]	[39～8]	[7～1]	0
ビット幅	1	1	6	32	7	1
値	'0'	'0'	'111111'	×	'111111'	'1'
定義	start bit	transmission bit	reserved	OCR register	reserved	end bit

R4, R5は，サポートされていない

図18 MMCモードのレスポンス

MMCの場合，書き込みと消去のコマンド・クラスはサポートされていません．

▶ レスポンス

MMCカードにコマンドを発行すると，カードからレスポンスを返します．MMCモードの各レスポンスを**図18**に示します．さらにSPIモードでは，データ・ブロックがカードに書き込まれるたびにデータ・レスポンスが返されます．

▶ データ・トークン

カードに書き込まれるデータおよびカードから読み出されるデータは，データ・トークンの形で受け渡しされます．MMCモードとSPIモードにおけるデータ・トークンを**図19**に示します．

● プロトコル

図20に，MMCモードでの読み出しと書き込みのバス・プロトコルの例を示します．

● モード選択と初期化

▶ SPIモード選択

SPIモードの選択とカードの初期化は，以下の手順で行います．

(1) 電源立ち上げ直後はMMCモード
(2) 80クロックのダミー・クロック
(3) $\overline{CS}$を"L"にしてCMD0（CRC付き）を発行
(4) データ・ラインにレスポンス（0x01）
(5) CMD1を発行．レスポンス（0x01）
(6) レスポンスが0x00になるまでCMD1を発行．初期化完了
(7) MMCモードへの移行は，電源OFF-ONサイクル

S	データ+CRC	E

S：スタート・ピット（＝0）　　E：エンド・ピット（＝0）

図19 MMCモードのデータ・トークン

▶ MMCモードの選択

MMCモードの選択，およびカード認識は以下の手順で行います．

(1) 電源立ち上げ直後はMMCモード
(2) 80クロックのダミー・クロック
(3) CMD0（CRC付き）を発行．レスポンス（0x01）
(4) CMD1を発行．レスポンス（0x01）
(5) レスポンスが0x00になるまでCMD1を発行．初期化完了
(6) CMD2を発行．CID読み出し
(7) CMD3で相対アドレス付与．カード認識のプロセス終了
(8) データ転送モードではCMD7でカードを選択

● バス仕様

図21と**図22**に，MMCカードのバス・タイミングとバス接続を示します．MMCカードでは，各信号でのデータの取り込みと出力はクロック信号の立ち上がりで行います．このため立ち上がりクロックが基準になります．

バス接続を行う場合，MMCモード，SPIモードにかかわらずコマンド（データ・イン）信号とデータ（データ・アウト）信号をフローティング防止のためにプルアップ抵抗で接続してください．

第2部　SD/MMCカード編

図20　MMCモードのバス・プロトコル

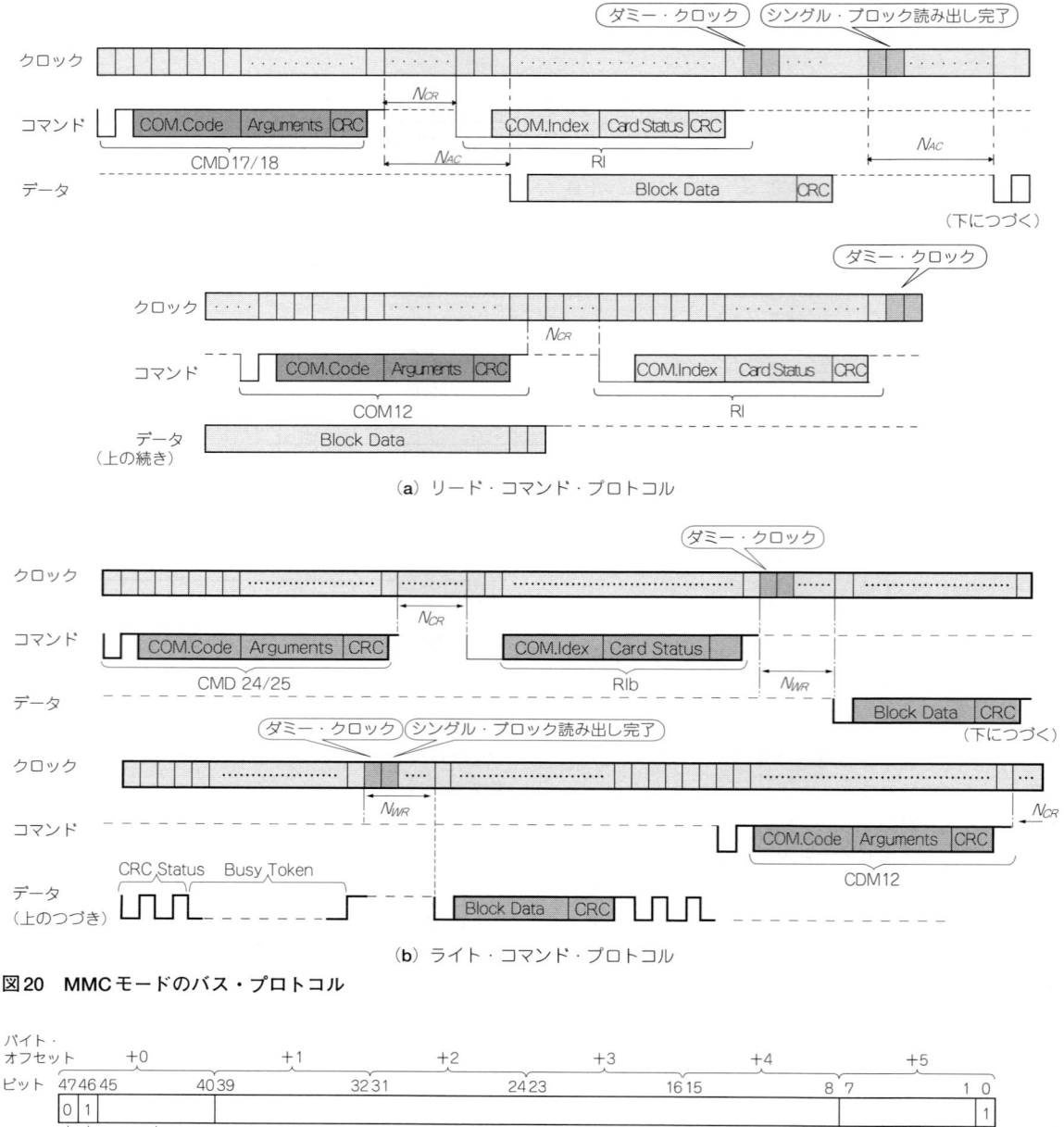

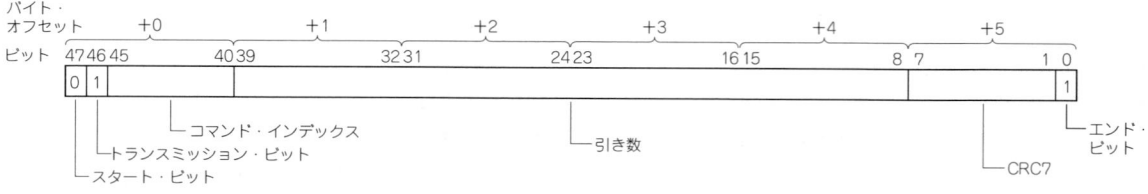

(a) リード・コマンド・プロトコル

(b) ライト・コマンド・プロトコル

図23　コマンド・トークンのフォーマット

6 MMCカードのSPIコマンドの詳細

次にMMCカードをSPIモードで制御するための，コマンドやレスポンス・データの詳細について解説します．

● コマンド・トークンのフォーマット

図23にコマンド・トークンのフォーマットを示します．ビット47はスタート・ビット（Start bit）でかならず '0' にします．ビット46はトランスミッション・ビット（Transmission bit）で，データ転送方向を示します．コマンドはホストからカード側への送信な

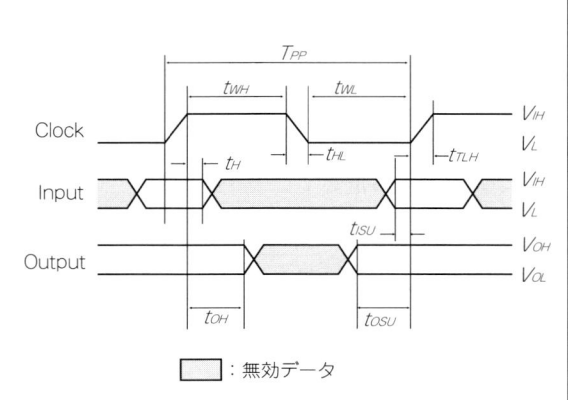

第3章 マルチメディアカード＆SDメモリーカードの概要

パラメータ	記号	最小	最大	単価	備考
Clock CLK [All values are referred to min. (VIM) and max.(VIL)]					
Clock Frequency Data Transfer Mode (PP)	f_{PP}	0	20	MHz	C_L =100pF (10 cards)
Clock Frequency Identification Mode (DD)	f_{OD}	0	400	kHz	C_L =250pF (30 cards)
Clock Low Time	t_{WL}	10		ns	C_L =100pF (10 cards)
Clock High Time	t_{WH}	10		ns	C_L =100pF (10 cards)
Clock Rise Time	t_{TLH}		10	ns	C_L =100pF (10 cards)
Clock Fall Time	t_{THL}		10	ns	C_L =100pF (10 cards)
Clock Low Time	t_{WL}	50		ns	C_L =250pF (30 cards)
Clock High Time	t_{WH}	50		ns	C_L =250pF (30 cards)
Clock Rise Time	t_{TLH}		50	ns	C_L =250pF (30 cards)
Clock Fall Time	t_{THL}		50	ns	C_L =250pF (30 cards)
Inputs CND. DAT(referenced to CLK)					
Input set-up time	t_{ISU}	3		ns	
Input hold time	t_{IH}	3		ns	
Outputs CND. DAT(referenced to CLK)					
Output set-up time	t_{OSU}	5		ns	
Output hold time	t_{OH}	5		ns	

図21　MMCのバス・タイミング

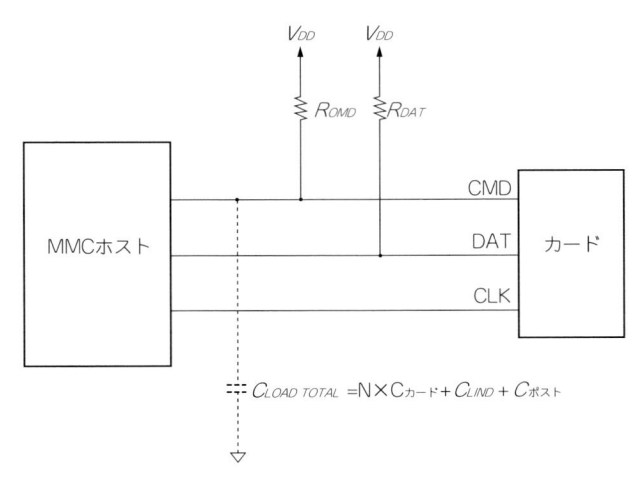

$C_{LOAD\ TOTAL} = N \times C_{カード} + C_{LIND} + C_{ホスト}$

パラメータ	記号	最小	最大	単位	備考
プルアップ抵抗	R_{CMD} R_{DAT}	4.7 50	100	kΩ	フローティング防止
バス信号ライン容量	C_L		250	pF	f_{PP} #5MHz, 30cards
バス信号ライン容量	C_L		100	pF	f_{PP} #20MHz, 10cards
カード・パッド入力容量	C_{CARD}		7	pF	
最大バス信号ライン・インダクタンス			16	nH	f_{PP} #20MHz

図22　バス接続回路例

表7 SPIモードで使用する代表的なコマンド一覧

コマンド	送信時の値	引き数	レスポンス・タイプ	定義
0	40h	なし	R1	カードをリセットしてアイドル・モードにする
1	41h	なし	R1	カード初期化プロセスを起動する
9	49h	なし	R1	選択したカードのCSDを取得する
10	4Ah	なし	R1	選択したカードのCIDを取得する
12	4Ch	なし	R1	マルチプル・ブロック・リード/ライトを終了する
13	4Dh	なし	R2	Statusレジスタの値を返す
16	50h	ビット31〜0：Block Length	R1	Block Lengthを設定する
17	51h	ビット31〜0：Data Address	R1	CMD16で設定されたBlock Lengthのサイズのブロックでデータを読み出す
18	52h	ビット31〜0：Data Address	R1	CMD12で終了するまで，もしくはCMD23で要求したブロック数のブロック・リード
23	57h	ビット31〜16：オール0 ビット15〜0：Number of Block	R1	直後のCMD18，CMD25のマルチプル・ブロック・リード/ライト・コマンドで転送するブロック数を定義する
24	58h	ビット31〜0：Data Address	R1	CMD16で設定されたBlock Lengthのサイズのブロックでデータを書き込む
25	59h	ビット31〜0：Data Address	R1	CMD12で終了するまで，もしくはCMD23で要求されたブロック数のブロック・ライト
58	7Ah	なし	R3	OCRレジスタを取得する
59	7Bh	ビット31〜1：オール0 ビット0：CRC Option	R1	CRCオプションを設定する（CRCオプション・ビット '1'でCRC有効，'0'でCRC無効）

ビット 7 6 5 4 3 2 1 0

- In Idle State……カードはアイドル状態にあり初期化プロセス実行中
- Erase Reset…………Eraseシーケンスが実行前にクリアされた
- Illegal command………不当コマンド・コードが検出された
- Communication CRC error………コマンドのCRCチェックでエラーが発見された
- Erase Sequence error……………………Eraseシーケンス中にエラー発生
- Address error………………………………ブロック中に一致しないミス・アライン・アドレスが使用された
- Parameter error……………………………コマンドの引き数がカードの許容範囲外である

(a) フォーマットR1

ビット 15　　　 8 7　　　 0
| フォーマットR1と同じ | 追加エラー情報 |

(b) フォーマットR2

ビット 39　　　 32 31　　　　　　　　　　　　　　　　　　　 0
| フォーマットR1と同じ | OCR |

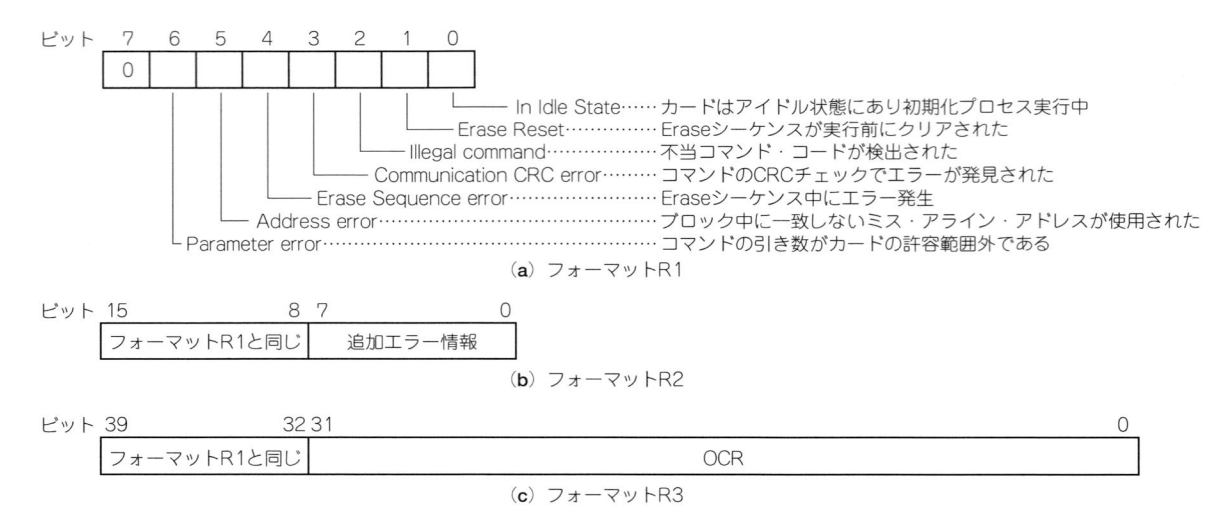

(c) フォーマットR3

図24 コマンド・レスポンスのフォーマット

ので，ビット46はかならず'1'にします．そしてビット45〜40にコマンド値を格納します．

各コマンドに対する引き数（Argument）は，ビット39〜ビット8の全4バイトに格納します．そしてビット7〜ビット1にCRC7が続きます．最後のビット0はエンド・ビット（End bit）で，かならず'1'にします．この図23のビット列を，ビット47からカードに対して（MSBファーストで）送信します．

一般的には，1バイト単位で送受信を行うので，1バイト目がコマンド，2バイト目から5バイト目が引き数，6バイト目がCRCという順番になります．この順番を見てわかるように，MMCカードのバイトの並びはビッグ・エンディアンであるともいえます．

● SPIモードで使用するコマンド

表7にSPIモードで使用する代表的なコマンドの一覧を示します．MMCカードでは，各コマンドをCMDnと表現しています．nには10進数で表7の値が入ります．図23で示したように，実際にカードへ送

第3章　マルチメディアカード＆SDメモリーカードの概要

表8　CSD情報一覧

ビット位置	ビット幅	意　味	略　称	オフセット
127〜126	2	CSD Structure	CSD_STRUCTURE	＋0［ビット7〜6］
125〜122	4	Spec Version	SPEC_VERS	＋0［ビット5〜2］
121〜120	2	Reserved	―	＋0［ビット1〜0］
119〜112	8	data read access-time1	TAAC	＋1
111〜104	8	data read access-time2	NSAC	＋2
103〜96	8	max. data transfer rate	TRAN_SPEED	＋3
95〜84	12	card command class	CCC	＋4〜＋5［ビット7〜4］
83〜80	4	max. read data block length	READ_BL_LEN	＋5［ビット3〜0］
79	1	partial blocks for read allowed	READ_BL_PARTIAL	＋6［ビット7］
78	1	write block misalignment	WRITE_BLK_MISALIGN	＋6［ビット6］
77	1	read block misalignment	READ_BLK_MISALIGN	＋6［ビット5］
76	1	DSR implemented	DSR_IMP	＋6［ビット4］
75〜74	2	reserved	―	＋6［ビット3〜2］
73〜62	12	device size	C_SZIE	＋6［ビット1〜0］〜＋7〜＋8［ビット7〜6］
61〜59	3	max. read current @VDD min	VDD_R_CURR_MIN	＋8［ビット5〜3］
58〜56	3	max. read current @VDD max	VDD_R_CURR_MAX	＋8［ビット2〜0］
55〜53	3	max. write current @VDD min	VDD_W_CURR_MIN	＋9［ビット7〜5］
52〜50	3	max. write current @VDD max	VDD_W_CURR_MAX	＋9［ビット4〜2］
49〜47	3	device size multiplier	C_SIZE_MULT	＋9［ビット1〜0］〜＋10［ビット7］
46〜42	5	erase group size	ERASE_GRP_SIZE	＋10［ビット6〜2］
41〜37	5	erase group size multiplier	ERASE_GRP_MULT	＋10［ビット1〜0］〜＋11［ビット7〜5］
36〜32	5	write protect group size	WP_GPR_SIZE	＋11［ビット4〜0］
31	1	write protect group enable	WP_GRP_ENABLE	＋12［ビット7］
30〜29	2	manufacturer default ECC	DEFAULT_ECC	＋12［ビット6〜5］
28〜26	3	write speed factor	R2W_FACTOR	＋12［ビット4〜2］
25〜22	4	max. write data block length	WRITE_BL_LEN	＋12［ビット1〜0］〜＋13［ビット7〜6］
21	1	partial blocks for write allowed	WRITE_BL_PARTIAL	＋13［ビット5］
20〜17	4	reserved	―	＋13［ビット4〜1］
16	1	Content protection application	CONTENT_PROT_APP	＋13［ビット0］
15	1	File format group	FILE_FORMAT_GRP	＋14［ビット7］
14	1	copy flag (OTP)	COPY	＋14［ビット6］
13	1	permanent write protection	PERM_WRITE_PROTECT	＋14［ビット5］
12	1	temporary write protection	TMP_WRITE_PROTECT	＋14［ビット4］
11〜10	2	File format	FILE_FORMAT	＋14［ビット3〜2］
9〜8	2	ECC code	ECC	＋14［ビット1〜0］
7〜1	7	CRC	CRC	＋15［ビット7〜1］
0	1	always 1	―	＋15［ビット0］

信するときには，スタート・ビットとトランスミッション・ビットを付加して1バイトとします．したがって1バイト目に送信する値は，たとえばCMD0の場合なら40h，CMD17の場合なら51hとなります．

● コマンド・レスポンスのフォーマット

コマンド・レスポンスには図24に示す3種類があります．

▶ フォーマットR1/R1b

CMD13およびCMD58以外の，SPIモードで使用するすべてのコマンドで適用されるレスポンス・タイプです．

またR1bはR1と同じフォーマットですが，レスポンスの後にビジー信号が出力されます．レスポンス・タイプがR1bのコマンドは，表7掲載外のあまり使用されないコマンドなので，通常はR1bのレスポンス・

第2部 SD/MMCカード編

表9 CID情報一覧

ビット位置	ビット幅	意味	略称	オフセット
127〜120	8	Manufacturer ID	MID	+0
119〜104	16	OEM/Application ID	OID	+1〜+2
103〜56	48	Product Name	PNM	+3〜+7
55〜48	8	Product Revision	PRV	+9
47〜16	32	Product Serial Number	PSN	+10〜+13
15〜8	8	Manufacturing Date	MDT	+14
7〜1	7	CRC	CRC	+15［ビット7〜1］
0	1	always 1	—	+15［ビット0］

タイプが返ってくることはないと思います．

▶フォーマットR2

CMD13に対する，2バイトのコマンド・レスポンスです．1バイト目はR1と同じで，2バイト目に追加の詳細なエラー情報が1バイト追加されます．

▶フォーマットR3

CMD58に対する，5バイトのコマンド・レスポンスです．1バイト目はR1と同じで，2バイト目以降にOCR情報が全4バイト追加されます．

● カードの各種情報の取得

MMCカードには，カードの製造ベンダや製品名などを格納したCID（Card IDentification）やカードの容量やブロック・サイズなどのパラメータを格納したCSD（Card Specific Data）などの情報が格納されています．CIDを取得するにはCMD10を，CSDを取得するにはCMD9を発行します．

表8にCSD情報のフォーマットを，表9にCID情報のフォーマットを示します．表8に示すように，各パラメータがビット単位で割り当てられているため，char型の配列にCSD情報を受信した場合は，必要なパラメータをビット・シフトや論理演算処理を行って取り出す必要があります．その場合に便利なように，バイト単位でのオフセットとビット位置も併記したので参考にしてください．

● カードの容量算出方法

カードの容量を計算するには，まず表8に示すCSD情報を取得し，C_SIZE（ビット73〜62），C_SIZE_MULT（ビット49〜47），およびREAD_BL_LEN（ビット83〜80）の値から，次の数式を用いて算出することになります．

表10 カード容量別の各パラメータの例

カード表記容量（バイト）	C_SIZE_MULT	C_SIZE	MULT	BLOCKNR	BLOCK_LEN	実容量（バイト）
4M	1	983	8	7872	512	4030464
8M	1	1959	8	15680	512	8028160
16M	1	3919	8	31360	512	16056320
32M	3	1959	32	62720	512	32112640
64M	3	3919	32	125440	512	64225280
128M	4	3919	64	250880	512	128450560
256M	5	3919	128	501760	512	256901120

（a）MMCカードのパラメータ例

カード表記容量（バイト）	C_SIZE_MULT	C_SIZE	MULT	BLOCKNR	BLOCK_LEN	実容量（バイト）
16M	3	909	32	29120	512	14909440
32M	3	1899	32	60800	512	31129600
64M	3	3831	32	122624	512	62783488
128M	4	3919	64	250880	512	128450560
256M	5	3903	128	499712	512	255852544
512M	6	3931	256	1006592	512	515375104
1G	7	3779	512	1935360	512	990904320

（b）SDメモリーカードのパラメータ例

第3章 マルチメディアカード&SDメモリーカードの概要

カード容量 = BLOCKNR × BLOCK_LEN
BLOCKNR = (C_SIZE+1) × MULT
MULT = $2^{C\_SIZE\_MULT+2}$, （C_SIZE_MULT＜8）
BLOCK_LEN = $2^{READ\_BL\_LEN}$,
　　　　　　　　　　　（READ_BL_LEN＜12）

参考として**表10**に各種容量のカードのパラメータを示します．表記上は同じ容量のカードでも，パラメータや実容量が微妙に異なる場合があることに注意してください．

表9を見ると，同容量のカードを比較したとき，SDメモリーカードよりMMCカードのほうが容量が多いことに気づくと思います．これは，SDメモリーカードにはセキュリティ用のエリアが確保されており，ユーザ用として使える容量がMMCカードよりも若干少なくなるためです．

● データ・トークン

図25に，SPIモードによるMMCカード・アクセス時の各信号のようすを示します．コマンド・トークンを送信した後，コマンド・レスポンスを受信し，読み出しアクセスの場合はデータ・トーク・スタート・バイトの受信待ちに入ります．データ・トーク・スタート・バイトを受信したら，設定したブロック・サイズ（一般的には512バイト）分だけデータを読み出します．また最後にCRCが16ビット分読み出されます．

書き込みアクセスの場合は，コマンド・レスポンスを受信後，データ・トークン・スタート・バイトを書き込み，続いてブロック・サイズ分だけデータを書き込みます．さらに最後にCRCを16ビット分送信します．書き込みの場合はここでデータ・レスポンスが返ってきた後，ビジー状態を示します．ゼロ以外の値が取得できるまでビジー待ちを行って，書き込みアクセスが終了します．

● データ・レスポンス・トークン/エラー・トークン

セクタ・データ・リードの場合は，**図25（b）**のCRC16を受信した時点でコマンドの実行が終了します．しかし，セクタ・データ・ライトの場合は，送信したデータが正しく書き込めたかどうかを確認するデータ・レスポンスが返ってくるので，それを受信する必要があります．

図26にデータ・レスポンスのフォーマットを示します．

また，アクセス先のアドレスがカード容量の範囲外

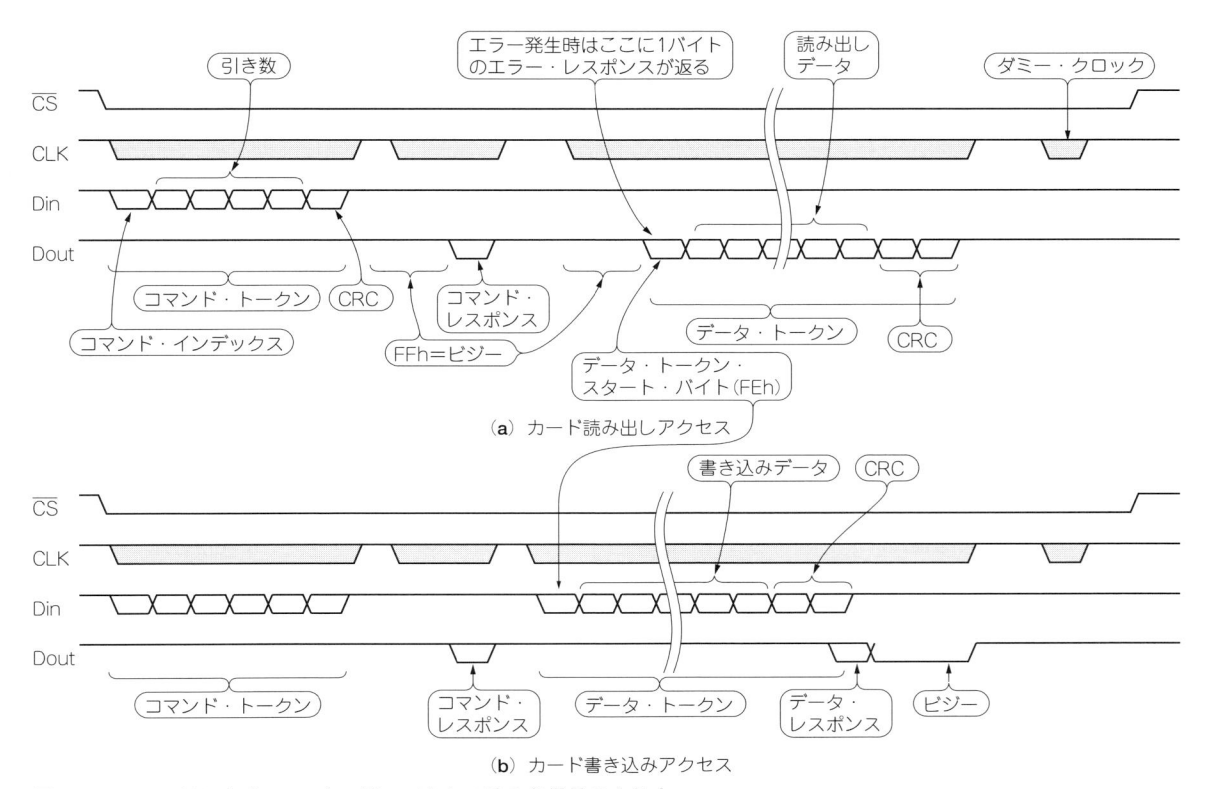

図25 SPIモードによるMMCカード・アクセス時の各信号のようす

第2部　SD/MMCカード編

Column 4
カードの活線挿抜と電源に対する考察
井倉 将実

● **メモリ・カードの電源回路**

　本書で取り上げるフラッシュ・メモリ・カードの場合，カードそのものの消費電力が少ないこともあり，ソケットの電源端子はシステムの電源がそのまま配線されており，カードを差し込むと同時にカードに電源が供給される回路になっているのが一般的です．

　ここでは，システムに電源が投入された状態でカードを抜き差しした場合（活線挿抜した瞬間）に，電源周りにどのようなことが起こっているのか，そしてどのように対応すべきかを考えてみます．

● **カード挿入時の電源のリプル**

　程度の差こそあれ，カードを差し込んだ瞬間は，図Aに示すように電源ラインに大きなリプル成分が見られます．これは，それまで電源が入っていなかったカード側へ急速に電流を供給することになり，急な電流の流れ込みでマザーボード側が電流を供給できずに電圧降下を起こしているからです．

　この対策としてコンデンサを増やせばよいと思われますが，大容量のコンデンサを実装することで，場合によっては状況がもっとひどくなることもあるのです．

　その理由は，コンデンサ内部にはESR（等価直列抵抗）があり，カードが差し込まれた瞬間に大電流を流そうとすると，内部のESRと電流値をかけた分だけ電圧が発生して電圧降下を起こしてしまうためです．

　また，このコンデンサの配置位置にも影響されます．電源部分とカード・ソケットの位置が離れている場合は，コンデンサの端子や配線路の抵抗値は無視できません．無論，コネクタのインダクタンス成分も考慮すべきですが，それよりも影響が大きいのはESR＋コネクタ＋配線路の合成抵抗値です．

　さらに，電源回路部分に問題が含まれていることもあります．電圧レギュレータがコンデンサも含めた負荷の変化に高速に応答できないと，カード挿入時にやはり瞬間的な電圧降下が発生します．

　以上のような複合的な理由から，活線挿抜時にはさまざまなトラブルが起こります．このようなとき，とにかくコンデンサを載せればいいだろうという安易な考え方に流れがちな技術者があまた見受けられます．結果として改悪される例も多々ありますので，むやみやたらに大容量のコン

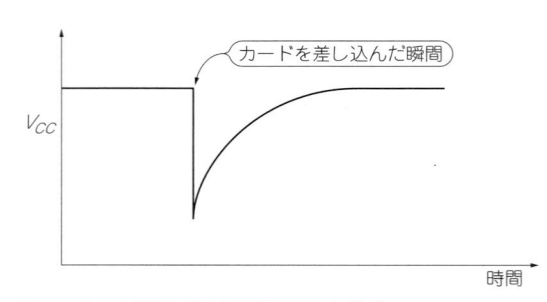

図A　カード挿入時の電源電圧のようす

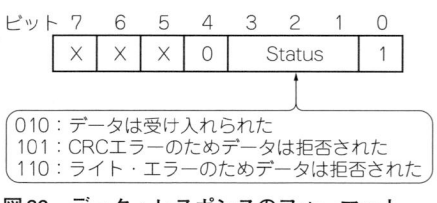

図26　データ・レスポンスのフォーマット

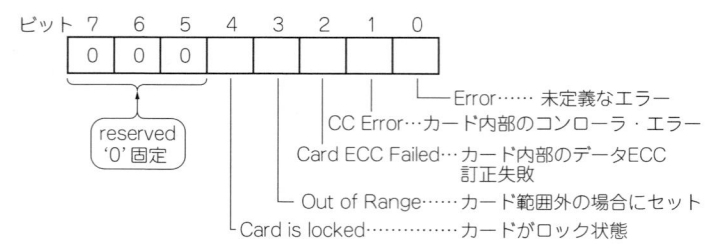

- 010：データは受け入れられた
- 101：CRCエラーのためデータは拒否された
- 110：ライト・エラーのためデータは拒否された

図27　エラー・レスポンスのフォーマット

- reserved '0' 固定
- Error……未定義なエラー
- CC Error…カード内部のコンローラ・エラー
- Card ECC Failed…カード内部のデータECC訂正失敗
- Out of Range……カード範囲外の場合にセット
- Card is locked……………カードがロック状態

のアドレスだった場合などに，データ・トークンではなくエラー・レスポンスが返ってきます．図27にエラー・レスポンスのフォーマットを示します．

● **マルチプル・ブロック・コマンドについて**

　MMCカードのスペックでは，SPIモードでマルチプル・ブロック・コマンドに対応したのはVersion 3.1からです．したがってCSDのCSD_STRUCTUREが2以上，もしくはSPEC_VERSが3以上のカードでは，マルチプル・ブロック・コマンドが使用可能です．ただし，実際のカードによっては，CSDが示すバージョンが古くても，マルチプル・ブロック・コマンド機能を先行して取り込んでいるカードも存在するようです．

● **実装上の注意点**

　実際にMMCカードに対してアクセスするには，ここで説明した以外にもう一つ実装上の注意点があります．それは，コマンドとコマンドの間にダミー・ク

デンサを増やせばいいというわけではありません．
● 考えられる対策方法

あくまで実測が必要であるという前提で，筆者の場合にはコストのかけ方と基板面積や改変時期をかんがみ，次のような対策方法を，適度なバランス感覚をもって使用しています．

(1) MMCソケットの電源プレーンはV_{cc}/GNDともにベタプレーンにする

電源インピーダンスを下げるためです．

(2) MMCソケットの電源ピン周辺に小容量のコンデンサを配置する

具体的には0.1μFと1000pFを2ペアずつ，電源ピンに接続します．中～大規模コンデンサは周波数特性が悪く，マザーボードからカード側に流れ込む瞬間的な突入電流に対する対応ができません．そこで，周波数特性が高い小容量のコンデンサをペアで使い，突入電流分はこれらのコンデンサで対応するわけです．

あわせて，このコンデンサは低ESR＋低ESL（等価直列インダクタンス）の性能が求められます．表面実装型のセラミック・コンデンサはこういう場面で活躍します．

(3) 電源ラインにフェライト・ビーズ＋コンデンサでLCフィルタを入れ込む

突入電流は微分パルスと認められるため，インダクタンス成分でキャンセルし，コンデンサで平滑できます．多少うねりが生じますが，効果は絶大です．

(4) 信号ラインに47～100Ωのスタブ抵抗を挿入する

電源変動の影響で信号レベルがおかしくならないようにすることと，インピーダンスを上げることで，信号が変化したときのスルーレートを緩やかにすることができます．不必要であれば0Ω抵抗に付け替えることもできます．

(5) 中容量のコンデンサを実装する

低ESRの10μF程度のコンデンサを，可能な限りMMCカード・ソケット周辺に実装します．あらかじめMMCカードの突入電流を測定しておき，突入電流×ESR値が許容範囲であればその方法を採用します．このコンデンサの用途は(2)と違い，あくまでも電源の安定化のみで，突入電流に対応するためのものではありません．

(6) 急激な負荷変動にも高速応答できる電源の採用

電源ピンに接続されているバイパス・コンデンサが供給する電荷分をただちに供給できるように，高速応答性能をもつ電源を検討します．

このうち，(1)と(2)，そして(4)は設計時にあらかじめ織り込んでおきます．(3)と(5)に関しては，実機で突入電流を観測し，必要であれば対応します．

(6)は設計時に対応したいところですが，往々にして高速応答の電源は非常に高価であり，リニア・レギュレータやLDOの何倍もの価格になります．そのため，(2)や(3)で対応できるのであれば，それに越したことはありません．

いくら・まさみ　来栖川電工(有)

ロックが必要になることです．

ダミー・クロックを送信するタイミングは次の時点です．
(1) コマンド/レスポンス・シーケンスで，カード・レスポンスのENDビット転送の後
(2) リード時，リード・データの最終ビット転送後
(3) ライト時，ライト・データCRCの後

ダミー・クロックは1度に8クロック分を送信します．また，このダミー・クロック送信時の$\overline{CS}$は"H"でも"L"でもかまいません．

よこやま・ともひろ　サンディスク(株)
おかだ・ひろと　ソリッドギア(株)

Column 5
SDXC規格

2009年初頭，SD Associationは最大2Tバイトまでの容量に対応したSDHCの上位規格「SDXCカード」の仕様を発表しました（写真A）．

従来のSDHCでは最大容量がファイル・フォーマットであるFAT32の制限から32Gバイトまでとなっていましたが，SDXCではファイル・フォーマットとしてexFATを採用することで2Tバイトまで拡張されました．さらにリード/ライト速度も104Mバイト/秒（将来的には最大300Mバイト/秒を予定）と高速化されています．

第2部 SD/MMCカード編

第4章 PC/ATのLPTポートやSH-4/SH-2，H8へのMMCカードの接続事例

たった4本の信号線があればマイコンにストレージがつながる！

熊谷 あき／横田 敬久／漆谷 正義

現在のカード市場では，MMCカードに対応した機器はあまり見かけず，SDメモリーカードに対応した機器が数多く市販されています．しかし第3章の解説のように，規格の歴史をふりかえると，MMCカードをベースにしてSDメモリーカードが誕生しています．

SDメモリーカードもMMCカードも，より高速な通信モードを備えるなど，仕様がバージョンアップして進化してきていますが，ベーシックな部分には共通のアクセス方式が使えます．またSDメモリーカードはMMCカードを少し厚くした形状であるため，SDメモリーカード用ソケットにMMCカードを差し込んで使うこともできます．

第3章の説明のように，SDメモリーカードはライセンスが厳しく管理されていますが，MMCカードはそれほどでもありません．そこで，ここでは可能な限り簡単なハードウェアで，MMCカードのデータを読み書きする事例を紹介します．

1 もっとも基本的なMMCカードのアクセス方法

MMCカードの詳しい解説は第3章を読んでいただくとして，ここではMMCカードについて簡単な説明を行います．

● MMCカードの基礎知識

写真1にMMCカードの外観を，図1にMMCカード裏面のピン番号を，表1に各ピンの信号名称を示します．表1を見ると，モードによって信号名が異なることがわかります．また信号のドライブ方向を見ると，SPIモードは信号のドライブ方向が固定であるのに対し，MMCモードはCMDやDATが双方向になっている点が大きく異なります．なお，どちらのモードでも，クロックはホスト側が出力します．

SPIモードは信号ドライブ方向が固定なので，GPIOなどの汎用パラレル・ポートが4ビットあればMMCカードを接続することができます．また制御の基準となるクロックも，カード側ではなくホスト側が出力するので，ホストのつごうのよいタイミングで制御できます．つまり，この4本の信号線をすべてソフトウェアで制御することによって，MMCカードにアクセスすることが可能になります．

なお，DinとDoutですが，カード側を基準とした入出力方向であることに注意してください．MMCカードを制御する側から見ると，Dinが送信信号に，

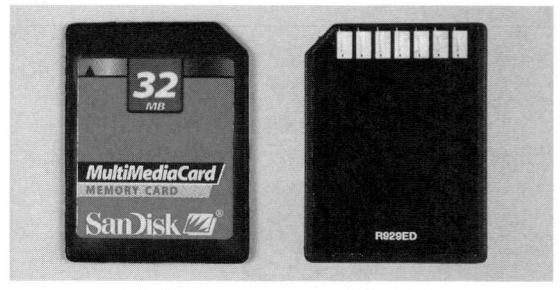

写真1 MMCカードの外観
(a) 表面　(b) 裏面

図1 MMCカードのピン配置
(裏側)

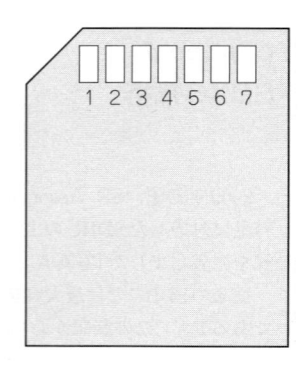

第4章　PC/ATのLPTポートやSH-4/SH-2，H8へのMMCカードの接続事例

表1　MMCカードのピン名称（信号ドライブ方向はカードから見た方向）

ピン番号	名称	信号ドライブ方向	MMCモード説明
1	RSV	NC	オープンまたは"H"に固定
2	CMD	入出力/Push-Pull/オープン・ドレイン	コマンド/レスポンス
3	GND	−	GND
4	V_{DD}	−	電源
5	CLK	入力	クロック
6	GND	−	GND
7	DAT[0]	入出力/Push-Pull	データ

(a) MMCモード・ピン定義

ピン番号	名称	信号ドライブ方向	SPIモード説明
1	$\overline{CS}$	入力	チップ・セレクト（負論理）
2	Din	入力	ホストからカードへのデータ・コマンド
3	GND	−	GND
4	V_{DD}	−	電源
5	CLK	入力	クロック
6	GND	−	GND
7	Dout	出力	カードからホストへのデータ・ステータス

(b) SPIモード・ピン定義（リセット直後はSPIモード）

Doutが受信信号に相当することになります．

● SPIモードの動作〜コマンドの送信〜

図2にSPIモードのプロトコルを，表2にコマンド・トークンのフォーマットを示します．コマンド・トークンは1バイトのコマンドと，それぞれのコマンドに対応した4バイトの引き数（アーギュメントとも呼ぶ），そして1バイトのCRCからなります．

実際のシリアル通信波形のようすを図3に示します．送信はクロックの立ち下がりで出力するように，受信はクロックの立ち上がりで入力するようになっています．

それではまず，データ転送を伴わないコマンドを発

図2　SPIモードのプロトコル

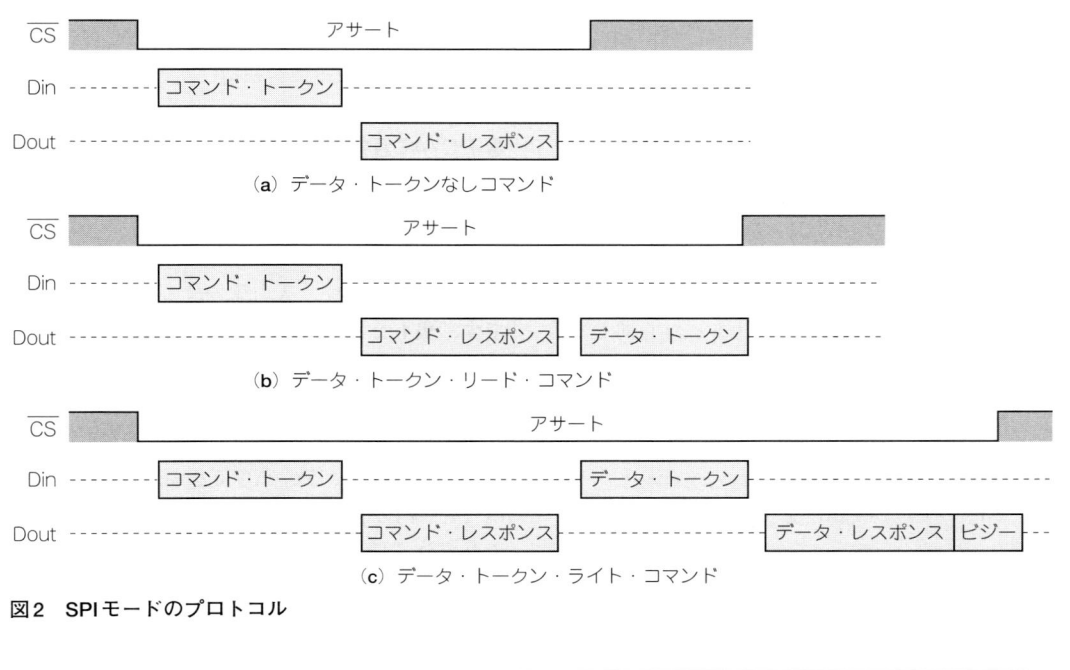

(a) データ・トークンなしコマンド
(b) データ・トークン・リード・コマンド
(c) データ・トークン・ライト・コマンド

表2　コマンド・トークンのフォーマット

バイト0	バイト1	バイト2	バイト3	バイト4	バイト5
コマンド	引き数（4バイト長）				CRC7

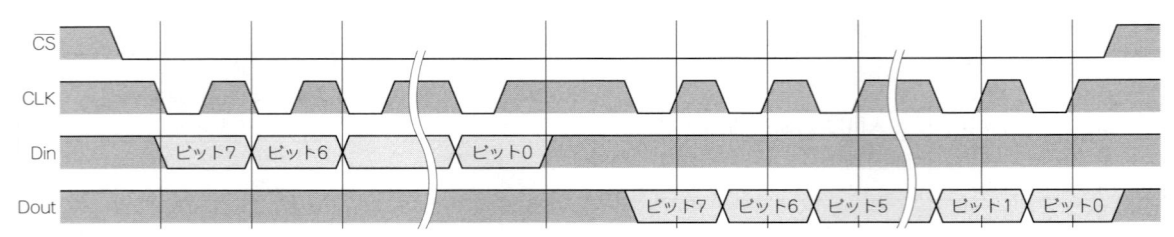

図3 実際のシリアル通信のようす

行する場合の流れを説明します．まずホストは$\overline{\text{CS}}$を"L"レベルにして，コマンド・トークンの各バイトをビット7のMSBから順番に送信します．表2のようにコマンド・トークンは全6バイトなので，合計48クロックをかけてコマンド・トークンを送信します．

コマンド・トークンを送ると，かならずコマンド・レスポンスが返ってきます．一部のコマンドを除き，コマンド・レスポンスは1バイト長なので，クロックを8クロック送って8ビット分を受信します．実際にはカード側がビジー状態の場合，Doutが"H"レベルを示すので，受信したコマンド・レスポンスはFFhとなります．受信したコマンド・レスポンスのビット7が'1'の場合はビジー状態を示すので，再度1バイトを受信します．ビット7が'0'になれば，カード側でコマンドの処理が終了したことを示すので，$\overline{\text{CS}}$を"H"レベルに戻して，MMCカードへのアクセスを終了します．

なお，コマンド・レスポンスのビット7が'0'で，ビット6〜0にいずれかのビットが立っている場合は，発行したコマンドまたはアーギュメントに問題があり，コマンドが実行されなかったことを示します．

● データ・リード動作

次にカードからホストに対するデータ転送を伴うコマンドの場合を見てみましょう．コマンドの発行からコマンド・レスポンスの受信まではまったく同じです．コマンド・レスポンスにエラーがなければ，カードからデータ・トークンが送られてきます．

実際のデータ・トークンの先頭では，まずビジー状態を示すFFhが送られてくるので，データ・トークン・スタート・バイト（FEh）を受信するまでループします．データ・トークン・スタート・バイトを受信したら，その次からが実際のデータになります．コマンドによりバイト数が異なるので，コマンドに合わせたバイト数分だけ受信します．データ部が終わると，次はCRCが2バイト続きます．これでデータ・トークンの受信が終了します．

● データ・ライト動作

最後はホストからカードに対するデータ転送を伴うコマンドの場合を説明します．こちらもコマンドの発行からコマンド・レスポンスの受信まではまったく同じです．コマンド・レスポンスにエラーがなかった場合は，次にデータ・トークンを送信します．

ライトのときのデータ・トークンも基本フォーマットはリードと同じです．まずデータ・トークン・スタート・バイト（FEh）を送信し，次に実際のデータを送信します．送信データ・バイト数はコマンドにより異なります．データを送信し終えたら，最後にCRCを2バイト送信して，データ・トークンの送信が終了します．

2 PC/AT互換機のLPTポートを使ったMMCカードの制御事例

まずはもっとも手近な環境であるPC/AT互換機のLPTポートを使って，MMCカードを接続してみましょう．

● PC/AT互換機のLPTポートをGPIOとして使う

PC/AT互換機のLPTポートのピン配置を図4に示します．データ・バスは基本的には出力方向になっており，出力信号は出力方向の制御線4本と合わせて合計12本になります．入力信号は入力方向制御線の5本です．表1からわかるように，MMCカードは入力が1本，出力が3本あれば接続可能なので，十分な本数があることがわかります．

表3にPC/AT互換機のLPTポートのI/O制御レジスタを示します．PC/AT互換機ではLPTポートがLPT1〜LPT3まで規定されており，I/Oアドレスはそれぞれ，LPT1が378h，LPT2が278h，LPT3が3BChとなります．

図4を見ると，電源ピンは出ていないことがわかります．したがってPC/AT互換機のLPTポートに接続する場合は，電源が別に必要になります．また，MMCカードの動作電圧は一般的には3.3Vです．しか

第4章　PC/ATのLPTポートやSH-4/SH-2，H8へのMMCカードの接続事例

表3 PC/AT互換機のLPTポートのI/O制御レジスタ

I/Oアドレス	ビット	機能	意味	I/O	極性
データ・レジスタ 378h (278h) (3BCh) 読み書き	0	DATA0	データのビット0	I/O	正
	1	DATA1	データのビット1	I/O	正
	2	DATA2	データのビット2	I/O	正
	3	DATA3	データのビット3	I/O	正
	4	DATA4	データのビット4	I/O	正
	5	DATA5	データのビット5	I/O	正
	6	DATA6	データのビット6	I/O	正
	7	DATA7	データのビット7	I/O	正
ステータス・レジスタ 379h (279h) (3BDh) 読み出し	0	予約		−	−
	1	予約		−	−
	2	割り込みステータス		−	−
	3	ERROR	プリンタがエラー	I	正
	4	SELECT	プリンタがオンライン	I	正
	5	PE	プリンタが用紙切れ	I	正
	6	ACK	プリンタがアクノリッジ	I	正
	7	BUSY	プリンタがビジー	I	反転
コマンド・レジスタ 37Ah (27Ah) (3BEh) 書き込み	0	STROBE	データのストローブ	O	反転
	1	AUTO	印刷後自動改行	O	反転
	2	INIT	プリンタ初期化	O	正
	3	SLCTIN	プリンタ・セレクト	O	反転
	4	割り込み許可	割り込み許可	−	−
	5	データ・ポートの方向	データ・ポートの方向	−	−
	6	予約		−	−
	7	予約		−	−

しPC/AT互換機のLPTポートは基本的に5V TTLであり，このまま接続することはできません．そこで**図5(a)** のように，74HC245などのバス・バッファを間に入れて接続する必要があります．

● CPLD/FPGA用ダウンロード・ケーブルの流用も可能

LPTポートにバス・バッファ…．ふだんからCPLDやFPGAを使っている方なら，この二つのキーワードでピンと来るものがあると思います．実はCPLDのプログラミング・ケーブルやFPGAのダウンロード・ケーブルが，まさに**図5(a)** に示すとおりの構造になっているのです．代表的なものとして，**図5(b)** に米国Altera社製ダウンロード・ケーブルByte Blaster MV相当の回路を，**図5(c)** に米国Xilinx社製ダウンロード・ケーブルParallel Cable III相当の回路を示します．よく見ると，まるでMMCカードによる接続が考慮されたかのように，出力3本，入力1本の信号線が用意されていることがわかります．

なお，本来のMMCカード・ソケットの推奨回路では，DinとDoutにプルアップ抵抗が必要ですが，活線挿抜を行わずにカードへのアクセスを実験する程度であれば，Dinのプルアップ抵抗は不要でしょう．た

ピン	信号名	I/O	ピン	信号名	I/O
1	STROBE	O	14	AUTO	O
2	DATA0	I/O	15	ERROR	I
3	DATA1	I/O	16	INT	O
4	DATA2	I/O	17	SLCTIN	O
5	DATA3	I/O	18	GND	
6	DATA4	I/O	19	GND	
7	DATA5	I/O	20	GND	
8	DATA6	I/O	21	GND	
9	DATA7	I/O	22	GND	
10	ACK	I	23	GND	
11	BUSY	I	24	GND	
12	PE	I	25	GND	
13	SELECT	I			

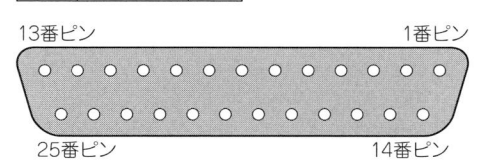

図4 PC/AT互換機のLPTポートのピン配置

だし，Doutのプルアップ抵抗がないと入力ゲートがフローティング状態になってしまうので，Altera社のケーブルを使う場合にはDoutにプルアップ抵抗を付けておくほうがよいでしょう（Xilinx社のケーブル

第2部 SD/MMCカード編

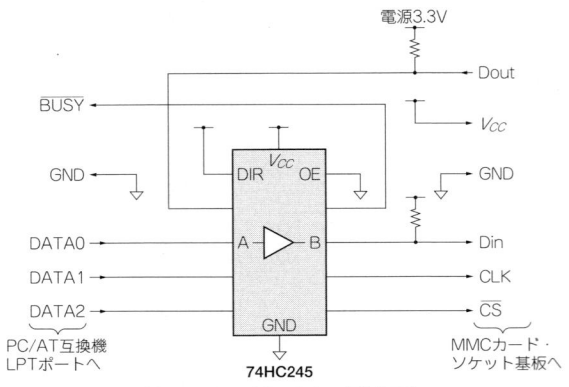

(a) 74HC245を使ったカード接続回路

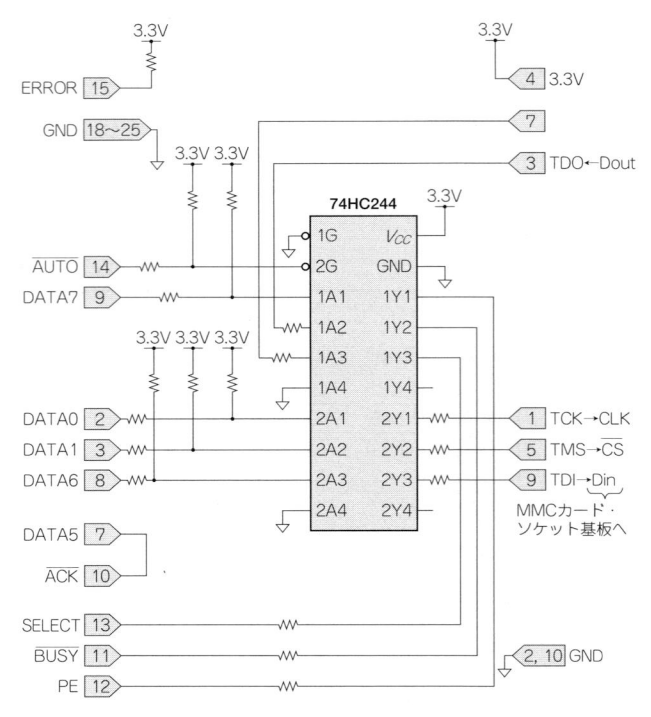

(b) Altera社のダウンロード・ケーブル
Byte Blaster MV相当の回路とカードの接続

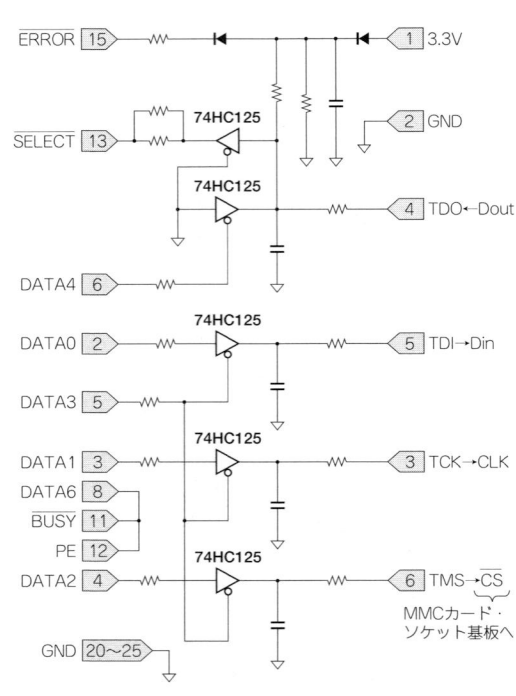

(c) Xilinx社のダウンロード・ケーブルParallel Cable III
相当の回路とカードの接続

図5 PC/AT互換機LPTポートとMMCカードの接続回路例

では，Dout信号にプルアップ抵抗が実装済み）．

このように，手元に各ベンダの純正または互換ケーブルがあれば，**図5(b)**，**(c)**のように接続することで，**図5(a)**の回路をわざわざ作成しなくても代用できます．ただし，いずれの方法でも電源だけは別に3.3Vを供給する必要があります．

MMCカード・ソケットには，**写真2**に示すようなMMCソケット・コネクタを実装しているCK-16（サンハヤト製）を使いました．**写真3**にXilinx社のダウンロード・ケーブルParallel Cable III（純正品）を使ったMMCカードの接続のようすを示します．Xilinx社のケーブルのJTAG端子には，先がバラになったケーブルが付属しているので，CK-16にピン・ヘッダをはんだ付けし，そのピン・ヘッダに1本ずつ信号を接続することができます．

第4章　PC/ATのLPTポートやSH-4/SH-2，H8へのMMCカードの接続事例

写真2　MMCカード・ソケット基板CK-16
（サンハヤト）

● PC/AT互換機LPTポート対応MMCカード・ドライバの作成

　後述するように，今回はPC/AT互換機以外の環境でもMMCカードへアクセスしてみます．そのため，ドライバの移植性も考慮し，MMCカードのプロトコルを制御する部分と，実際にMMCカードが接続されたI/Oポートにアクセスする部分を分離してドライバを記述してみました．

　PC/AT互換機で動作するサンプル・プログラムですが，Windows環境ではI/Oに直接アクセスするプログラムを記述できないので，ここではいつものように対応OSはMS-DOS（またはWindowsで作成した起動ディスクFDでも可）を使うことにします．また，MS-DOS版のCプログラムの作成には，筆者はいつもLSI C-86試食版を使っているので，今回もそれを使用します．

　リスト1に，PC/AT互換機LPTポート対応のMMCカード・ドライバのリストを示します．MS-DOS版のCプログラムでは int 型が16ビット長ですが，後述するSH-4の int 型は32ビット長です．そのため，作成するドライバではビット長を合わせるために，TYPEDEF.Hで型を定義して使っています．

▶ I/Oドライバ部のパラレル-シリアル変換処理

　まず，**リスト1(a)** のI/Oドライバ部について説明します．LPTポートの各ビットをソフトウェアで制御し，1ビット単位にポートのビットをON/OFFして"H"/"L"のクロックを出力し，DinやDoutを使ってデータを送受信しています．

　ソースの先頭の定義部分で，使用しているケーブルに合わせて各信号のビット位置を指定してください．

　図5(b) や(c)をよく見ると，Altera社やXilinx社のケーブルを使用する場合に，LPTポートの出力が入力にループ・バックしている信号があります．これ

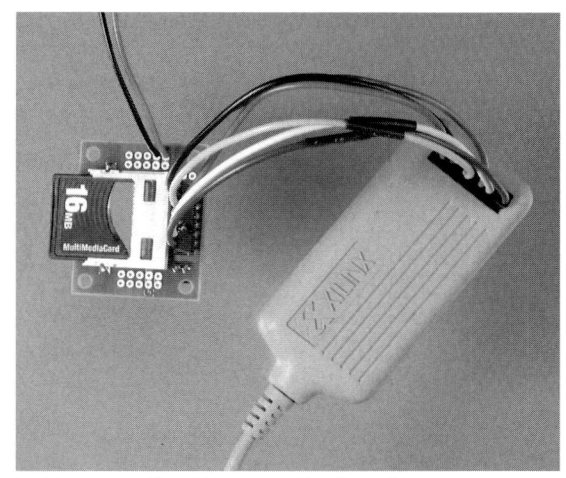

写真3　Xilinx社のダウンロード・ケーブルParallel Cable ⅢとMMCカードを接続したようす

らの信号を使って信号がループして戻ってくることを確認できれば，LPTポートにAltera社やXilinx社のケーブルが接続されていると判定できます．そこでI/Oアクセス部の初期化ルーチンでは，それぞれのケーブルが接続されているかどうかを確認する処理も埋め込んでいます．

　それ以外は何も特別な処理は行っていないので，プログラム自体はわかりやすいと思います．

▶ MMCカード・ドライバ本体

　リスト1(a) は $\overline{CS}$ 信号の制御や1バイトの送受信のみで，簡単なレベルのI/O処理しか行っていません．逆に上位アプリケーション層からは，セクタ単位のリード/ライトという切り口で関数を呼べないと，扱いにくいでしょう．

　そこで，カードの初期化やセクタ・リード/ライト関数として上位アプリケーションからコールされ，それをMMCカードのSPIモードの各種コマンドに変換し，I/Oドライバ部を通してMMCカードに対するコマンドを発行したり，データ・トークンの送受信などを処理することにしました．このようなMMCカード・プロトコル処理部をまとめたのが，**リスト1(b)** に示すMMCカード・ドライバ本体です．

　上位アプリケーションには，MMCカード接続ポートの初期化，MMCカードの初期化，差し込まれたMMCカードの各種情報取得，そしてセクタのリード/ライトの各関数を用意しました．

　なお，SPIモードではCRCはオプションになっているので，各種トークンの最後の送信CRCはダ

第2部　SD/MMCカード編

リスト1　PC/AT互換機LPTポート対応MMCカード・ドライバ（MS-DOS版）のリスト

```c
/* PC/AT LPT MMC接続ポート定義 (Xilinx社ケーブル版)*/
#define PCAT_LPT    0x378        /* LPT1 */
#define MMC_OutPort 0x378
                    /* PCAT_LPT * 出力ポート・アドレス */
#define MMC_InPort  0x379
                    /* PCAT_LPT+1 * 入力ポート・アドレス */
#define MMC_CtlPort 0x37A
                    /* PCAT_LPT+2 * 制御ポート・アドレス */
#define CS_BIT      4            /* ビット位置設定 */
#define DIN_BIT     1
#define CLK_BIT     2
#define DOUT_BIT    0x10

UBYTE   PortReg;                 /* 出力ポート・レジスタ値保持 */

/* ビット送信ウェイト */
void bit_wait(void)
{
    UBYTE c;
    c=inp(MMC_InPort);           /* ダミー読み出し */
}

/* MMC CS制御 */
void mmcio_CsCtrl(int enable)
{
    if (enable) {
        PortReg = PortReg & ~CS_BIT; /* CSイネーブル */
    } else {
        mmcio_Send1byte(0xFF);   /* ダミー・クロック送信 */
        PortReg = PortReg | CS_BIT; /* CSディセーブル */
    }
    outp(MMC_OutPort,PortReg);
}

/* MMCへ1バイト送信 */
void mmcio_Send1byte(UBYTE data)
{
    int i;
    for(i=7;i>=0;i--){            /* MSBから送信 */
        if (data & (1<<i)) {
                                  /* 送信ビット'1' */
            /* CLK 'L' & Din 'H' */
            PortReg = (PortReg & ~CLK_BIT) | DIN_BIT;
        } else {                  /* 送信ビット'0' */
            /* CLK 'L' & Din 'L' */
            PortReg = (PortReg & ~CLK_BIT)
                                    & ~DIN_BIT;
        }
        outp(MMC_OutPort,PortReg);
        bit_wait();
        PortReg = PortReg | CLK_BIT; /* CLK 'H' */
        outp(MMC_OutPort,PortReg);
        bit_wait();
    }
}

/* MMCから1バイト受信 */
UBYTE mmcio_Recv1byte(void)
{
    int i;
    UBYTE c,data;

    data=0;
    for(i=7;i>=0;i--){                  /* MSBから受信 */
        PortReg = PortReg & ~CLK_BIT;/* CLK 'L' */
        outp(MMC_OutPort,PortReg);
        bit_wait();
        PortReg = PortReg | CLK_BIT; /* CLK 'H' */
        outp(MMC_OutPort,PortReg);
        c=inp(MMC_InPort);
        if (c & DOUT_BIT) {             /* Dout 'H' */
            data = data | (1<<i);
        }
        bit_wait();
    }
    return data;
}

/* MMCソケット・インターフェース初期化 */
int mmcio_SocketInit(void)
{
    UBYTE c0,c1;

    /* LPTデータ・バス出力方向&割り込み未使用設定 */
    c0=inp(MMC_CtlPort);
    c0=c0&0xF;
    outp(MMC_CtlPort,c0);

    PortReg = 0xFF;
    outp(MMC_OutPort,PortReg);        /* D6='H' */
    c0=inp(MMC_InPort);
    PortReg = 0xBF;
    outp(MMC_OutPort,PortReg);        /* D6='L' */
    c1=inp(MMC_InPort);
    /* Xilinxケーブル接続チェック */
    if (((c0&0xA0)!=0x20)||((c1&0xA0)!=0x80))
                                        return -1;
    PortReg = 0x17;
    outp(MMC_OutPort,PortReg);        /* D4 = 'L' */
    return 0;
}
```

(**a**) I/Oドライバ部

```c
/***** MMC SPIドライバ内部関数 *****/
/*      ビジー状態クリア待ち
 *      Dinデータ・トークンがくるまで待機してデータを受信する
 *      @return  レスポンス値    0       正常終了
 *                               other   エラー・コード
 */
static int mmc_busywait(void)
{
    ULONG i;
    UBYTE c;
    for(i=0;i<MMC_TIMEOUT;i++){
        c=mmcio_Recv1byte();
        if (c == DUMMY_DATA) return 0;
                                   /* ビジー・クリア */
        /* ↑ビジー状態のときはDoutが"L"なので
                                   受信データは00h
           0以外の値になったときはビジー・クリア状態 */
    }
    return MMC_TIMEOUT_ERROR; /* カードがまだビジー状態で
                                   タイムアウト */
}

/*      ブロック・データ送信
 *      データ・トークンがくるまで待機しデータを受信する
 *      @param   buff    受信バッファ
 *      @param   len     受信する長さ
 *      @param   Count   受信回数
 *      @return  レスポンス値    0       正常終了
 *                               other   エラー・コード
 */
static int mmc_sendblock(const UBYTE *buff,
                                   const int len)
{
    ULONG i;
    UBYTE c;
#ifdef _CALC_CRC
    UWORD crc = CRC16(buff, len);
#endif
    /* Dummy Clock N(wr) && busywait */
    i = mmc_busywait();
    if (i==MMC_TIMEOUT) return MMC_TIMEOUT_ERROR;
                                   /* タイムアウト */
```

(**b**) MMCカード・ドライバ本体

第4章 PC/ATのLPTポートやSH-4/SH-2, H8へのMMCカードの接続事例

リスト1 PC/AT互換機LPTポート対応MMCカード・ドライバ(MS-DOS版)のリスト(つづき)

```c
        mmcio_Send1byte(DATA_TOKEN);
                            /* データ・トークン・スタート送信 */
        /* データ送信 */
        for(i=0;i<len;i++){
            mmcio_Send1byte(*buff++);
        }

        /*     CRC16 送信     */
#ifdef _CALC_CRC
        mmcio_Send1byte((crc >> 8));
        mmcio_Send1byte((crc & 0xFF));
#else
        mmcio_Send1byte(DUMMY_DATA); /* ダミーCRC送信 */
        mmcio_Send1byte(DUMMY_DATA); /* ダミーCRC送信 */
#endif
        /* データ・レスポンス・トークン受信待ち */
        for(i=0;i<MMC_TIMEOUT;i++){
            c = mmcio_Recv1byte() & 0x1F;
            if ((c==DATA_NO_ERROR)
                || (c==DATA_CRC_ERROR)
                || (c==DATA_WRITE_ERROR))
                break;
        }
        if (c == DATA_NO_ERROR) return 0; /* 正常終了 */
        if (i==MMC_TIMEOUT)     return MMC_TIMEOUT_ERROR;
                                        /* タイムアウト */
        return (W_OFF | c);
                /* そのほかのエラー(下位8ビットにレスポンス値) */
}

/*      ブロック・データ受信
 *          データ・トークンがくるまで待機してデータを受信する
 *      @param   buff    受信バッファ
 *      @param   len     受信する長さ
 *      @param   Count   受信回数
 *      @return  レスポンス値    0      正常終了
 *                              other  エラー・コード
 */
static int mmc_recvblock(UBYTE *buff, int len, const
UWORD Count)
{
    UBYTE c;
    UWORD l,i;
    for(l=0;l<Count;l++){
        /* データ・トークン・スタート・バイト受信待ち */
        /* Skip Dummy Clock (N ac) &&     */
        /* Wait Data Token or Error Code. */
        for(i=0;i<MMC_TIMEOUT;i++){
            c=mmcio_Recv1byte();
            if (c != DUMMY_DATA) break;
        }
        if (i==MMC_TIMEOUT) return MMC_TIMEOUT_ERROR;
                                        /* タイムアウト */
        else if (c != DATA_TOKEN) return (R_OFF | c);
        /* データ受信 */
        for(i=0;i<len;i++){
            *buff=mmcio_Recv1byte();
            buff++;
        }
        /* CRC16 読み捨て */
        mmcio_Recv1byte();
        mmcio_Recv1byte();
    }
    return 0;       /* 正常終了 */
}
/*      SPIコマンド・トークン発行
 *      @param  spi_cmd  コマンド
 *      @param  param    コマンド・パラメータ
 *      @param  crc      CRC7
 *                       (0が与えられた場合 _CALC_CRCが
 *                定義されていたら計算. それ以外はダミー値 0xFF)
 *      @return レスポンス値    0       正常終了
 *                              other   エラー・コード
 */
static int mmc_commandtoken(const UBYTE spi_cmd,
                            const ULONG param, const UBYTE crc)
{
    int response;
    UBYTE cmd[6];
    UBYTE data;
    ULONG i;
    /* コマンド送信待ち */
    response = mmc_busywait();
    if (response) return MMC_TIMEOUT_ERROR;
    /* コマンド・トークン送信 */
    cmd[0] = spi_cmd;
    cmd[1] = param>>24;
    cmd[2] = param>>16;
    cmd[3] = param>>8;
    cmd[4] = param;
#ifdef _CALC_CRC
    cmd[5] = (crc == 0) ? CRC7(cmd, 5) : crc;
#else
    cmd[5] = (crc == 0) ? 0xFF : crc;
#endif
    for (i = 0; i < sizeof(cmd); i++) {
        mmcio_Send1byte(cmd[i]);
    }
    /* コマンド・トークン・レスポンス受信 */
    for(i=0;i<MMC_TIMEOUT;i++){
        response = mmcio_Recv1byte();
        if ((response & 0x80) == 0) break;
    }
    if (i==MMC_TIMEOUT) return MMC_TIMEOUT_ERROR;
                                    /* タイムアウト */
    return (C_OFF | response);      /* 0で正常終了 */
}

/*      ブロック長設定
 *      @param   BlockLen ブロック長
 *      @return  レスポンス値    0      正常終了
 *                              other  エラー・コード
 */
static int MMC_SetBlockLen(ULONG BlockLen)
{
    int response;
    /* カード挿入状態検出 */
    if (mmcio_CardDetectCheck() == 0) return
                            MMC_CARD_DECTECT_ERROR;
    mmcio_CsCtrl(CS_Enable);       /* CSイネーブル */
    response = mmc_commandtoken(CMD16, BlockLen,
                                                0x00);
    /* Dummy Clock && CS = H */
    mmcio_CsCtrl(CS_Disable);      /* CSディセーブル */
    return response;               /* 0で正常終了 */
}

/*      SPI CRC ON/OFF
 *      @param   Flag    ONかOFFか
 *      @return  レスポンス値    0      正常終了
 *                              other  エラー・コード
 */
static int MMC_CRC_On_Off(ULONG Flag)
{
    int response;
    /* カード挿入状態検出 */
    if (mmcio_CardDetectCheck() == 0) return
                            MMC_CARD_DECTECT_ERROR;
    mmcio_CsCtrl(CS_Enable);
    response = mmc_commandtoken(CMD59, (Flag) ? 1: 0,
                                (Flag) ? 0x83: 0x91);
    /* Dummy Clock && CS = H */
    mmcio_CsCtrl(CS_Disable);
    return response;               /* 0で正常終了 */
}

/***** 外部から呼ばれる関数 *****/
/*      カード・ステータス取得
 *      @return レスポンス値    カード・ステータス
 *                          (15 .. 8) 追加エラー情報
 *                          ( 7 .. 0) コマンド・レスポンス
```

(b) MMCカード・ドライバ本体

第2部 SD/MMCカード編

リスト1　PC/AT互換機LPTポート対応MMCカード・ドライバ（MS-DOS版）のリスト（つづき）

```c
 *                        other   エラー・コード
 */
int MMC_GetStatus()
{
    int response;
    /* カード挿入状態検出 */
    if (mmcio_CardDetectCheck() == 0) return
                                MMC_CARD_DECTECT_ERROR;
    mmcio_CsCtrl(CS_Enable);     /* CSイネーブル */
    response = mmc_commandtoken(CMD13, 0, 0);
    if (response >= 0) response |=
                    ((UWORD)mmcio_Recv1byte() << 8);
    /* Dummy Clock && CS = H */
    mmcio_CsCtrl(CS_Disable);    /* CSディセーブル */
    return response;             /* 0で正常終了   */
}
/*      CSDレジスタ値を取得
 * @param    buff レジスタ値を取得するバッファ
 *                            (16バイト以上必要)
 * @return   レスポンス値    0    正常終了
 *                        other   エラー・コード
 */
int MMC_GetCSD(UBYTE *buff)
{
    int response;
    /* カード挿入状態検出 */
    if (mmcio_CardDetectCheck() == 0) return
                                MMC_CARD_DECTECT_ERROR;
    mmcio_CsCtrl(CS_Enable);     /* CSイネーブル */
    response = mmc_commandtoken(CMD9, 0, 0xAF);
    if (response == 0) {         /* データ受信開始 */
        response = mmc_recvblock(buff, CSD_SIZE, 1);
    }
    /* Dummy Clock && CS = H */
    mmcio_CsCtrl(CS_Disable);
    return response;
}
/*      CIDレジスタ値を取得
 * @param    buff レジスタ値を取得するバッファ
 *                            (16バイト以上必要)
 * @return   レスポンス値    0    正常終了
 *                        other   エラー・コード
 */
int MMC_GetCID(UBYTE *buff)
{
    int response;
    /* カード挿入状態検出 */
    if (mmcio_CardDetectCheck() == 0) return
                                MMC_CARD_DECTECT_ERROR;
    mmcio_CsCtrl(CS_Enable);     /* CSイネーブル */
    response = mmc_commandtoken(CMD10, 0, 0x1B);
    if (response == 0) {         /* データ受信開始 */
        response = mmc_recvblock(buff, CID_SIZE, 1);
    }
    /* Dummy Clock && CS = H */
    mmcio_CsCtrl(CS_Disable);    /* CSディセーブル */
    return response;
}
/*      MMCセクタ・データ読み出し
 *  @param    lba   論理ブロック・アドレス
 *  @param    buff  読み出し結果格納バッファ
 *  @param    Count 読み出しカウント
 *  @return   レスポンス値    0    正常終了
 *                        other   エラー・コード
 */
int MMC_Read(ULONG lba, UBYTE *buff, const UWORD
Count)
{
    int response;
    UBYTE *p = buff;
    ULONG address;
    UWORD l;
    if (Count == 0) return 0;
    /* カード挿入状態検出 */
    if (mmcio_CardDetectCheck() == 0) return
                                MMC_CARD_DECTECT_ERROR;
    /* 上限セクタ数確認 */
    if (MAX_LBA <= lba) return MMC_LBA_RANGE_ERROR;
    if (MAX_LBA < (lba+Count)) return
                                MMC_LBA_RANGE_ERROR;
    for(l=0;l<Count;l++){        /* Count数分ループ */
        /* LBA番号→アドレス変換 */
        address = lba * SECTOR_SIZE;
        /* CS = L */
        mmcio_CsCtrl(CS_Enable);
        /* CMD17 発行 */
        response = mmc_commandtoken(CMD17, address,
                                                 0x00);
        if (response != 0) goto read_error;
        /* データ受信開始 */
        response = mmc_recvblock(p, SECTOR_SIZE, 1);
        if (response != 0) goto read_error;
        /* Dummy Clock && CS = H */
        mmcio_CsCtrl(CS_Disable);   /* CSディセーブル */
        lba++;                      /* 次の書き込みセクタ */
        p += SECTOR_SIZE;
                /* 次の書き込みデータの先頭アドレス */
    }
    return response;
read_error:
    /* Dummy Clock && CS = H */
    mmcio_CsCtrl(CS_Disable);    /* CSディセーブル */
    return response;
}
/*      MMCセクタ・データ書き出し
 *  @param    lba   論理ブロック・アドレス
 *  @param    buff  書き出しデータ格納バッファ
 *  @param    Count 書き出しカウント
 *  @return   レスポンス値    0    正常終了
 *                        other   エラー・コード
 */
int MMC_Write(ULONG lba, const UBYTE *buff,
                                const UWORD Count)
{
    int response = 0;
    ULONG address;
    const UBYTE *p = buff;
    UWORD l;
    if (Count == 0) return 0;
    /* カード挿入状態検出 */
    if (mmcio_CardDetectCheck() == 0) return
                                MMC_CARD_DECTECT_ERROR;
    /* カード・ライト・プロテクト・スイッチ状態検出 */
    if (mmcio_WritePortectCheck()) return
                                MMC_WRITE_PROTECT_ERROR;
    /* 上限セクタ数確認 */
    if (MAX_LBA <= lba) return MMC_LBA_RANGE_ERROR;
    if (MAX_LBA < (lba+Count)) return
                                MMC_LBA_RANGE_ERROR;
    for(l=0;l<Count;l++){        /* Count数分ループ */
        /* LBA番号→アドレス変換 */
        address = lba * SECTOR_SIZE;
        /* CS = L */
        mmcio_CsCtrl(CS_Enable);
        /* CMD24 発行 */
        response = mmc_commandtoken(CMD24, address,
                                                 0x00);
        if (response!= 0) goto write_error;
        /* データ送信 */
        response = mmc_sendblock(p, SECTOR_SIZE);
        if (response != 0) goto write_error;
        /* Dummy Clock && CS = H */
        mmcio_CsCtrl(CS_Disable);
/* CSディセーブル(ここですぐにCS Disableしてしまってよい) */
        lba++;                   /* 次の書き込みセクタ */
        p += SECTOR_SIZE;
                /* 次の書き込みデータの先頭アドレス */
    }
```

(b) MMCカード・ドライバ本体

第4章　PC/ATのLPTポートやSH-4/SH-2，H8へのMMCカードの接続事例

リスト1　PC/AT互換機LPTポート対応MMCカード・ドライバ（MS-DOS版）のリスト（つづき）

```c
        return response;
write_error:
    /* Dummy Clock && CS = H */
    mmcio_CsCtrl(CS_Disable);   /* CSディセーブル */
    return response;
}

/*      MMCカード初期化
 *      @return    レスポンス値    0    正常終了
 *                                 other エラー・コード
 */
int MMC_CardInit(void)
{
    int Block_Len,Mult;
    int response;
    UBYTE csd[CSD_SIZE];
    ULONG l;
    /* カード挿入状態検出 */
    if (mmcio_CardDetectCheck() == 0) return
                                MMC_CARD_DECTECT_ERROR;
    mmcio_CsCtrl(CS_Disable);   /* CSディセーブル */
    for(l = 0; l < 10; l++){
        mmcio_Send1byte(DUMMY_DATA);
                                 /* ダミー80クロック送信 */
    }
    /* MMCカード・リセット */
    mmcio_CsCtrl(CS_Enable);            /* CS = L */
    response = mmc_commandtoken(CMD0, 0, 0x95);
                                  /* CMD0 発行 */
    mmcio_Recv1byte(); /* Dummy Clock N(rc) */
    /* この段階ではCARD_IS_NOT_READY状態のはず */
    if ((response & 0xF000) == C_OFF) {
        if (!((response & 0x0FFF) &
                CARD_IS_NOT_READY)) return response;
    } else {
        return response;
    }
    /* MMCカード初期化プロセス起動 */
    for(l = 0; l < MMC_TIMEOUT; l++){
        response = mmc_commandtoken(CMD1, 0, 0xF9);
                                 /* CMD1を発行 */
        if (response == 0) break;
    }
    /* Dummy Clock && CS = H */
    mmcio_CsCtrl(CS_Disable);
    if (l==MMC_TIMEOUT){
        return MMC_TIMEOUT_ERROR;     /* タイムアウト */
    } else {
        if (response) return response;
    }
    /* 明示的にCRCをOFFに指定しておく */
#ifdef _CALC_CRC
    response= MMC_CRC_On_Off(1);
#else
    response= MMC_CRC_On_Off(0);
#endif
    /* CRC設定エラー */
    if (response) return  MMC_INIT_ERROR;
    /* CSDレジスタ取得および各種パラメータ計算 */
    response=MMC_GetCSD(csd);
    /* CSD取得エラー */
    if (response) return  MMC_INIT_ERROR;
    /* データ・ブロック長 */
    Block_Len = 1<< (CSD_READ_BL_LEN(csd));
    /* デフォルト512バイト */
    if ( Block_Len != SECTOR_SIZE ) {
        /* データ・ブロック長の設定 */
        response=MMC_SetBlockLen(SECTOR_SIZE);
        /* データ・ブロック長設定エラー */
        if (response) return MMC_INIT_ERROR;
    }
    /* CSDレジスタ値からカード容量計算 LBAの最大数取得 */
    Mult = 1 << (CSD_C_SIZE_MULT(csd) + 2);
                                /* Mult値計算 */
    /* LBAの計算 */
    /* トータルLBAブロック数 */
    MAX_LBA = ( CSD_C_SIZE(csd) + 1) * Mult *
                                (Block_Len / SECTOR_SIZE);
    return 0;
}
```

（b）MMCカード・ドライバ本体

```c
        ～中略～
    /* CIDレジスタ値の取得＆表示 */
    printf("\nCID = ");
    i=MMC_GetCID(buff);
    if (i!=MMC_NO_ERROR) {
        printf("Error %d\n",i);
        return 0;
    }
    /* CID 16進数ダンプ表示 */
    for(i=0;i<16;i++){
        printf("%02X ",buff[i]);
    }
    printf("\n");
    /* CID項目表示 */
    printf("Manufacturer ID : %02Xh\n",buff[0]);
    printf("OEM/Application ID : 
                        %02X%02X\n",buff[1],buff[2]);
                /* 複数バイトからなるデータはMSBが先 */
    printf("Product Name : '");
    for(i=0;i<6;i++){
        printf("%c",buff[3+i]);
    }
    printf("'\nProduct Revision : %02Xh\n",buff[9]);
    printf("Product Serial Number : 
                            %02X%02X%02X%02Xh\n",
                buff[10],buff[11],buff[12],buff[13]);
    printf("Manufacturing Date : %02Xh\n",buff[14]);
    printf("CRC : %02Xh\n",buff[15]);

    /* CSDレジスタ値の取得＆表示 */
    printf("\nCSD = ");
    i=MMC_GetCSD(buff);
    if (i!=MMC_NO_ERROR) {
        printf("Error %d\n",i);
        return 0;
    }
    for(i=0;i<16;i++){
        printf("%02X ",buff[i]);
    }

    /* CSDレジスタ値からカード容量計算 */
    Block_Len = (1<<(buff[5]&0xF));
                     /* データ・ブロック長(Byte) */
    tmp1 = (buff[ 6] & 3) << 10;
        /* オフセット+6の下位2ビットを取り出してビット11～10へ */
    tmp2 =  buff[ 7] << 2;
            /* オフセット+7の8ビットを取り出してビット9～2へ */
    tmp3 = (buff[ 8] >> 6) & 3;
            /* オフセット+8の上位2ビットを取り出してビット1～0へ */
    C_size = tmp1 | tmp2 | tmp3;     /* C_SIZE値計算 */
    tmp1 = (buff[ 9] & 3) << 1;
            /* オフセット+9の下位2ビットを取り出してビット2～1へ */
    tmp2 = (buff[10] >> 7) & 1;
            /* オフセット+10の上位1ビットを取り出してビット0へ */
    C_size_mult = tmp1 | tmp2;  /* C_SIZE_MULT値計算 */
    Mult = 1 << (C_size_mult+2);/* Mult値計算 */
    MAX_LBA = ( CSD_C_SIZE(csd) + 1) * Mult *
                                (Block_Len / SECTOR_SIZE);

    /* 各種パラメータ表示 */
    printf("\nC_SIZE_MULT = %d\n",C_size_mult);
    printf("C_SIZE      = %d\n",C_size);
    printf("MULT        = %d\n",Mult);
```

（c）MMCカード・アクセスのアプリケーション（セクタ・ダンプ）

第2部　SD/MMCカード編

リスト1　PC/AT互換機LPTポート対応MMCカード・ドライバ（MS-DOS版）のリスト（つづき）

```c
        printf("BLOCK_LEN   = %d\n",Block_Len);          printf("Sector Write Done!\n");
        printf("MAX LBA     = %ld\n",MAX_LAB);
                                                          /* セクタ読み出し */
        /* セクタ書き込み */                               Count=8;
        Count=8;                                          for(l=0;l<1000;l=l+Count){
        printf("\nSector Write ... ");                        printf("\nLBA=%ld  Read Sector Count
        for(l=0;l<256;l=l+Count){                                                   = %d\n",l,Count);
            for(j=0;j<Count;j++){                             i=MMC_Read(l,buff,Count);
                for(i=0;i<512;i++){                           if (i!=MMC_NO_ERROR) {
                    buff[j*512+i]=(UBYTE)(l+j+i);                 printf("LBA=%ld  Read Error!
                }                                                           error code=%d\n",l,i);
            }                                                 } else {
            i=MMC_Write(l,buff,Count);                            for(i=0;i<Count;i++){
            if (i!=MMC_NO_ERROR) {                                    buffer_dump(&buff[i*512], 32);
                printf("\nLBA=%ld  Write Error!                   }
                        error code=%d\n",l,i);                }
                break;                                    }
            }                                             printf("Sector Read Done!\n");
        }
```

（c）MMCカード・アクセスのアプリケーション（セクタ・ダンプ）

ミー・データを送信したり，受信CRCを読み捨てたりしています．

▶サンプル・アプリケーション例

作成したMMCカード・ドライバを呼び出すサンプル・アプリケーションの例として，ここではセクタ・ダンプ・プログラムを作成しました〔リスト1（c）〕．

<熊谷あき>

● MMCカード・ドライバ（MMCDRV.C）の改良

本書への記事収録にあたり，Interface 2006年3月号 特集記事に掲載されたMMCカード・ドライバをより安定動作させるために，今回はいくつかの改良を施しました．リスト1（b）は，ここで改良したリストを示しています．

▶MMC_CardInitの改良

カードを初期化する際のCMD0（GO_IDLE_STATE）のレスポンス時に，コマンド・レスポンスが"In Idle State"にあるかどうかのチェックをフラグとして見るように改良しました．

SPIモードへ移行した状態では送信コマンドのCRC7はDon't Careとして無視されるのですが，ごくまれに無視しないカードもあるため，明示的にCMD59（CRC_ON_OFF）でCRCをOFFにします．

▶MMC_Write()関数の改良

MMC_Write()では各コマンドの発行ごとに$\overline{CS}$のイネーブル/ディセーブルを行うようにしました．そして，カードへのデータ送信のあと，BUSY状態でなくなるかどうかを待たずに，すぐに$\overline{CS}$をディセーブルにするようにしました．BUSY状態のときに$\overline{CS}$をディセーブルにしてもカードの書き込みは続行され，次のコマンド発行前にmmc_commandtoken()で

BUSY状態であるかどうかをチェックすることで，コマンドが発行できるか否かを確認できます．

▶MMC_Read()関数の改良

MMC_Read()で送信するSPIコマンドCMD17（READ_SINGLE_BLOCK）は，Interface 2006年3月号掲載時のままではDoutにリード・エラー・レスポンスが返ってきたときに，レスポンスを取得せずにタイムアウトになるまでデータ・トークンを待ち続けてしまいます．MMCカードの仕様ではエラー・レスポンスを返すことになっているので，このリード・エラー・レスポンスを取得できるように修正します．また，MMC_Write()と同様に，コマンド発行ごとに$\overline{CS}$のイネーブル/ディセーブルを制御するようにしました．

▶MMC_CRC_On_Off()関数の追加

すでに説明したように，CRCのOFFを明示的に行うため，CMD59（CRC_ON_OFF）MMC_CRC_On_Off関数を追加します．

▶MMC_GetStatus()関数の作成

MMC_GetStatus()ではCMD13（SEND_STATUS）を発行し，カード・ステータスを得ることができます．カードの挿入状態や初期化状態を得るのに使用します．

▶コマンド送信前にBUSY待ち処理を挿入

mmc_commandtoken()でコマンド発行前にBUSY状態かどうかをチェックし，コマンドの送信が可能になるまで待機する処理を入れます．

● SDメモリーカード・ソケット状態取得ルーチンの追加

さらにMMCカード・ソケットとして，後述するSDメモリーカード・ソケット基板CK-29（サンハヤト）

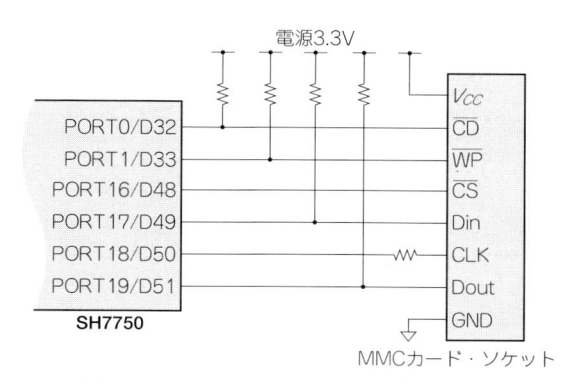

第4章　PC/ATのLPTポートやSH-4/SH-2，H8へのMMCカードの接続事例

図6　SH7750のGPIOとMMCカードの接続回路例

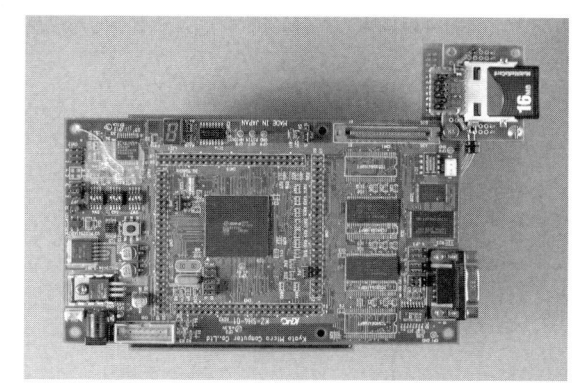

写真4　CqREEK/SH-4にMMCカードを接続したようす

を用いることにより，カードの挿入状態やライト・プロテクト・スイッチの状態を調べることができます．

後述するSH-4やSH-2の環境では，GPIOにソケットの状態を示す信号を接続することにより，カードの挿入状態やライト・プロテクト・スイッチの状態を検出し，ファイル・システムのエラー・チェックに反映できるようにしました．

▶ mmcio_CardDetectCheck()の追加

ソケットにカードが差し込まれているかどうかをチェックします．戻り値は，1でカード挿入状態を，0でカード非挿入状態を示します．

▶ mmcio_WritePortectCheck()の追加

ライト・プロテクト・スイッチが書き込み可能状態か書き込み不可状態かを返します．戻り値は，1で書き込み不可，0で書き込み可能を示します．なお，カードが差し込まれていない状態でこの関数を呼び出すと，戻り値は1となります．

<横田 敬久>

3 SH-4を使ったMMCカードの制御事例

今度は，作成したMMCカード・ドライバを，組み込みマイコンの環境に移植してみましょう．ここでは，筆者の手元に開発環境が整っているCQ RISC評価キット/SH-4（以下CqREEK/SH-4）を使ってみました．

● SH-4のGPIOを使ったMMCの接続例

PC/AT互換機のLPTポートをマイコンに置き換えてみると，いわゆるGPIOに相当します．そこで，まずはSH-4内蔵周辺機能の一つであるGPIOポートにMMCをつないでみることにします．

CqREEK/SH-4に搭載されているSH-4はSH7750です．SH7750ではローカル・バスのデータ・バス幅は64ビットまで対応していますが，GPIO機能とデータ・バスの上位ビット32～51が同一のピンに割り当てられています．つまりデータ・バスを64ビット幅で使用すると，GPIO機能は使えません．しかし幸いなことに，CqREEK/SH-4は標準の状態ならデータ・バスは32ビットで使用するように設計されています．したがって，データ・バスの上位をGPIO機能で使っても問題ありません．

SH-4に搭載されているGPIO機能は，ポートA（PORT0～15）とポートB（PORT16～19）に分かれています．ポートAはGPIO割り込みも発生できるため，ほかにもいろいろと使いたい用途があるでしょう．そこで高機能なポートAは残しておき，I/O機能のみのポートBを使うことにします．

図6にSH7750のGPIOとMMCカードの接続回路を示します．ポートBの最下位ビットであるPORT16（データ・バスD48）に$\overline{CS}$を，ビット1であるPORT17（同D49）にDinを，ビット2であるPORT18（同D50）にCLKを，最上位のビット3であるPORT19（同D51）にDoutを割り当てました．なお，Din信号とDout信号にはそれぞれプルアップ抵抗を実装しました．

CqREEK/SH-4にMMCカードを接続したようすを**写真4**に示します．**写真3**と同じように，MMCカード・ソケットにはCK-16を使用しています．

● SH-4のGPIO対応MMCカードI/Oドライバの作成

リスト2に，SH-4のGPIO対応MMCカードI/Oドライバを示します．MMCカード・ドライバ本体やアプリケーション・レベルは，**リスト1**（b），（c）をそのまま使います．

第2部　SD/MMCカード編

リスト2　SH-4のGPIO対応MMCカードI/Oドライバのリスト

```c
/* SH-4 MMCソケット接続ポート定義 */
#define MMC_OutPort    PDTRB       /* 出力ポート・アドレス */
#define MMC_InPort     PDTRB       /* 入力ポート・アドレス */
#define CS_BIT         1           /* ビット位置 */
#define DIN_BIT        2
#define CLK_BIT        4
#define DOUT_BIT       8

UBYTE     PortReg;                 /* ポート・レジスタ値保持 */

/* ビット送信ウェイト */
void bit_wait(void)
{
    UBYTE c;
    c=*MMC_InPort;                 /* ダミー読み出し */
}

/* MMC CS制御 */
void mmcio_CsCtrl(int enable)
{
    if (enable) {
        PortReg = PortReg & ~CS_BIT; /* CSイネーブル */
    } else {
        mmcio_Send1byte(0xFF);     /* ダミー・クロック送信 */
        PortReg = PortReg | CS_BIT;/* CSディセーブル */
    }
    *MMC_OutPort = PortReg;
}

/* MMCへ1バイト送信 */
void mmcio_Send1byte(UBYTE data)
{
    int i;
    for(i=7;i>=0;i--){             /* MSBから送信 */
        if (data & (1<<i)) {       /* 送信ビット'1' */
            /* CLK 'L' & Din 'H' */
            PortReg = (PortReg & ~CLK_BIT) | DIN_BIT;
        } else {                   /* 送信ビット'0' */
            /* CLK 'L' & Din 'L' */
            PortReg = (PortReg & ~CLK_BIT) & ~DIN_BIT;
        }
        *MMC_OutPort = PortReg;
        bit_wait();
        PortReg = PortReg | CLK_BIT; /* CLK 'H' */
        *MMC_OutPort = PortReg;
        bit_wait();
    }
}

/* MMCから1バイト受信 */
UBYTE mmcio_Recv1byte(void)
{
    int i;
    UBYTE c,data;

    data=0;
    for(i=7;i>=0;i--){             /* MSBから受信 */
        PortReg = PortReg & ~CLK_BIT; /* CLK 'L' */
        *MMC_OutPort = PortReg;
        bit_wait();
        PortReg = PortReg | CLK_BIT;  /* CLK 'H' */
        *MMC_OutPort = PortReg;
        c=*MMC_InPort;
        if (c & DOUT_BIT) {        /* Dout 'H' */
            data = data | (1<<i);
        }
        bit_wait();
    }
    return data;
}

/* MMCソケット・インターフェース初期化 */
int mmcio_SocketInit(void)
{
    /* GPIO初期化 */
    *BCR2=*BCR2|1; /* PIOを使う */
    /* 全ビット　プルアップ　なし */
    PortReg = CS_BIT | DIN_BIT | CLK_BIT | DOUT_BIT;
    *PDTRB=PortReg;                /* 全ピン "H" */
    /* PB16(CS):出力 PB17(Din):出力 PB18(CLK):出力
                                    PB19(Dout):入力 */
    *PCTRB=0xBF;                   /* 入出力設定&プルアップなし */
    return 0;
}
```

　CqREEK/SH-4に付属するコンパイラには，`printf`などの標準入出力ライブラリもそろっており，SH-4上で`printf`文を実行するとデバッガのコンソールにそのまま表示されます．そのため，**リスト1(c)**のような`printf`文を含んだプログラムでも，ほぼそのままコンパイルして実行できるので便利です．

　なお，環境により使用しているGPIOのビット位置が異なる場合は，リスト先頭のビット位置定義部分を書き換えます．

● GPIOはソフトウェア負荷が高い

　MMCカードの制御方法を基本から学ぶには，PC/AT互換機のLPTポートやマイコンのGPIOを使って，1ビット単位で制御できたほうがよいと筆者は考えます．しかし，これを実用的な場面で使うと，ソフトウェアの負荷が重くなってしまいます．少しでも負荷を軽くする方法はないでしょうか．

　そこでまず考えられるのは，GPIOで1ビット単位にソフトウェア処理していたシリアル-パラレル変換部分を，ハードウェアで置き換えてみることです．組み込みマイコンのほとんどは，クロック同期式シリアル通信に対応したシリアル・コントローラを内蔵しています．もちろん，ここで使用しているSH-4にも内蔵されています．

● MMCカード接続に必要なシリアル・コントローラの機能

　クロック同期シリアル・コントローラをMMCカードのアクセスに利用する場合，注意すべき点がいくつか存在します．

　まず，MMCカードのCLK信号は入力なので，シリアル・コントローラから同期クロックを出力できる必要があります．シリアル・コントローラのクロックが入力専用の場合なら外部でクロックを作り，それをシリアル・コントローラとMMCカードの両方に供給するという方法もあります．しかし，その場合は，

MMCカードへのクロックの供給が細かくかつ正確に制御できなければなりません．思いがけないところでクロックが送信されてしまうと，カードはそれを次のコマンドの送信だと勘違いして受信を始めてしまったり，シリアル・コントローラが受信可能状態になる前にカードからのステータスが次々と送られてしまい，それを取りこぼしてしまうことも考えられるからです．

また，シリアル送受信とクロックの極性にも注意が必要です．図3のタイミングからわかるように，シリアル送信はクロックの立ち下がりで出力し，シリアル受信はクロックの立ち上がりで入力します．なお，アイドル時のクロックは"H"レベルである必要があります．使用するシリアル・コントローラがその仕様を満たすものかどうかを確認してください．

さらに，MMCカードのシリアル通信は上位ビットから先に送られるMSBファーストなので，それに対応している必要があります．より高機能なシリアル・コントローラでは，シリアル・データを上位ビットから送信するか下位ビットから送信するかを選択可能なものもあります．もっとも，LSBファースト固定だとしても，送信データを書き込む直前と受信データを取り出した直後に，ソフトウェアで1バイト中のビット並びを反転させる処理を入れることで対処が可能です（GPIOを使ったアクセスよりずっと軽い処理）．

● SH-4のシリアル・コントローラの仕様の検討

SH7750はシリアル・コントローラを2チャネル内蔵しています．一つはFIFOを内蔵したSCIFで，もう一つはFIFOを内蔵していないSCIです．このうちクロック同期シリアル通信に対応しているのはSCIだけです．また，SCIのクロックは入出力ともに対応しており，シリアル送受信とクロックの極性も問題ないので，MMCカードの制御にも使えそうです．

しかし，SCIはLSBファーストでしかデータを送受信できないという仕様になっています．しかたがないので，ここではソフトウェアでビット並びを反転する処理を入れて，SCIを使ってMMCカードを制御してみることにします．

● 使用するCPUボードの仕様の検討

このほかに，使用するCPUボードの仕様の確認も必要です．

CqREEK/SH-4ではRS-232-Cに対応したD-Sub9ピン・コネクタが一つ実装されています．付属の回路図を確認すると，このシリアル・ポートはSCIFにつながっているようです．SCIはこのCPUボード上では

> **Column 1**
> ### 安定しない場合はバッファを挿入
>
> 今回はCPUボードの一部を改造してジャンパを飛ばすなどしたため，信号の品質に若干の難があります．そのためか，作成したサンプル・プログラムを連続稼働させていると，MMCカードへのアクセスにときどき失敗するケースが見受けられました．シリアル・コントローラの出力クロック周波数を落としても，あまり状況は変わりません．
>
> そこでMMCカード・ソケットのすぐ近くで，クロック信号にバッファを挿入したところ，非常に安定して動作するようになりました．クロック周波数を16MHz程度に上げても問題なく動作することを確認しています．
>
> 手元にオシロスコープがない状況での実験だったので，原因を深く追求していませんが，やはりクロック信号の品質は重要ということでしょうか．

使われていないようなので，一見すると問題なくMMCカードを接続できそうです．

しかし，CqREEK/SH-4にMMCカードを接続する場合に一つだけ問題点がありました．回路図を見ると，今回使用するSCIのシリアル・クロックSCKが入力専用として設計されているようで，CPUボードの拡張コネクタからは，クロックを出力できない設計になっているようなのです．

SH-4には，リセット解除時にCPUの各種動作モードを設定するMDピンが9本あります．しかし，これらのピンはシリアル・コントローラやPCMCIA機能のピンとの兼用になっています．そのため，SH-4を搭載したCPUボードでは，リセット信号の立ち上がりの数クロックの間だけMDピンの設定値を出力し，それ以外では兼用ピンのそれぞれの機能が有効になるような切り替え回路が必要になります．

CqREEK/SH-4では，MDピン切り替え回路部分が図7のようになっています．この回路では，リセット時にモード設定ディップ・スイッチの状態がMD0に出力されますが，リセット解除後は拡張コネクタから入力されるUSCKが入力方向にドライブされてMD0に出力されます．SH7750のSCIのシリアル・クロックSCKはMD0ピンと兼用であり，このままではSCKをクロック出力に設定できません．

そこで図7のように，外部からのクロックが入力さ

第2部 SD/MMCカード編

リスト3　SH-4のSCI対応MMCカードI/Oドライバのリスト

```c
/* SH-4 MMCソケット・ポート定義 */
#define  MMC_OutPort   PDTRB     /* 出力ポート・アドレス */
#define  MMC_InPort    PDTRB     /* 入力ポート・アドレス */
#define  CS_BIT        1         /* ビット位置 */

UBYTE    PortReg;                /* ポート・レジスタ値保持 */

/* ビット送信ウェイト */
void bit_wait(void)
{
    UBYTE c;
    c=*MMC_InPort;               /* ダミー読み出し */
}

/* MMC CS制御 */
void mmcio_CsCtrl(int enable)
{
    if (enable) {
        PortReg = PortReg & ~CS_BIT; /* CSイネーブル */
    } else {
        mmcio_Send1byte(0xFF);   /* ダミー・クロック送信 */
        PortReg = PortReg | CS_BIT;/* CSディセーブル */
    }
    *MMC_OutPort = PortReg;
}

/* LSB/MSBビット順反転 */
UBYTE bitswap(UBYTE data)
{
    int i;
    UBYTE d;
    d = 0;
    for(i=0;i<8;i++){
        if (data & (1<<i)) {/* LSBからチェック */
            d = d | (1<<(7-i));
        }
    }
    return d;
}

/* MMCへ1バイト送信 */
void mmcio_Send1byte(UBYTE data)
{
    int i,r;
    UBYTE c,d;

    /* LSB/MSBビット順反転 */
    d=bitswap(data);

    /* データ送信 */
    while(1){
        c=*SCSSR1;
        if (c&0x20) {            /* オーバラン・エラー */
            for(;;){}            /* デバッグ用 */
        }
        if (c&0x40) { /* 受信バッファに受信データがある */
            /*  e=*SCRDR1;
                空読み出し(しなくても下で受信完了フラグ・クリア) */
            *SCSSR1=0xB8;        /* 受信完了(RDRFクリア) */
            continue;
        }
        if (c&0x80) break; /* 送信バッファが空いた */
    }
    *SCTDR1=d;                   /* 送信データ書き込み */
    *SCSSR1=0x78;                /* 送信開始(TDREクリア) */

    r=0;
    while(1){                    /* 送信完了待ち */
        c=*SCSSR1;
        if ((c&0x40)&&(r==0)) {
                                 /* 受信バッファに受信データがある */
            d=*SCRDR1;
            /*  空読み出し(しなくても下で受信完了フラグ・クリア) */
            *SCSSR1=0xB8;        /* 受信完了(RDRFクリア) */
            r=1;
        }
        if ((c&0x04)&&(r)) break;  /* 送信完了 */
        /* ↑受信データを取り出した後で送信完了をチェック */
    }
}

/* MMCから1バイト受信 */
UBYTE mmcio_Recv1byte(void)
{
    int i,r;
    UBYTE c,d;

    /* ダミー・データ送信 */
    while(1){
        c=*SCSSR1;
        if (c&0x20) {            /* オーバラン・エラー */
            for(;;){}            /* デバッグ用 */
        }
        if (c&0x40) { /* 受信バッファに受信データがある */
            /*  e=*SCRDR1;
                空読み出し(しなくても下で受信完了フラグ・クリア) */
            *SCSSR1=0xB8;        /* 受信完了(RDRFクリア) */
            continue;
        }
        if (c&0x80) break;       /* 送信バッファが空いた */
    }
    *SCTDR1=0xFF;                /* ダミー送信データ書き込み */
    *SCSSR1=0x78;                /* ダミー送信開始(TDREクリア) */
    /* ↑これによりシリアルクロックが出力される */

    r=0;
    while(1){                    /* データ受信 */
        c=*SCSSR1;
        if ((c&0x40)&&(r==0)) {
                                 /* 受信バッファに受信データがある */
            d=*SCRDR1;           /* 受信データ読み出し */
            *SCSSR1=0xB8;        /* 受信完了(RDRFクリア) */
            r=1;
        }
        if ((c&0x04)&&(r)) break;  /* 送信完了 */
        /* ↑受信データを取り出した後で送信完了をチェック */
    }

    /* LSB/MSBビット順反転 */
    d=bitswap(d);
    return d;
}

/* MMCソケット・インターフェース初期化 */
int mmcio_SocketInit(void)
{
    UBYTE c;
    int i;

    /* GPIO初期化 */
    *BCR2=*BCR2|1; /* PIOを使う */

    /* 全ビット　プルアップ なし */
    PortReg = CS_BIT;
    *PDTRB=PortReg;              /* 全ピン "H" */
    /* PB16(CS):出力 */
    *PCTRB=0x03;                 /* 入出力設定＆プルアップあり */

    /* SCI初期化 */
    *SCSCR1=0x01;
             /* 送信/受信ディセーブル 割り込み未使用 SCKクロック出力*/
    c=*SCSSR1;                   /* ステータス空読み */
    *SCSSR1=0;                   /* ステータス・クリア */
    *SCBRR1=0x01;                /* Pφ=30MHz時 */
    *SCSMR1=0x80;                /* クロック同期モード/φクロック */
    for(i=0;i<0x10000;i++){
        bit_wait();
    }
    c=*SCSSR1;                   /* ステータス空読み */
    *SCSSR1=0;                   /* ステータス・クリア */
    *SCSCR1=0x31;
             /* 送受信イネーブル 割り込み未使用 SCKクロック出力 */
    return 0;
}
```

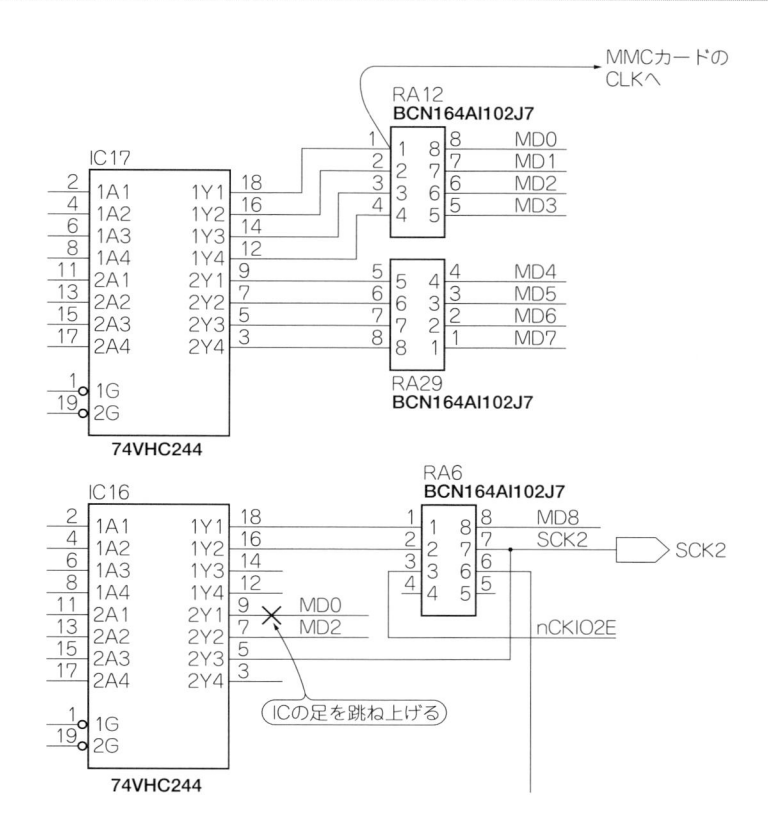

第4章 PC/ATのLPTポートやSH-4/SH-2, H8へのMMCカードの接続事例

図7
CqREEK/SH-4ではクロック・ラインが衝突するので信号をカットする

れるバッファ (IC16) の出力ピン (9番ピン) の足を跳ね上げ，さらにSCK (MD0) をMMCカード・ソケットまで引き出すためにジャンパをはんだ付けするなど，CPUが出力するSCKクロックと外部入力クロック信号が衝突しないように，CPUボードを一部改造しました（**写真5**）．

このように，CPUおよび内蔵シリアル・コントローラの仕様は満足しても，実際のCPUボード上ではポートや信号が別の機能のために使われていたり，一部の機能が制限されている場合もあるので，回路図や仕様書を十分に注意して確認する必要があります．

図8にSH7750のSCIとMMCカードの接続回路例を示します．$\overline{CS}$はGPIOをそのまま使って接続しています．SCKを入力方向でもそのまま使える評価ボードを使う場合は，**図8**の回路だけでMMCカードを接続できます．

● SH-4のSCI対応MMCカードI/Oドライバの作成

リスト3にSH-4のSCI対応MMCカードI/Oドライバのプログラム・リストを示します．基本的にはSCI

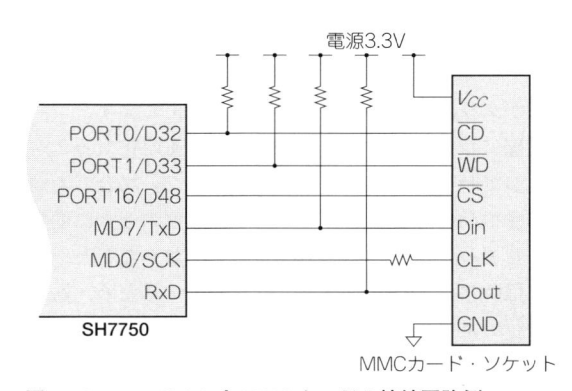

写真5 バッファの出力ピンの足を跳ね上げて接続を切る

図8 SH7750のSCIとMMCカードの接続回路例

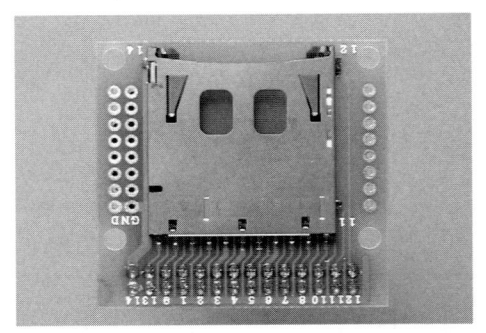

写真6 SDメモリーカード・ソケット基板CK-29
（サンハヤト製）

を使ったもっとも単純な1バイトの送受信ルーチンであり，送受信データ・レジスタを読み書きするときに1バイト中のビット並びを反転させる処理を追加した程度で，ほかに特別なことは行っていません．しかし，SH-4のSCIの使い方には，少々クセがあるように筆者は感じます．

SCIでMMCカードを制御する際にはクロック出力モードを使用します．送信の場合は送信データ・レジスタに1バイトを書き込むと，すぐにパラレル-シリアル変換動作が始まり，LSBから8ビット分のデータ送信が開始されます．また，クロック端子からは8クロック分のパルスが出力されます．

しかし，受信の場合は，ただ単に受信完了ビットが立つのを待つだけでは，永久にデータを受信できません．SCIのクロック出力は，送信データがセットされないと出力されないからです．

そこで，ダミーの送信データとしてFFhを送信データ・レジスタにセットして送信を開始し，その送信時に出力されるクロックに同期してデータを受信します．

また，受信データ・レジスタにデータが残っている状態でさらに次のデータを受信すると，オーバラン・エラーが発生します．そして一度エラーが発生すると，それがクリアされるまで受信動作が停止します．

実際には，SCIを送受信可能状態に初期化することによって制御するので，送信だけ行いたい場合でも同時に受信動作を行ってしまいます．送信のときに受信してしまった受信データを取り出しておかないと，次の送信時にオーバラン・エラーが発生するため，送信だけ行いたい場合でも受信ステータスを確認して，受信バッファを空けておく必要があります．

実は当初，通常は送信動作だけイネーブルで，受信したいときだけ送受信イネーブルに設定するようにプログラムしてみたのですが，かえってプログラムが煩雑になったため，現状の構成を採用しました．SH-4のSCIについて，もっとうまい制御の方法があるなら，ぜひ教えていただきたいと思います．

● より負荷の軽いドライバへ

リスト3のSCI送受信ルーチンでは，データそのものはCPUにより転送しています．

組み込みマイコンの内蔵周辺機能は，単にCPUといっしょのデバイスに内蔵されているだけではなく，内蔵DMAコントローラとも連携してCPUの力を借りずにデータ転送を行えるものが一般的です．SH-4内蔵のSCIも同様で，内蔵のDMAを使ってメイン・メモリにデータ転送することが可能です．

よりソフトウェア負荷の軽いドライバを実現するには，DMAを使ってSCIへの送受信を行うという方法も考えられるでしょう．

*　　　　　*

以上のように，GPIOやクロック同期シリアル通信対応のシリアル・コントローラを使えば，必要な外付け回路はプルアップ抵抗のみという非常に簡単なハードウェアで，MMCカードを接続することができます．もちろんRS-MMCカードにも問題なくアクセスできました．

ちなみに，カード・ソケットとして**写真6**に示すSDメモリーカード対応のCK-29（サンハヤト）を使い，MMCと互換性のある信号をつなぐと，SDメモリーカードやminiSDカード，さらにはTransFlash（microSDカード）を差し込んでも，MMCカードとして問題なくアクセスできることを確認しています（実用的にはライセンスの問題を解決する必要があるが…）．

ネットワークに対応させるほどではないが，ちょっとしたログを記録する用途などにストレージが欲しい，といった場合は，たった4本の信号線で接続できるMMCカードが最適ではないでしょうか．

4 SH-2を使ったMMCカードの制御事例

次は，Interface 2006年6月号 付録SH-2基板（以降，付録基板）にMMCカードを接続してみましょう．この付録基板に実装されているSH-2はSH7144Fです．

SH7144Fはコントローラ用途の組み込みマイコンです．1ビット単位で入出力方向や出力レベルを設定できる多数のGPIOや，調歩同期式およびクロック同

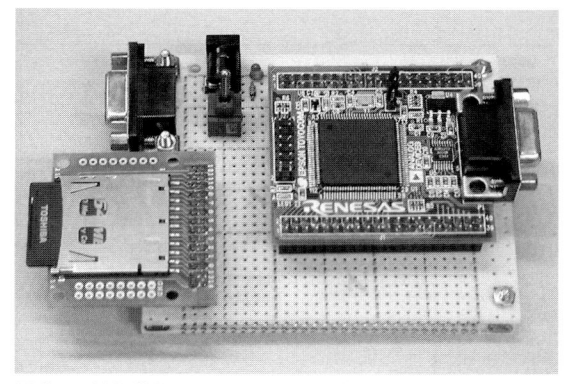

第4章　PC/ATのLPTポートやSH-4/SH-2，H8へのMMCカードの接続事例

写真7　付録基板にMMCカードを接続したようす

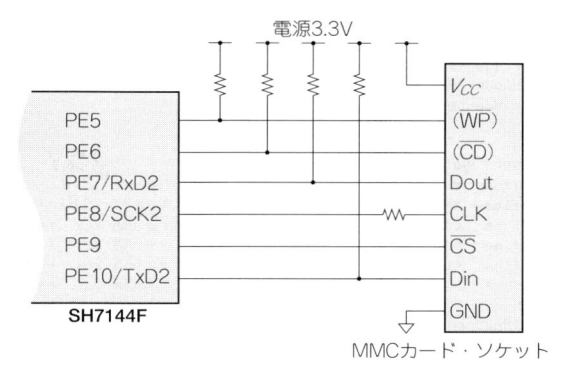

図9　付録SH-2基板とMMCカードの接続回路図

期式に対応したシリアル・コントローラとしてSCIを内蔵しています．これらを使うことで，SH-4と同じようにSH-2にもMMCカードを簡単に接続できそうです．

● どの信号ピンを割り当てるか

SH-4ではGPIOの各ピンとSCIの各ピンが独立しており，GPIOで制御するときやSCIで制御するときは，ジャンパ・ピンなどで信号の接続を切り替える必要がありました．しかし，ここで使用するSH7144Fは，GPIOのピンとSCIのピンがマルチプレクスされているので，うまく組み合わせを考えれば，SH-4のようなジャンパによる切り替えを不要にできそうです．

付録基板では，チャネル1であるSCI1のTxDとRxDがCPUカード上のD-Sub9ピン・コネクタに，さらにチャネル0のSCI0のTxDとRxDもRS-232-Cドライバに，すでに接続されています．SH7144FにはSCIが合計4チャネル内蔵されているので，あと2チャネル分のSCIが残っています．

CPUのピン配置図を見ると，SCI2とSCI3のどちらのピンもGPIOとマルチプレクスされており，付録基板の回路図でも，どちらも拡張用コネクタJ2まで信号が配線されています．結局，チャネル2と3のどちらを使っても問題なさそうです．そこで今回は，番号の若いチャネル2(SCI2)を使うことにします．

MMCカードの信号ピンとSH7144Fの各信号ピンの割り当ては，最終的に次のようにしました．

- PE9　　　　　→$\overline{CS}$
- PE7/RxD2　　←Dout
- PE8/SCK2　　→CLK
- PE10/TxD2　　→Din

SH7144Fの動作電圧は3.3Vなので，バス・バッファなども不要でMMCカードと直接接続することができます．写真7に付録基板にMMCカードを接続したようすを示します．

写真7からわかるように，カード・ソケットにはSDメモリーカード対応のものを使いました．そこで，カード挿入状態検出信号と，ライト・プロテクト・スイッチ状態検出信号も判定できるようにしてみました．各信号は次のGPIOに接続しました．

- PE6　　　　　←$\overline{CD}$
- PE5　　　　　←$\overline{WP}$

以上をまとめ，付録基板とMMCカードの接続回路図を図9に示します．

● GPIOによるMMCカードの制御

SH-2においてGPIO機能を使う場合，ピン・ファンクション・コントローラ(PFC)の初期化も重要です．とはいえ，リセット直後の初期状態がGPIOとして使う設定になっているので，入出力方向の設定(ポートEの場合はPEIORレジスタ)さえ正しく設定すれば，とりあえずMMCカードを接続できます．

リスト4に，SH-2のGPIO対応版MMCカードI/Oドライバのソースを示します．

● SCIによるMMCカードの制御

次はSCIのクロック同期モードを使って，MMCカードを制御してみましょう．

SH-4に内蔵されているSCIは，シリアル・データの出力順がLSBファーストしか選択できませんでした．しかしSH7144Fが内蔵しているSCIは，LSBファーストとMSBファーストを選択できます．これにより，SH-4ではソフトウェアで1バイト中の8ビットの並びを入れ替えていた処理が不要になり，ソフトウェア負荷が軽くなります．

またCqREEK/SH-4と違い，付録基板のSCI2の各信号はそのまま拡張コネクタJ2まで配線されている

第2部　SD/MMCカード編

リスト4　SH-2のGPIO対応版MMCカードI/Oドライバ

```c
#include "TYPEDEF.H"
#include "SH2.H"
#include "MMC_IO.H"


/* SH-2 MMCソケット・ポート定義 */
#define   MMC_OutPort      pwPEDRL    /* 出力ポート・アドレス */
#define   MMC_InPort pwPEDRL          /* 入力ポート・アドレス */
#define   CS_BIT           0x0200     /* ビット位置 PE9  */
#define   DIN_BIT          0x0400     /* ビット位置 PE10 */
#define   CLK_BIT          0x0100     /* ビット位置 PE8  */
#define   DOUT_BIT   0x0080           /* ビット位置 PE7  */

unsigned short PortReg;               /* ポート・レジスタ値保持 */

#define   MMC_StatPort pwPEDRL        /* 入力ポート・アドレス */
#define   CD_BIT           0x0040     /* ビット位置 PE6 */
#define   WP_BIT           0x0020     /* ビット位置 PE5 */


/* ビット送信ウェイト */
void bit_wait(void)
{
    UWORD c;
    c=*MMC_InPort;   /* ダミー読み出し */
}

/* MMC CS制御 */
void mmcio_CsCtrl(int enable)
{
    if (enable) {
        PortReg = PortReg & ~CS_BIT;     /* CSイネーブル */
    } else {
        mmcio_Send1byte(0xFF);           /* ダミー・クロック送信 */
        PortReg = PortReg | CS_BIT;      /* CSディセーブル */
    }
    *MMC_OutPort = PortReg;
}

/* MMCへ1バイト送信 */
void mmcio_Send1byte(UBYTE data)
{
    int i;
    for(i=7;i>=0;i--){                   /* MSBから送信 */
        if (data & (1<<i)) {             /* 送信ビット'1' */
            /* CLK 'L' & Din 'H' */
            PortReg = (PortReg & ~CLK_BIT) | DIN_BIT;
        } else {                         /* 送信ビット'0' */
            /* CLK 'L' & Din 'L' */
            PortReg = (PortReg & ~CLK_BIT) & ~DIN_BIT;
        }
        *MMC_OutPort = PortReg;
        bit_wait();
        PortReg = PortReg | CLK_BIT;     /* CLK 'H' */
        *MMC_OutPort = PortReg;
        bit_wait();
    }
}

/* MMCから1バイト受信 */
UBYTE mmcio_Recv1byte(void)
{
    int i;
    UBYTE c,data;

    data=0;
    for(i=7;i>=0;i--){                   /* MSBから受信 */
        PortReg = PortReg & ~CLK_BIT;    /* CLK 'L' */
        *MMC_OutPort = PortReg;
        bit_wait();
        PortReg = PortReg | CLK_BIT;     /* CLK 'H' */
        *MMC_OutPort = PortReg;
        c=*MMC_InPort;
        if (c & DOUT_BIT) {              /* Dout 'H' */
            data = data | (1<<i);
        }
        bit_wait();
    }
    return data;
}

/* カード挿入状態検出 */
int mmcio_CardDetectCheck(void)
{
    if (*MMC_StatPort & CD_BIT) {        /* カード非挿入時 */
        return 0;    /* カードなし */
    } else {
        return 1;    /* カード挿入状態 */
    }
    /* ↑カード挿入状態を検出できないハードウェアの場合は，
                                     常時 return 1 とする */
}

/* カード・ライト・プロテクト・スイッチ状態検出 */
int mmcio_WritePortectCheck(void)
{
    if (mmcio_CardDetectCheck()) {
                                  /* カード挿入状態時のみチェック */
        if (*MMC_StatPort & WP_BIT) {
                                  /* 非ライト・プロテクト時 */
            return 0;   /* 書き込み可 */
        } else {
            return 1;   /* 書き込み不可 */
        }
    } else {
        return 1;       /* 書き込み不可 */
    }
    /* ↑カード挿入状態を検出できないハードウェアの場合は，
                                     常時 return 0 とする */
}

/* MMCソケット・インターフェース初期化 */
int mmcio_SocketInit(void)
{
    /* GPIO初期化 */
    *pwPEDRL =0x0700;     /* PE10="H" PE9="H" PE8="H" */
    *pwPEIORL=0x0700;     /* PE10/9/8=出力 PE7/6/5=入力 */
    *pwPECRL1=0x0000;     /* PE10=IO PE9=IO PE8=IO */
    *pwPECRL2=0x0000;     /* PE7 =IO PE6=IO PE5=IO */
    PortReg = *MMC_OutPort;
    PortReg = PortReg | CS_BIT | DIN_BIT | CLK_BIT | DOUT_BIT;
    *MMC_OutPort = PortReg;
    return 0;
}
```

だけなので，CPU基板の改造の必要もなく，そのまま使用できます．

● SCIの使用上の注意点

　まず，マルチプレクスされたピンをどの機能で使うかを，ピン・ファンクション・コントローラで設定する必要があります．しかし，筆者はここでわな（？）にはまってしまいました．

　筆者は，ピン・ファンクション・コントローラでSCI機能を選択すれば，SCIとしての各信号ピンの入出力方向はSCIの制御レジスタの設定だけで決まると考えていました．今回はSCI2をクロック同期モードで使うので，106番ピンのPE8/SCK2の設定はSCK2

第4章　PC/ATのLPTポートやSH-4/SH-2，H8へのMMCカードの接続事例

リスト5　SH-2のSCI対応版MMCカードI/Oドライバ

```c
#include "TYPEDEF.H"
#include "SH2.H"
#include "MMC_IO.H"


/* SH-2 MMCソケット・ポート定義 */
#define    MMC_OutPort        pwPEDRL        /* 出力ポート・アドレス */
#define    MMC_InPort         pwPEDRL        /* 入力ポート・アドレス */
#define    CS_BIT             0x0200         /* ビット位置 PE9 */
#define    DIN_BIT            0x0400         /* ビット位置 PE10 */
#define    CLK_BIT            0x0100         /* ビット位置 PE8 */
#define    DOUT_BIT           0x0080         /* ビット位置 PE7 */

unsigned short PortReg;                      /* ポート・レジスタ値保持 */

#define    MMC_StatPort       pwPEDRL        /* 入力ポート・アドレス */
#define    CD_BIT             0x0040         /* ビット位置 PE6 */
#define    WP_BIT             0x0020         /* ビット位置 PE5 */


/* ビット送信ウェイト */
void bit_wait(void)
{
    UWORD c;
    c=*MMC_InPort;    /* ダミー読み出し */
}

/* MMC CS制御 */
void mmcio_CsCtrl(int enable)
{
    if (enable) {
        PortReg = PortReg & ~CS_BIT;       /* CSイネーブル */
    } else {
        mmcio_Send1byte(0xFF);             /* ダミー・クロック送信 */
        PortReg = PortReg | CS_BIT;        /* CSディセーブル */
    }
    *MMC_OutPort = PortReg;
}

/* LSB/MSBビット順反転 */
UBYTE bitswap(UBYTE data)
{
    int i;
    UBYTE d;
    d = 0;
    for(i=0;i<8;i++){
        if (data & (1<<i)) {/* LSBからチェック */
            d = d | (1<<(7-i));
        }
    }
    return d;
}

/* MMCへ1バイト送信 */
void mmcio_Send1byte(UBYTE data)
{
    int i,r;
    UBYTE c,d;

    /* データ送信 */
    while(1){
        c=*pbSCSSR2;
        if (c&0x20) {           /* オーバーラン・エラー */
            for(;;){}           /* デバッグ用 */
        }
        if (c&0x40) {  /* 受信バッファに受信データがある */
        /*    d=*pbSCRDR2;     空読み出し(しなくても下で
                                    受信完了フラグ・クリア) */
            *pbSCSSR2=0xBC;  /* 受信完了(RDRFクリア) */
            continue;
        }
        if (c&0x80) break;     /* 送信バッファが空いた */
    }
    *pbSCTDR2=data;            /* 送信データ書き込み */
    *pbSCSSR2=0x7C;            /* 送信開始(TDREクリア) */

    r=0;
    while(1){                  /* 送信完了待ち */
        c=*pbSCSSR2;
        if ((c&0x40)&&(r==0)) {
                               /* 受信バッファに受信データがある */
        /*    d=*pbSCRDR2;     空読み出し(しなくても下で
                                    受信完了フラグ・クリア) */
            *pbSCSSR2=0xBC;  /* 受信完了(RDRFクリア) */
            r=1;
        }
        if ((c&0x04)&&(r)) break;   /* 送信完了 */
        /* ↑受信データを取り出した後で送信完了をチェック */
    }
}

/* MMCから1バイト受信 */
UBYTE mmcio_Recv1byte(void)
{
    int i,r;
    UBYTE c,d;

    /* ダミー・データ送信 */
    while(1){
        c=*pbSCSSR2;
        if (c&0x20) {           /* オーバーラン・エラー */
            for(;;){}           /* デバッグ用 */
        }
        if (c&0x40) {           /* 受信バッファに受信データがある */
        /*    d=*pbSCRDR2;     空読み出し(しなくても下で
                                    受信完了フラグ・クリア) */
            *pbSCSSR2=0xBC;  /* 受信完了(RDRFクリア) */
            continue;
        }
        if (c&0x04) break;     /* 送信完了状態 */
    }
    *pbSCTDR2=0xFF;            /* ダミー送信データ書き込み */
    *pbSCSSR2=0x7C;            /* ダミー送信開始(TDREクリア) */
    /* ↑これによりシリアル・クロックが出力される */

    r=0;
    while(1){                  /* データ受信 */
        c=*pbSCSSR2;
        if ((c&0x40)&&(r==0)) {
                               /* 受信バッファに受信データがある */
            d=*pbSCRDR2;       /* 受信データ読み出し */
            *pbSCSSR2=0xBC;    /* 受信完了(RDRFクリア) */
            r=1;
        }
        if ((c&0x04)&&(r)) break;   /* 送信完了 */
        /* ↑受信データを取り出した後で送信完了をチェック */
    }

    return d;
}

/* カード挿入状態検出 */
int mmcio_CardDetectCheck(void)
{
    if (*MMC_StatPort & CD_BIT) {     /* カード非挿入時 */
        return 0;  /* カードなし */
    } else {
        return 1;  /* カード挿入状態 */
    }
    /* ↑カード挿入状態を検出できないハードウェアの場合は，常時
return 1 とする */
}

/* カード・ライト・プロテクト・スイッチ状態検出 */
int mmcio_WritePortectCheck(void)
{
    if (mmcio_CardDetectCheck()) {
                                      /* カード挿入状態時のみチェック */
        if (*MMC_StatPort & WP_BIT) {
                                      /* 非ライト・プロテクト時 */
            return 0;  /* 書き込み可 */
        } else {
```

第2部　SD/MMCカード編

リスト5　SH-2のSCI対応版MMCカードI/Oドライバ（つづき）

```
            return 1;     /* 書き込み不可 */
        }
    } else {
        return 1;         /* 書き込み不可 */
    }
    /* ↑カード挿入状態を検出できないハードウェアの場合は，
                          常時 return 0 とする */
}

/* MMCソケット・インターフェース初期化 */
int mmcio_SocketInit(void)
{
    UWORD c;
    int i;

    /* SCI初期化 */
    *pwMSTCR1=(*pwMSTCR1 & 0xFFFB); /* SCI2スタンバイ解除 */
    *pbSCSDCR2=0xFA;/* MSBファースト */
    *pbSCSCR2=0x00;        /* 送信/受信ディセーブル */
    *pbSCSMR2=0x80;        /* クロック同期モード/φクロックn=0 */
    *pbSCBRR2=0;           /* 約3MHz */
    for(i=0;i<0x8000;i++){}    /* ウェイト */
    c=*pbSCSSR2;               /* ステータス空読み */
    *pbSCSSR2=0;               /* ステータス・クリア */
    *pbSCSCR2=0x30;
                  /* 送受信イネーブル 割り込み未使用 SCKクロック出力 */

    /* GPIO初期化 */
    *pwPEDRL =0x0200;      /* PE9="H" */
    *pwPEIORL=0x0300;      /* PE9/8=出力 PE6/5=入力 */
    *pwPECRL1=0x0022;      /* PE10=TXD2 PE9=IO PE8=SCK2 */
    *pwPECRL2=0x8000;      /* PE7 =RXD2 PE6=IO PE5=IO */
    PortReg = *MMC_OutPort;
    PortReg = PortReg | CS_BIT;
    *MMC_OutPort = PortReg;
    return 0;
}
```

を選択し，SCI2のSCRレジスタの下位2ビットの設定だけで，SCK2が出力方向になるものとばかり思っていたのです．けれども何度やっても106番ピンからはクロックが出てきません．

そのとき，以前使ったことのある某CPUでも，GPIOとは別の機能ピンとして使っているにもかかわらず，そのピンを出力方向でドライブするためには，GPIO機能のマルチプレクスされている位置のビットの入出力方向を出力に設定しなければならなかったことを思い出しました．そこでこちらも，PE8の入出力方向をデフォルトの入力から出力に切り替えるために，PEIORLレジスタのビット8を1にセットしたとたん，SCK2からシリアル・クロックが出力されました（やっと動き出したときにはドッと疲れが…）．

SH7144Fのデータ・シートを隅から隅まで熟読したわけではないので，どこかにこれに関する記述があるのかもしれません．手っ取り早く使おうということで，GPIOやSCI，PFCの部分しか読んでいなかったのですが，ほかのCPUの経験が筆者を救ってくれたかっこうになりました．

● SCIの初期化例

MMCカードの仕様に合わせ，クロック同期式でクロックは出力方向，データのシリアル伝送順はMSBファースト，という設定でSCIを初期化します．

また，付録基板はクロック・モードをモード3で使うように設計されているため，周辺クロック周波数は24MHzになります．SCIの初期化の時点で，プリスケール値やBRRレジスタに0を指定しているので，最終的に約6MHzがMMCカードへ供給されるクロックとなります．

リスト5に，SH-2のSCI対応版MMCカードI/Oドライバのソースを示します．

● printf()関数の処理

今回，SH-2のソフトウェアの開発には，ルネサステクノロジから提供されている純正の開発ツールHEWを使わずに，Interface 2006年7月号で解説のあったSH-2用のgccを使いました．そのため，アプリケーション部で使われているprintf()関数をそのままでは使用することができません（2006年7月号ではnewlibも移植されているが，実行ファイルのサイズが大きくなるので今回は使用しなかった）．そこで，10進数や16進数の表示程度に対応した簡易的なprintf()関数として，cq_printf()関数を用意しました．

コンパイラとしてgccを使ったため，デバッガとしてはgdbを使用しています．付録基板用のgdbは，ホストとの接続にSCI1を使います．そこで，用意したcq_printf()関数の出力先には，SCI0を使うことにします．写真7を見るとわかるように，付録基板上にあるD-Sub9ピン・コネクタ以外に，もう一つD-Sub9ピン・コネクタが用意されています．cq_printf()関数の表示は，この増設したD-Sub9ピン・コネクタに接続したターミナルに表示されます．

<熊谷 あき>

5 H8マイコンを使ったMMCカードの制御事例

今度は，ここまで解説してきたGPIOとSCI対応のMMCカード・ドライバを，よりコンパクトなH8マイコンに移植します．

第4章 PC/ATのLPTポートやSH-4/SH-2, H8へのMMCカードの接続事例

フラッシュ・メモリ・カード搭載機器に使用する組み込みマイコンとしては, OSのオーバヘッドに耐えうるSHマイコンに目が向きますが, より規模の小さいマイコンで済む場合もかなりあります.

本章の前半で説明された制御ソフトウェアは, (a) I/Oドライバ部, (b) カード・ドライバ部, (c) アプリケーション部に分かれています. マイコンの違いなどは, 物理層である(a)で吸収することができます. したがって変更部分は(a)だけで, (b), (c)はまったく変更する必要はありません.

GPIOの移植は比較的容易ですが, 同期式SCIは少々難解です. ハードウェア・マニュアルを熟読しても一度で完全動作することはまずないと思います. ここでは, H8のSCIのしくみにも触れながら, トラブルの回避方法を紹介していきます.

写真8 MMCカードとH8マイコンを接続したところ

● **MMCカードとH8マイコンのインターフェース回路**

H8マイコンには, 5V動作品と3.3V動作品があります. 筆者の手元には5V動作品しかなかったため, MMC(3.3V)⇔H8(5V)のインターフェース回路を追加しました(**写真8**). 回路図は, **図5**(c)に示したXilinx社のダウンロード・ケーブルの回路とほぼ同じです. MMC用の3.3Vは, マイコンの5Vをもとに3端子レギュレータで作っています.

H8マイコンとしては, 入手の容易な3052Fを使いました. **写真8**の右側のボードには, RS-232-Cドライバ/レシーバ用のICが搭載されており, 二つあるSCIチャネルはどちらもこのICにボード上で結線されています. 今回はSCI0を使うため, マイコンのRxD0が接続されているドライバICの12番ピン(R1out)を浮かせています. なお, RxD1はデバッグ用のオンチップ・モニタ(デバッガ)が使用しています.

インターフェース回路の主要部分は, **図10**のとおりです.

SCIポートはいずれも汎用(GPIO)ポートとして使用できます. SH-4の場合, SCIのI/OピンとGPIOのI/Oピンが別々だったので, $\overline{CS}$以外の信号は別の信号を配線しました. このため, GPIOとSCIの切り換え時にクロックと送受信の3本をジャンパで切り替える必要があります. H8では, SCI信号ピンとGPIOピンが兼用になっているので,

- P92/RxD0　　← Dout
- P94/SCK0　　→ CLK
- P90/TxD0　　→ Din
- P95　　　　　→ $\overline{CS}$

という配線にしました. これにより, CPUとカード・ソケットの間の配線は変更せずに, プログラムの中でCPUのペリフェラルの設定を変更するだけで, GPIO版とSCI版を実行できます. なお, ポート9に

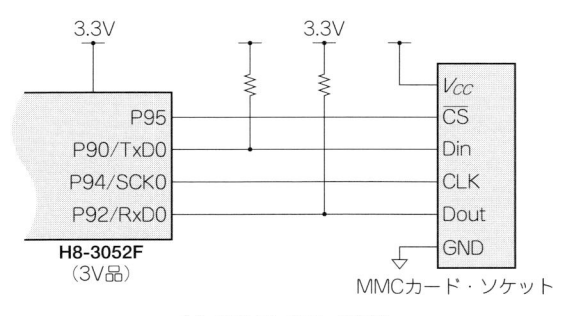

(**a**) 3.3Vマイコンの場合

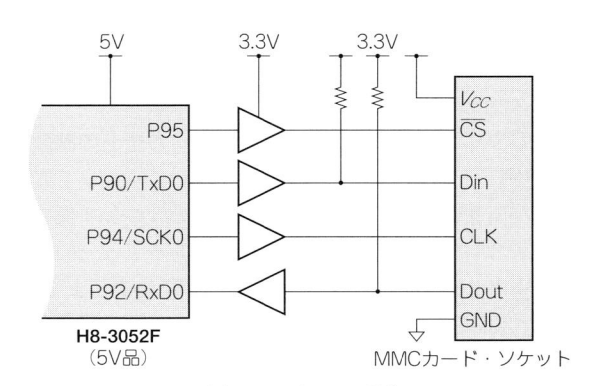

(**b**) 5Vマイコンの場合

図10 H8マイコンとMMCカードの接続回路

第2部　SD/MMCカード編

リスト6　H8のGPIO対応MMCカードI/Oドライバのリスト

```c
/* H8 MMCソケット接続ポート定義 */
#define MMC_OutPort  P9.DR.BYTE    /* 出力ポート・アドレス */
#define MMC_InPort   P9.DR.BYTE    /* 入力ポート・アドレス */
#define CS_BIT       32            /* ビット位置 */
#define DIN_BIT      1
#define CLK_BIT      16
#define DOUT_BIT     4

UBYTE    PortReg;                  /* ポート・レジスタ値保持 */

/* ビット送信ウェイト */
void bit_wait(void)
{
    UBYTE c;
    c = MMC_InPort;                /* ダミー読み出し */
}

/* MMC CS制御 */
void mmcio_CsCtrl(int enable)
{
    if (enable) {
        PortReg = PortReg & ~CS_BIT;      /* CSイネーブル */
    } else {
        mmcio_Send1byte(0xFF);            /* ダミー・クロック送信 */
        PortReg = PortReg | CS_BIT;/* CSディセーブル */
    }
    MMC_OutPort = PortReg;
}

/* MMCへ1バイト送信 */
void mmcio_Send1byte(UBYTE data)
{
    int i;
    for(i=7;i>=0;i--){                    /* MSBから送信 */
        if (data & (1<<i)) {              /* 送信ビット'1' */
            PortReg = (PortReg & ~CLK_BIT) | DIN_BIT;
                                          /* CLK 'L' & Din 'H' */
        } else {                          /* 送信ビット'0' */
            PortReg = (PortReg & ~CLK_BIT) & ~DIN_BIT;
        }
        MMC_OutPort = PortReg;
        bit_wait();
        PortReg = PortReg | CLK_BIT;      /* CLK 'H' */
        MMC_OutPort = PortReg;
        bit_wait();
    }
}

/* MMCから1バイト受信 */
UBYTE mmcio_Recv1byte(void)
{
    int i;
    UBYTE c,data;

    data = 0;
    for(i=7;i>=0;i--){
                                          /* MSBから受信 */
        PortReg = PortReg & ~CLK_BIT;     /* CLK 'L' */
        MMC_OutPort = PortReg;
        bit_wait();
        PortReg = PortReg | CLK_BIT;      /* CLK 'H' */
        MMC_OutPort = PortReg;
        c=MMC_InPort;
        if (c & DOUT_BIT) {
                                          /* Dout 'H' */
            data = data | (1<<i);
        }
        bit_wait();
    }
    return data;
}

/* MMCソケット・インターフェース初期化 */
int mmcio_SocketInit(void)
{
    P9.DDR = 0xF3;
    P9.DR.BYTE = 0x30;
    return 0;
}
```

は，これ以外にSCI1が実装されていますが，前に述べたとおり，SCI1はオンボード・デバッガが使用しており，P91/TxD1，P93/RxD1は使えません．しかし，デバッガ通信は調歩同期式であるため，P95/SCK1は空いています．そこで，このポートを$\overline{CS}$に割り当てることにします．

なお，使用したカード・ソケットはMMCカード専用のものだったので，SDメモリーカード・ソケットのようなカード挿入状態検出信号やライト・プロテクト・スイッチ状態検出信号は接続していません．

● **H8マイコンのGPIOを使ったMMCカードの制御事例**

ポート9を汎用ポートとして使うかSCIとして使うかは，TxDとRxDについてはSCRレジスタのTEビットとREビットを1にするかどうかで決まります．また，SCKについては，SMRレジスタのC/AビットとSCRレジスタのCKEビットの設定で決まります．つまり，後述するSCIの初期化動作を行わなければ，自動的に汎用ポートとなります．したがって，次のように単独のモジュールで実験する場合は，とくに気にする必要はありません．

リスト6に，H8のGPIO対応MMCカードI/Oドライバを示します．MMCカード・ドライバ本体やアプリケーション・レベルは，リスト1(b)，(c)をそのまま使います．

ルネサス テクノロジのH8用組み込み型モニタには，`printf`や`scanf`などの標準入出力関数を実装することができます．コンパイラ（HEW）と組み合わせると，H8上で`printf`文を実行してデバッガのコンソールに表示できます．

リスト6は，SH-4のGPIO版に対して，リスト先頭のビット位置定義部分を書き換えただけです．ただしもう一点，`MMC_OutPort`が参照する`P9.DR.BYTE`の構造体（`iodefine.h`で定義）がすでにポインタになっているため，*を付けず直接`PortReg`を代入しています．そのほか，当然ながらソケット・インターフェースの初期化部分にあるポートの初期化は，H8に合わせています．

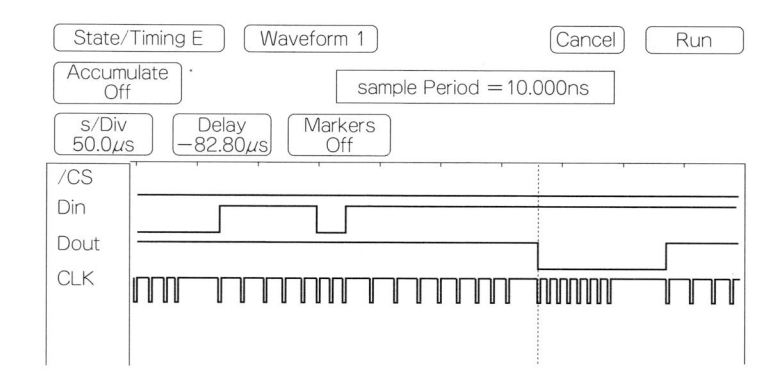

第4章　PC/ATのLPTポートやSH-4/SH-2，H8へのMMCカードの接続事例

図11
H8のGPIO対応ドライバによるコマンド・トークンとレスポンス

　図11に，H8のGPIO対応MMCカードI/Oドライバによる制御シーケンスの一部を示します．これは，**リスト1(b)** のMMCカード初期化ルーチン `MMC_CardInit()` における，MMCカード初期化プロセス起動部分です．コマンド1のパラメータDin = 0xF9の後にダミー・クロック，そしてMMCからのレスポンスDout = 0x00を確認できます．

● **H8マイコンのSCIの仕様とMMC通信への対応方法**

　SH-4のSCIの解説で，MMCカード接続に必要なシリアル・コントローラの仕様について触れていますが，それは次のようなものです．
(1) SCIから外部に同期クロックSCKを出力できること
(2) シリアル送信はクロックの立ち下がりで出力し，シリアル受信はクロックの立ち上がりで入力する
(3) アイドル時のクロックは"H"レベルであること
(4) データは上位ビットから先に送られるMSBファーストであること

　H8マイコンはSHとは親戚関係にあり，SCIの構造やアルゴリズムに類似点が多く見受けられます．しかし，細かな点で相違点が多く，移植には注意が必要です．シリアル・コントローラは2チャネル内蔵されていますが，SH-4とは違って二つともまったく同じ機能です．上記4点についてはSH-4と同様，(1)〜(3)はそのまま対応できますが，(4)はデータ順が逆です．したがって，ソフトウェア的なビット反転処理が必要になります．

　同期クロックは1キャラクタの送受信で8パルス出力され，送信や受信を行わないときには"H"レベルとなります．しかし，受信のみの動作のときは，オーバラン・エラーが発生するか，REビットを0にクリアするまで同期クロックが出力したままになります．

つまり，1キャラクタ単位の受信動作を行うときは，SHマイコンと同じように，送受信同時動作（送信はダミー出力）とすることになります．

　1キャラクタ単位の送信については，SHの例のように受信を伴うことはなく，単独で動作します．

　ビット・レート（クロック周波数）は，次の式で計算します．

$$N = (\phi / (8 \times 2^{2n-1} \times B)) \times 10^6 - 1$$

　Nは，ボーレート・ジェネレータ・レジスタBRRの設定値です．ϕは動作周波数（MHz），nはボーレート・ジェネレータのプリスケール値です．ϕを分周せずにそのまま使う場合は，$n = 0$とします．Bは所望のビット・レート（bps）です．今回は，$\phi = 25$MHz，$n = 0$，$B = 1$Mbpsとしたので，

$$N = (25 / (8 \times 2^{-1} \times 1 \times 10^6)) \times 10^6 - 1 \fallingdotseq 5$$

となります．ここで$N = 0$と設定すれば約6Mbpsとなり，これが最大値になります（この場合，ビット・レートの誤差が大きくなる）．

● **H8のSCI対応MMCカードI/Oドライバの作成**

　リスト7に，H8のSCI対応MMCカードI/Oドライバのプログラム・リストを示します．**リスト3**に対してポート定義の変更を施したほか，次のような変更を加えました．
(1) 最初のSCI初期化で，送受信はディセーブルにしておく
(2) キャラクタ単位の送受信の開始時に送受信を許可し，終了時に禁止する
(3) 送信時に受信処理は行わない

　送信は単独で行えますが，受信時は同時にダミー送信も行います．この点はSH-4の場合と同じです．何とか受信処理だけにしようと悪戦苦闘しましたがむだでした．この点は，H8のハードウェア・マニュアルにも次のように記述されています．

リスト7 H8のSCI対応MMCカードI/Oドライバのリスト

```c
/* H8 MMCソケット・ポート定義 */
#define MMC_OutPort P9.DR.BYTE      /* 出力ポート・アドレス */
#define MMC_InPort  P9.DR.BYTE      /* 入力ポート・アドレス */
#define CS_BIT      32              /* ビット位置 */
#define SCSSR1 SCI0.SSR.BYTE
#define SCTDR1 SCI0.TDR
#define SCRDR1 SCI0.RDR

UBYTE    PortReg;                   /* ポート・レジスタ値保持 */

/* ビット送信ウェイト */
void bit_wait(void)
{
    UBYTE c;
    c = MMC_InPort;                 /* ダミー読み出し */
}

/* MMC CS 制御 */
void mmcio_CsCtrl(int enable)
{
    if (enable) {
        PortReg = PortReg & ~CS_BIT;        /* CSイネーブル */
    } else {
        mmcio_Send1byte(0xFF);              /* ダミー・クロック送信 */
        PortReg = PortReg | CS_BIT; /* CSディセーブル */
    }
    MMC_OutPort = PortReg;
}

/* LSB/MSBビット順反転 */
UBYTE bitswap(UBYTE data)
{
    int i;
    UBYTE d;
    d = 0;
    for(i=0;i<8;i++){
        if (data & (1<<i)) {        /* LSBからチェック */
            d = d | (1<<(7-i));
        }
    }
    return d;
}

/* MMCへ1バイト送信 */
void mmcio_Send1byte(UBYTE data)
{
    UBYTE c,d;

    /* LSB/MSBビット順反転 */
    d=bitswap(data);

    /* データ送信 */
    SCI0.SCR.BIT.TE = 1;
    while(1){
        c = SCSSR1;
        if (c&0x80) break;          /* 送信バッファが空いた */
    }
    SCTDR1 = d;                     /* 送信データ書き込み */
    SCSSR1 = SCSSR1 & 0x7F;  /* 送信開始(TDREクリア) */
    while(1){                       /* 送信完了待ち */
        c = SCSSR1;
        if (c&0x04){                /* 送信完了(TEND) */
            break;
        }
    }
    SCI0.SCR.BIT.TE = 0;
}

/* MMCから1バイト受信 */
UBYTE mmcio_Recv1byte(void)
{
    int i,r;
    UBYTE c,d;

    SCI0.SCR.BYTE = 0x30;           /* SCR.TE,RE=1 */
    /* ダミー・データ送信 */
    while(1){
        c = SCSSR1;
        if (c&0x20){                /* オーバーラン・エラー */
//          printf("overrun error\n"); /* デバッグ用 */
            SCI0.SSR.BIT.ORER=0;
            return -1;
        }
        if (c&0x40){                /* 受信バッファに受信データがある */
            SCI0.SSR.BIT.RDRF=0;    /* 受信完了 (RDRFクリア) */
            continue;
        }
        if (c&0x80) break;          /* 送信バッファが空いた */
    }
    SCTDR1=0xFF;                    /* ダミー送信データ書き込み */
    SCI0.SSR.BIT.TDRE=0;            /* ダミー送信開始(TDREクリア) */
    /* ↑これによりシリアルクロックが出力される */

    r = 0;
    while(1) {                      /* データ受信 */
        c = SCSSR1;
        if ((c&0x40)&&(r==0)) {
                                    /* 受信バッファに受信データがある */
            d = SCRDR1;             /* 受信データ読み出し */
            SCI0.SSR.BIT.RDRF=0;
                                    /* 受信完了(RDRFクリア) */
            r=1;
        }
        if ((c&0x04)&&(r)) break;   /* 送信完了 */
        /* ↑受信データを取り出した後で送信完了をチェック */
    }
    SCI0.SCR.BYTE = 0x00;           /* SCR.TE,RE=0 */

    /* LSB/MSBビット順反転 */
    d=bitswap(d);
    return d;
}

/* MMCソケット・インターフェース初期化 */
int mmcio_SocketInit(void)
{
    int i;

    P9.DDR = 0xF3;
    P9.DR.BYTE = 0x30;

    /* SCI初期化 */
    SCI0.SCR.BYTE = SCI0.SCR.BYTE & 0xCF; /* SCR.TE,RE=0 */
    SCI0.SCR.BYTE = 0x00;
                    /* SCR.CKE1,0=00 内部同期, SCK出力 */
    SCI0.SMR.BYTE = 0x80;
                    /* SMR.CA=1 クロック同期, SMR.CKS=00 クロックφ */
    SCI0.BRR = 0x05;                /* BRR=N=5 1Mbps@25MHz */
    for(i=0;i<10000;i++){           /* 少なくとも1ビット期間待つ */
        bit_wait();
    }
    return 0;
}
```

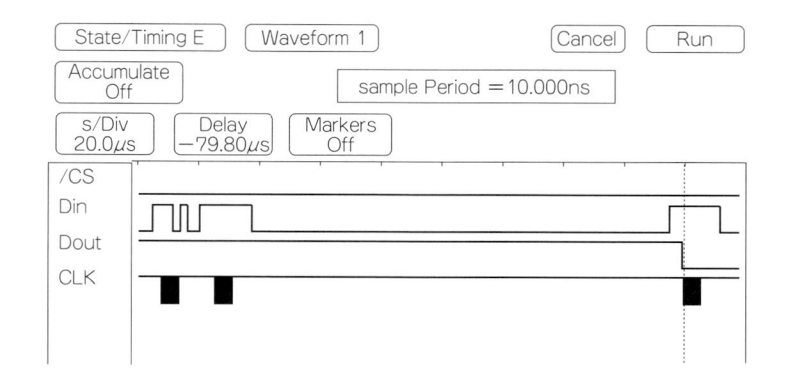

第4章 PC/ATのLPTポートやSH-4/SH-2，H8へのMMCカードの接続事例

図12
H8のSCI対応ドライバによるコマンド・トークンとレスポンス

「1キャラクタ単位の受信動作を行いたいときは，クロック・ソースは外部クロックを選択してください」

いまのところ，現在の方法（1キャラクタのダミー送信に伴って受信する方法）が最善であると考えています．

図12に，H8のSCI対応MMCカードI/Oドライバによる制御シーケンスの一部を示します．これも図11と同様に，MMCカード初期化ルーチンMMC_CardInit()における，MMCカード初期化プロセス起動部分です．コマンド1のパラメータDin＝0xF9の後にダミー・クロック，そしてMMCからのレスポンスDout＝0x00を確認できます．通信のボーレートは向上していますが，MMCからのレスポンス取得までの時間はあまり変わりません．これは，MMCやSCIに問題があるわけではなく，CPUで処理する部分の時間は変わらないことを示しています．DMAやFPGAなどのハードウェアを介在させることにより，この部分を短縮させることができるでしょう．

＊　　　　　＊

今回は5V対応マイコンで実験しましたが，3.3V対応のマイコンを使えば，MMCソケットを直結し，プルアップ抵抗2本を追加するだけで，MMCカードを動作させることができます．

SCIはマイコンによってクセがあり，MMCカードを制御しようとして動作しなかった場合，MMCとの通信プロトコルの問題なのか，SCIのトラブルなのか，判断がつかなくなります．そこで，最初に確実に動くGPIO版を動作させておくと，この切り分けが行いやすくなります．また，H8のように，GPIOとSCIのポートを同一ピンに割り当てることができれば，さらに効率的なデバッグが行えると思います．

＜漆谷 正義＞

参考文献
(1) ルネサス テクノロジ；SH7750ハードウェア・マニュアル．
(2) ルネサス テクノロジ；SH7144/7145ハードウェア・マニュアル．
(3) ルネサス テクノロジ；H8/3052 F-ZTATハードウェアマニュアル．

くまがい・あき/よこた・たかひさ/うるしだに・まさよし

Column 2
カード初期化時のクロック周波数

カードの初期化時にもう一つ重要な点があります．それはカードの初期化が完了するまで，カードに供給するクロックは100k～400kHzと低速な周波数に設定する必要があることです．

コマンドCMD0やCMD1を発行し，さらにカードのIDや容量などの各種情報を取得してカードの初期化が完了したら，本来の周波数（MMCの場合は最大20MHzまで）に設定し直します．クロック周波数が遅いと通信に時間がかかりますが，カードの抜き差し時だけなので使い勝手に問題はないでしょう．

第2部　SD/MMCカード編

第5章 R8C/15を使ったMMCカード・インターフェースの製作

R8Cマイコンだってフラッシュ・メモリ・カードがつながる

田口　彰

　1チップ・マイコンで大容量データを記録したい，あるいはパソコンとの間でデータ交換を行いたい，といった場合，汎用のメモリ・カードを使用すると便利です．

　メモリ・カードは，ディジタル・スチル・カメラやMP3プレーヤなどで多用されているため，ビット単価が下がり，入手も容易です．

　そこで本章では，トランジスタ技術2005年4月号付録マイコン基板（R8C/15）とMulti Media Card（MMCカード）とのインターフェース回路を製作し，R8C/15で使用できるFAT（File Allocation Table）ファイル・システム・ライブラリ"AT-FSライブラリ"を利用したパソコンとのデータ交換の実例を紹介します（写真1）．

1　SPIで使えるMMCカード

　メモリ・カードには，CompactFlashカードやスマートメディア/xDピクチャーカード，MMC/SDメモリーカード[注1]，メモリースティックなどがあります．

　ComapctFlashカードやスマートメディアは，8ビットまたは16ビット・パラレルでインターフェースします．MMC/SDメモリーカードとメモリースティックは，クロック同期式シリアルでインターフェースします．

　なかでも，MMC/SDメモリーカードは，SPI[注2]モー

写真1　MMCカード用リード/ライト・インターフェースの外観

付録マイコン基板 MB-R8CQ
加速度センサ
MMCカード

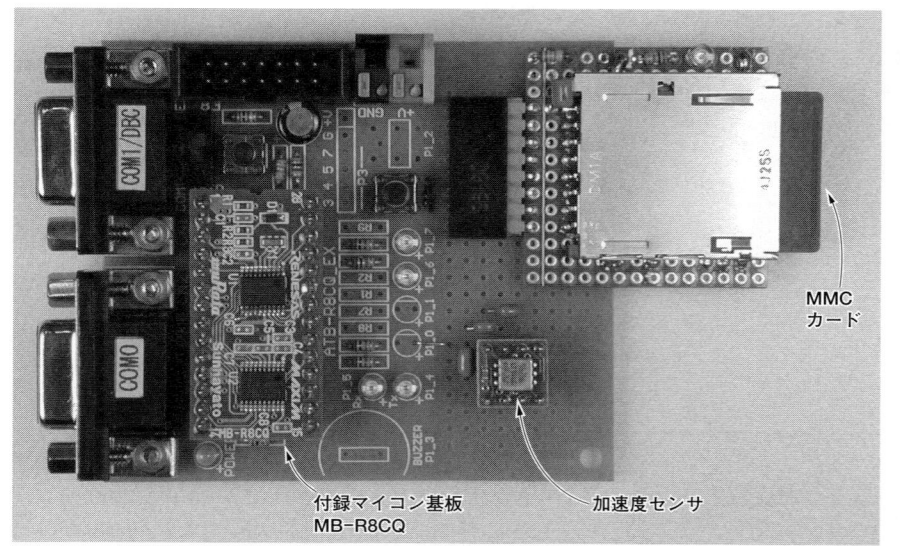

写真2　MultiMediaCard（MMCカード）の外観

注1：SDメモリーカードが使用できることを表記するためには，「SDアソシエーション」に加盟する必要がある（有償）．少量の製品，または実験でもしSDメモリーカードが使用できても，「MMCカード用である」としないと問題が発生する．

第5章　R8C/15を使ったMMCカード・インターフェースの製作

ドをもっています．このモードを使用することによって，$\overline{CS}$，SCLK，DI，DOの4本の信号線でインターフェースできるので，1チップ・マイコンのクロック同期シリアル・インターフェースで容易に制御することが可能です．MMCカードの外観を写真2に示します．

2　付録マイコン基板とMMCカードのインターフェース

MMCインターフェース回路を図1に，部品表を表1に示します．

● SSUでインターフェース

付録マイコン基板でSPI通信を行うためには，UARTをクロック同期式シリアルI/Oで使用するか，SSU（チップ・セレクト付きクロック同期式シリアルI/O）を使用するかの二つの選択肢があります．

付録マイコン基板では，UART0のTxD/RxDにRS-232-Cインターフェースのレベル・コンバータ（MAX3380ECUP）が接続されているので，ボード上で改造を行わないとUART0は使用できません．そこで，ここではSSUを使用してMMCカードとの接続を

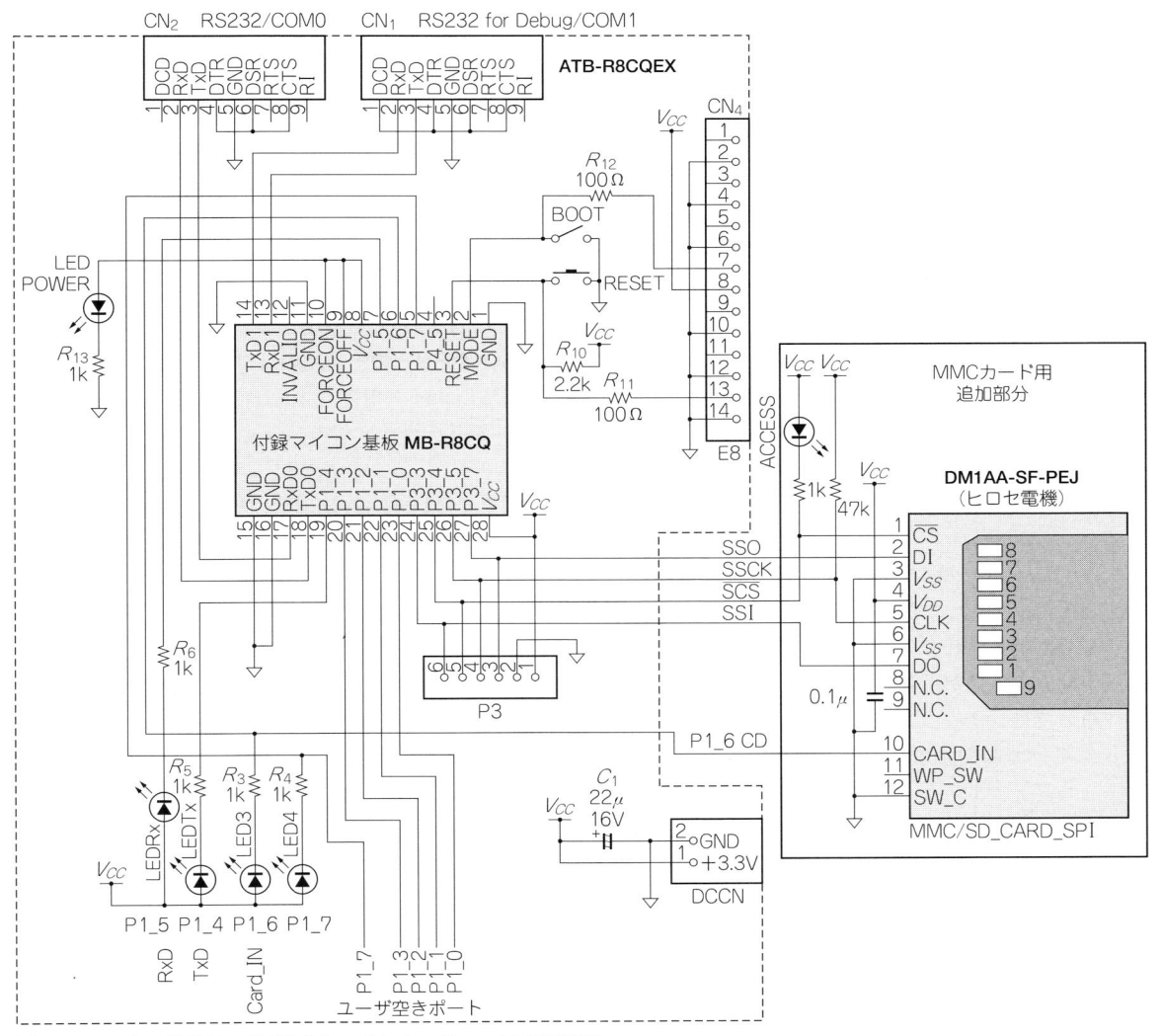

図1　MMCカード用リード/ライト・インターフェースの回路図

注2：SPI（Serial Peripheral Interface）．チップ・セレクト信号を伴うクロック同期式シリアル・インターフェース．SPIには，データ長やクロック極性などの決まりはなく，接続するデバイスによってまちまちである．SPIはMotorola社の商標である．

表1 部品表

品　名	型名・仕様（メーカ名）	数量	備　考
付録マイコン基板	MB-R8CQ	1	トランジスタ技術2005年4月号付録
SDメモリーカード用スロット・コネクタ	DM1AA-SF-PEJ（ヒロセ電機）	1	
LED		6	
コンデンサ	22 μF/16 V	1	
	0.1 μF	1	
抵抗	47 kΩ	1	
	100 Ω	2	
	1 kΩ	6	
	2.2 kΩ	1	
MMCカード		1	
基板	ATB-R8CQEX		AT Laboratory取り扱い品
スイッチ類			回路図参照

行います．

閑話休題．SSUはH8系のブロックをむりやり付けたような感じで，使用して不明な点が多く，マニュアルにもあまり細かい記述がありません．M16C系であるUARTのほうが使い慣れているせいか，制御しやすくパフォーマンスも高いような気がします．

● チップ・セレクト信号はI/Oポートで生成

SSUには，マスタまたはスレーブの機能があります．外部のデバイスを制御するには，内部で同期クロックを発生させて通信を行うマスタ・モードを使用します．

SSUはチップ・セレクト制御機能をもっていますが，R8C/15のSSUでは8ビット単位でチップ・セレクト信号が制御されてしまうため，間隔が開くとチップ・セレクト信号が断続的になってしまいます．通常，SPI通信では，チップ・セレクト信号はデータ・ブロック単位で制御する必要があるので，個別にI/Oポートでチップ・セレクト信号を制御して，SSUでは3線(SSCK，SSI，SSO)を使った通信を行いました．

SSCK（クロック）端子出力はP3_5端子，SSI（シリアル・データ）端子入力はP3_3端子，SSO（シリアル・データ）端子出力はP3_7に接続します．チップ・セレクト信号出力はP3_4端子で制御することにします．また，カード挿入状態を監視するために，P1_6端子を入力で使用することにします．

MMCカード（SPIモード）と通信する場合，クロックの極性は立ち下がりエッジでデータ出力，立ち上がりエッジでデータ取り込みとします．

3 MMC/SDメモリーカード・スロット・コネクタの接続

● 3Vで動作させる

MMCカードの供給電源電圧範囲は2.7〜3.6Vです．したがって，マイコンが5Vで動作している場合は，MMCカード用に電源を3.3Vレギュレータを使ってステップ・ダウンする必要があります．また，インターフェース信号を5V⇔3.3Vに74LVC125などでレベル変換する必要があります．

幸いなことに，R8C/15は3Vから動作するため，マイコンそのものの供給電圧を乾電池2本(3V)としました（付録マイコン基板のMAX3380ECUPも3V動作が可能）．

これにより，別電源を用意する必要がなくなり，入出力レベルを気にする必要もありません．

ただし，リセット時のポート・フローティングで誤動作しないように，MMCカード側の$\overline{CS}$端子とCLK端子をプルアップします．ここでは，$\overline{CS}$端子はLEDを接続してアクセス表示に使用し，このLEDをプルアップ抵抗代わりに使用しました．

● SDメモリーカード用のスロット・コネクタを代用

MMCカード用のコネクタは入手しにくいので，SDメモリーカード用のスロット・コネクタを使用します．

ここではDM1AA-SF-PEJ（ヒロセ電機）を使用します．このコネクタは表面実装用です．多少強引なところはありますが，2.54mmピッチの両面ユニバーサル基板に搭載することができます（写真3）．

9番ピン端子だけはじゃまになるのでカットします．コネクタの裏面にプラスチックの固定用ノッチ（ぽっち）が2か所あります．これをニッパでカットします．1〜8ピンとカード挿入スイッチ端子を基板のランドに合わせて，基板上側からはんだ付けして固定します．さらに，4か所のケース固定端子をはんだ付けします（基板のランドからずれているので，むりやりはんだを盛る）．

スイッチのコモン端子はランドの中間になってしまうので，くふうしてはんだ付けします（この端子はGNDとして使用するので，ケースに短絡しても問題ない）．カード挿入スイッチ部分の端子はケースに短絡しないように注意してはんだ付けします．MMCカードにはライト・プロテクト・ノッチが存在しないので，WP端子は使用しません．

第5章　R8C/15を使ったMMCカード・インターフェースの製作

(a) 表

(b) 裏

写真3　MMCカード部の配線とピン配置

　今回の実験では，切断した両面ユニバーサル基板にSDメモリーカード・スロット・コネクタをはんだ付けして，その基板を付録マイコン基板評価用ボードATB-R8CQEX(AT Laboratory製)に接続して搭載しています．

● 使用I/Oポートと空きI/Oポートなど

　MMCカード・インターフェースとして，P3_7, P3_5, P3_4, P3_3, P1_6を占有します．

　P1_7はタイマXでパルス幅測定に使用するため，P1_0～P1_3はアナログ入力，あるいは汎用ポートとして使用できるようにユーザ用として空けてあります．

　なお，使用したATB-R8CQEXは，標準で単3電池3本で動作させるようになっていますが，単3電池2本用の電池ボックスを用意して，3Vで動作させました(またはニッカド電池3本の3.6Vで動作させる)．

4　MMCカードの制御方法

　MMCカードのデータ転送は，前述のとおりクロック同期式のシリアルI/Oで行います．

　転送クロックはホスト側から供給します．転送クロックの極性は，立ち上がりエッジでデータ取り込み，立ち下がりエッジでデータ出力，MSBファースト8ビットのフォーマットで通信を行います．

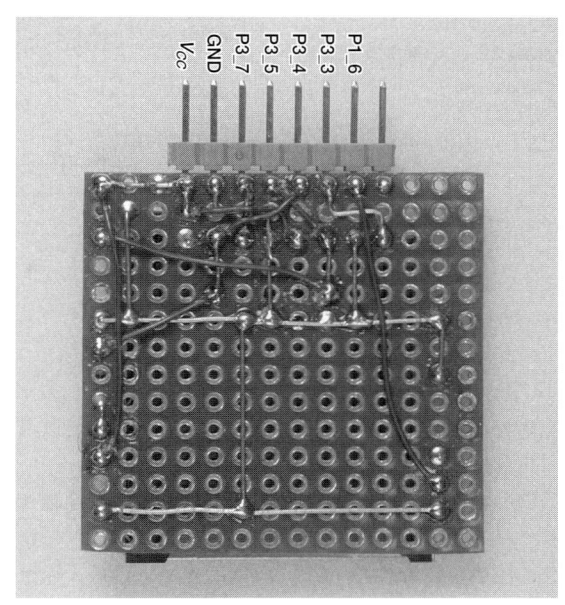

　転送クロック周波数は，初期化が終了するまでは400kHz以下に設定します．

● MMCカードのリセット

　電源投入後の動作モードは，MMCモードになっています．$\overline{CS}$が"H"の状態で80個のダミー・クロックを送ります．これは，MMCモードにおけるRCA(相対カード・アドレス)レジスタ確定初期化のために必要なクロックです．

　$\overline{CS}$を"L"にしてリセット・コマンド(CMD0)を発行します．MMCカードはCMD0を受信したときの$\overline{CS}$信号のレベルをセンスして，"L"の場合にSPIモードであると認識します．

● MMCカードの初期化

　カード初期化コマンド(CMD1)を送信し，このレスポンスがエラーなし，かつIn idle state(0x01)になるまで繰り返します．

　これでMMCカードの動作モードがSPIモードに遷移します．なお，コマンドのCRC値はデフォルトで"未使用"になっていますが，CMD0を発行する場合だけCRCを付加する必要があることに注意してください．

● カード特性データの読み込み

　CSD(Card Specific Data, カード特性データ)読み込みコマンド(CMD9)を発行して，CSDを読み込み

125

表2 MMCカードの基本コマンド

コマンド・インデックス	名 称	意 味
CMD0	GO_IDLE_STATE	MMCカードをリセットする
CMD1	SEND_OP_COND	カードの初期化プロセスを実行する
CMD9	SEND_CSD	カード固有データCSDを送信要求する
CMD17	READ_SINGLE_BLOCK	指定アドレスの1ブロックを読み出す
CMD24	WRITE_SINGLE_BLOCK	指定アドレスに1ブロックを書き込む

ます．読み込んだCSDから，

　　カード容量値
　　ブロック・サイズ値
　　最大転送速度値

を確認して，転送クロック周波数を最大転送速度以内に設定します．

CSDは，128ビットのビット・フィールドで定義されているので，バイト処理を行う場合にはビットの並びに注意が必要です．また，MMCカードの最大転送速度は通常20MHzなので，最大転送速度(TRAN_SPEED)を確認しなくても20MHz以下に設定して大丈夫だと思います．

カード容量については，Device size値(C_SIZE)とDevice Size Multiplier(C_SIZE_MULT)から総ブロック数を算出します．

そして，算出したブロック・サイズ値(READ_BLOCK_LEN)が，512バイト(`0x09`)になっていることを確認します．512バイト以外の場合には，ブロック・サイズの設定も行えるのですが，ライトのブロック・サイズが固定されている場合があるなど，不安な点があります．512バイト以外なら"使用できないカード"としたほうが無難なようです．今のところ，ブロック・サイズが512バイト以外のカードは見たことがありません．

● MMCカードの基本コマンド

MMCカードにはコマンドが豊富に用意されていますが，使用するコマンドは基本的に，

　　初期化時のCMD0，CMD1，CMD9
　　ブロック読み出しコマンド(CMD17)
　　ブロック書き込みコマンド(CMD24)

の計5個です(**表2**)．

5 コマンドの発行とデータの送受信

ここでは前提として，シリアル・データはMSBファースト，立ち上がりでデータ取り込みを行うものとします．

● コマンドの発行方法

コマンドは，$\overline{CS}$信号を"L"にして発行します．MMCカードの受け付けるコマンドはつねに6バイト長です．

最初のバイトは，スタート・ビット'0'(1ビット)，トランスミッション・ビット'1'(1ビット)，コマンド番号(6ビット)で，

　　`0b01xxxxxx`

とします．

次の4バイトは引き数です．リード/ライト・コマンドの場合には，32ビットのアドレス値(LBAではない)がここで指定されます．

次の1バイトはCRC値(上位7ビット)とエンド・ビット'1'(1ビット)です．CRC値はCRC7で算出した値です．SPIモードでは，CMD0コマンドを除いてCRCはオプションです．初期値はディセーブルになっています．

なお，参照したルネサス テクノロジのMMCカード仕様では，コマンド前のダミー・サイクル(N_{CS})は0です．しかし，メーカによっては必要な場合があるので，1バイト分(8クロック)のダミー・サイクルをコマンドの送信前に入れます．

● レスポンス

MMCカードは，コマンドを受信するとコマンドに対するレスポンスを返します．

レスポンスは，Send Statusコマンド(CMD13)以外は1バイトのデータ長です．Send Statusコマンドだけ，詳細ステータスを2バイト・データ長のレスポンス(R2)で返します．

1バイト・データ長のレスポンス(R1)のMSBは，つねに'0'です．ビット6～1には，

　　パラメータ・エラー
　　CRCエラー
　　不当コマンド

などのエラー・ステータスが読み出されます．ビット0はIn idle stateビットで，初期化が行われた後はつねに'1'(アイドル・ステート)であるはずです．

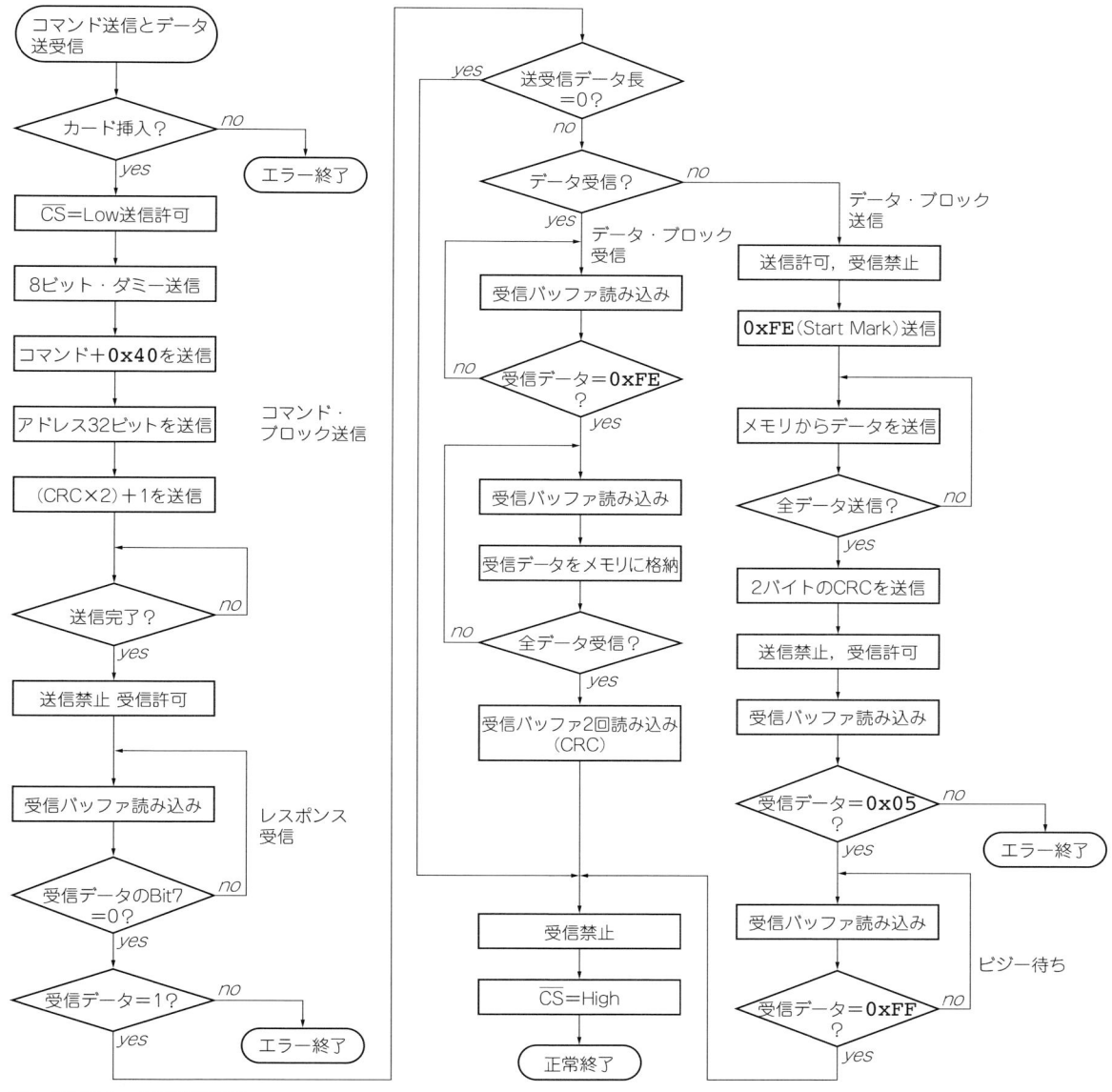

第5章 R8C/15を使ったMMCカード・インターフェースの製作

図2 MMCカードの制御フロー

レスポンスは，返ってくるサイクル・タイミング（N_{CR}）が不定なので，1バイトずつデータをリードし，MSBが '0' ならばレスポンスであるとします．レスポンスのビット0以外が '0' であること（エラーなし）を確認し，エラーがあった場合には必要に応じてリトライやエラー処理を行います．

▶データ・ブロック読み込みを伴う場合

CMD9やCMD17などのように，データ・ブロック読み込みを伴う場合は，引き続いてデータ・ブロック受信を行います．

レスポンス後のデータ・ブロック受信までのサイクル・タイミング（N_{AC}）も不定なので，1バイトずつデータをリードし，データ・ブロック・スタート・マーク（0xFE）（Single Block Read）を検出してデータ・ブロックを読み込みます．読み込むデータ・ブロックは，2バイトのCRCコード（CRCを使用していなくても必要）を余分に読み出します．

▶データ・ブロック書き込みを伴う場合

CMD24などのデータ・ブロック書き込みを伴う場合は，1バイト（8クロック）分のダミー・サイクル

第2部　SD/MMCカード編

(N_{WR})を送ってから，データ・ブロック・スタート・マーク(0xFE)(Single Block Write)に続いて，データ・ブロックとCRCコード2バイト(CRCを使用していない場合は何でも可)を送ります．

送信直後にデータ・レスポンスが返されます．データ・レスポンスは，ビット7～5は不定，ビット4は'0'，ビット3～1はステータス，ビット0は'1'のフォーマットです．0x1Fで上位3ビットをマスクして"5"であること(エラーなしでデータが受け付けられた)を確認します．

$\overline{CS}$信号が"L"の状態で，書き込みが行われている最中にはビジーが読み出されます．このときMMCカードからのDO出力は"L"です．したがって，1バイトずつ読み出して，0xFFになるまで(書き込み完了まで)繰り返します．

終了したら$\overline{CS}$信号を"H"にします．

以上で，一つのコマンド・シーケンスは完了します．

● ブロック単位のリード/ライトのシーケンス

実際に，R8C/15でMMCカードをブロック(セクタ)単位でリード/ライトする場合は，以下のようになります(図2)．

▶ ブロック読み込み時

① コマンドとして，スタート・ビット'0' + トランスミッション・ビット'1' + CMD17(0x51)，アドレス値(LBA値×512，4バイト)，CRC + エンド・ビット'1'を発行する
② レスポンスの0x01を受信確認する
③ データ・ブロック・スタート・マーク(0xFE)の受信を待つ
④ 512バイトのデータ・ブロックを読み込む
⑤ CRCとして2バイトのダミー・リードを行う

▶ ブロック書き込み時

① コマンドとして，スタート・ビット'0' + トランスミッション・ビット'1' + CMD24(0x58)，アドレス値(LBA値×512，4バイト)，CRC + エンド・ビット'1'を送信する
② コマンド・レスポンス0x01を受信確認する
③ 1バイト分のダミー・サイクルを送信してからデータ・ブロック・スタート・マーク(0xFE)を送信する
④ 512バイトのデータ・ブロックを送信する
⑤ CRCとして2バイトのダミー・データの送信を行う
⑥ データ・レスポンス0x05を受信確認する
⑦ 受信データが0xFFになるまで待って，書き込み完了を確認する

6 FATファイル・システムを使ったデータ交換

● メモリ・カードに多用されているFAT

さて，以上の方法で任意のブロックを512バイト/セクタ単位で読み書きできました．ロギングなどでシーケンシャルにデータをストレージする場合は，これだけでも十分実用になると思います．

しかし，ランダム・アクセスやパソコンとのデータ交換を行う場合，使いにくいものになってしまいます．

そこで，リード/ライト・ハンドラの上位にファイル・システムを組み込むことで，ファイル名やディレクトリ処理などを含む容易なファイル管理を行えるようにしました．

通常，メモリ・カードのファイル・システムとしてはFATファイル・システムが一般的で，ほとんどのOSでFATファイル・システムを使用できます．

● R8C/15用FATファイル・システムAT-FSライブラリ

FAT互換のファイル・システムはフリーのものから高価なものまでいろいろありますが，サイズが大きかったり，機能が不完全だったりするため，オリジナルの「AT-FSライブラリ」を作成しました．AT-FSライブラリの関数を表3に示します．

AT-FSライブラリの特徴は，R8C/15で効率良く使用できるようにライブラリ内のコーディングはすべてアセンブラで行い，ROMサイズ，RAMサイズを極力小さく抑えました．ROM領域は約5Kバイト，RAMは約600バイト使用します(セクタ・バッファ分の512バイトを含む)．

書き込みを行う際には，ファイル・オープンした後

表3
AT-FSライブラリの関数

FFS初期化関数	FFS_init, FFS_get_card_info
ファイル操作関数	FFS_file_open, FFS_file_putc, FFS_file_puts, FFS_file_write, FFS_file_getc, FFS_file_read
サブディレクトリ操作関数	FFS_DIR_create, FFS_DIR_change, FFS_DIR_del
ディレクトリ操作関数	FFS_find_1st, FFS_find_next
セクタ操作関数	FFS_read_sector, FFS_write_sector

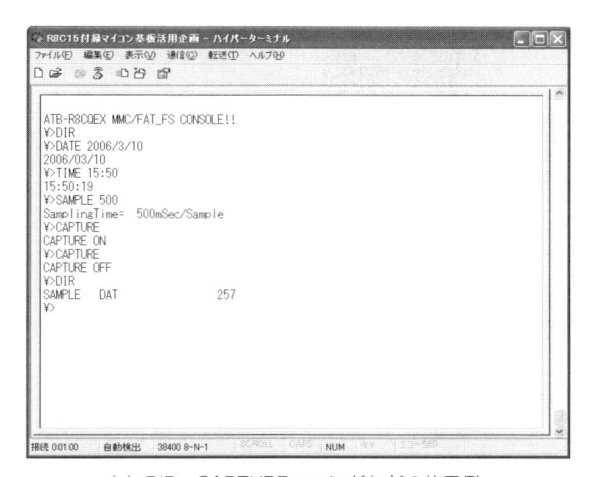

第5章　R8C/15を使ったMMCカード・インターフェースの製作

(a) DIR, CAPTUREコマンドなどの使用例

(b) HELP, FNAME, VALUEコマンドなどの使用例

図3　ファイル・システム・ライブラリAT-FSの使用例

(a) A-D変換値の表示

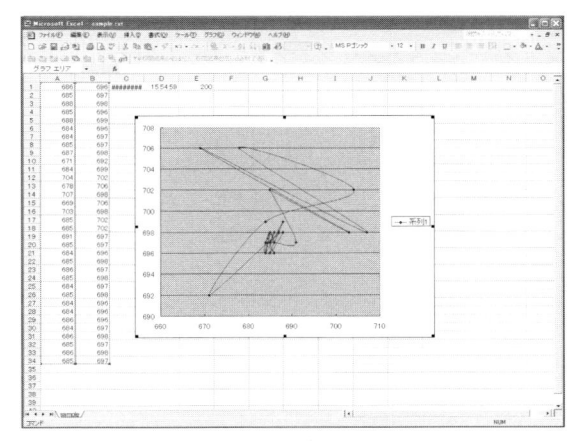

(b) Excelでグラフ表示

図4　X-Y軸の姿勢検出を行い，Excelにグラフ表示
A-Dコンバータの変換値をMMCカードに記録し，そのデータをExcelに取り込んだ

に1バイト，または複数バイト書き込み関数でディレクトリ/FAT更新まで行うので，ファイルをクローズする必要はありません．

階層ディレクトリを使用する場合，パス名は指定できません．各アプリケーション内で階層処理を行う必要があります．LFNは対応していません（デリート・ファイル関数だけディレクトリのLFNエントリを処理するようにしてある）．

作成したファイル・システムはFAT12/FAT16/FAT32に対応します．複数パーティションがMBRで定義してある場合は選択できます．MBRなしの場合にも対応します．

MMCカード制御には前記のCプログラムではなく，CRCチェック制御を伴ったアセンブリ・コードで記述したプログラムをライブラリに組み込んでいます．このライブラリはR8C/15のSSUで，MMCカードを制御する（MMCドライバ）専用バージョンです[注3]．

● AT-FSライブラリの使用例

AT-FSの使用例として，任意のサンプリング時間で2チャネル，10ビットのA-D変換を行い，EIA-232ターミナルでシェルもどきの操作が行えるサンプル・

注3：このライブラリ・プログラムはAT Laboratoryが著作権を保持する．実験用途や個人用途では自由に使うことができる．ただし，製品への組み込みに本ライブラリを使用したり，ライブラリ使用プログラムをWebサイトや出版物などで公開する場合は，著者の使用許諾を必要とする．

> **Column**
> ## SSU使用時のデバッグ方法
>
> 　R8C/15でSSUを使用する場合，P3_7がSSUのシリアル出力となるため，通常のシリアル・インターフェースを使ったデバッグは行えません．現状では，E8エミュレータでデバッグするしか方法がありません．
> 　ただし，MMCカードを抜いた状態にしてP3_7端子をフリーにすることで，通常のシリアル・インターフェースを使ったフラッシュROMへの書き込みが可能となります．
> 　E8エミュレータはけっこう高価であり，また使い慣れているKD30デバッガ環境も使用できないので，今回のデバッグはR8C/15のMODEピン通信アダプタとKD30用モニタ・ファームウェアを作成して行いました．

プログラムを用意しました(図3)．

　メモリ・カードには，アナログ値を10進数値でExcelのCSV形式(カンマ区切り)でキャプチャします．試作では，このアナログ入力に2次元加速度センサを取り付けて*X-Y*軸の姿勢検出を行ってみました(図4)．

　今回のソース・プログラムは，すべてHEW4上のワークスペース・プロジェクトに入っています．コンパイラ・オプションやスタートアップ・ファイルなどはサンプル・プログラムを参照してください．

　また，ルネサス テクノロジのSFRヘッダ・ファイルは使用せず，オリジナルのSFRヘッダを使用しています．このSFRファイルの詳細については"R8C15周辺I/O(AT-Laboratory)"を参照してください．

　ここで作成したプログラムは，本書付属のCD-ROMに収録しています．

　旧三菱電機系のM16C/M32Cコアを長いこと使用してきたユーザとしては，M16Cコアがやっと一般ユーザに浸透してきたようでたいへんうれしく思います(別にルネサス テクノロジ関係者ではありませんが…)．

　一般ユーザがR8C/Tinyを容易に入手できるようになることを切に望む次第です．

たぐち・あきら

第2部 SD/MMCカード編

第6章 FPGAによるMMCカード・コントローラの設計事例

FPGAのブロックRAMを使ったバッファリング機構を搭載

山武 一朗

第4章は，ほとんどの処理をソフトウェアで制御することで，可能な限り簡単な外付けのハードウェアでMMC（MultiMedia Card）カードをマイコンにつなぐという事例について述べられています．性能を要求しないのであればこれでも十分ですが，よりデータ転送レートを上げたい場合や，CPUに対する負荷をもっと減らしたい（CPUパワーをほかの処理にまわしたい）場合には，MMCカードの制御に特化したハードウェアが必要になります．

MMCカードのアクセスには，SPIモードとMMCモードがありますが，ここでは第4章で作成したMMCカード・ドライバと比較対比できるように，SPIモードに対応したコントローラを設計します．第4章で作成したソフトウェアを主とした処理事例を踏まえ，どの処理をどうやってハードウェアに置き換えるかを考察しながら，FPGAを使ったMMCカード・コントローラの設計事例について解説します．

1 SPIモードのMMCカード・アクセスの実際

実際のコントローラの設計に入る前に，第4章で作成したドライバで，どの処理に時間がかかっているかを調べてみましょう．

● 数百μs～1msのビジー待ち

図1にセクタ・リード/ライト時のMMCの各信号のようすを示します．1セクタ分のアクセスを時間軸を縮めて表示しているので，クロックやデータの詳細は判別できません．しかし，図1（a）のセクタ・リードでは，コマンドを発行してから実際にセクタ・データが出てくるまでの間Doutが"H"レベルになっていることがわかります．また，図1（b）のセクタ・ライトでは，セクタ・データの書き込みの最後から次のセクタのコマンド発行までの間Doutが"L"レベルになっています．

（a）セクタ・リード

セクタ・リード・コマンド発行 ／ アクセス・ビジー 約500μs ／ セクタ・データ転送

（b）セクタ・ライト

セクタ・ライト・コマンド発行 ／ セクタ・データ転送 ／ 書き込みビジー 約250μs

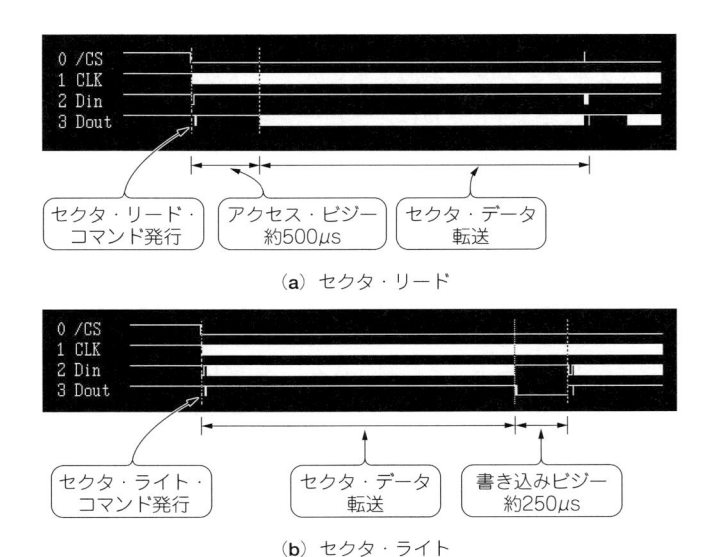

図1 セクタ・リード/ライト時の各信号のようす

Column 1
さらなるCPU負荷の低減

今回はMMCカード・コントローラの学習用ということもあり，システム・バス側のデータ転送をあくまでもCPU転送で行う事例を紹介しています．

しかし，コントローラを接続するバスとしてPCIバスを使う場合は，バス・マスタ転送対応に設計することで，データ転送にCPUパワーを使うことがなく，よりCPU負荷の軽いコントローラを実現できます．また組み込みマイコンのローカル・バスでも，マイコン内蔵のDMAコントローラと連携させることで，CPUの力を借りずにデータ転送を済ませることもできます．

もっとも，もともと絶対的な転送レートが遅いSPIモードで，そこまでパフォーマンスを追求しても，あまり報われないという話も聞こえてきますが….

これらは，セクタ・リードのアクセス待ち時間，およびセクタ・ライトの書き込み完了時間を示しており，この波形の計測で使用したカードの場合はそれぞれ数百μsの時間となっています．経験的には，高速性をうたう最新のカードほど時間が短く（アクセスが速い），容量が大きいかまたは古いカードほど長い（アクセスが遅い）傾向が見られます．

その結果，非常に長い間ビジー待ちが発生します．これをそのままソフトウェア・ループでCPUが待っていたのでは，CPUパワーのむだづかいとなります．ビジー状態が解除されたことを，割り込みなどでCPUに通知できるようなハードウェアが望ましいと考えられます．

● データ転送処理――クロック同期式シリアル通信

もっともスタンダードなMMCカードの仕様では，クロック周波数は最高20MHzと規定されています．クロック同期式シリアル通信なのでスタート・ビットやストップ・ビットはありません．したがって，データ転送時は単純計算で最大2.5Mバイト/秒の転送レートになります．

このコントローラを接続するバスとして，かりにクロックが20MHzのバスを考えると，そのまま8クロックで1バイトの転送ができます．さらにデータ・バス幅が32ビットと広い場合は，1バイト単位の転送はバスの使用効率が悪くなるので，4バイト分をまとめて転送したいところです．すると32クロックで4バイト（32ビット/1ワード）の転送が行えます．

しかし1ワードのデータ転送をするために32クロックもの間，バスを占有してしまうのはもったいない話です．かといって32ビット/1ワードごとに割り込みを使ってCPUに通知するとなると，

$$\frac{1}{20\text{MHz}/(8\times 4)} = 1.6\mu s$$

となり，1セクタ512バイトの転送を行いたい場合，非常に短い時間に割り込みが128回も連続して発生することになります．

● 転送レートの差を埋めるバッファを活用

このような場合は，低速バスと高速バスの間にバッファを設けて，高速バス側はある程度のデータが溜まったら転送処理を開始することで，空いた時間はほかのリソースにバスを使わせることができます．低速バス側はバッファとの間で一定レートで転送を続けることができます．

そこで今回設計するMMCカード・コントローラでは，この速度差を埋めるバッファを内蔵させて，システム・バス側を効率よく使用できるように考慮してみます．幸いなことに，最近のFPGAはメモリを内蔵しているものが増えているため，数Kバイト程度のバッファ・メモリであれば外付けメモリを必要とせず，内蔵メモリだけでバッファを実現できます．

● 32ビット幅のシステム・バスを想定

さらに今回は，PCIバスや32ビット・ローカル・バスに対応した評価ボードなど，データ・バス幅として32ビットのシステムにMMCカード・コントローラを接続することを考えます．

第4章で作成したMMCカード・ドライバは，I/Oドライバ部とのやり取りはすべてバイト単位の送受信関数となっています．これをこのまま使うと，32ビット幅のデータ・バスを使ってバイト単位でコマンドやレスポンスを受け取ることになり，効率がよくありません．

そこで，I/Oドライバ部の構造を大きく変更し，広いバス幅を生かしてMMCコマンドや引き数を一度にレジスタに設定する構造を採用することにします．制御レジスタの仕様の詳細については後述します．

● SPIモード専用/CRC非対応

ここで設計するMMCカード・コントローラは，基本的には第4章で設計したMMCカード・ドライバの処理のうち，CPU負荷の高い部分をハードウェア化するという方針で設計するので，対応モードはSPIの

みであり，CRCにも非対応です．

また，第3章で解説されたように，SPIコマンドにはコマンド・レスポンスが2バイトや4バイトになるコマンドもありますが，第4章で作成したMMCカード・ドライバでは，コマンド・レスポンスが1バイトのコマンドのみを使っているため，ここでもコマンド・レスポンスは1バイトのコマンドのみに対応させています．

すべてのSPIコマンドに対応させるには，可変長のコマンド・レスポンスに対応させる必要があるでしょう．

2 MMCカード・コントローラの仕様の検討

それでは，設計するMMCカード・コントローラの仕様について，いろいろな角度から検討してみます．

● コマンド・トークンの送信

SPIモードのコマンド・トークンは，1バイトのコマンドと4バイトの引き数，そして1バイトのCRCからなります．ここで設計するのはCRC非対応のMMCカード・コントローラですが，だからといってCRCのバイトを送信しないわけにはいきません．そこで，ハードウェアがCRCを送信するときはダミーCRCを自動送信し，CRCを受信するときは自動的に読み捨てる方向で設計します．

ただしダミーCRCといっても，初期化時に最初に送信するCMD0だけは正しいコマンド・トークンCRCを送信したほうが安全と言われています．その理由は，何らかの拍子にCRCが有効になった場合，初期化のためのCMD0の送信時にコマンド・トークンCRCが正しくないと，CMD0コマンド自体を受け付けてくれなくなるからだと思われます．

そこで，CMD0のときだけコマンド・トークンCRCとして95hを送信するようにします．もちろんこのCRC値は，引き数がすべてゼロのときのCRCなので，CMD0を発行するときは引き数レジスタもすべてゼロ・クリアしておくようにします．

● コマンド・レスポンスの受信

コマンド・トークンを送信した後は，すべてのコマンドについてコマンド・レスポンスを受信します．すでに説明したように，今回のMMCカード・コントローラはコマンド・レスポンス長が1バイトのコマンドのみに対応する予定なので，1バイトの受信待ちを行います．コマンド・レスポンスの場合かならずビット7が'0'になるので，受信したバイトのビット7が'1'の場合は，コマンド実行中であると判断し，再度1バイト受信待ちを行います．

正常なコマンド・レスポンスを受信したら，ドライバに対してコマンド・レスポンスを返す機能も必要でしょう．コマンドがエラーだった場合，ビット6～0のいずれかにビットが立つので，ドライバが適切な処理（エラー・メッセージの表示など）を実行できるよう，そしてコマンド・レスポンスをドライバが取得できるように，ステータス・レジスタを用意しておきます．

また，データ転送を伴わないコマンドの場合や，コマンドがエラーで終了した場合などは，この時点でコマンド実行終了割り込みを発生させるようにします．

● データ・トークンの送受信とデータ・レスポンスの受信

実際のデータ転送はデータ・トークンを使ってカードと送受信します．ここはバッファ・メモリを生かして，1セクタ分のデータをウェイトなしで一気に（といっても，MMCカードに供給するクロックに同期して，という意味だが）転送します．MMCカードのクロックとして20MHzを採用する場合は，SPIモードの上限である2.5Mバイト/秒の転送レートまで実現可能です．

もちろん，データ・トークン・スタート・バイトの送信/受信待ちや，データCRCの送受信処理もハードウェアで行う必要があります．

● MMCカード制御のステート・マシンの設計

図2にMMCカード・アクセスのフローチャートを示します．今回はMMCコマンド発行処理時のCPU負荷を極力下げるという目論見もあるため，コマンド発行から内蔵のバッファとカード間のデータ転送の完了までをすべてハードウェアが処理するステート・マシンとします．

第4章で作成したMMCカード・ドライバは，たとえばデータ転送を伴わないコマンドを発行するMMCカード・ドライバ内部関数mmc_SetBlockLen()ならコマンド・トークン送信関数を呼び出し，その戻り値をコマンド・レスポンスとしてそのまま自身の関数の戻り値としています．またデータ転送を伴うコマンドを発行するMMC_GetCSD()関数やMMC_Write()関数は，コマンド・トークン送信関数を呼び出した後に，データ・トークンの受信関数を，必要なデータ転送バイト数を指定して呼び出しています．

第2部　SD/MMCカード編

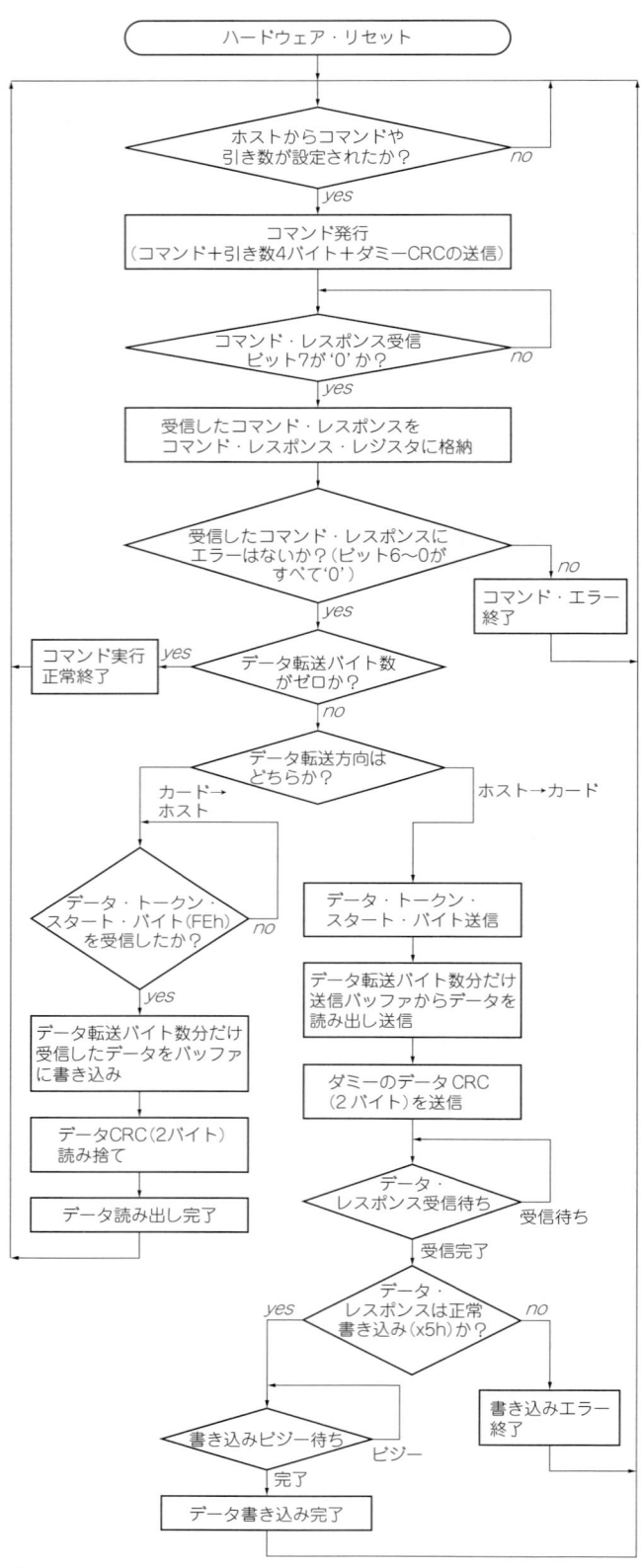

図2　MMCカード・アクセスのフローチャート

　このように自分（ドライバ）がこれから発行するコマンドが，データ転送を伴うコマンドかそうでないかを認識しているので，必要な処理の流れがプログラムとして記述されています．

　しかし，コマンドの発行からデータ転送の完了までをハードウェアで処理させる場合は，そのコマンドがデータ転送を伴うコマンドかそうでないかを判断させる手立てが必要です．もちろん，MMCカード・ドライバが発行するコマンドがあらかじめ想定されている場合，たとえば今回のMMCカード・ドライバであれば，データ転送を伴うコマンドはCMD9/10/17/24の四つだけなので，コマンド・レジスタに設定された値をデコードしてステート・マシンを分岐させるという方法もあります．しかし，これらのコマンドはデータ転送を伴うものの，CMD9/10は転送データが16バイト，CMD17/24は1セクタ分というように転送バイト数が異なり，さらに将来的にマルチプル・ブロック・コマンドであるCMD18/25に対応させるといった要求が出てくると，そのたびにハードウェアの変更も必要になります．

　可能な限り汎用的なコントローラを実現する意味でも，データ転送を伴うコマンドかそうでないかはドライバがコマンドを発行する時点で判定し，コントローラに別途指示したほうがよさそうです．コマンドにより転送バイト数も異なる場合があるので，コマンド発行時に同時にデータ転送バイト数を指定するレジスタを設け，データ転送を伴わないコマンドの場合はゼロを，データ転送を伴うコマンドの場合はそのコマンドに対応したデータ転送バイト数を設定するようにします．

● 設計当初のステート・マシンは…

　実は当初設計したステート・マシンでは，コマンドの発行からコマンド・レスポンスの受信までをハードウェアで実行し，いったんホストに対してコマンド発行終了を割り込みで通知していました．図2のフローチャートで言えば，コマンドの発行か

Column 2
MMCカード/SDカード対応 ソケット・コネクタのいろいろ

　標準的なMMCカードなら7ピン，SDカードには9ピンの信号ピンがありますが，MMCカード/SDカード対応のソケット・コネクタの中には，カードのピン数以上のピン数をもったコネクタも存在します．第4章でも紹介したSDカード・ソケット基板CK-29(サンハヤト)に実装されているソケット・コネクタもその一つです．

　表Aに信号ピン配置を示します．GNDピンが増えたり，カード挿入状態やライト・プロテクト・スイッチ状態を検出できるピンが追加されています．CK-29の場合は，11番ピンのコモン端子をGNDに落としておき，カード挿入状態検出信号およびライト・プロテクト・スイッチ状態検出信号にそれぞれプルアップ抵抗を接続しておくことで，カード挿入状態およびライト・プロテクト・スイッチの状態により"H"／"L"レベルが出力されるというわけです．

表A SDカード・ソケット基板CK-29のピン配置

CK-29のピン番号	SDカードのピン番号	SD信号名称(SD/MMCモード)	MMC信号名称(SPIモード)	CK-29拡張信号
14	—			GND
13	—			GND
9	9	DATA2	—	
8	8	DATA1	—	
7	7	DATA0	Dout	
6	6	GND	GND	
5	5	CLK	CLK	
4	4	3.3V	3.3V	
3	3	GND	GND	
2	2	CMD	Din	
1	1	CD/DATA3		
10	—			カード挿入状態検出
11	—			コモン端子
12	—			ライト・プロテクト・スイッチ状態検出

　ら受信したコマンド・レスポンスをレジスタに格納する部分までをコマンド・トークン送信シーケンサとして独立させ，さらに内部的にはホスト→カード方向とカード→ホスト方向の，大きく分けて二つのステートの流れをもつデータ転送シーケンサを用意していました．

　コマンド発行完了割り込みの後，MMCカード・ドライバは受信したコマンド・レスポンスをステータスとして判定します．データ転送を伴うコマンドの場合，コマンド・レスポンスにエラーがなければ引き続きデータ転送を実行するようにコントローラに対して指示を出す構成にしていました．

　しかし，ハードウェアとしては，コマンド発行からコマンド・レスポンスの受信，そしてデータ転送ではホスト→カード方向とカード→ホスト方向のそれぞれの転送方向で専用のステート・マシンが必要になります．そうであれば，受信したコマンド・レスポンスにエラーがなければ，そのままデータ転送を自動的に起動すれば，コマンド発行からデータ転送の終了まで，すべてハードウェアが処理することで，さらにCPU負荷を下げることができると考えました．

　こうして，コマンド・レスポンスにエラーがないかどうか，データ転送を伴うコマンドか否か，そのデータ転送方向はどちらかを判定するステートを追加し，ステート・マシン全体を1本化することにより，今回設計したMMCカード・コントローラの心臓部の仕様が固まったのです．

● カード→ホスト方向転送時のCRCの読み捨て
　カード→ホスト方向のデータ転送を伴うコマンドは，セクタ・リード/ライト・コマンドだけではありません．カードのベンダ/製品名を取得するCID情報やカードの容量を判定するためのCSD情報の取得でも，16バイトのデータ転送が必要です．

　しかしCIDやCSD情報を取得する場合，図2のようなフローチャートのコントローラでは，データ転送バイト数として16バイトを設定すると，全16バイトのCIDやCSD情報を読み出した後にも，さらに2バイトをCRCとして読み出してしまいます．CIDや

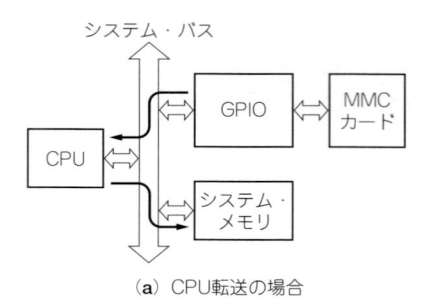

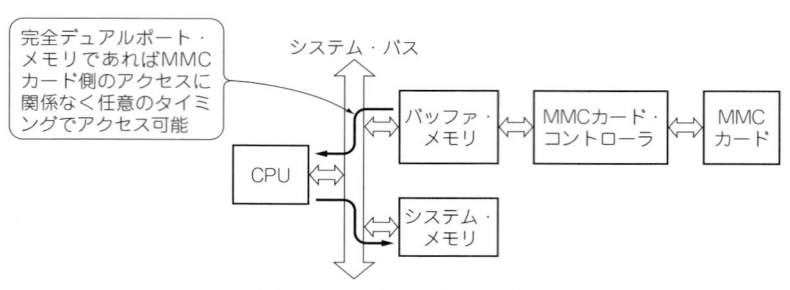

第2部　SD/MMCカード編

(a) CPU転送の場合

完全デュアルポート・メモリであればMMCカード側のアクセスに関係なく任意のタイミングでアクセス可能

(b) バッファ・メモリが存在する場合

図3
データ転送の実体

CSD情報の最後はCRCですが，1バイト長であり，しかもCRCを含めて16バイトという規定になっています．このままでは2バイト多く読み出してしまいます．

けれども，筆者がテストした範囲では，CIDやCSD情報を取得する場合，全部で16バイトを超えるバイト数を読み出しても，カードはとくにエラー状態も示さず，問題なく次のコマンドの発行も受け付けるようです．そこでここでは，ハードウェアを簡略化する意味でも，カード→ホスト方向のデータ転送では，設定されたデータ転送バイト数分を受信した後に，さらに2バイトのデータをCRCとして読み捨てる処理に1本化しました．

余計なバイト数を読み出さないようにするためには，たとえば読み捨てるCRCのバイト数も指定できるように制御レジスタを追加して，CMD9/10発行時はデータ転送バイト数を15バイト，CRCを1バイト（またはデータ転送バイト数16バイトとCRCを0バイト），CMD17発行時はデータ転送バイト数を512バイト，CRCを2バイトと指定してコマンド処理を開始するという方法もあるでしょう．

● ホスト→カード方向転送時のダミーCRCの送信

先ほどとは逆のホスト→カード方向の転送は，現状ではセクタ・ライト・コマンドのみで使用されます．データ転送バイト数分の送信が終了した後，さらにCRCが2バイト必要としますが，このダミーCRCも2バイトで固定しています．

● システム・バスとバッファ・メモリの接続

第4章のMMCカード・ドライバでは，データ・トークンの実際のデータを，CPUがソフトウェア・ループによって必要なバイト数だけ転送しました〔**図3(a)**〕．今回のMMCカード・コントローラは，バッファ・メモリとMMCカードの間で，MMCカード・コントローラのステート・マシンが指定したバイト数だけ自動的に転送する形になります．そして，1セクタ分のデータ転送が終了すると，CPUに対して割り込みを発生させます．

割り込みを検出したCPUは，そのバッファ・メモリとシステムのメイン・メモリとの間でデータ転送を行うことになります．この間の転送は，MMCカードのクロックや転送レートに縛られることはありません．バッファ・メモリが高速であれば，CPUはノーウェイトでデータ転送を行うことが可能です〔**図3(b)**〕．

3 FPGAによるMMCカード・コントローラの設計

次に，実際のFPGAへの実装と，PCIバス上へのコントローラのインプリメントについて説明します．

● FPGAとMMCカードの接続事例

FPGAとMMCカードの接続ですが，FPGAのI/OピンとMMCカードが3.3V電源動作ということもあ

第6章　FPGAによるMMCカード・コントローラの設計事例

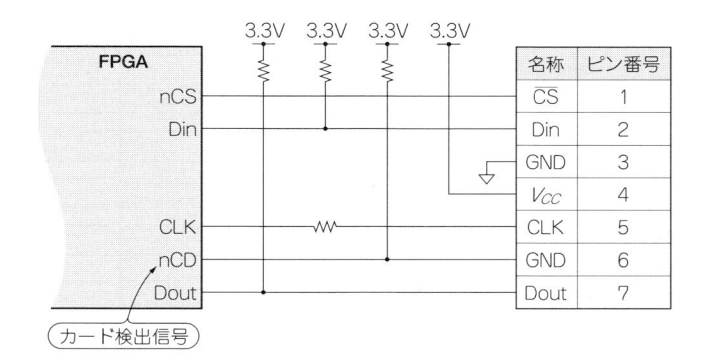

図4
FPGAとMMCカードの接続回路
（MMCカード挿抜検出機能付き）

名称	ピン番号
CS	1
Din	2
GND	3
V_{CC}	4
CLK	5
GND	6
Dout	7

り，FPGAのユーザI/OピンとMMCカードの各信号をそのまま接続しました．DinとDoutにはプルアップ抵抗が必要です．また，CLK信号にはダンピング抵抗も挿入しておきました．

MMCカードのピン配置を見ると，GNDピンが2ピン用意されていることがわかります．そこで，そのうちの片方を図4のように使って，カードの挿抜検出信号として使う方法もあります．しかし，この方法はGNDピンの一部をGND以外の用途に使うため，クロックを高速化していったときの安定性に不安が残ります．より安定した動作をさせるには，コラム2のようなソケット・コネクタを使う方法もあります．

● SpartanⅡまたはSpartan3を想定

今回MMCカード・コントローラの試作開発に使用したFPGA評価ボードは，デバイスとしてSpartanⅡを搭載した写真1に示すPCI評価ボードです．ユーザI/O信号接続ピン・ヘッダにCK-16（サンハヤト）のMMCカード・ソケット基板を接続しました．

さらに，CQ出版社から発売されている"組み込みシステム開発評価キット"でも，MMCカード・ソケット基板CK-16やSDカード・ソケット基板CK-29（サンハヤト）を接続することができるので，こちらのボードにもMMCカード・コントローラを移植してみました．組み込みシステム開発評価キットにCK-29を接続したようすを写真2に示します．本評価キットにはFPGAとしてSpartan3が搭載されています．

どちらのボードにもXilinx社製のデバイスが搭載されており，後述するブロックRAMの部分だけデバイスの違いを考慮すれば，HDLソースはもちろん，使用する設計ツールもまったく同一のものが使えるため，移植に際して苦労する点はほとんどありません．

● バッファ・メモリの設計

SpartanⅡのブロックRAMは一つあたり512バイトの容量があり，8/16/32ビットなどの各ビット幅で完全なデュアルポートRAMを構成できます．これがSpartan3では一つあたりの容量が2Kバイトになり，SpartanⅡの仕様に加えて8ビット単位に1ビットのパリティを追加できるなど機能が拡張されています．

MMCカードのアクセスの場合，事実上1セクタは512バイトと固定されています．今回は将来の拡張性も考え，リード用とライト用のそれぞれにダブル・

写真1 SpartanⅡ搭載PCI評価ボードにMMCカード・ソケットを実装したようす

写真2 組み込みシステム開発評価キット（Spartan3搭載）にSDカード・ソケットを実装したようす

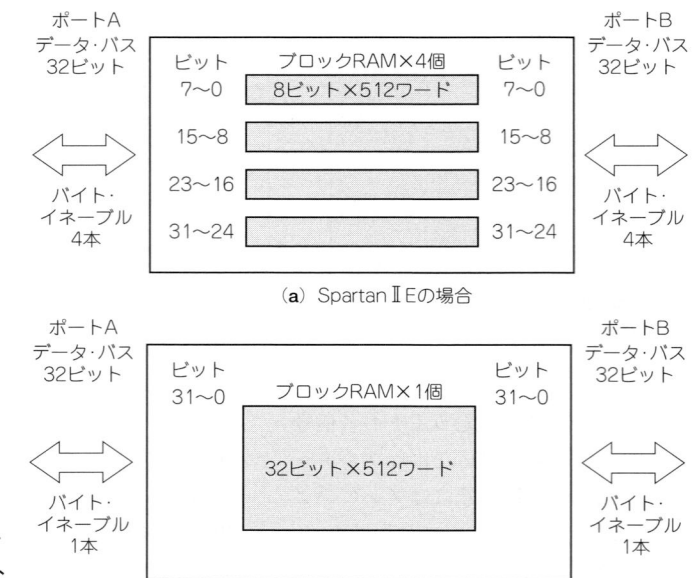

第2部　SD/MMCカード編

図5
SpartanⅡとSpartan3のブロックRAMを活用したデュアル・ポートRAM

（a）SpartanⅡEの場合

（b）Spartan3の場合

　バッファ構成に拡張可能なメモリ・マップを想定し，合計で512バイト×4面＝2KバイトのバッファRAMを組み込むことにします．

　SpartanⅡでは，データ幅8ビット/アドレス幅9ビットのブロックRAMを32ビットのバイト・レーンに四つ並列に並べて，データ幅32ビット/アドレス幅9ビットで合計2Kバイトのメモリ・モジュールを作成しました．バイト・レーンごとにブロックRAMが独立しているため，バイト・イネーブル信号に合わせてそれぞれのモジュールのライト・イネーブル信号を制御することで，バイト単位での書き換えにも対応できます〔図5（a）〕．

　Spartan3ではブロックRAM一つで容量が2Kバイトあるので，ブロックRAMをデータ幅32ビットに設定して一つだけ組み込みました〔図5（b）〕．しかし，こちらはあくまで一つのブロックRAMであるため，ライト・イネーブル信号は1本だけで32ビット幅を一度に書き換える信号になります．もともとブロックRAMをxビット幅で使うということは，1ワードがxビットであることを意味するので，アクセス単位はかならずxビットになり，xビット中の一部のyビットだけを書き換えるような設計はしません．

　32ビット幅のバスをバイト単位での書き換えに対応させるためには，SpartanⅡでの手法と同じように，データ幅を8ビットに定義したブロックRAMを四つ並べて32ビット幅を構成するしかありません．こう

すると合計容量が8Kバイトになりますが，2Kバイトしか使わない場合でも，残り6Kバイトをほかの用途に使うことはできません．

　実際にこのコントローラを実装するデバイスにおいて，ブロックRAMを何個内蔵しているか，ほかのモジュールでブロックRAMを消費する場合はブロックRAMがあと何個残るかなどを十分検討して，バッファ・メモリの構成を考える必要があります．

● MMCコマンド＋引き数レジスタ

　ここで設計したMMCカード・コントローラは，制御レジスタに32ビットの幅をもたせることができるので，一度に4バイトをまとめてレジスタに書き込むことができます．MMCコマンドの引き数はちょうど32ビット長なので，4バイト境界に配置するのがスマートかとも思いました．しかし，MMCカード・ドライバでコマンド＋引き数という UBYTE 型（その実態は unsigned char 型）の配列が用意されているので，このバイト順をそのまま転送したほうが理解しやすいと思い，**表1**のようなレジスタ・マップとしました．

　リスト1（p.140）にここで設計したMMCカード・コントローラ用MMCカード・ドライバのMMCコマンド発行ルーチンの一部を示します．第3章で作成したMMCカード・ドライバのMMCコマンドの発行では，*cmdbuf に格納された MMC コマンドと引き数，および CRC をバイト単位でアクセスし，I/O ドライバ部を呼び出して1バイト単位で送信してきました．

第6章　FPGAによるMMCカード・コントローラの設計事例

表1　設計したMMCカード・コントローラのレジスタ・マップ（WCはライト・クリアの意味）

オフセット	アクセス・ビット幅	リード/ライト	ビット	用途
割り込みステータス・レジスタ（'1'で割り込み要求/'1'を書き込むと要求クリア）					
+0010h	32/16/8	R/WC R/WC R/WC R/WC	3 2 1 0	セクタ・ライト完了割り込み セクタ・リード完了割り込み コマンド実行完了割り込み カード挿抜検出割り込み
割り込みイネーブル・レジスタ（'1'で割り込み許可）				
+0014h	32/16/8	R/W R/W R/W R/W	3 2 1 0	セクタ・ライト完了割り込みイネーブル セクタ・リード完了割り込みイネーブル コマンド実行完了割り込みイネーブル カード挿抜検出割り込みイネーブル
MMCコマンド・レジスタ				
+0020h	32/16/8	R/W R/W	31〜8 7〜0	引き数 ビット31〜8 コマンド・レジスタ
MMCパラメータ・レジスタ				
+0024h	32/16/8	R/W R/W R/W R/W	31 30〜16 15〜8 7〜0	データ転送方向レジスタ（'1'でカード→ホスト） 転送バイト数レジスタ 転送ブロック数レジスタ（将来の拡張用） 引き数 ビット7〜0 注：本レジスタに書き込み動作を行うとコマンド送信開始
MMCステータス・レジスタ				
+0030h	32/16/8	R/W R/W R/W R/W	31 30 15〜8 7〜0	カード検出ステータス・レジスタ（'1'でカード挿入状態） コマンド実行ビジー・ステータス（'1'でコマンド実行中） データ・レスポンス・レジスタ コマンド・レスポンス・レジスタ
送受信バッファ				
+8000h	32	R/W	—	送信バッファA
+8200h	32	R/W	—	送信バッファB（将来の拡張用）
+8400h	32	R/W	—	受信バッファA
+8600h	32	R/W	—	受信バッファB（将来の拡張用）

　本MMCカード・コントローラでは，UBYTE型の配列のポインタをキャストしてULONG型のポインタに変換し，そのまま32ビット・サイズでコマンド+引き数上位側3バイトを一気に読み取り，MMCカード・コントローラのMMCコマンド・レジスタに書き込みます．残った引き数の1バイトと，データ転送方向や転送バイト数，そして将来の拡張用としてマルチプル・ブロック・アクセス時のブロック数も32ビットにまとめて，MMCパラメータ・レジスタに書き込みます．このレジスタに書き込み動作をすると，MMCコントローラのステート・マシンが起動して，実際にコマンド・トークンの送信を開始します．

● 送受信バッファのメモリ・マップ

　Spartanシリーズのブロック RAM は，完全なデュアルポート・メモリを構成できるので，送受信バッファはデュアルポート・メモリのポートA側をそのままシステム・バスに接続しています．ブロックRAMは十分高速なので，システム・バス側のクロック速度で，ノー・ウェイトでアクセスが可能です．

　ただし，Spartan3ではバイト・イネーブルを個別に用意できなかったので，送受信バッファへのアクセスは32ビット幅でアクセスするようにしてください．もっとも，セクタのリード/ライトは512バイトを一つの単位として行うので，この制限は大きな問題にはならないでしょう．

● MMCカード・コントローラのモジュール構成

　設計したMMCカード・コントローラのモジュール構成（PCIバス版）を図6（p.141）に示します．Interface 2006年1月号の特集記事でも解説したように，MMCカード・コントローラ本体（MMCC.VHD）には，MMCカード制御機能のみを実装し，表1に示したレジスタ・マップなどは，システム・バス接続部であるMMC_CTRL.VHDに実装しています．デュアルポート・メモリもこのモジュール内に実装しています．

　トップ・モジュールでは，MMC_CTRL.VHDの32ビット汎用システム・バス接続信号をPCI_CTRL.VHDの32ビット・ターゲット・ローカル・バス信号に接続しているだけです．なお，ここで使用したPCI

リスト1 設計したMMCカード・コントローラ用MMCドライバの一部（コマンド発行部）

```
/* MMCコマンド・トークン送信 */
int mmc_commandtoken(UBYTE *cmdbuf, int dir, UWORD len, , UBYTE *buff)
{
    int i;
    UWORD j,w;
    ULONG l,*c,sts;
    UBYTE response;

    /* データ転送を伴うコマンドか？ */
    if (len) {
        if (dir==0) {                          /* ホスト→カード方向の転送か？ */
            w=len>>2;                          /* バイト数→ダブル・ワード数変換 */
            if (len&3) w++;                    /* 半端なバイトがあれば1ダブル・ワード加算 */
            out_block(0x8000, buff, w);        /* 送信バッファへのブロック転送 */
        }
    }

    /* コマンド・トークン送信 */
    /* コマンド+引き数（ビット31～8） */
    c=(ULONG *)cmdbuf;                         /* UBYTE型配列をULONG型で読み出す */
    l=*c++;                                    /* MMC SPIコマンド + 引き数（ビット31～8） */
    out_long(0x20, l);                         /* MMCコマンド・レジスタ設定 */
    /* 引き数（ビット7～0） + パラメータ */
    l=((ULONG)dir<<31) | (((ULONG)len&0x7FFF)<<16) | 0x100 | cmdbuf[4];
    out_long(0x24, l);                         /* MMCパラメータ・レジスタ設定 */

    /* コマンド・トークン・レスポンス受信（ポーリング処理時） */
    for(l=0;l<0x80000;l++){
        sts=in_long(0x30);                     /* MMCステータス取得 */
        if ((sts&0x40000000)==0) break;        /* BUSYクリア */
    }
    if (sts==0x80000) return MMC_CARD_IS_NOT_RESPONDING; /* カードから反応なし */
    if (sts&0xFF) return CmdResponseCheck(sts&0xFF);     /* コマンド・レスポンス（エラー発生時） */
    /* ↑将来的には割り込み駆動に変更 */

    /* データ転送を伴うコマンドか？ */
    if (len) {
        if (dir==1) {                          /* カード→ホスト方向の転送か？ */
            w=len>>2;                          /* バイト数→ダブル・ワード数変換 */
            if (len&3) w++;                    /* 半端なバイトがあれば1ダブル・ワード加算 */
            in_block(0x8400, buff, w);         /* 受信バッファからのブロック転送 */
            sts=in_long(0x30);                 /* MMCステータス取得 */
            sts=sts>>8;                        /* データ・トークン・レスポンスを下位8ビットに */
        }
    }
    return CmdResponseCheck(sts&0xFF);         /* レスポンスを返す */
}
```

ターゲットの設計については，参考文献(2), (3)を参照してください．

また，**写真2**の評価キットでは，MMC_CTRL.VHD以下のモジュールを移植し，32ビット汎用システム・バスに対してそのままMMC_CTRL.VHDモジュールの信号を接続しています．

最後に，MMCカード・コントローラ本体のVHDLソースの一部を**リスト2**（章末）に掲載します．VHDLのソース・リストは本書付属のCD-ROMに収録されています．

● MMCカード・コントローラの動作

図7(p.142)に設計したMMCカード・コントローラの動作を示します．セクタ・リード時は，セクタ・リード・コマンドとアクセス先アドレス，転送バイト数をそれぞれMMCコマンド・レジスタとパラメータ・レジスタに書き込みます．

MMCカード・コントローラは，MMCパラメータ・レジスタへの書き込みを検出すると，コマンド・トークンの送信を開始しコマンド・レスポンスを受信します．また転送バイト数レジスタにゼロ以外の値が書き込まれている場合は，データ転送を伴うコマンドであるとして，データ・トークン・スタート・バイト待ちになり，セクタ・リード・データを受信します．そしてセクタ・データの受信が完了したところで，システムに対してセクタ・リード完了割り込みを出力します．さらに2バイトのCRCを読み捨て，MMCカード・コントローラのステート・マシンがアイドルになったら，最終的にコマンド実行完了割り込みを出力します．

システム側では，MMCカード・コントローラから出力される割り込みを検出して，割り込み制御レジスタへアクセスしたり，受信バッファから読み出したセ

第6章 FPGAによるMMCカード・コントローラの設計事例

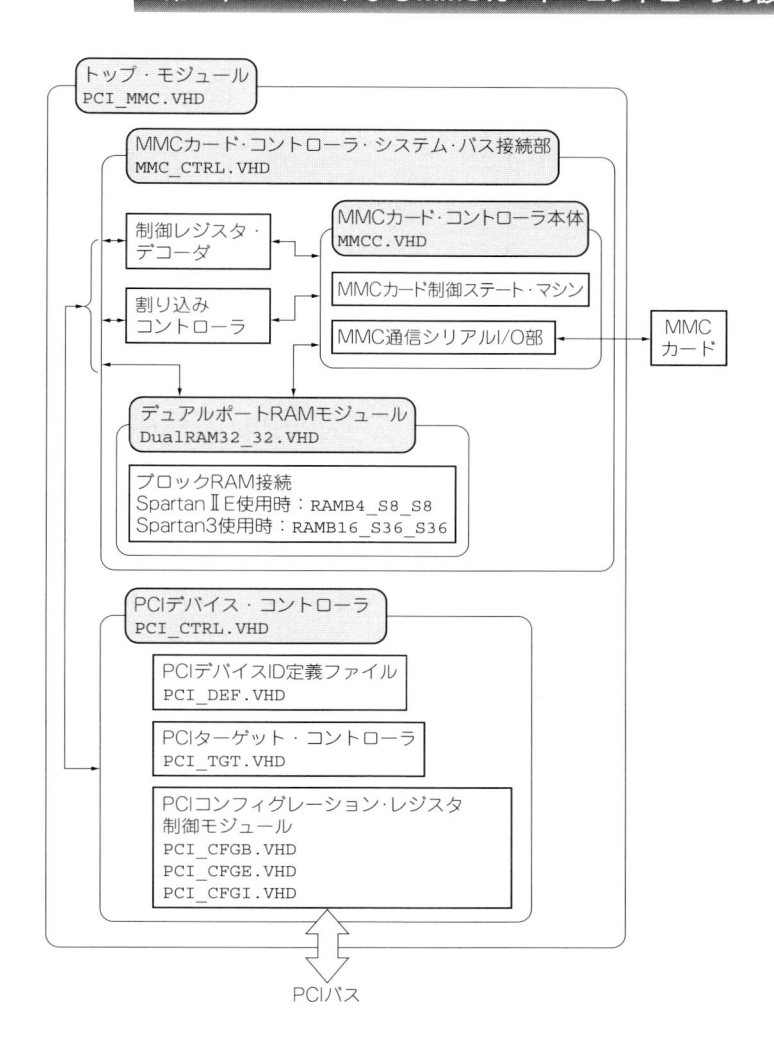

図6
設計したMMCカード・コントローラのモジュール構成（PCIバス版）

```
トップ・モジュール
PCI_MMC.VHD
  ├─ MMCカード・コントローラ・システム・バス接続部
  │   MMC_CTRL.VHD
  │     ├─ 制御レジスタ・デコーダ
  │     ├─ 割り込みコントローラ
  │     └─ MMCカード・コントローラ本体
  │         MMCC.VHD
  │           ├─ MMCカード制御ステート・マシン
  │           └─ MMC通信シリアルI/O部 ── MMCカード
  ├─ デュアルポートRAMモジュール
  │   DualRAM32_32.VHD
  │     └─ ブロックRAM接続
  │        SpartanIIE使用時: RAMB4_S8_S8
  │        Spartan3使用時: RAMB16_S36_S36
  └─ PCIデバイス・コントローラ
      PCI_CTRL.VHD
        ├─ PCIデバイスID定義ファイル
        │   PCI_DEF.VHD
        ├─ PCIターゲット・コントローラ
        │   PCI_TGT.VHD
        └─ PCIコンフィグレーション・レジスタ
            制御モジュール
            PCI_CFGB.VHD
            PCI_CFGE.VHD
            PCI_CFGI.VHD
                    │
                  PCIバス
```

クタ・データを取り出す処理を行います．

今回設計したMMCカード・コントローラは，このようにMMCパラメータ・レジスタへの書き込みからセクタ・リード完了/コマンド実行完了割り込みの間は，CPUの介在を必要としません．

セクタ・ライトも同様ですが，先ほどと異なる点がいくつかあります．まずMMCコマンド/パラメータ・レジスタに書き込み動作を行う前に，あらかじめ送信バッファにライト・データを書き込んでおくことです．このMMCカード・コントローラは，MMCパラメータ・レジスタに書き込み動作を行うと，すぐにコマンド・トークンの送信を開始してしまうためです．

またセクタ・リードでは，セクタ・リード完了割り込みのすぐ後にコマンド実行完了割り込みが発生します．しかし，セクタ・ライトでは，セクタ・ライト完了割り込みの後，カード側から出力されるビジー時間を経過した後でコマンド実行完了割り込みが発生するので，ここで若干の時間差も発生します．この割り込みの発生タイミングの差を利用し，セクタ・ライト完了割り込みで次のライト・データの準備を開始し，コマンド実行完了割り込みで実際のライト・コマンドを発行するという，パイプライン的な処理を採用することも可能でしょう．

● MMCカード・コントローラのデータ転送の実際

図8(p.143)に設計したMMCカード・コントローラの実際のデータ転送のようすを示します．**図8**(a)はセクタ・リードのようすで，セクタ・データの読み出し開始まで約500μsの時間がかかっていますが，セクタ・データ自体の転送はその半分の約250μsで終了しています．テストで使用したPCIバスはクロック速度が33.333MHzですが，MMCカードのクロックはその半分の周波数で動作させています．したがってセク

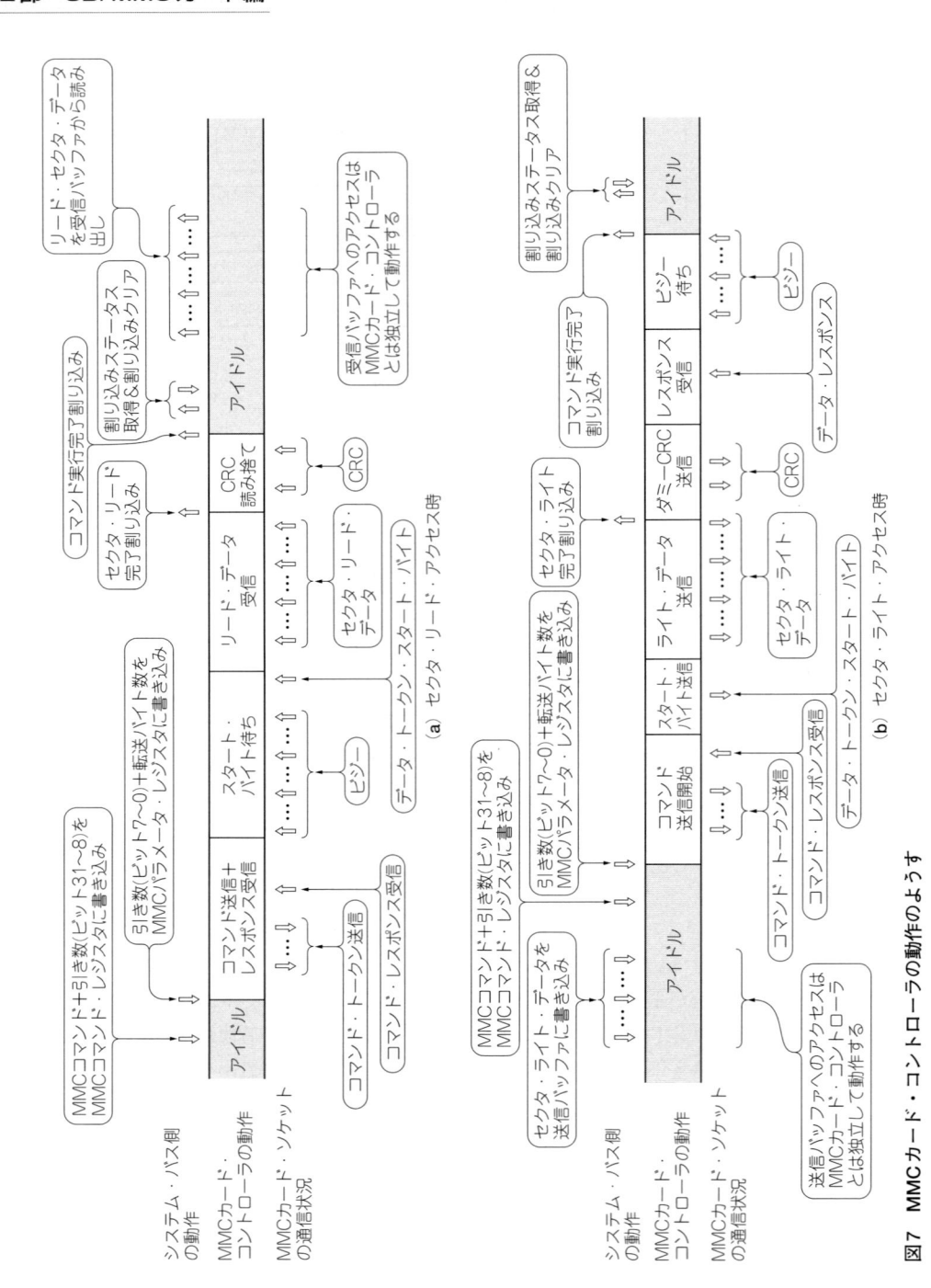

タ・データの転送時間は，

$(1/16.666\text{MHz}) \times 8 \times 512 = 246\mu s$

となり，ほぼ実測値と合っていることがわかります．

　セクタ読み出しが完了した後は，PCIバス側では割り込み処理と，受信バッファからセクタ・データの読み出し処理が行われています．

　今回設計したPCIデバイスはバスマスタ・デバイスではなく，実際にはシングル転送になっているので，512バイト（4バイト/128ワード）の転送に約50μs程度の時間がかかっています．これをバスマスタに変更しバースト転送をさせれば，この1/10程度の時間に高速化も可能です．FPGAのブロックRAMのアクセ

第6章 FPGAによるMMCカード・コントローラの設計事例

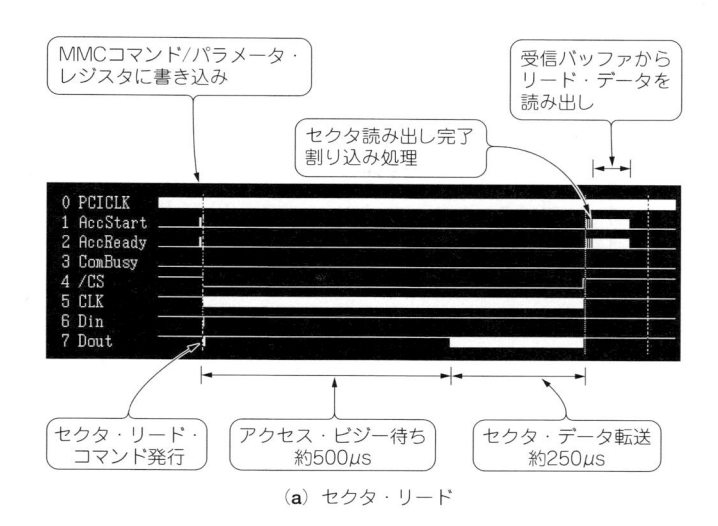

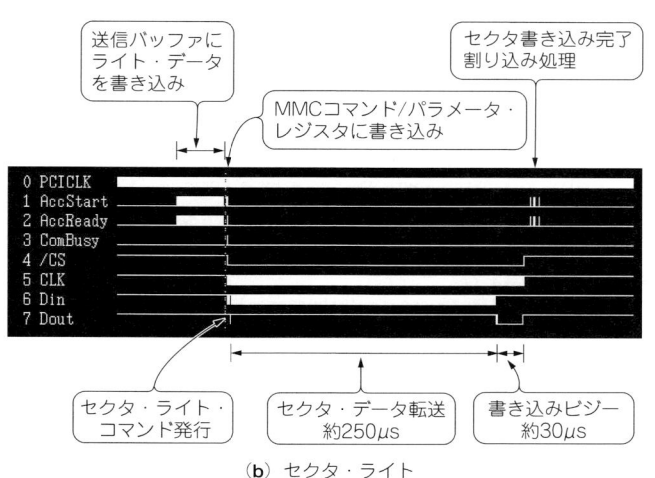

図8
設計したMMCカード・コントローラの実際のデータ転送のようす

(a) セクタ・リード

ラベル:
- MMCコマンド/パラメータ・レジスタに書き込み
- セクタ読み出し完了割り込み処理
- 受信バッファからリード・データを読み出し
- 0 PCICLK
- 1 AccStart
- 2 AccReady
- 3 ComBusy
- 4 /CS
- 5 CLK
- 6 Din
- 7 Dout
- セクタ・リード・コマンド発行
- アクセス・ビジー待ち 約500μs
- セクタ・データ転送 約250μs

(b) セクタ・ライト

ラベル:
- 送信バッファにライト・データを書き込み
- MMCコマンド/パラメータ・レジスタに書き込み
- セクタ書き込み完了割り込み処理
- セクタ・ライト・コマンド発行
- セクタ・データ転送 約250μs
- 書き込みビジー 約30μs

ス速度はPCIバス・クロックと比較して十分に高速なので，ノー・ウェイトのバースト転送が可能です．

同様に，図8(b)にセクタ・ライトのようすを示します．この例ではセクタ・データの転送時間はほぼ同じ約250μs（同じクロックで動作させているので当然だが）ですが，書き込み完了までのビジーは約30μsとなりました．書き込むセクタの位置によっては，NAND型フラッシュ・メモリの同一ブロック内にあるほかのセクタ・データの退避/コピー作業が不要になるので，普段よりも高速に書き込みが完了する場合もあるようです．

*　　　　　*

目標ではブロックRAMをダブル・バッファ構成にし，さらにマルチプル・ブロック・コマンドを活用した高速MMCカード・コントローラまでを実現したかったのですが，今回は時間が尽きてしまいました．

さらにCRC生成回路も実装して，CRCをイネーブルにした，より信頼性の高い転送にも対応したいところです．

また機会があれば，より高いパフォーマンスを実現するMMCカード・コントローラの設計にチャレンジしてみたいと思います．

参考文献
(1) PCカード/メモリカードの徹底研究，TECH I Vol.14，CQ出版社．
(2) 改定新版 PCIバス＆PCI-Xバスの徹底研究，TECH I Vol. 21，CQ出版社．
(3) 改定新版 PCIデバイス設計入門，TECH I Vol. 25，CQ出版社．
(4) 特集 FPGAを活用した組み込みシステム設計入門，Interface，2006年1月号，CQ出版社．

やまたけ・いちろう　来栖川電工（有）

リスト2
設計したMMCカード・コントローラ本体
(MMCC.VHD)のソース
(一部)

```vhdl
    ～中略～
case CSTATE is
-- ********** MMC_IDLEステート時の動作 ********** --
when MMC_IDLE =>

    if (MMC_CommandSet = '1') then   -- コマンド発行
        Send_Start     <= '1';
        Command_Busy   <= '1';
        if (MMC_Command = X"FF") then-- ダミー・クロック送信コマンド
            Byte_Count := MMC_Argument(14 downto  0);   -- 送信ダミー・クロック数
            Send_Reg   <= X"FF";
            NSTATE := DUMMY_CLK;      -- ダミー・クロック送信
        else                          -- 通常コマンド送信
            MMC_nCS_reg    <= '0';
            Send_Reg       <= "01" & MMC_Command(5 downto 0);
            Byte_Count(2 downto 0) := "001";
            NSTATE := SEND_COMMAND;
        end if;
    else
        NSTATE := MMC_IDLE;
    end if;
    Time_Count := (others => '0');

-- ********** DUMMY_CLKステート時の動作 ********** --
when DUMMY_CLK => -- ダミー・クロック送信
    if (Send_Done = '1') then      -- 8クロック ダミー・クロック送信完了
        if (Byte_Count = "00000000000000") then    -- 送信バイト数完了
            Command_Busy <= '0';
            Send_Start   <= '0';
            NSTATE := MMC_IDLE;
        else
            Byte_Count := Byte_Count - '1';
            NSTATE := DUMMY_CLK;
        end if;
    else
        NSTATE := DUMMY_CLK;
    end if;
    Cmd_Response <= (others => '0'); -- ステータス・クリア
    Dat_Response <= (others => '0'); -- ステータス・クリア

-- ********** SEND_COMMANDステート時の動作 ********** --
when SEND_COMMAND =>    -- コマンド・トークン送信
    if (Send_Done = '1') then    -- 1バイト送信完了
        case Byte_Count(2 downto 0) is
        when "001" =>
            Send_Reg <= MMC_Argument(31 downto 24);
            NSTATE := SEND_COMMAND;
        when "010" =>
            Send_Reg <= MMC_Argument(23 downto 16);
            NSTATE := SEND_COMMAND;
        when "011" =>
            Send_Reg <= MMC_Argument(15 downto  8);
            NSTATE := SEND_COMMAND;
        when "100" =>
            Send_Reg <= MMC_Argument( 7 downto  0);
            NSTATE := SEND_COMMAND;
        when "101" => -- CMD0/CMD1のみ正常コマンド・トークンCRC送信
            if (MMC_Command = X"40") then
                Send_Reg <= X"95"; -- CMD0のCRC
            else
                Send_Reg <= X"FF"; -- ダミーCRC
            end if;
            NSTATE := SEND_COMMAND;
        when others =>
            Send_Start <= '0'; -- コマンド送信終了
            Recv_Start <= '1'; -- レスポンス受信開始
            NSTATE := WAIT_RESPONSE;
        end case;
        Byte_Count(2 downto 0) := Byte_Count(2 downto 0) + '1';
    else
        NSTATE := SEND_COMMAND;
    end if;

-- ********** WAIT_RESPONSEステート時の動作 ********** --
when WAIT_RESPONSE =>   -- コマンド・トークン・レスポンス待ち
    if (Recv_Start = '1') then
```

リスト2
設計したMMCカード・コントローラ本体（MMCC.VHD）のソース（一部）（つづき）

```vhdl
                    Recv_Start <= '0';  -- 受信開始クロックは1クロックだけセット
                    NSTATE := WAIT_RESPONSE;
                elsif (Recv_Done = '1') then  -- 1バイト受信完了
                    if (Recv_Reg(7) = '0') then  -- レスポンス受信完了
                        Cmd_Response <= Recv_Reg;
                        if (Recv_Reg(6 downto 0) = "0000000") then  -- コマンド正常時
                            if (MMC_TransByte /= "000000000000000")
                                                then  -- 転送データあり
                                Time_Count  := (others => '0');
                                Byte_Count  := MMC_TransByte;  -- 転送バイト数取得
                                Block_Count := MMC_BlkCount;   -- 複数ブロック転送時 ブロック数取得
                                if (MMC_TransDir = '1') then   -- リード・データ転送
                                    RAM_Address <= "10000000000";
                                                               -- リード・データ・バッファ・アドレス設定
                                    Recv_Start <= '1';         -- 受信開始
                                    NSTATE := READ_DATA0;
                                else   -- ライト・データ転送
                                    RAM_Address  <= (others => '0');
                                                               -- ライト・データ・バッファ・アドレス設定
                                    Send_Start <= '1';  -- 送信開始
                                    Send_Reg <= X"FE";  -- データ・トークン・スタート・バイト設定
                                    NSTATE := WRITE_DATA1;
                                end if;
                            else  -- エラーなし終了(データ転送なしコマンド)
                                Command_Busy <= '0';
                                NSTATE := MMC_IDLE;
                            end if;
                        else   -- 何らかのエラーが発生して終了
                            Command_Busy <= '0';
                            NSTATE := MMC_IDLE;
                        end if;
                    else       -- レスポンスを受信するまで再度受信開始
                        Recv_Start <= '1';
                        NSTATE := WAIT_RESPONSE;
                    end if;
                else
                    if (Card_Detect = '0' or Time_Count(26) = '1') then
                                                               -- カードが抜かれた or タイムアウト
                        NSTATE := TIME_OUT;
                    else
                        Time_Count := Time_Count + '1';
                        NSTATE := WAIT_RESPONSE;
                    end if;
                end if;

-- ********** WRITE_DATA0ステート時の動作 ********** --
            when WRITE_DATA0 =>    -- データ・トークン・スタート・バイト送信処理
                if (Send_Done = '1') then
                    Send_Reg <= X"FE";  -- データ・トークン・スタート・バイト設定
                    NSTATE := WRITE_DATA1;
                else
                    NSTATE := WRITE_DATA0;
                end if;

-- ********** WRITE_DATA1ステート時の動作 ********** --
            when WRITE_DATA1 =>    -- 実データ送信処理
                if (Send_Done = '1') then
                    Send_Reg <= RAM_ReadData;             -- ライト・データ設定
                    RAM_Address  <= RAM_Address + '1';    -- 次のアドレス計算
                    if (Byte_Count = "000000000000001") then  -- 転送終了
                        BlkWrite_Ready <= '1';   -- ブロック・ライト・データ完了
                        NSTATE := WRITE_DATA2;
                    else
                        NSTATE := WRITE_DATA1;
                    end if;
                    Byte_Count := Byte_Count - '1';
                else
                    NSTATE := WRITE_DATA1;
                end if;

-- ********** WRITE_DATA2ステート時の動作 ********** --
            when WRITE_DATA2 =>    -- CRC送信処理
                if (Send_Done = '1') then
                    Send_Reg <= X"FF";  -- ダミーCRC設定
                    if (Byte_Count(1 downto 0) = "10") then  -- ダミーCRC 2バイト送信完了
                        Send_Start <= '0';
                        Recv_Start <= '1';  -- データ・トークン・レスポンス受信開始
```

リスト2
設計したMMCカード・コントローラ本体（MMCC.VHD）のソース（一部）（つづき）

```vhdl
                        NSTATE := WRITE_DATA3;
                    else
                        NSTATE := WRITE_DATA2;
                    end if;
                    Byte_Count(1 downto 0) := Byte_Count(1 downto 0) + '1';
                else
                    NSTATE := WRITE_DATA2;
                end if;
                BlkWrite_Ready <= '0';
            -- ********** WRITE_DATA3ステート時の動作 ********** --
            when WRITE_DATA3 =>         -- データ・トークン・レスポンス受信処理
                if (Recv_Start = '1') then
                    Recv_Start <= '0';  -- 受信開始クロックは1クロックだけセット
                    NSTATE := WRITE_DATA3;
                elsif (Recv_Done = '1') then  -- 1バイト受信完了
                    if (
                            (Recv_Reg(4 downto 0) = "00101")  -- 書き込み正常終了
                        ) or (
                            (Recv_Reg(4 downto 0) = "01011")  -- 書き込みエラー
                        ) then
                            Dat_Response <= Recv_Reg;  -- データ・トークン・レスポンス受信
                            Recv_Start <= '1';          -- ビジー・ステータス受信開始
                            NSTATE := WAIT_BUSY;        -- カードBUSY待ち
                    else                                -- データ・レスポンス受信待ち
                            Recv_Start <= '1';          -- レスポンス再受信開始
                            NSTATE := WRITE_DATA3;
                    end if;
                else
                    if (Card_Detect = '0' or Time_Count(26) = '1') then
                                                        -- カードが抜かれた or タイムアウト
                        NSTATE := TIME_OUT;
                    else
                        Time_Count := Time_Count + '1';
                        NSTATE := WRITE_DATA3;
                    end if;
                end if;

            -- ********** READ_DATA0ステート時の動作 ********** --
            when READ_DATA0 =>-- リード・トークン・スタート・バイト待ち
                if (Recv_Done = '1') then           -- 1バイト受信完了
                    if (Recv_Reg = X"FE") then      -- リード・トークン・スタート・バイト受信
                        NSTATE := READ_DATA1;
                    else
                        NSTATE := READ_DATA0;
                    end if;
                else
                    if (Card_Detect = '0' or Time_Count(26) = '1') then
                                                        -- カードが抜かれた or タイムアウト
                        NSTATE := TIME_OUT;
                    else
                        Time_Count := Time_Count + '1';
                        NSTATE := READ_DATA0;
                    end if;
                end if;
                -- ↑このステートではRecv_Startを'1'にセットしたままでOK

            -- ********** READ_DATA1ステート時の動作 ********** --
            when READ_DATA1 =>-- 実データ受信処理
                -- ***** データ受信ステート・マシン制御 ***** --
                if (Byte_Count = "000000000000001") then  -- 最終転送バイト
                    if (Recv_Done = '1') then       -- 1バイト受信完了
                        BlkRead_Ready <= '1';       -- ブロック・リード完了
                        NSTATE := READ_DATA2;
                    else
                        NSTATE := READ_DATA1;
                    end if;
                else
                    if (Card_Detect = '0' or Time_Count(26) = '1') then
                                                        -- カードが抜かれた or タイムアウト
                        NSTATE := TIME_OUT;
                    else
                        Time_Count := Time_Count + '1';
                        NSTATE := READ_DATA1;
                    end if;
                end if;
                -- ***** 受信データ→バッファ書き込み制御 ***** --
                if (Recv_Done = '1') then                   -- 1バイト受信完了
```

リスト2
設計したMMCカード・コントローラ本体（MMCC.VHD）のソース（一部）（つづき）

```vhdl
                RAM_WriteData <= Recv_Reg;
                RAM_WriteEnable <= '1';
                Byte_Count := Byte_Count - '1';   -- バイト・カウント・デクリメント
            elsif (RAM_WriteEnable = '1') then    -- 直前でRAMに書きこみ
                RAM_WriteEnable <= '0';
                RAM_Address <= RAM_Address + '1'; -- 次のアドレス計算
            end if;
            -- ↑このステートではRecv_Startを'1'にセットしたままでOK

        -- ********** READ_DATA2ステート時の動作 ********** --
        when READ_DATA2 =>-- CRC読み捨て処理
            -- ***** 受信バッファ書き込み制御
            if (RAM_WriteEnable = '1') then       -- 直前でRAMに書きこみ
                RAM_Address <= RAM_Address + '1'; -- 次のアドレス計算
            end if;
            RAM_WriteEnable <= '0';
            -- ***** CRC読み捨て処理 ***** --
            if (Recv_Done = '1') then       -- 1バイト受信完了
                if (Byte_Count(0) = '0') then-- 1バイト目CRC読み捨て
                    Byte_Count(0) := '1';
                    Recv_Start <= '0';      -- 次の1バイトを受信したら受信終了
                    NSTATE := READ_DATA2;
                else                        -- 2バイト目CRC読み捨て
                    if (Block_Count = X"01") then    -- 最終ブロック転送完了
                        Dat_Response <= X"00";
                        Command_Busy <= '0';
                        NSTATE := MMC_IDLE;
                    else
                        Byte_Count  := MMC_TransByte;   -- 転送バイト数取得
                        Block_Count := Block_Count - '1';
                        Recv_Start <= '1'; -- 再度データ・トークン受信開始
                        NSTATE := READ_DATA0;
                    end if;
                end if;
            else
                if (Card_Detect = '0' or Time_Count(26) = '1') then
                                            -- カードが抜かれた or タイムアウト
                    NSTATE := TIME_OUT;
                else
                    Time_Count := Time_Count + '1';
                    NSTATE := READ_DATA2;
                end if;
            end if;
            BlkRead_Ready <= '0';

        -- ********** WAIT_BUSYステート時の動作 ********** --
        when WAIT_BUSY => -- ビジー・ウェイト処理
            if (Recv_Start = '1') then
                Recv_Start <= '0'; -- 受信開始クロックは1クロックだけセット
                NSTATE := WAIT_BUSY;
            elsif (Recv_Done = '1') then -- 1バイト受信完了
                if (Recv_Reg /= X"00") then   -- ビジー・クリア検出
                    Command_Busy <= '0';
                    NSTATE := MMC_IDLE;
                else
                    Recv_Start <= '1';        -- レスポンス再受信開始
                    NSTATE := WAIT_BUSY;
                end if;
            else                        -- ビジー・クリア信号待ち
                if (Card_Detect = '0' or Time_Count(26) = '1') then
                                            -- カードが抜かれた or タイムアウト
                    NSTATE := TIME_OUT;
                else
                    Time_Count := Time_Count + '1';
                    NSTATE := WAIT_BUSY;
                end if;
            end if;

        -- ********** TIME_OUTステート時の動作 ********** --
        -- when TIME_OUT =>    -- タイムアウト処理
        when others =>
            RAM_WriteEnable <= '0';
            Cmd_Response <= X"FF";  -- タイムアウト・エラー
            Dat_Response <= X"FF";  -- タイムアウト・エラー
            Send_Start      <= '0';
            Recv_Start      <= '0';
            if (Bit_Count /= "0000") then    -- シリアル送受信中
                NSTATE := TIME_OUT;
```

第2部　SD/MMCカード編

第7章

イニシャライズ，セクタの読み書き，消去の動作

SDメモリーカードの実装の心得

岡田 浩人

　1999年に発表されたSDメモリーカード(SDカード)は，2003年にminiSDカード，そして2004年にmicroSDカードと，より小型に進化し続けています．機能については，SD Memory Card Specifications Part.1 Physical Layer Specification (SD Spec) のVersion 1.10で50MHzのHigh Speedバージョンの規定が追加され，Version 2.00で2Gバイトを超えるHigh Capacityカードの仕様が策定されました．

　miniSDカードやmicroSDカードは，SDメモリーカードと形状だけでなくピン数も異なります．しかし，その内訳をみると，miniSDカードは2本の予備ピンが追加されているだけです．また，microSDカードは2本あったVSSが1本に減っただけで，通信の基本となるSCLK，CMD，DATA0～3は同じであることがわかります(**表1**)．

　50MHzのHigh Speedバージョン[注1]では，基本的には25Mバイト/sのデータ転送を実現するためにクロック周波数をそれまでの25MHzから2倍の50MHzにしました．また，2Gバイトを超えるHigh Capacityカードでは，アドレッシング方法およびデータのブロック長に関する変更が行われており，SDメモリーカードの基本的な通信プロトコルは継承されています．

　本章では，SDメモリーカードのプロトコルについて，そのベースとなったMMC(マルチメディアカード)と比較しながら，実際のホスト機器の実装でしばしば問題になるポイントを説明していきます．

1 イニシャライズ──SDメモリーカードとMMCカードには違いが

● SDメモリーカードとMMCカードの違い

　SDメモリーカードとMMCカードのインターフェースのもっとも大きな違いは，イニシャライズの部分です．

　SDメモリーカードはMMCカードの上位互換になるように設計されているので，当然ながら，SDメモリーカードの入るコネクタにはMMCカードも入ります．そのため，SDメモリーカードをサポートした機器にカードを挿入したとき，そのカードがSDメモリーカードなのか，それともMMCカードなのかを識別するために，カードのイニシャライズ方式が変更されているのです．

　SDメモリーカードとMMCカードは，いわば兄弟のようなカードです．しかし，その仕様を管理している普及推進団体は，SDメモリーカードはSDA (SD card Association) で，MMCカードがMMCA (Multi MediaCard Association) という別団体です．そのため，カードの使用に関するライセンス形態が異なりま

注1：Version 1.10対応のHigh SpeedバージョンのSDメモリーカードは，それ以前のホスト機器でも動作する．

表1
SDメモリーカード，miniSDカード，microSDカードのピン比較

		SDメモリーカード	miniSDカード	microSDカード
ピン数		9	11	8
信号名		SCLK	SCLK	SCLK
		CMD	CMD	CMD
		DATA0～3	DATA0～3	DATA0～3
		VSS (×2)	VSS (×2)	VSS
		VDD	VDD	VDD
		―	予備 (×2)	

第7章 SDメモリーカードの実装の心得

す[注2]．ホスト機器側は，意識的に両者のカードを区別してサポートする必要があります．

● SDメモリーカードとMMCカードのイニシャライズ・ルーチン

▶ CMD0を最初に発行する

図1にSDメモリーカードとMMCカードのイニシャライズ・ルーチンを示します．SDメモリーカードは，MMCカードのCMD1にはレスポンスを返しません．したがって，ホスト機器は，カードの挿入を検出したとき，まずCMD0に続いてCMD1を発行します．レスポンスがない場合は，挿入されたカードがMMCカードではないと判断し（MMCカードだとCMD1にレスポンスする），再度CMD0を発行してからACMD41を発行します．このとき，レスポンスがあれば，挿入されたカードはSDメモリーカードと認識して，CMD2，CMD3と連続した処理を行います．

ACMD41に対してレスポンスがない場合は，処理できないカードとしてエラー処理を行います．CMD0は，リセット・コマンドでカードをリセット状態（idleステート）にします．

仕様については，CMD0の発行はSD Specで定義されていません．しかし，まずカードを確実にidleステートから始めるためにも，CMD0を最初に発行することをお勧めします．

▶ 与えられた電源電圧で動作可能か確認

続くACMD41（MMCではCMD1）では，二つの処理が行われます．一つは，ホスト機器がカードに対して電源電圧を通知し，カード側で通知された電源電圧で動作可能かどうかを判断することです．通知された電圧で動作可能な場合，カードはホスト機器にレスポンスを返します．もし，通知された電圧で動作できない場合，カードはレスポンスを返さず，inactiveステートに移行し，それ以降のホスト機器からのアクセスにいっさい対応しません．inactiveステートから抜けるためには，一度，電源をOFFにする必要があります．もし，SDメモリーカードがACMD41にレスポンスしない場合は，ホスト機器から通知した電源電圧が，そのカードのサポートしている電圧であるかどうかを確認してください．

▶ カードの初期化処理で使える状態にする

ACMD41のもう一つの処理は，カードの初期化処理

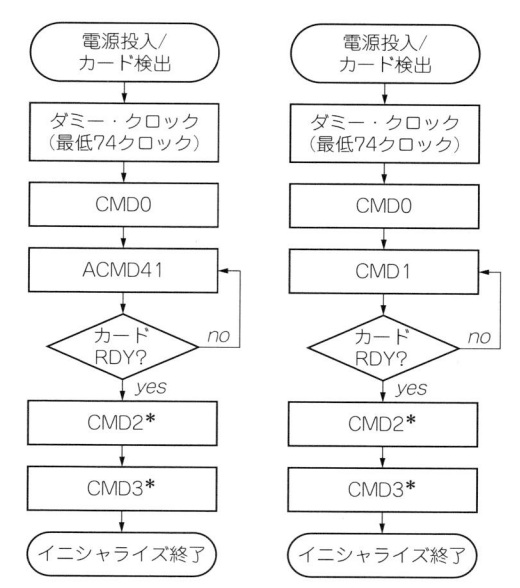

図1 SDメモリーカードとMMCのイニシャライズ・ルーチン

(a) SDメモリーカードのイニシャライズ
(b) MMCのイニシャライズ

＊：SDメモリーカードとMMCでは，CMD2，CMD3の動作が異なる

です．最初に発行したACMD41で，カード内部の初期化がスタートします．これ以降，しばらくカードはBSY状態になり，ACMD41に対するレスポンスでも，カードはBSY状態を示します．

カード内部の初期化が終了すると，カードはReadyステートになり，カード・レスポンスはRDY状態を示します．ホスト機器はACMD41を発行し，ステータスのポーリングを行ってカード・レスポンスがRDY状態になったことを確認する必要があります．

このカード初期化のためのBSY時間は，カードの大容量化に伴い長くなる傾向にあります．BSYタイム・アウト時間が短く設定されており，かつSDメモリーカードが正常に初期化動作を行っているにもかかわらずタイム・アウト・エラーになってしまう障害例があります．そのため，BSYタイム・アウト時間は，1秒以上に設定します．

▶ CMD2──複数のMMCカードが接続されているときの処理

CMD2は，複数のMMCカードが一つのMMCカード・バスに接続されている場合，その中から一つの

注2：SDメモリーカードをホスト機器で採用する場合，SDAとのライセンス契約が必要となる．MMCカードの場合，この種のライセンス契約は必要ない．ただし，MMCAでは，MMCAのメンバになることを強く推奨している．

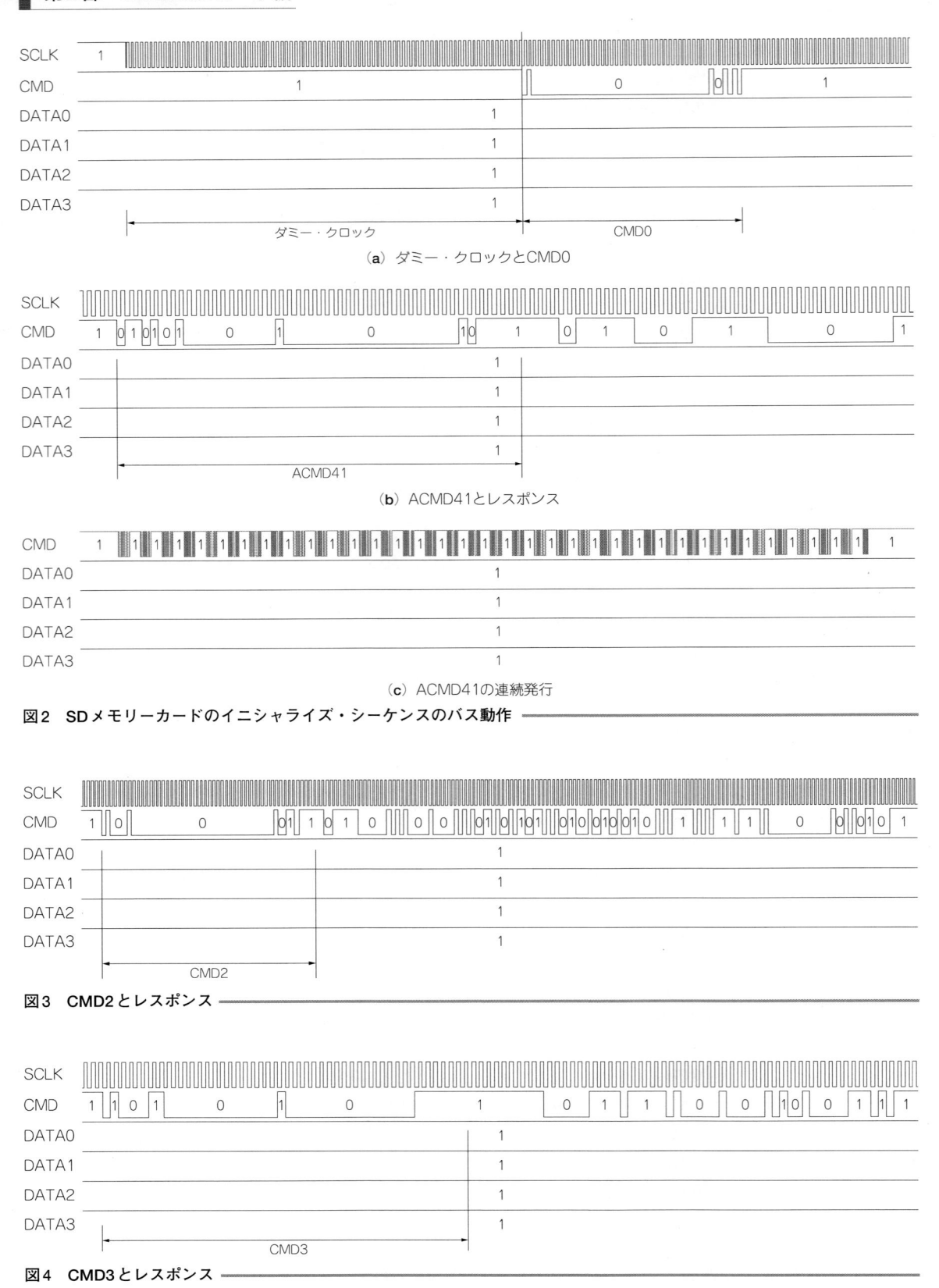

第2部　SD/MMCカード編

(a) ダミー・クロックとCMD0

(b) ACMD41とレスポンス

(c) ACMD41の連続発行

図2　SDメモリーカードのイニシャライズ・シーケンスのバス動作

図3　CMD2とレスポンス

図4　CMD3とレスポンス

カードを選び，続くCMD3でRCA（Relative Card Address）を割りふるためのものです．このため，MMCカードはCMD2に対して，CID（Card IDentification）をオープン・ドレインで出力します．このシーケンスはもともとMMCカードにあったものです．

SDメモリーカードでは，一つのバスには一つのSDメモリーカードの接続しか認めていません．したがってSDメモリーカードのこのCIDの出力は，プッシュプル出力です．CMD3のRCA設定については，MMCがホスト機器から設定するのに対して，SDメモリーカードでは，カードから自分自身のRCA値をホスト側に伝えます．このRCA値は，後の読み書きするカード選択（CMD7）やCSD（Card Specific Data）レジスタの読み出し（CMD9），CIDレジスタの読み出し（CMD10），またステータス・レジスタの読み出し（CMD13）の際，各コマンドの引き数として指定する必要があります．

SDメモリーカードのイニシャライズ・シーケンスのバス動作をロジック・アナライザで観測した波形を**図2～図4**に示します．

2 データの読み出し，書き込み，消去

● まずはメモリ容量とサポートされている機能の確認を

CMD3を実行し，カードのイニシャライズが終了すると，カードはデータ・トランスファ・モードになります．データ・トランスファ・モードのカードは，データの読み書きが可能です．

しかし実際のシステムでは，データの読み書きを始める前に，挿入されたカードのメモリ容量やサポートされている機能を確認する必要があります．メモリ容量やサポートされている機能は，各カードのCSDレジスタから読み取ります．カード容量の算出は，CMD9で読み出されるCSDレジスタの値から**表2**の算出式に基づいて行う必要があります．CSDレジスタの定義は，SDメモリーカードとMMCカードでは異なるので注意が必要です．

● データの読み書き

データの読み出しは，CMD17（シングル・ブロック・リード）またはCMD18（マルチプル・ブロック・リード）で行います．CMD17は，1回のコマンドで1ブロックのデータを読み出します．

表2 メモリ容量算出式

メモリ容量 = BLOCKNR × BLOCK_LEN
BLOCKNR = (C_SIZE+1) × MULT
MULT = $2^{C\_SIZE\_MULT+2}$
BLOCK_LEN = $2^{READ\_BL\_LEN}$

C_SIZE, C_SIZE_MULT, READ_BL_LENは，CSDからの読み出し値を使う．

CMD18は，1回のコマンドで次にCMD12（STOPコマンド）が発行されるまで，連続した複数ブロックを読み出すことができます．

データの書き込みには，シングル・ブロック・ライトであるCMD24，もしくはマルチプル・ブロック・ライトであるCMD25を用います．

マルチプル・ブロック・コマンド（CMD18，CMD25）において，1ブロックのデータ転送直後にSTOPコマンドを発行すると，シングル・ブロック・コマンドと実質的に同じとなります．ただし，シングル・ブロック・コマンドの場合は，データ転送後にSTOPコマンドを発行する必要はありません．

シングル・ブロック転送およびマルチプル・ブロック転送における1ブロックのサイズのデフォルト値は，CSDレジスタのREAD_BL_LENの値から$2^{READ\_BL\_LEN}$として算出します．なお，SDメモリーカードでは，READ_BL_LENとWRITE_BL_LENは同じ値です．

また，このブロック・サイズは，CMD16によって変更することができます．2Gバイトなどの大容量のカードでは，READ_BL_LENが1024バイトのものがあります．これらのカードを従来のシステム（転送ブロック・サイズが512バイトのシステム）で使用する場合，CMD16でブロック・サイズを512バイトに変更する必要があります．

図5にCMD18実行時の信号バスのロジック・アナライザによる観測波形を，**図6**にCMD25実行時の観測波形を示します．図のように，データ読み出し，データ書き込みにもBSY状態があります．ホスト機器はこのBSY時間にも注意する必要があります．各BSY時間の最短は2クロックです．

初期のころのSDメモリーカードではより多くのクロックが必要なものが大半であったためか，ホスト機器の中にはBSY時間が2クロックでは動作しないものもまれにありました．しかし，BSYが最短2クロックでRDYに切り替わる場合にも対応できなければなりません．

また最近では，イニシャライズと同じように，カー

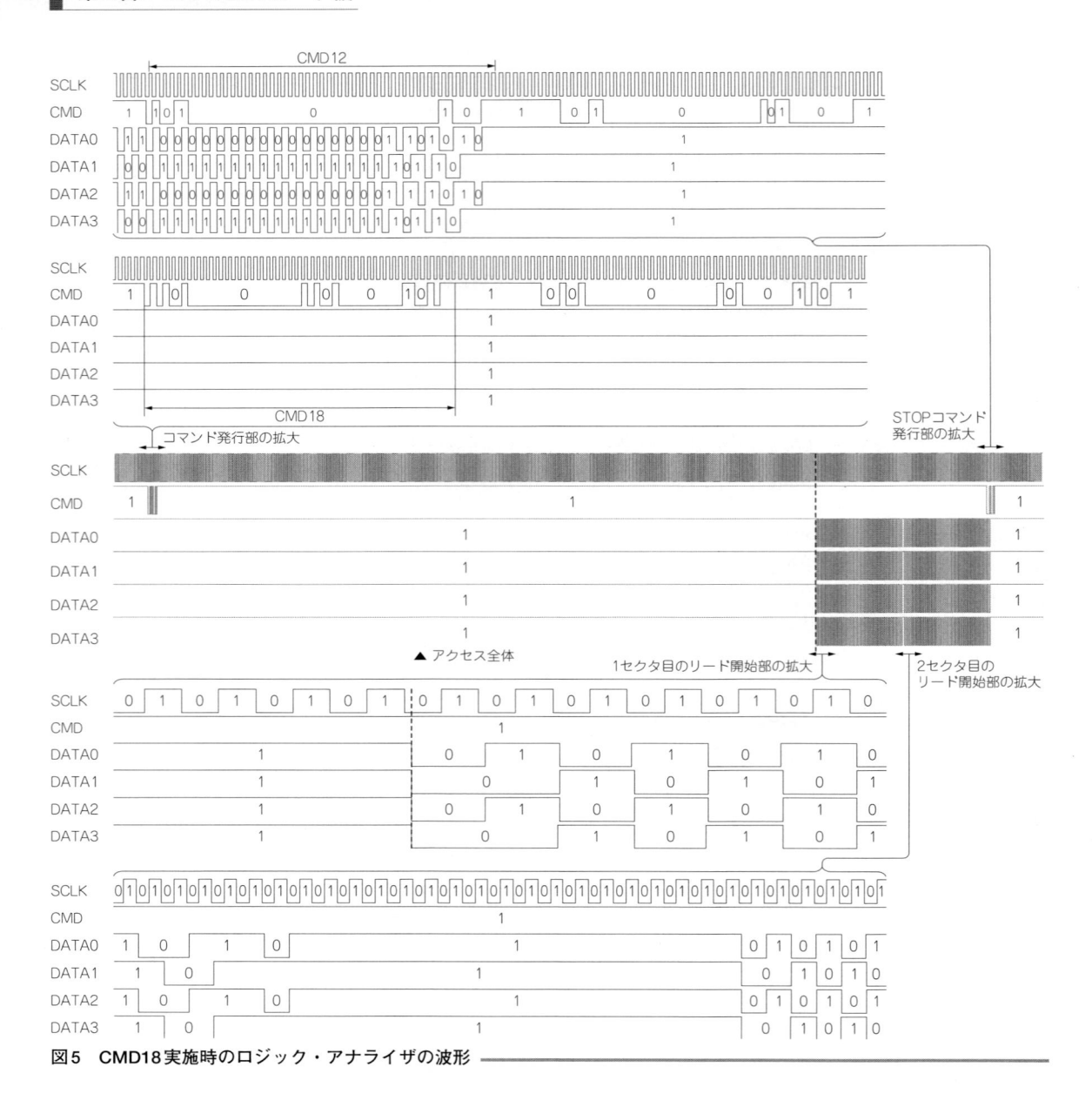

図5 CMD18実施時のロジック・アナライザの波形

ドの大容量化や多値論理フラッシュ・メモリの採用などによって，BSY時間が長くなる傾向にあります．一部のカードでとくにデータ書き込み時のBSY時間が著しく長くなっています．書き込み時のBSYタイム・アウト時間は，250ms以上に設定する必要があります．

● データの消去——ERASEコマンドの問題点

ここで紹介したコマンドを含め，SDメモリーカードでよく使われるコマンドを表3にまとめます．

カードのイニシャライズ以降に使用されるコマンドは，ほとんどがリード・コマンドとライト・コマンドで，そのコンディションの設定と確認（たとえば，バス幅の切り替えやステータス・レジスタの読み出し）のためです．フラッシュ・メモリ・カードの機能は，これらのコマンドで実現できます．

フラッシュ・メモリ・カードというと，データの読み書きのほかに，データの消去を思いつくかもしれません．SDメモリーカードとMMCカードはともに消去（ERASE）コマンドがサポートされています．とこ ろが実際には，データ消去（ERASE）は，カードの

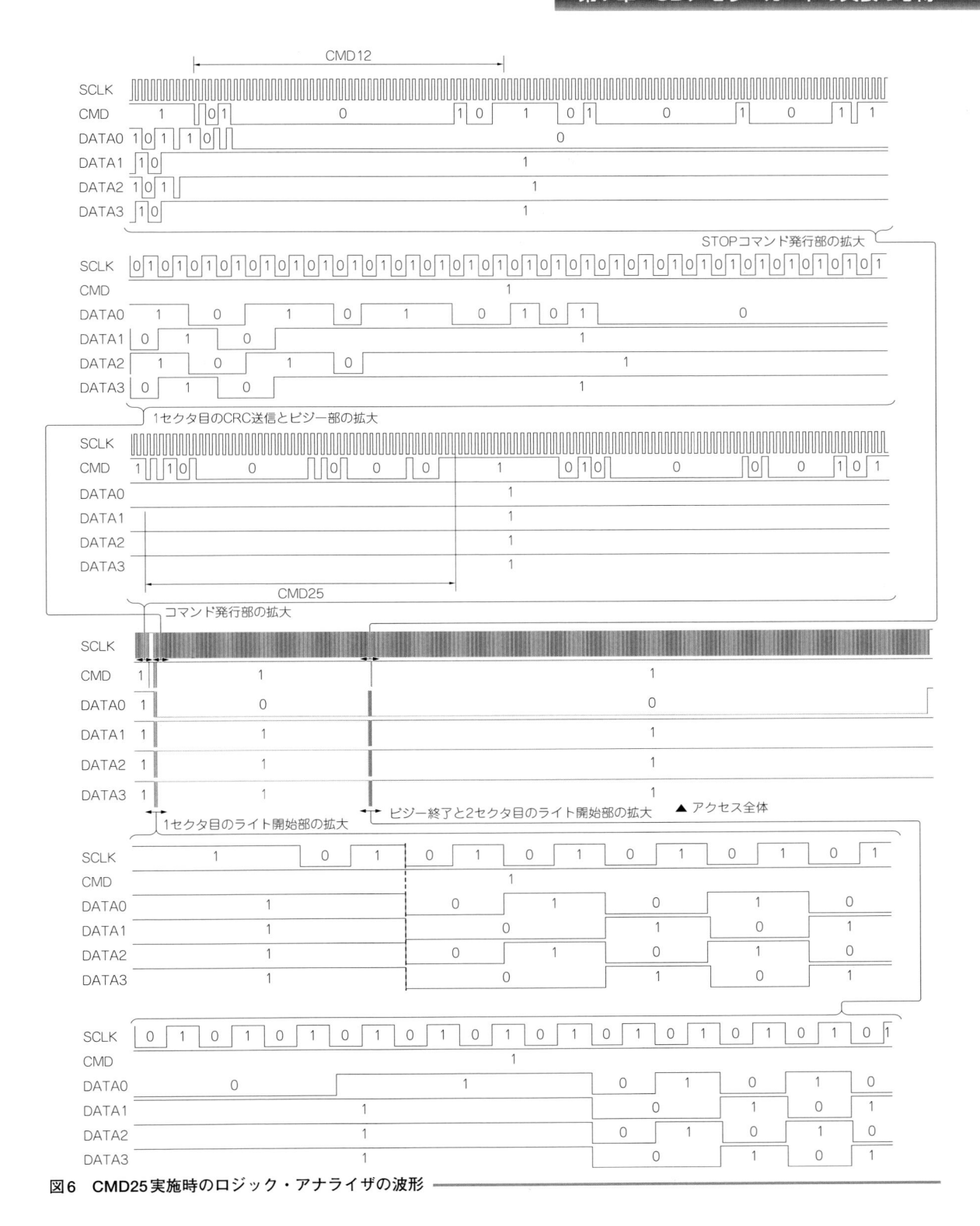

第7章　SDメモリーカードの実装の心得

図6　CMD25実施時のロジック・アナライザの波形

表3 SDメモリーカードでよく使われるコマンド

CMD0	GO_IDLE_STATE
CMD2	ALL_SEND_CID
CMD3	SEND_RELATIVE_ADDR
CMD7	SELECT/DESELECT_CARD
CMD9	SEND_CSD
CMD10	SEND_CID
CMD12	STOP_TRANSMISSION
CMD13	SEND_STATUS
CMD16	SET_BLOCKLEN
CMD17	READ_SINGLE_BLOCK
CMD18	READ_MULTIPLE_BLOCK
CMD24	WRITE_BLOCK
CMD25	WRITE_MULTIPLE_BLOCK
ACMD6	SET_BUS_WIDTH
ACMD13	SD_STATUS
ACMD41	SD_SEND_OP_COND

フォーマット時にユーザ・データ・エリアの全領域を消去する以外の用途に使用されることは少ないようです．また，筆者もERASEコマンドの使用はお勧めしません．

SDメモリーカード，MMCカードで使用されるNAND型フラッシュ・メモリにおいては，消去ブロックと呼ばれる単位でデータの消去が行われます．現在のNAND型フラッシュ・メモリでは，ビッグ・ブロックと呼ばれる128Kバイトの消去ブロックが主流になってきています．つまり，ユーザが32セクタ（16Kバイト）だけを消去しようとしても，カード内部では128Kバイトのデータを消去しなければならないのです．

当然，同じブロック内のほかのデータは保持する必要があるため，これらのデータを別のブロックへ退避してからそのブロックを消去する，という処理がカード内で行われます．もし，ユーザが消去しようとした領域が二つのブロックにまたがる場合は，先の処理を二つのブロックで行う必要があります．

このように，ERASEコマンドはカードにとって複雑な処理が要求されるのみで，得るところは多くありません．フォーマット時などにユーザ・データ・エリア全領域を消去する場合は，その直後の書き込み速度が向上するというメリットがあります．しかし，それ以外の部分的な消去では，性能の向上はありません．データを消したい場合は，ダミー・データなどでその領域を上書きするとよいでしょう．

* *

現在，SDメモリーカードは，ディジタル・カメラや携帯電話をはじめとする多くのホスト機器で採用されています．またその一方で，多くのメーカがSDメモリーカードの製造および販売を行っています．現在，さまざまなカードが市場に出回っており，これからも出てくることでしょう．

たとえば，BSYタイム・アウト値などの詳細な仕様はSD Specに記載されています．しかし，市販のカードを動作させてみたところ，SD Specの規定値とは異なる値で機器が設計されていることが判明したという事例などもあります．

ここで述べたライト時や初期化時のBSY時間のほかにも，カードが大容量化するに従って消費電流が増大する傾向にあるので，電源回路の設計には注意が必要です．

既存のカードだけでなく，将来のカードとの互換性を維持するためにも，与えられた仕様に対してある程度のマージンをもたせた"カードにやさしい"システム設計がトラブルを防ぐことになると筆者は考えます．本章がそのヒントになれば幸いです．

おかだ・ひろと　ソリッドギア(株)

第3部 メモリースティック編

第8章 メモリースティックPRO & メモリースティックマイクロの基礎知識

メモリースティックとPROの違いから超小型カードまで

本多 克行／岡田 浩人

1 メモリースティックPROとメモリースティック マイクロ

● "主流"のメモリースティックPRO

メモリースティックPRO（写真1）は，2003年1月に発表されました．書き込み速度の最低速度保証（15 Mbps）を設けており，32Gバイトの容量までサポートすることをフォーマット仕様書で初めて謳った，フラッシュ・メモリ・カードです．そして，このメモリースティックPROは現在，メモリースティック・ファミリの主流となっています．

● 2005年に登場したメモリースティック マイクロ

2005年9月，メモリースティック・ファミリの新規格である「メモリースティック マイクロ」（写真2）が発表されました．このメモリースティック マイクロ（以下，M2）は，携帯端末機器をターゲットにした小型のフラッシュ・メモリ・カードです．

M2は，大きさと形状がメモリースティックと異なります．しかし，「メモリースティック」という名前が示すように，従来のメモリースティックの設計コンセプトを継承しており，専用のアダプタを介すことによって，メモリースティックPROに対応した機器でのデータの読み書きが可能になります．

さらに，オーディオやビデオなどのアプリケーション・フォーマット，著作権保護機能（MagicGate；マジックゲート）など，従来のメモリースティックがAV機器やPSPにおけるリムーバブル・メディアとして実現してきた機能を，そっくりそのまま携帯端末機器で実現することを目標にしています．

● メモリースティック・ファミリの基本的な分類

表1にメモリースティック・ファミリの仕様をまとめました．この表から，M2を除くメモリースティック・ファミリは，「メモリースティック」と「メモリースティックPRO」の二つに分けられることがわかります．また，それぞれに「スタンダード」と「Duo」という2種類の形状があります．

スタンダード・タイプは，1997年に最初に発表されたメモリースティックで採用されたタイプです．これは，触覚による識別性や扱いやすさから選ばれた単3電池に近い形状のものです．

一方のDuoタイプは，携帯機器の小型化の流れに対応して，切手サイズになっています．ただし，このスタンダードとDuoは形状の違いはあるものの，機能面での違いはありません．

写真1 メモリースティック PRO の外観
上段：メモリースティックPRO，下段：メモリースティックPRO Duo
左側：ハイスピード・タイプ，右側：スタンダード・タイプ

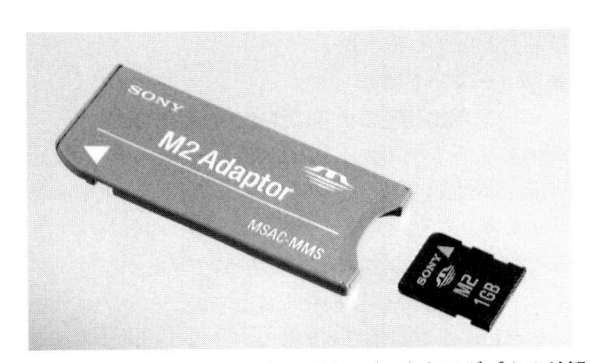

写真2 メモリースティック マイクロ（M2）とアダプタの外観

第3部 メモリースティック編

表1 メモリースティック・ファミリのおもな仕様

	メモリースティック		メモリースティック PRO		メモリースティック マイクロ
	スタンダード	Duo	スタンダード	Duo	
外形寸法（mm）	21.5×50×2.8	20.0×31×1.6	21.5×50×2.8	20.0×31×1.6	11×15×1.2
容量※	4M～128Mバイト	4M～128Mバイト	最大32Gバイト	最大32Gバイト	最大32Gバイト
最大動作周波数	40MHz	40MHz	40MHz	40MHz	40MHz
データ幅	1/4ビット	1/4ビット	1/4ビット	1/4ビット	1/4ビット
ピン数	10	10	10	10	11
アクセス・モード	物理アクセス	物理アクセス	論理アクセス	論理アクセス	論理アクセス
フォーマット機能	なし	なし	あり	あり	あり
最低書き込み速度保証	なし	なし	あり	あり	あり

※：フォーマット仕様でサポートされている容量．市販されている製品の容量ではない．

2 メモリースティックPROとM2の特徴

● メモリースティックとの違い

メモリースティックとメモリースティックPROの主要な違いは，サポートしている容量とアクセス・モードです．

アクセス・モードとは，ホスト機器がメモリースティックのデータにアクセスする際に用いるアドレス方法を意味します．物理アクセスとは，メモリースティック内のフラッシュ・メモリの物理アドレスを用いたアクセス方法です．一方，論理アクセスは，HDDやSCSIのマス・ストレージで使用されるLBA（Logical Block Address）といわれる内部のフラッシュ・メモリを意識しないアクセス方法です．

メモリースティックでは物理アクセスが採用されていますが，メモリースティックPROでは大容量化と高速化の要求に応えるために論理アクセスが採用されています．論理アクセスを採用することによって，複数のフラッシュ・メモリを並列に使用することが可能になり，大容量化と高速化を図ることができるのです．

メモリースティックでサポートされている容量は最大128Mバイトですが，メモリースティックPROでは最大32Gバイトです．

● フォーマット機能
——工場出荷時の状態に戻すことができる

メモリースティックPROのフォーマット機能は，Windowsとは異なり，ファイル・フォーマットの初期化だけでなく，メディア内部のフラッシュ・メモリを工場出荷時の状態に戻すことができます．ファイル・フォーマットの初期化では，このデータ・エリアを初期化することはできません．メモリースティックPROは独自のフォーマット・コマンドにより，メディア内のフラッシュ・メモリを出荷時の状態に初期化できます．

● 動画向けの機能

メモリースティックPROは，高速で大容量のデータを記録/再生するアプリケーション，すなわち動画の録画再生で使用されることを目的として開発されました．そのため，ディジタル・ビデオ・カメラからスムーズな書き込みが行えるように，最低書き込み速度が規定されています．規定値は，MPEG-2のストリーミングが可能な15Mbpsです．

ただし，この最低書き込み速度の実現には，先のフォーマット・コマンドによってメディアを初期化した後，高速書き込み手順[注1]に従った書き込みを行うようにホスト機器を設計する必要があります．

表1のクロック周波数，データ幅，ピン数の項目で示したように，メモリースティックとメモリースティックPROはサポートされる容量やアクセス・モードは異なりますが，ハードウェア・インターフェースは共通です．ファームウェアの対応によって，ホスト機器を両方に対応させることができます．

● メモリースティック マイクロ（M2）の特徴

M2は，高機能化と小型化が進む携帯端末向けに開発されました．電源電圧は，従来の3.3V系とともに，携帯端末の省電力化に必要な1.8V系にも対応しています．ピン数は11ピンに拡張され，将来の拡張機能用としてリザーブ・ピンが追加されています．

M2もメモリースティック・ファミリの特徴を継承しています．リザーブ・ピン以外は従来のメモリースティックと同じで，インターフェースはメモリースティックPROと互換です．継承された部分はイン

注1：高速書き込み手順は，メモリースティック PROフォーマット仕様書に規定されている．

第8章 メモリースティックPRO&メモリースティックマイクロの基礎知識

アプリケーション・レイア	}静止画，ビデオ，オーディオ，セキュア・ビデオほか
ファイル管理レイア	}FATファイル・システム
プロトコル・レイア	}シリアル・インターフェース，パラレル・インターフェース，コマンド・オペレーション
物理レイア	}物理仕様，電気仕様

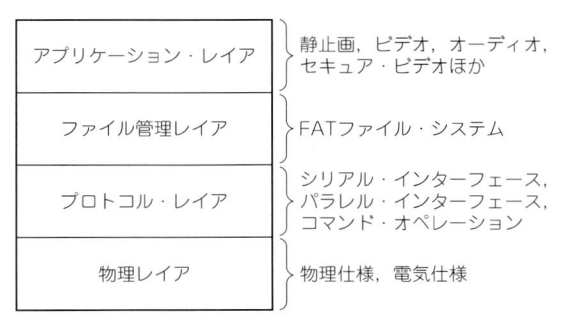

図1 メモリースティックPRO，M2の対応機器に必要なシステム・レイア

表2 規定されているアプリケーション・フォーマット

サポートされているフォーマット	対象アプリケーション
静止画フォーマット	ディジタル・カメラ
位置情報	カー・ナビゲーション
Broad Band e-Book	電子ブック
カプセル・フォーマット	コピー防止
ビデオ・フォーマット	ビデオ・レコーダ
オーディオ・フォーマット	オーディオ・プレーヤ
セキュア・ビデオ・フォーマット	動画配信

ターフェースだけではありません．小型化はされましたが，人の手により抜き挿しされるリムーバブル・メディアとしての耐久性やAV機器をつなぐブリッジ・メディアに必須なアプリケーション・フォーマットや著作権保護機能も備えています．

● メモリースティック・ファミリの耐環境/耐久性は共通

メモリースティック，メモリースティックPRO，M2は，それぞれ次のような耐環境/耐久性を備えています．

- 使用温度：－25℃～85℃
- 保存温度：－40℃～100℃

3 システム・レイアとアプリケーション・フォーマット

メモリースティックPROおよびM2を使用する機器に必要なシステム・レイアを図1に示します．

物理レイアは，メモリースティックPROとM2の物理的，電気的なインターフェースを含みます．プロトコル・レイアは，シリアル・インターフェースやパラレル・インターフェース，コマンド・プロシージャを対象としています．また，ファイル管理レイアは，論理フォーマット（FATファイル・システム）が対象です．

アプリケーション・レイアは，ホスト機器で扱うアプリケーションの仕様を規定します．現在，フォーマット仕様書で規定されているアプリケーションを**表2**にまとめます．ホスト機器は，これらの各レイアの規定に準拠することでホスト機器間，および各種メモリースティック間で動作の互換性を確立できます．

4 メモリースティックPROとM2のインターフェース

ここからメモリースティックPROおよびM2で採用されているインターフェースについて説明します．

● メディア内部のブロック・ダイヤグラム

メモリースティックPROおよびM2のメディア内部のブロック・ダイヤグラム例を図2に示します．

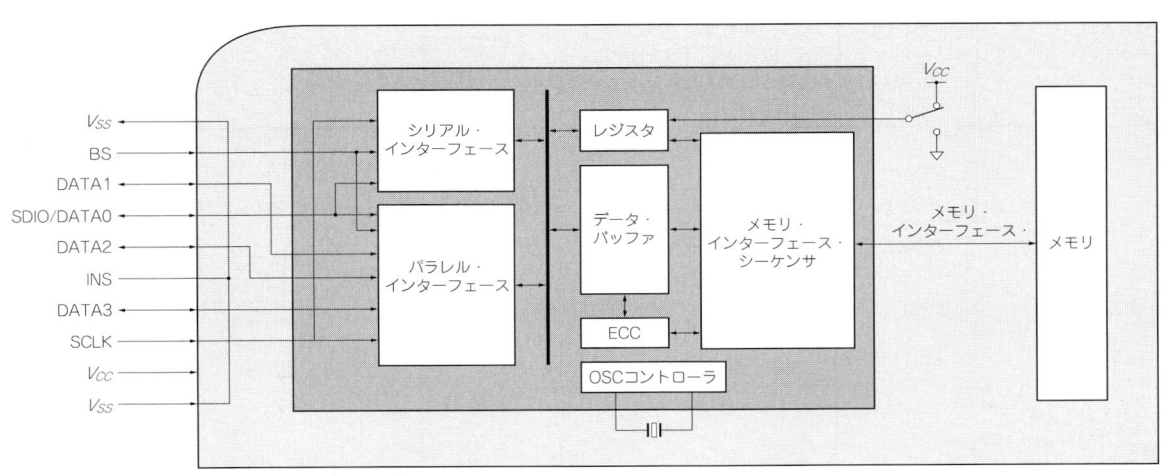

図2 メディア内部のブロック・ダイアグラム

第3部 メモリースティック編

ピン番号	信号
1	V_{SS}
2	BS
3	DATA1
4	SDIO/DATA0
5	DATA2
6	INS
7	DATA3
8	SCLK
9	V_{CC}
10	V_{SS}

図3 メモリースティックPROの端子配置

ピン番号	信号
1	BS
2	DATA1
3	DATA0
4	DATA2
5	INS
6	DATA3
7	SCLK
8	V_{CC}
9	V_{SS}
10	予約
11	予約

図4 M2の端子配置

メモリースティックPROおよびM2は，SDIOの1本のデータ線でデータ転送を行うシリアル・インターフェースと，これにDATA[3:1]の3本のデータ線を加えた，合計4本のデータ線でデータ転送を行うパラレル・インターフェースがあります．

電源起動時は，シリアル・インターフェースで動作し，レジスタの設定によってパラレル・インターフェースへ移行します．ホスト機器からレジスタとデータ・バッファへのアクセスは，TPC (Transfer Protocol Command) と呼ばれるコマンド・プロトコルを用いて行います．メモリ・インターフェース・シーケンサは，TPCによって設定されたレジスタ値とコマンドに基づいて，データ・バッファとフラッシュ・メモリ間でデータの書き込みや読み出し，およびフラッシュ・メモリの消去を行います．

● 端子配置はPROとマイクロで違う

図3，図4にメモリースティックPROおよびM2の端子配置を示します．各端子の意味については表3にまとめました．

表3 メモリースティック・シリーズの端子内容

端子名称	I/O	機能	
		シリアル・インターフェース	パラレル・インターフェース
BS	I	SDIO，DATA[3:1]（パラレル・インターフェース時）上のバス・ステートの切り替えを行う	
SDIO/DATA0	I/O	データの転送を行う．バス・ステートによりデータの転送方向と種類が決まる	
DATA[3:1]	I/O	ハイ・インピーダンス	データの転送を行う．バス・ステートによりデータの転送方向と種類が決まる
INS	O	メディア内でV_{ss}に短絡されている．ホスト機器のメディア挿抜の検出に使用する	
SCLK	I	ホスト機器は，SCLKの立ち上がりエッジでSDIO上のデータを取り込み，立ち下がりエッジでBS，SDIOの出力を行う	ホスト機器は，SCLKの立ち下がりでDATA[3:0]の取り込み，およびBS，DATA[3:0]の出力を行う
V_{CC}	—	電源（2.7V～3.6Vおよび1.7V～1.95V）	
V_{SS}	—	GND	

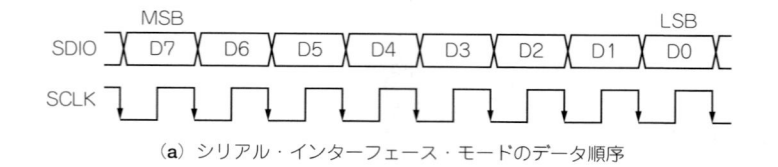

```
         MSB                                    LSB
SDIO   ─ D7  D6  D5  D4  D3  D2  D1  D0 ─
SCLK   _∏_∏_∏_∏_∏_∏_∏_∏_
```
(a) シリアル・インターフェース・モードのデータ順序

```
         MSB
DATA3  ─ D7    D3 ─
DATA2  ─ D6    D2 ─
DATA1  ─ D5    D1 ─
                LSB
DATA0  ─ D4    D0 ─
SCLK   _∏_∏_
```
(b) パラレル・インターフェース・モードのデータ順序

図5 データ転送順序

表4　4ステート・モードのバス・ステート

状態	BS	説　明	
BS0	Low	INT Transfer State： データ転送は行わない． ホスト機器がメモリースティックPROまたはM2からのINT（割り込み）信号を待つステート	
BS1	High	TPC Transfer State： ホスト機器からTPCを転送するステート	
BS2	Low	リード・プロトコル	ライト・プロトコル
		Handshake State： ホスト機器がメモリースティックPROまたはM2からのデータRDY信号を待つステート	Data Transfer State： ホスト機器がメモリースティックPROまたはM2へ書き込みデータを転送するステート
BS3	High	リード・プロトコル	ライト・プロトコル
		Data Transfer State： 読み出しデータを転送するステート	Handshake State： ホスト機器がメモリースティックPROまたはM2のデータ書き込み終了のRDY信号を待つステート

また，図5にシリアル・インターフェースとパラレル・インターフェースのデータ転送順序を示します．それぞれMost Significant Bitから出力されます．

5　メモリースティックPROとM2のプロトコル

メモリースティックPROおよびM2のプロトコル制御は，BS信号とSDIO/DATA0信号，DATA［3：1］信号（パラレル・インターフェース・モード時）で行います．

ホスト機器がBS信号を制御することにより，SDIOとDATA［3：0］のバス・ステートを切り替えます．通常，バス・ステートは，BS0～3の一連の四つの状態を遷移します（4ステート・モード）．ただし，エラーが発生した場合には，BS0とBS1の二つの状態のみの2ステート・モードになります．表4に4ステート・モードの各バス・ステートの説明をまとめます．

メモリースティックPROおよびM2からデータの読み出しを行う場合（リード・プロトコル）と，ホスト機器から書き込みを行う場合（ライト・プロトコル）で，BS2とBS3の内容が入れ替わります．

プロトコルにおいて，ホスト機器がメモリースティックPROおよびM2に出す指示が，8ビットからなるTPCです．TPCには，メモリースティックPROおよびM2のレジスタの設定や読み出しを行うものと，データ・バッファとのデータ転送を行うもの，そしてフラッシュ・メモリへのコマンド実行を行うものなどがあります．TPCについては表5にまとめます．

表5　TPC（Transfer Protocol Command）の内容

TPC	リード/ライト・プロトコル	説　明
READ_LONG_DATA	リード	メモリースティックPROまたはM2のデータ・バッファから長いデータを読み出す
READ_SHORT_DATA	リード	メモリースティックPROまたはM2のデータ・バッファから短いデータを読み出す
READ_REG	リード	メモリースティックPROまたはM2のレジスタからの読み出しを行う
GET_INT	リード	INTレジスタからの読み出しを行う
WRITE_LONG_DATA	ライト	メモリースティックPROまたはM2のデータ・バッファへ長いデータを書き込む
WRITE_SHORT_DATA	ライト	メモリースティックPROまたはM2のデータ・バッファへ短いデータを書き込む
WRITE_REG	ライト	メモリースティックPROまたはM2のレジスタへの書き込みを行う
SET_R/W_REG_ADRS	ライト	読み出し，書き込みするデータのアドレス，データ長を設定する
SET_CMD	ライト	メモリースティックPROまたはM2に実行させるコマンドをCMD_REGに設定する
EX_SET_CMD	ライト	SET_R/W_REG_ADRSとSET_CMDをまとめて行うことができる

第3部 メモリースティック編

● リード・プロトコルの動作

　パラレル・インターフェース・モードのリード・プロトコルを図6に示します．ホスト機器はBS1にTPCを発行し，次にバス・ステートをBS2に切り替え，メモリースティックPROおよびM2からのRDY信号を待ちます．

　BS1で発行されたTPCがリード・プロトコルのとき，BS2のバス・マスタはメモリースティックPROまたはM2です．読み出すデータの準備ができると，メモリースティックPROまたはM2はDATA0にRDY信号を出力します．このときのRDY信号が出力されるまでの期間をBSYタイムといいます．

　ホスト機器がこのRDY信号を受信するとバス・ステートを切り替えます．メモリースティックPROまたはM2は，バス・ステートがBS3に切り替えられたことを受け，データをDATA信号に出力します．

　読み出しデータの転送が終わると，ホスト機器はバス・ステートをBS0に戻します．最後に，メモリースティックPROまたはM2はINT信号を出力し，一連のリード・プロトコルが完了します．

● ライト・プロトコルの動作

　図7にパラレル・インターフェース・モードのライト・プロトコルを示します．

　ライト・プロトコルでは，ホスト機器からデータ転送を行った後に，メモリースティックPROまたはM2がその処理を行います．このためリード・プロトコルとは逆に，BS2のバス・マスタはホスト機器になり，バス・ステートをみずからBS2に切り替えてデータ転送を行います．

　データおよびCRCの転送が終わると，バス・ステートをBS3に切り替え，メモリースティックPROまたはM2からのRDY信号を待ちます．リード・プロトコルと同様に，このときのRDY信号が出力されるまでの期間をBSYタイムといいます．

　ホスト機器がRDY信号を受信するとバス・ステートをBS0に切り替え，メモリースティックPROまたはM2からのINT信号の出力を受けライト・プロトコルを完了します．

● リード/ライト・コマンド発行のTPCフロー

　ホスト機器は，メモリースティックPROまたはM2に実行させるメモリ・リードやメモリ・ライト，そし

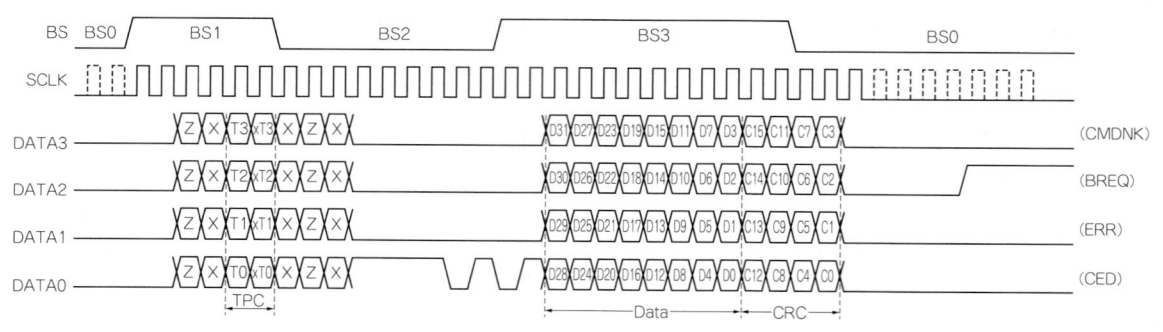

図6 リード・プロトコル（パラレル・インターフェース・モード）

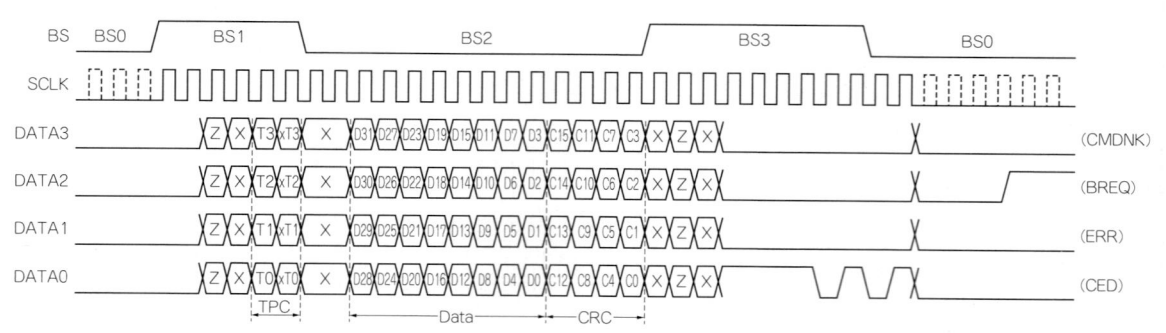

図7 ライト・プロトコル（パラレル・インターフェース・モード）

第8章　メモリースティックPRO＆メモリースティックマイクロの基礎知識

て先に紹介したフォーマットなどのオペレーションを一連のTPCフローで行います．

コマンドの発行には，SET_CMDもしくはEX_SET_CMDのTPCを使用します．**図8**にリード・コマンドとライト・コマンド発行のTPCフローを示します．また，このフローについて以下で説明します．

① SET_R/W_REG_ADRS TPCの発行

次のWRITE_REGでアクセスするレジスタのアドレスと書き込みサイズを指定します．前回の処理と同じ場合は，再度の設定をする必要はありません．

② WRITE_REG TPCの発行

リードもしくはライトするデータのアドレスと転送するデータのブロック数を指定します．次のステップでEX_SET_CMD TPCを使用する場合には，このステップは必要ありません．

③ SET_CMD TPCもしくはEX_SET_CMD TPCの発行

READ_DATAコマンドとWRITE_DATAコマンドをSET_CMD TPCもしくはEX_SET_CMD TPC

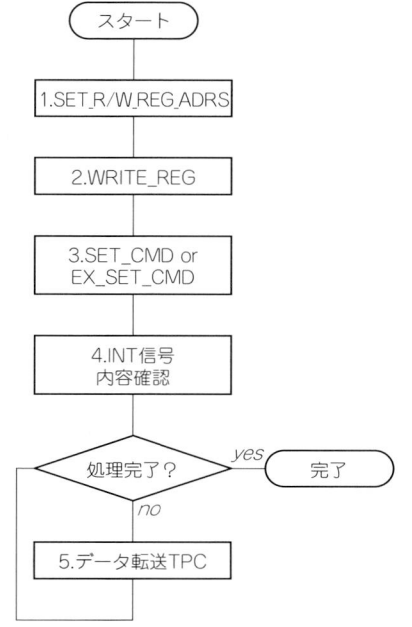

```
スタート
  ↓
1.SET_R/W_REG_ADRS
  ↓
2.WRITE_REG
  ↓
3.SET_CMD or EX_SET_CMD
  ↓
4.INT信号内容確認
  ↓
処理完了？ --yes--> 完了
  ↓no
5.データ転送TPC
```

図8　リード/ライト・コマンド発行のTPCフロー

Column
"Memory Stick" Developers' Siteの中身

メモリースティック対応製品の企画者や開発者への技術支援を目的として，Webサイト「"Memory Stick" Developers' Site」（http://www.memorystick.org/）が開設されています．

このサイトは，"HOME"と"ライセンサーからの情報提供"，そして"設計サポート情報"という三つの項目から構成されています．

"HOME"は一般向けのページで，メモリースティックについての紹介やランセンス契約についての説明があります．また，ライセンス契約を検討するための簡易フォーマット仕様書のダウンロードもできます．

"ライセンサーからの情報提供"と"設計サポート情報"は，メモリースティックのライセンシであることが必要なライセンシ専用のページです．

"ライセンサーからの情報提供"ページでは，ライセンス契約したメモリースティックのフォーマット仕様書およびテスト仕様書，メモリースティックのロゴ運用規定や，メモリースティック対応製品の基板開発のための実装技術情報などのダウンロードや技術についての問い合わせ窓口などが用意されています．

"設計サポート情報"では，実際にメモリースティック対応製品を開発・検証する際に役立つ情報が掲載されています．具体的には，メモリースティックをサポートするためのコントローラICやIP，デバイス・ドライバの紹介などそして開発段階のツール，互換性検証用ドキュメントやツールなどの検証段階で必要なものが掲載されています．

検証ツールとして，データ解析ツールや評価ボード（**写真A**，**写真B**）などの販売，また各種コントローラとフラッシュ・メモリの組み合わせを多数揃えたサンプル・セットの貸し出しなども行っています．

なお，メモリースティック対応機器の互換性検証代行サービス（ソリッドギア提供）の申し込みもあります．

写真A　開発ボード（CardBus版）

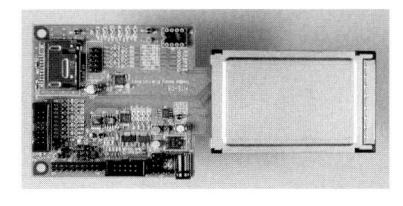

写真B　開発ボード（PCI版）

表6 メモリースティック・ファミリに対する主要コマンド

コマンド	説　明
READ_DATA	データを読み出す
WRITE_DATA	データを書き込む
READ_ATRB	メモリースティックPROまたはM2のアトリビュート情報を読み出す
STOP	READ_DATA，WRITE_DATA，READ_ATRB，ERASE，FORMATコマンドをオペレーション途中で終了する
ERASE	データを消去する

（a）メモリ・アクセス・コマンド

コマンド	説　明
FORMAT	メディアの初期化（工場出荷状態への復帰）を行う
SLEEP	メディアをスリープ（低消費電力）モードにする

（b）ファンクション・コマンド

を使って発行します．
④ 所定のデータ・ブロック数を転送し，各ブロック転送ごとにINTレジスタでステータスの確認を実施
⑤ 最後のデータ・ブロック転送を終了し，INTレジスタでステータスでエラーのないことを確認して終了

● メモリースティック・ファミリに対する主要なコマンド

表6は，主要なコマンドについてその動作をまとめたものです．コマンドには，メモリ・アクセス・コマンドとファンクション・コマンドの2種類があります．

メモリ・アクセス・コマンドには，データのリード，ライトを行うコマンドと，メモリースティックPROおよびM2の属性情報を読み出すコマンド，データの消去を行うコマンド，これらのコマンドを途中で中止するコマンドなどがあります．

ファンクション・コマンドには，先に説明したフォーマット・コマンドなどがあります．これらのコマンドにより，フラッシュ・メモリ・カードとしての機能が実現されています．

まとめ

本章では，メモリースティックPROとメモリースティック マイクロの概要について説明しました．ここでは割愛しましたが，ほかにもメモリースティックPRO I/Oモジュールなどのフォーマット仕様も規定されています．メモリ・カードだけでなくメモリースティック・インターフェースを使ったI/Oモジュールや組み込みLSIなどの開発なども行われています．

製品にこれらのメモリースティックを採用する機器の開発を行う際には，ソニーとメモリースティック・ライセンス契約を締結する必要があります．ライセンス契約を締結すると，専用のWebサイト（p.161のコラム参照）である「"Memory Stick" Developers' Site」（http://www.memorystick.org/）から各フォーマット仕様書のダウンロード，設計および開発サポート情報，ツールの提供などが受けられます．

本章が，皆様のメモリースティックの理解の一助となれば幸いです．

ほんだ・かつゆき　ソニー（株）
おかだ・ひろと　ソリッドギア（株）

第3部 メモリースティック編

Appendix 2　PROシリーズ以前のメモリースティック・ファミリ
メモリースティック＆メモリースティックDuoの概要

中西 健一

　1997年7月にメモリースティックの開発発表が行われたのち，最初のメモリースティックが発売されたのが1998年9月のことだった．当初の容量は4Mバイトと8Mバイトの2種類だった．それから3年半でメモリースティックは累積出荷枚数が1000万枚を超えるまでに普及した．

　メモリースティックの特徴をまとめると，

1) ユーザビリティ
　小型軽量で，信頼性の高いシリアル・インターフェースを採用
2) コントローラ内蔵
　EEPROMの選択肢が広く，著作権対応が可能なI/O拡張スティック
3) 「つなげる」コンセプト
　アプリケーション・フォーマットを規定した

となる．写真1にメモリースティックの外観を，表1にメモリースティックの概要仕様を示す．

　発表以来，対応機器を増やす一方で，メモリースティックをメディアとして普及する基礎となる環境が確立されてきた．そして，2000年末，メモリースティックのオープン化が発表された（http://www.memorystick.org/）．

　そこでここでは，設計者が実際にメモリースティック上のファイルにアクセスできるシステムを設計するうえで必要な情報を提供することを主眼において解説する．

　まずはじめに，解説用の仮想的なシステム構成を定義し，メモリースティック上のデータに物理的にアクセスする方法について解説する．次に，論理フォーマット，物理フォーマットに従ってメモリースティック上のデータにファイル，ディレクトリとしてアクセスするための手段について解説する．

　なお，本章はMagicGate，I/O拡張スティックに関しては割愛したので，ご了承いただきたい．

1　内部構成とホスト・インターフェース回路

● メモリースティックの内部構成

　メモリースティックの内部構成を図1に示す．メモリースティックはコントローラ（以下MSコントローラ）と，一つまたは複数のEEPROM（フラッシュ・メモリ），発振子，ライト・プロテクト・スイッチからなる．

表1　メモリースティックの概要仕様

記憶容量	4～64Mバイト
コネクタ・ピン数	10ピン
インターフェース	シリアル・インターフェース
転送クロック	最大20MHz
データ転送速度	最大2.5Mバイト/秒
電源電圧	2.7～3.6V
外形寸法	21.5×50×2.8mm（幅×長さ×厚さ）
重量	約4g

（a）メモリースティック

外形寸法	20.0×31×1.6mm（幅×長さ×厚さ）
重量	約2g

▶電気的仕様はメモリースティックとまったく同じ

（b）メモリースティックDuo

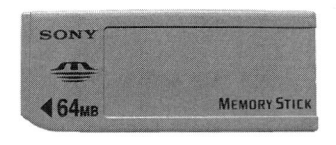

（a）メモリースティック表面 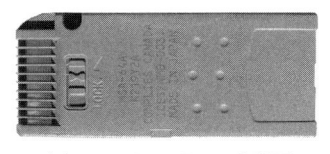　　（b）メモリースティック裏面

（c）メモリースティックDuo表面 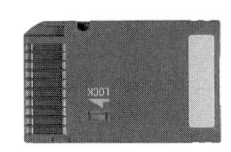　（d）メモリースティックDuo裏面 　（e）メモリースティックDuoアダプタ

写真1　メモリースティックの外観

第3部 メモリースティック編

図1 メモリースティックの内部構成

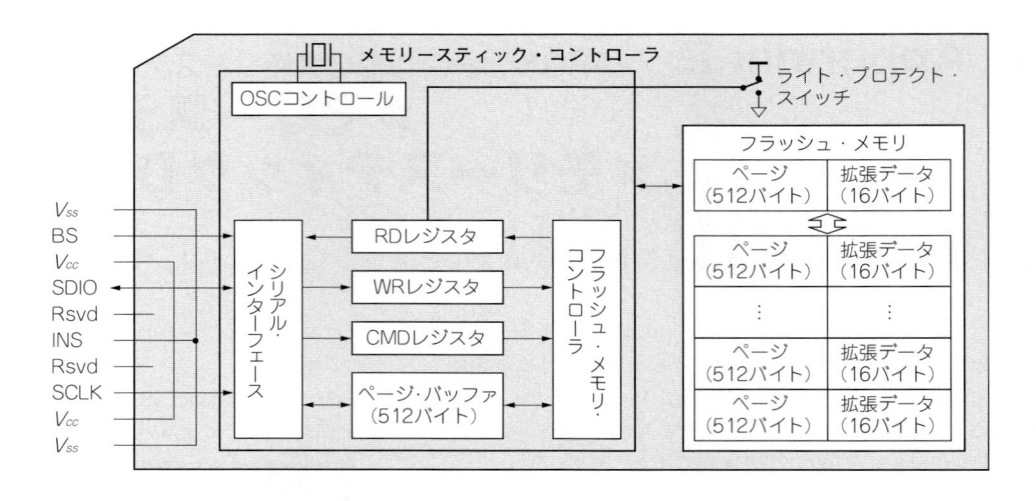

ピン名	定義
BS	バス・ステータス
SDIO	シリアル・データ I/O
INS	挿抜検出用端子（内部でV_{ss}に接続）
SCLK	シリアル・クロック 最大20MHz
V_{cc}	電源電圧：2.7～3.6V

MSコントローラは，シリアル・インターフェース部と，読み出し専用レジスタ（RD_REG），書き込み専用レジスタ（WR_REG），ページ・バッファ（PAGE_BUF），フラッシュ・メモリを制御するフラッシュ・メモリ・コントローラからなる．このフラッシュ・メモリ・コントローラを変更することにより，さまざまなEEPROMに対応することができる．

● ホスト・インターフェース回路例

次に，メモリースティックを制御するためのホスト・インターフェース回路を**図2**に示す．回路は一般的なCPUとメモリースティック仕様に準拠したホスト・インターフェース・デバイス（以下MSホストIF）からなる．MSホストIFは，メモリースティックの仕様に従いプロトコルの制御やメモリースティックの挿抜検出などを制御する．MSホストIFのCPU IFは，**図3**のような構成の制御レジスタをもつ．

ここに示したMSホストIFは，実際に開発されているMSホストIFデバイスの特徴を表現したもので，今回の解説のために定義したものである．ただし，実際にMSホストIFデバイスを使ってメモリースティック対応機器を開発するうえでは十分に応用できると考えられる．

本章では，このMSホストIFを使ってメモリースティックを制御するためのC言語プログラムのソースを紹介しているので，参考にしていただきたい．

2 プロトコル

● シリアル・インターフェース信号

まず，メモリースティックのプロトコルについて解説する．

ホストとMSコントローラのインターフェースは，SCLK，BS，SDIOの3本の信号線を使い，プロトコルに従って通信を行う．**図4**に，リード・プロトコルとライト・プロト

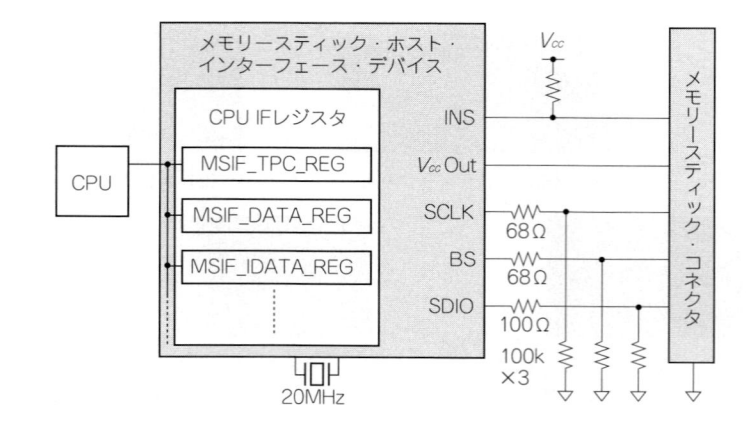

図2 インターフェース回路の構成例

Appendix 2　メモリースティック＆メモリースティックDuoの概要

(1) MSIF_TPC_REG
　書き込みをトリガとしてプロトコル動作を開始する

(2) MSIF_DATE_REG
　ライト時：SDIOへの送信データ
　リード時：SDIOからの受信データ

(3) MSIF_IDATE_REG
　プロトコル上で発生したイベント（割り込み要因）を示す
　リード時：発生した要因を示すビットが1になる
　ライト時：1を上書きすることで要因ビットをクリア

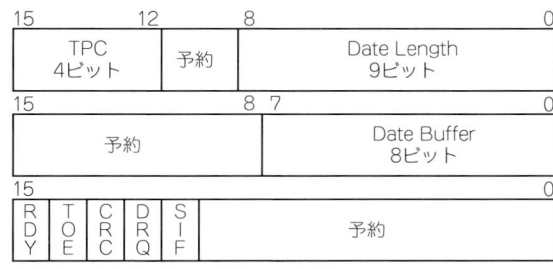

```
15       12    8                    0
|  TPC   | 予約 |   Date Length      |
| 4ビット |      |     9ビット         |
15              8 7                  0
|    予約        |    Date Buffer     |
|                |      8ビット        |
15                                    0
|R|T|C|D|S|                           |
|D|O|R|R|I|         予約              |
|Y|E|C|Q|F|                           |
```

F_MSIF_IDATE_RDY：プロトコル終了
F_MSIF_IDATE_TOE：ハンドシェイク・タイム・アウト
F_MSIF_IDATE_CRC：CRCエラー発生（リード・プロトコル時）
F_MSIF_IDATE_DRQ：MSIF_DATE_REGアクセス要求
F_MSIF_IDATE_SIF　：SDIO上でINT発生

図3　MSホストIFのレジスタ構成

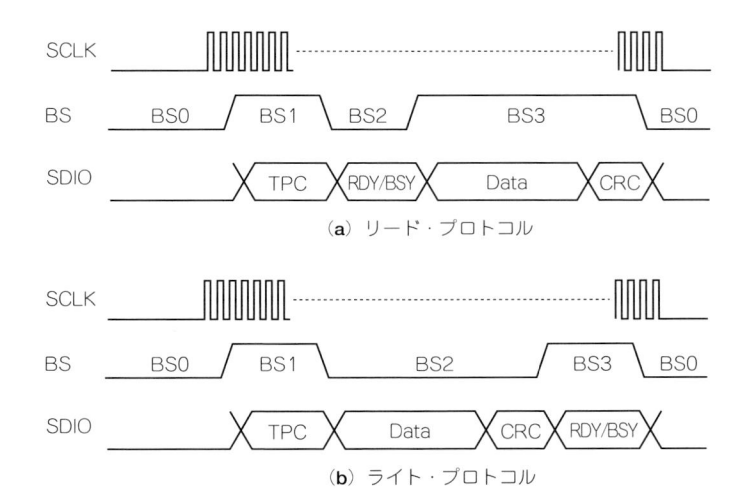

図4　リード/ライト・プロトコルのシリアルIF信号波形

(a) リード・プロトコル

(b) ライト・プロトコル

コルを示す．

SDIO上を流れるデータの内容と方向は，BSによって次の四つのバス・ステートに切り替えられる．バス・ステートはBSが"L"のアイドル状態をBS0とし，そこからBSが"H"，"L"，"H"と変化した順番にBS1，BS2，BS3と呼ぶ．

1) アイドル・ステート (BS0)
　通信していないステート
2) TPCステート (BS1)
　ホストからの出力．プロトコル上のコマンドに相当する8ビットのコード送信ステート
3) データ・ステート
　データ＋CRC（16ビット）を送信/受信するステート
4) ハンドシェイク・ステート
　メモリースティックからの出力．プロトコル処理状態を反映するステート

信号の入出力方向は，SCLKとBSは常時ホスト側が出力するが，SDIOはリードとライトで方向が異なる．SDIOの入出力方向は，リード・プロトコルではBS2がハンドシェイク・ステート，BS3がデータ・ステートでメモリースティックからの出力となる．ライト・プロトコルでは，BS2がデータ・ステートでホストからの出力，BS3がハンドシェイク・ステートでメモリースティックからの出力となる．

SDIOやBSは，SCLKの立ち下がりのタイミングで出力される．つまり，立ち下がりで信号が変化する．入力側はSCLKの立ち上がりのタイミングで状態を取り込む．

バス・ステートの切り替え時は，BS信号の変化をSCLKの立ち上がりでラッチした次の立ち下がりからSDIOが切り替えられる．また，SCLKの"L"期間，"H"期間は通信途中で延長することも可能である．

なお，ハンドシェイク・ステートのBUSY，READYの検出は，BUSYがレベル信号，READYがトグル信号である（図5）．

プロトコル・エラーが発生した場合，READY信号のトグルを検出できないため，ホスト側は一定時間待ったのち，タイム・アウトでプロトコルの失敗を検出する．

TPC (Transfer Protocol Command) とは，プロトコル上

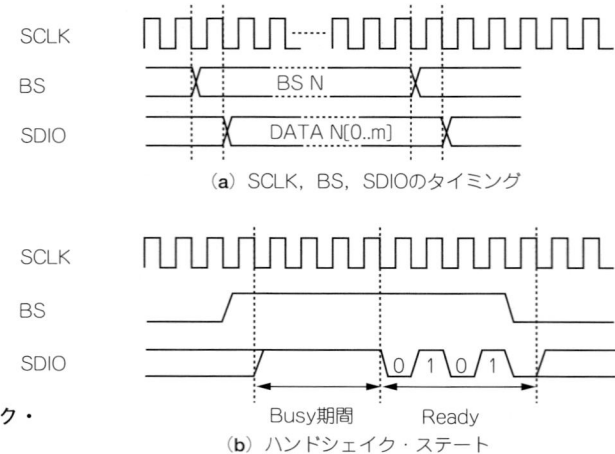

第3部　メモリースティック編

図5
SCLK, BS, SDIO, ハンドシェイク・ステートのシリアルIF信号波形

(a) SCLK, BS, SDIOのタイミング

(b) ハンドシェイク・ステート

図6　TPC一覧

名　称	データ・サイズ	定　義
READ_PAGE_DATA	512バイト	ページ・バッファ・リード
READ_REG	1～31バイト	拡張データ・レジスタ・リード
GET_INT	1バイト	INTレジスタ・リード
WRITE_PAGE_DATA	512バイト	ページ・バッファ・ライト
WRITE_REG	1～31バイト	パラメータ&拡張データ・レジスタ・ライト
SET_R/W_REG_ADRS	4バイト	READ/WRITE_REG用レジスタ・アドレス・セット
SET_CMD	1バイト	セット・フラッシュ・コントロール・コマンド

のコマンドに相当する．TPCの一覧を**図6**に示す．TPCによって，ホストはMSコントローラ内部のレジスタやページ・バッファなどのリソースにアクセスし，メモリースティックを制御する．

メモリースティック上のフラッシュ・メモリは，MSコントローラ内部のフラッシュ・メモリ・コントローラを制御してアクセスを行う．そのためのTPCがSET_CMDである．フラッシュ・メモリ・コマンドを実行すると，メモリースティック内部のステータスが変化したこと（データ転送要求，コマンド終了，エラーなど）をホスト側に通知する必要がある．

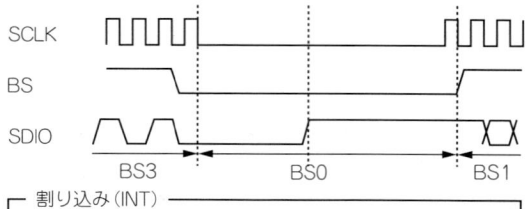

アイドル・ステート時のSDIOをメモリースティック側が"H"にドライブし，これをホスト側で検出する方法でこれを実現している（**図7**）．フラッシュ・メモリ・コマンドの詳細は，次節で解説する．

● プロトコルの実際

メモリースティック規格に準拠したデバイスでは，これらのプロトコル制御がハードウェアで実現されている．これらのデバイスがサポートする機能の例を次に示す．

- リード・プロトコルとライト・プロトコルの切り替え
- SCLKの出力の制御
- BSの制御
- SDIOの制御
- ライト・プロトコル時のCRCの生成
- リード・プロトコル時のCRCの確認
- ハンドシェイク・ステートのBSY/RDYの検出とタイム・アウト
- アイドル・ステートのSDIO上のINTの検出

サンプルとして挙げている仮想メモリースティック・ホスト・インターフェースも，これらの機能をハードウェアで実現したものとして定義している．実際の制御は，**リスト1**を参照していただきたい．

リスト1に示した`protocol.c`は，次の関数からなる．

- `write_protocol()`
  ライト・プロトコルを実行する関数

図7　割り込み時のシリアル・インターフェース信号波形
- BS0期間のSDIOのレベル監視
- メモリースティックからホストへコマンドの終了を通知
  要因はRD_REGに表示
  →INTレジスタ

Appendix 2　メモリースティック＆メモリースティックDuoの概要

リスト1　メモリースティックの制御プログラム（protocol.c）

```c
//---------------------------------------------------------------
// 関数名: BYTE write_protocol
// 機能  : Write Protocol処理
//         MSIF_TPC_REGにTPCを書き込み，Write Protocolを開始する．
// 引数  : BYTE  tpc        [IN]TPC
//         HALF  dlen       [IN]データ長(Byte)
//         BYTE  *buf       [IN]データ・バッファ先頭アドレス
//         BYTE  *status    [OUT]Protocol終了状態
// 返値  : 正常終了    = 0
//         エラー時    = 1    予想外のエラー
//---------------------------------------------------------------
BYTE write_protocol(BYTE tpc,HALF dlen,BYTE *buf,
                                        BYTE *status)
{
    HALF i;

    /* CommandRegへTPCとデータ長をセット */
    SET_MSIF_TPC_REG(tpc,dlen);

    for (i=0;i<dlen;i++) {
        if (wait_drq(status) == 0) {
            MSIF_DATA_REG = buf[i];
        } else {
            return(1);
        }
    }

    /* Protocol終了待ち */
    wait_rdy(status);

    return(0);
}

//---------------------------------------------------------------
// 関数名: BYTE read_protocol
// 機能  : Read Protocol処理
//         MSIF_TPC_REGにTPCを書き込み，Read Protocolを開始する．
// 引数  : BYTE  tpc        [IN]TPC
//         HALF  dlen       [IN]データ長(Byte)
//         BYTE  *buf       [IN]データ・バッファ先頭アドレス
//         BYTE  *status    [OUT]Protocol終了状態
// 返値  : 正常終了    = 0
//         エラー時    = 1    予想外のエラー
//                            (引き数エラー，DMA動作不可)
//---------------------------------------------------------------
BYTE read_protocol(BYTE tpc,HALF dlen,BYTE *buf,BYTE *status)
{
    HALF i;

    /* CommandRegへTPCとデータ長をセット */
    SET_MSIF_TPC_REG(tpc,dlen);

    for (i=0;i<dlen;i++) {
        if (wait_drq(status) == 0) {
            buf[i] = MSIF_DATA_REG;
        } else {
            return(1);
        }
    }

    /* Protocol終了割り込み待ち */
    wait_rdy(status);

    return(0);
}

//---------------------------------------------------------------
// 関数名: void wait_drq
// 機能  : MSIF_DATA_REGアクセス要求待ち
// 引数  : BYTE  *status    [OUT]Protocol状態
// 返値  : 正常終了時= 0
//         エラー時  = 1    予想外のエラー
//---------------------------------------------------------------
BYTE wait_drq(BYTE *status)
{
    while ((MSIF_IDATA_REG & (F_MSIF_IDATA_DRQ |
                             F_MSIF_IDATA_TOE)) == 0);
    *status = MSIF_IDATA_REG;
    MSIF_IDATA_REG &= ~(F_MSIF_IDATA_DRQ | F_MSIF_IDATA_TOE);
    if (*status & F_MSIF_IDATA_DRQ) {
        return(0);
    } else {
        return(1);
    }
}

//---------------------------------------------------------------
// 関数名: void wait_rdy
// 機能  : Protocol終了割り込み待ち
//         Timeout時は*statusのTOEビット=1になる．
// 引数  : BYTE  *status    [OUT]Protocol終了状態
//---------------------------------------------------------------
void wait_rdy(BYTE *status)
{
    while ((MSIF_IDATA_REG & (F_MSIF_IDATA_RDY |
             F_MSIF_IDATA_PIN | F_MSIF_IDATA_TOE)) == 0);
    *status = MSIF_IDATA_REG;
    MSIF_IDATA_REG &= ~(F_MSIF_IDATA_RDY |
             F_MSIF_IDATA_CRC | F_MSIF_IDATA_TOE);
}

//---------------------------------------------------------------
// 関数名: BYTE wait_sif
// 機能  : メモリースティックからのINT発生待ち
// 引数  : BYTE  *status    [OUT]Protocol状態
// 返値  : 正常終了時= 0
//         タイム・アウト時 = 1
//---------------------------------------------------------------
BYTE wait_sif(BYTE *status)
{
    start_timer(SIF_TOE);
    while ((MSIF_IDATA_REG & F_MSIF_IDATA_SIF) == 0) {
        if (endp_timer() !=0) {
            return(1);
        }
    }
    stop_timer();
    *status = MSIF_IDATA_REG;
    MSIF_IDATA_REG &= ~F_MSIF_IDATA_SIF;
    return(0);
}
```

- read_protocol()
  リード・プロトコルを実行する関数
- wait_drq()
  MSホストIFからのデータ要求を待つ関数
- wait_rdy()
  プロトコルの終了を待つ関数
- wait_sif()
  SDIO上のINT発生を待つ関数

また，各TPCを実現するプログラムが**リスト2**である．
リスト1の関数を呼び出すだけの簡単なものである．

3 コマンド・フロー

● リード/ライト処理の流れ

次に，フラッシュ・メモリ・コントローラを制御するためのフラッシュ・メモリ・コマンドについて解説する．コマンドの一覧を**図8**に示す．

前節のプロトコルで説明したSDIO上のINTは，フラッシュ・メモリ・コマンドを実行することによって発生する（RESETコマンドを除く）．

第3部 メモリースティック編

リスト2　TPCを実現するプログラム（tpc.c）

```c
//------------------------------------------------------
// 関数名: HALF get_int
// 引数  : BYTE *reg        [OUT]IntRegister値
// 返値  : 正常終了 = 0
//         エラー時 = SYSTEM_ERROR     予想外のエラー
//                    PROTOCOL_ERROR   Retry失敗/不可能
//------------------------------------------------------
HALF get_int(BYTE *reg)
{
    BYTE stat;
    short i;

    i = PROTOCOL_RETRY;
    while(1) {
        stat =
            read_protocol(TPC_GET_INT,1,reg,&protocol_status);
        if (stat != 0) {
            return(SYSTEM_ERROR);
        } else if ((protocol_status &
                (PROTOCOL_STAT_TOE|PROTOCOL_STAT_CRC)) == 0) {
            return(0);
        }

        /* TOE,CRC -> Retry */
        if (--i <= 0) {
            return(PROTOCOL_ERROR);
        }
    }
}

//------------------------------------------------------
// 関数名: HALF write_reg
// 引数  : BYTE *data       [IN]データ・バッファ先頭アドレス
// 返値  : 正常終了 = 0
//         エラー時 = SYSTEM_ERROR     予想外のエラー
//                    PROTOCOL_ERROR   Retry失敗/不可能
//------------------------------------------------------
HALF write_reg(BYTE *data)
{
    short i;

    i = PROTOCOL_RETRY;
    while(1) {
        stat =
         write_protocol(TPC_WRITE_REG,MSREG_WRITE_SIZE,data,
                                            &protocol_status);
        if (stat != 0) {
            return(SYSTEM_ERROR);
        } else if ((protocol_status & PROTOCOL_STAT_TOE)
                                                == 0) {
            return(0);
        }

        /* TOE -> Retry */
        if (--i <= 0) {
            return(PROTOCOL_ERROR);
        }
    }
}

//------------------------------------------------------
// 関数名: HALF read_reg
// 引数  : BYTE *data       [OUT]データ・バッファ先頭アドレス
// 返値  : 正常終了 = 0
//         エラー時 = SYSTEM_ERROR     予想外のエラー
//                    PROTOCOL_ERROR   Retry失敗/不可能
//------------------------------------------------------
HALF read_reg(BYTE *data)
{
    short i;

    i = PROTOCOL_RETRY;
    while(1) {
        stat =
            read_protocol(TPC_READ_REG,MSREG_READ_SIZE,data,
                                            &protocol_status);
        if (stat != 0) {
            return(SYSTEM_ERROR);
        } else if ((protocol_status &
                (PROTOCOL_STAT_TOE|PROTOCOL_STAT_CRC)) == 0)
        {
            return(0);

            /* TOE,CRC -> Retry */
            if (--i <= 0) {
                return(PROTOCOL_ERROR);
            }
        }
    }
}

//------------------------------------------------------
// 関数名: HALF set_cmd
// 引数  : BYTE command     [IN]コマンド値
// 返値  : 正常終了 = 0
//         エラー時 = SYSTEM_ERROR     予想外のエラー
//                    PROTOCOL_ERROR   Retry失敗/不可能
//------------------------------------------------------
HALF set_cmd(BYTE cmd)
{
    short i;

    i = PROTOCOL_RETRY;
    while(1) {
        stat = write_protocol(TPC_SET_CMD,1,&cmd,
                                            &protocol_status);
        if (stat != 0) {
            return(SYSTEM_ERROR);
        } else if ((protocol_status & PROTOCOL_STAT_TOE)
                                                == 0) {
            return(0);
        }

        /* TOE -> Retry */
        if (--i <= 0) {
            return(PROTOCOL_ERROR);
        }
    }
}

//------------------------------------------------------
// 関数名: HALF read_page_data
// 引数  : BYTE *data       [OUT]データ・バッファ先頭アドレス
// 返値  : 正常終了 = 0
//         エラー時 = SYSTEM_ERROR     予想外のエラー
//                    PROTOCOL_ERROR   Retry失敗/不可能
//------------------------------------------------------
HALF read_page_data(BYTE *data)
{
    short i;

    i = PROTOCOL_RETRY;
    while(1) {
        stat =
            read_protocol(TPC_READ_PAGE_DATA,PAGE_SIZE,data,
                                            &protocol_status);
        if (stat != 0) {
            return(SYSTEM_ERROR);
        } else if ((protocol_status &
                (PROTOCOL_STAT_TOE|PROTOCOL_STAT_CRC)) == 0) {
            return(0);
        } else if (protocol_status & PROTOCOL_STAT_CRC) {
            return(PROTOCOL_ERROR);
        }

        /* TOE -> Retry */
        if (--i <= 0) {
            return(PROTOCOL_ERROR);
        }
    }
}

//------------------------------------------------------
// 関数名: HALF write_page_data
// 引数  : BYTE *data       [IN]データ・バッファ先頭アドレス
// 返値  : 正常終了 = 0
//         エラー時 = SYSTEM_ERROR     予想外のエラー
//                    PROTOCOL_ERROR   Retry失敗/不可能
//------------------------------------------------------
HALF write_page_data(BYTE *data)
{
    short i;
```

リスト2　TPCを実現するプログラム（tpc.c）（つづき）

```
    i = PROTOCOL_RETRY;                                            return(0);
    while(1) {                                                 }
        stat =
            write_protocol(TPC_WRITE_PAGE_DATA,PAGE_SIZE,data,     /* TOE -> Retry */
                           &protocol_status);                  if (--i <= 0) {
        if (stat != 0) {                                           return(PROTOCOL_ERROR);
            return(SYSTEM_ERROR);                              }
        } else if ((protocol_status & PROTOCOL_STAT_TOE)     }
                                        == 0) {            }
```

名　　称	定　　義
BLOCK_READ	フラッシュ・メモリからページ・バッファへのデータ・リード
BLOCK_WRITE	ページ・バッファからフラッシュ・メモリへのデータ・ライト
BLOCK_END	BLOCK_READ/BLOCK_WRITEストップ
BLOCK_ERASE	ブロック消去
FLASH_STOP	フラッシュ・メモリBusyリセット
SLEEP	フラッシュ・メモリ・コントローラのスリープ
CLEAR_BUF	ページ・バッファ・クリア
RESET	フラッシュ・メモリ・コントローラ・リセット，レジスタ・クリア

図8　フラッシュ・メモリ・コントロールのコマンド一覧

　フラッシュ・メモリ・コマンドを使用する場合の基本的なフローは，次のとおりである．

▶リード時の処理
1) WRITE_REG：パラメータをWR_REGに設定
2) SET_CMD：フラッシュ・メモリ・コマンドの実行
3) INT発生待ち
4) RD_REG：INTレジスタの値からINT発生要因を確認
　以下，ページ・バッファを使用する場合のみ
5) PAGE_DATA：ページ・バッファからデータの読み出し

▶ライト時の処理
1) WRITE_REG：パラメータをWR_REGに設定
2) SET_CMD：フラッシュ・メモリ・コマンドの実行
3) INT発生待ち
4) READ_REG：INTレジスタの値からINT発生要因を確認（データ要求，書き込み終了）
　以下，ページ・バッファを使用する場合のみ
5) WRITE_PAGE_DATA：書き込みデータの転送
6) INT発生待ち
7) READ_REG：INTレジスタの値から書き込み結果を確認（書き込み終了）

● レジスタ/フラッシュ・メモリ・モデル

　RESET，FLASH_STOP，ERASEなど，データ転送をともなわないコマンドは，ページ・バッファ・アクセスは必要ない．詳細は**リスト3**を参照していただきたい（プロトコルの節で掲載した**リスト1**と**リスト2**の関数を呼び出している）．MSコントローラ内部のRD_REG，WR_REGを示すINTレジスタの内容を**図9**，**図10**に示す．また，

図9　RD_REGレジスタ一覧

INTレジスタ
ステータス0
ステータス1
ページ・アドレス
ブロック・ステータス
管理フラグ
論理ブロック・アドレス1
論理ブロック・アドレス0
予約領域4
予約領域3
予約領域2
予約領域1
予約領域0

● ステータス・レジスタ
　INTレジスタ　図11参照
　ステータス0　内部状態
　ステータス1　エラー要因

● 冗長部（管理情報）レジスタ
　ブロック・ステータス
　　不良ブロック・フラグ
　　更新フラグなど
　管理フラグ
　論理ブロック・アドレス1〜0
　予約領域4〜0

図10　WR_REGレジスタ一覧

システム・パラメータ
ブロック・アドレス2
ブロック・アドレス1
ブロック・アドレス0
コマンド・パラメータ
ページ・アドレス
ブロック・ステータス
管理フラグ
論理ブロック・アドレス1
論理ブロック・アドレス0
予約領域4
予約領域3
予約領域2
予約領域1
予約領域0

● パラメータ・レジスタ
　ブロック・アドレス2〜0
　コマンド・パラメータ
　　データ部・冗長部アクセス選択
　　オーバライト・モード指定
　　連続ページ・モード指定
　ページ・アドレス

● 冗長部（管理情報）レジスタ
　ブロック・ステータス
　管理フラグ
　論理ブロック・アドレス1〜0
　予約領域4〜0

リスト3　ms_drv.c

```c
//------------------------------------------------------------
// 関数名: int ReadXtrData
// 機能  : 物理アドレスpblockで指定されたブロックの
//         pageページの冗長部をxtrに読み込む．
//         statusに読み込み状態の詳細が格納される．
// 引数  : HALF pblock     [IN]ブロックの物理アドレス
//         BYTE page       [IN]ブロック内ページ番号
//         BYTE *xtr       [OUT]管理情報バッファ
//         int  *status    [OUT]読み込み状態
// 返値  : 正常終了= OK
//         エラー時= NG
//------------------------------------------------------------
int ReadXtrData(WORD pblock, BYTE page, BYTE *xtr,
                                         int *status)
{
    int  i;
    BYTE param[MSREG_WRITE_SIZE];
    HALF flErrNo;

    flErrNo = 0;
    *status = 0;

    /* WRITE_REG(Parameters) */
    param[0] = 0x80;           /* SystemParam */
    param[1] = 0x00;           /* BlockAdr2 */
    param[2] = pblock>>8;      /* BlockAdr1 */
    param[3] = pblock;         /* BlockAdr0 */
    param[4] = 0x40;           /* CommandParam */
    param[5] = page;           /* Page */

    write_reg(param);

    /* SET_CMD(BLOCK_READ) */
    set_cmd(TPCMD_BLOCK_READ);

    /* Wait SIF INT */
    if (wait_sif() != 0) {
        return(NG);
    }

    /* READ_REG */
    read_reg(xtr);

    /* Check IntRegister */
    if (xtr[1] & MSFLAG_INT_CMDNK) {
        return(NG);
    } else if (xtr[1] & MSFLAG_INT_CED) {
        /* Check Error Status */
        if ((xtr[1] & MSFLAG_INT_ERR) == 0) {
            *status = XTR_ERROR_FREE;
            return(OK);
        } else {
            /* Check Status Register 1 */
            if (xtr[3] & (MSFLAG_STAT1_UCMT |
                          MSFLAG_STAT1_UJFG)) {
                return(NG);
            } else {
                *status = XTR_ERROR_CORRECT;
            }
            return(OK);
        }
    } else {
        return(NG);
    }
}

//------------------------------------------------------------
// 関数名: int OverwriteXtrData
// 機能  : 物理アドレスpblockで指定されたブロックの
//         pageページの冗長部のオーバライト・フラグを
//         オーバライトする．
//         overwrite値はマスク値を指定する．すなわちちオーバライト
//         したいBitを0に指定し，変更したくない部分を1に指定する．
// 引数  : HALF pblock     [IN]ブロックの物理アドレス
//         BYTE page       [IN]ブロック内ページ番号
//         BYTE *overwrite [IN]Overwriteするマスク値
// 返値  : 正常終了= OK
//         エラー時= NG
//------------------------------------------------------------
int OverwriteXtrData(HALF pblock, BYTE page, BYTE *overwrite)
{
    HALF flErrNo;
    BYTE param[MSREG_WRITE_SIZE];
    BYTE IntReg;

    flErrNo = 0;

    /* WRITE_REG(Parameters) */
    param[0] = 0x80;           /* SystemParam */
    param[1] = 0x00;           /* BlockAdr2 */
    param[2] = pblock>>8;      /* BlockAdr1 */
    param[3] = pblock;         /* BlockAdr0 */
    param[4] = 0x80;           /* CommandParam */
    param[5] = page;           /* Page */
    param[6] = *overwrite;     /* Block Flag Data */

    write_reg(param);

    /* SET_CMD(BLOCK_WRITE) */
    set_cmd(TPCMD_BLOCK_WRITE);

    /* Wait SIF INT */
    if (wait_sif() != 0) {
        return(NG);
    }

    /* GET_INT */
    get_int(&IntReg);

    /* Check IntRegister */
    if (IntReg & MSFLAG_INT_CMDNK) {
        return(NG);
    } else if (IntReg & MSFLAG_INT_CED) {
        if ((IntReg & MSFLAG_INT_ERR) == 0) {
            return(OK);
        } else {
            return(NG);
        }
    } else {
        return(NG);
    }
}

//------------------------------------------------------------
// 関数名: int WriteFlashPage
// 機能  : 物理アドレスpblockで指定されたブロックの
//         pageページに，buf内のデータを書き込む．
//         書き込むサイズは512Byte固定．
//         データとともに冗長部に書く内容をxtrで指定する．
// 引数  : HALF pblock     [IN]ブロックの物理アドレス
//         BYTE page       [IN]ブロック内ページ番号
//         BYTE *buf       [IN]データ・バッファ
//         BYTE *xtr       [IN]管理情報
// 返値  : 正常終了= OK
//         エラー時= NG
//------------------------------------------------------------
int WriteFlashPage(HALF pblock, BYTE page, BYTE *buf,
                                            BYTE *xtr)
{
    int  i;
    BYTE param[MSREG_WRITE_SIZE];
    HALF flErrNo;
    BYTE IntReg;

    flErrNo = 0;

    /* WRITE_REG(Parameter) */
    param[0] = 0x80;           /* SystemParam */
    param[1] = 0x00;           /* BlockAdr2 */
    param[2] = pblock>>8;      /* BlockAdr1 */
    param[3] = pblock;         /* BlockAdr0 */
    param[4] = 0x20;           /* CommandParam */
    param[5] = page;           /* Page */
    for (i=0; i<MSREG_XTR_SIZE; i++) param[6+i] = xtr[i];

    write_reg(param);

    /* WRITE_PAGE_DATA */
    write_page_data(buf);

    /* SET_CMD(BLOCK_WRITE) */
    set_cmd(TPCMD_BLOCK_WRITE);

    /* Wait SIF INT */
    if (wait_sif() != 0) {
        return(NG);
            〜以下省略〜
```

Appendix 2 メモリースティック＆メモリースティックDuoの概要

D7	D6	D5	D4	D3	D2	D1	D0
CED	ERR	BREQ	-	-	-	-	CMDNK

CED	ERR	BREQ	CMDNK	定　義
1	0	X	0	成功完了
1	1	X	0	フラッシュ・エラー完了
X	0	1	0	データ・リクエスト(Continuous Mode)
X	1	1	0	訂正可能なリード・エラーをともなうデータ・リクエスト(Continuous Mode)
X	X	X	1	コマンドNack

図11 MSコントローラ内部INTレジスタ

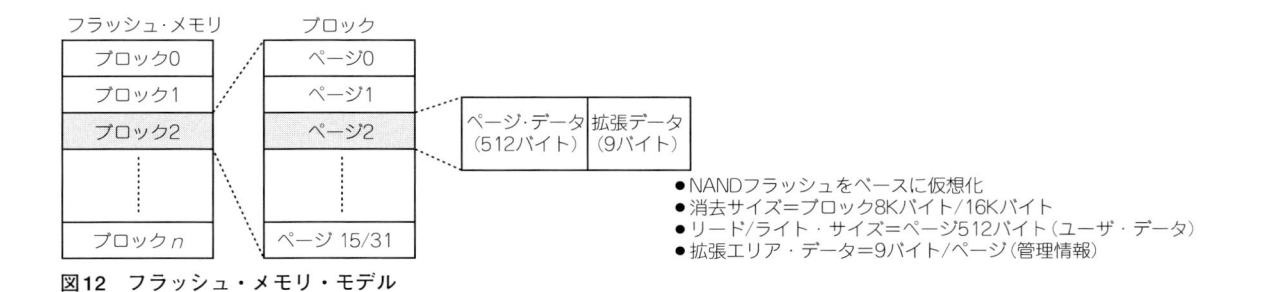

図12 フラッシュ・メモリ・モデル

- NANDフラッシュをベースに仮想化
- 消去サイズ＝ブロック8Kバイト/16Kバイト
- リード/ライト・サイズ＝ページ512バイト（ユーザ・データ）
- 拡張エリア・データ＝9バイト/ページ（管理情報）

MSコントローラの内部レジスタINTレジスタの詳細を**図11**に示す．

各フラグの意味は，次のとおりである．

- CED　　コマンドの終了
- ERR　　コマンド実行の結果，エラー発生
- BREQ　MSコントローラ内部のPAGE_BUFへのアクセス要求
- CMDNK　コマンド実行不可

メモリースティックでは，ホストから見たフラッシュ・メモリの仕様をフラッシュ・メモリ・モデルとして規定している（**図12**）．MSコントローラ内部のレジスタ構成などは，すべてこのモデルに従った仕様になっている．メモリースティックを制御するシステム（とくにソフトウェア）は，このフラッシュ・メモリ・モデルに従って実装する必要がある．

4 論理-物理フォーマット

● 論理-物理アドレス変換

前節までは，メモリースティック上のフラッシュ・メモリのデータに物理的にアクセスする手段について解説した．

ここではファイル・システムを実現し，ファイルやディ

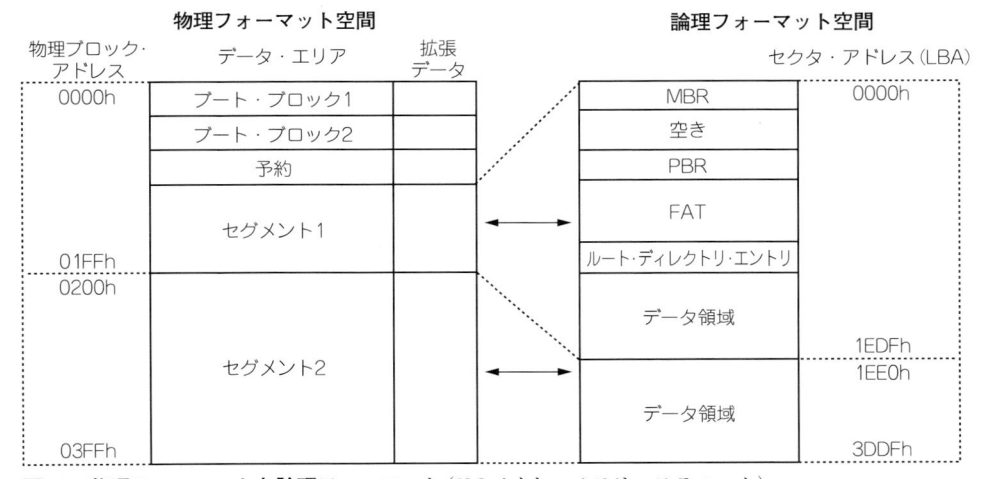

図13 物理フォーマットと論理フォーマット（8Mバイト・メモリースティック）

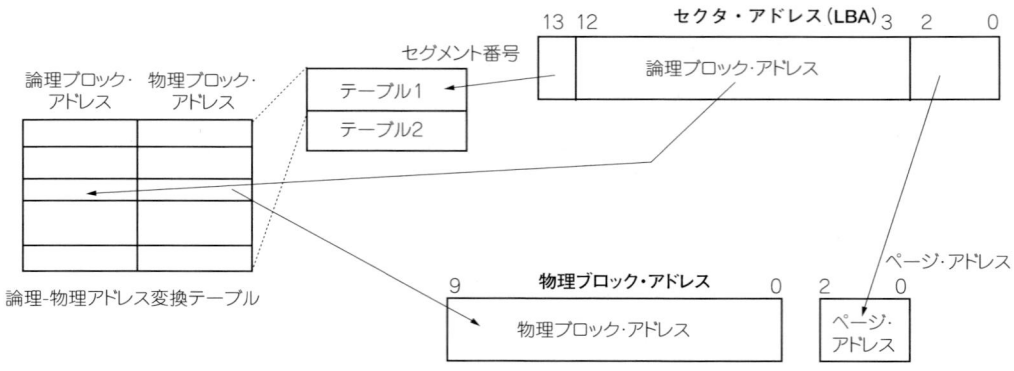

図14 論理-物理アドレス変換

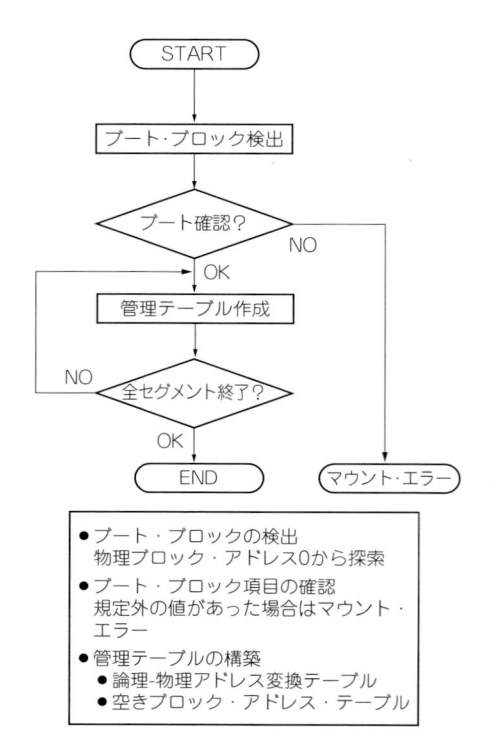

図15 マウント処理

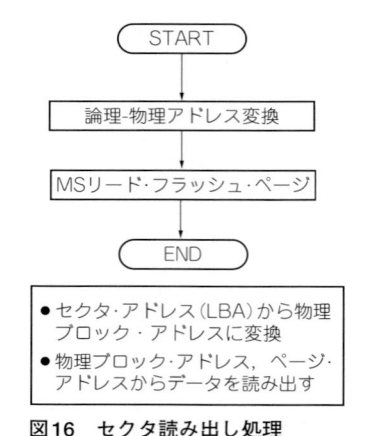

- ブート・ブロックの検出
  物理ブロック・アドレス0から探索
- ブート・ブロック項目の確認
  規定外の値があった場合はマウント・
  エラー
- 管理テーブルの構築
  - 論理-物理アドレス変換テーブル
  - 空きブロック・アドレス・テーブル

図16 セクタ読み出し処理

- セクタ・アドレス(LBA)から物理ブロック・アドレスに変換
- 物理ブロック・アドレス，ページ・アドレスからデータを読み出す

レクトリとしてアクセスするための手段について説明する．メモリースティックは，論理フォーマットとしてFAT方式を採用している．例として，8Mバイトのメモリースティックの論理フォーマット空間と物理フォーマット空間を**図13**に示す．

論理フォーマット上では，全空間にセクタ・アドレス(LBA)が振られている．このセクタ・アドレスを論理ブロック・アドレスとして，テーブルを介して物理フォーマット空間上の物理ブロック・アドレスに変換する．

フラッシュ・メモリには書き込み保証のされる最大回数があるので，特定のブロックに書き込みが集中することは望ましくない．そのためにアドレス変換が必要となる．セクタ・アドレスから物理ブロック・アドレスへの変換方法を**図14**に示す．

● **マウント処理/読み出し処理**

セクタ・アドレスの上位から，セグメント番号，論理ブロック・アドレス，物理ページ・アドレスに分割され，論理-物理変換テーブルで論理ブロック・アドレスを物理ブロック・アドレスに変換する．

セグメントとは，メモリースティックの物理アドレス空間を512ブロックごとに分割して管理する単位である．8Mバイトのメモリースティックの場合，全ブロック数が1024であり，セグメントは二つ存在する(**図13**)．

論理-物理アドレスのマッピングは，一つのセグメント内で完結し，セグメント間にまたがってマッピングされることはない．各ブロックに割り当てられた論理ブロック・アドレス値は，管理情報として冗長部9バイトの中に2バイトの値として書き込まれている(**図9**，**図10**参照)．

論理-物理変換テーブルは，メモリースティックを機器に挿入したときのマウント処理の中で，全ブロックの論理アドレスを読み出して作成する．同時に，空き物理ブロッ

Appendix 2 メモリースティック&メモリースティックDuoの概要

クのテーブルも作成する．作成した論理-物理変換テーブル，空きブロック・テーブルは，ワーク・メモリ上に保持することが望ましい．マウント処理のフローを**図15**に，セクタ・データの読み出し処理を**図16**に示す．

● 書き込み処理

セクタ・データの書き込み処理を**図17**に示す．書き込み処理は多少複雑である．メモリースティックのフラッシュ・メモリ・モデルでは，NANDタイプと同じく消去単位はブロック，書き込み単位はページである．そのために，空きブロック・テーブルから新物理ブロック・テーブルを取得した後，1セクタのデータを書き込むために，全ブロックのデータを一度読み出す必要がある．

そして，読み出したデータの一部を新しいデータで更新した後，先に取得した新物理ブロックに全データを書き込む．不要になった旧物理ブロックは消去し，空きブロック・テーブルに登録して，書き込み処理を終了する．

このように数セクタの書き換え処理であっても，1ブロック分の書き換え処理になる分，書き込み処理のパフォーマンスは低下する．

実際には，FAT上ではクラスタ単位でデータのアロケーションがなされる．クラスタ境界と物理ブロックの境界を一致させることで，旧物理ブロックのデータを読み出す必要がなくなり，パフォーマンスを改善することができる．メモリースティックの仕様書では，クラスタ境界と物理ブロック境界が一致するようなパラメータを規定している．

* *

メモリースティックは画像やパソコン・データなどを記録するための「ストレージ・メディア」から，「ネットワーク・メディア」へと着実に成長を遂げてきた．そしてさらには，きたるブロードバンド・ネットワーク時代における，インターネットやテレコミュニケーション，マルチメディア・キオスク，データ放送などのネットワーク・サービスとユーザをつなぐプラットホームへと拡大していくであろう．メモリースティック賛同企業各社と協力しながら，より一層の発展に努力していきたい．

なかにし・けんいち　（株）ソニー

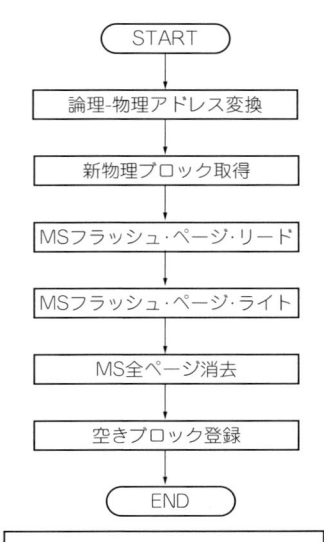

```
START
　↓
論理-物理アドレス変換
　↓
新物理ブロック取得
　↓
MSフラッシュ・ページ・リード
　↓
MSフラッシュ・ページ・ライト
　↓
MS全ページ消去
　↓
空きブロック登録
　↓
END
```

- セクタ・アドレス(LBA)から物理ブロック・アドレスに変換
- 新物理ブロック・アドレスを空きブロック・テーブルから取得
  旧物理ブロック・アドレスの管理情報のブロック・ステータスに更新フラグをオーバライトする
- 旧物理ブロックの全ページ・データを読み込む
  書き換えるページ・データを更新する
- 新物理ブロックに全ページ・データを書き込む
  論理-物理アドレス変換テーブルに新物理ブロック・アドレスを登録する
- 旧物理ブロックを消去する
- 空きブロック・テーブルに登録

図17　セクタ書き込み処理

第3部 メモリースティック編

第9章 メモリースティックPRO インターフェースの実装

マイコンのGPIOから メモリースティックを制御する

吉田 和司

メモリースティックPROは，ソニーとサンディスクによって2003年に開発された，高速で大容量のフラッシュ・メモリ・カードです．最低書き込み速度保証や独自のフォーマット機能など，最新の仕様が盛り込まれています．けれども，そのインターフェースは意外に簡単であり，多くのマイコンでサポートされているGPIOを用いて制御や読み書きが行えます．

ここでは，CQ RISC評価キット/ARM7のGPIOを用いてメモリースティックPROのインターフェースを実装した例を取り上げます．

1 メモリースティックPROのプロトコルとコマンド

● プロトコル —— ReadPacketとWritePacket

まず，メモリースティックPROのプロトコルについて解説します．今回は，シリアル転送モードを使用するため，SCLK（シリアル・クロック）とBS（バス・ステート），SDIO（シリアル・データI/O）の3本の信号線を制御することになります．また，メモリースティックPROのプロトコルは，ReadPacketとWritePacketの2種類に分類され，TPC（Transfer Protocol Command）を使用してデータの送受信を行います．

▶ ReadPacket

メモリースティックPROからレジスタ値やユーザ・データを受信する場合は，ReadPacketを用います．ReadPacket TPCには，GET INTやREAD REG，READ LONG DATAなどがあります．図1にSCLKとBS，SDIOの波形を示します．また，表1にはRead Packetのステータスについて，表2にはRead Packetについてまとめます．

▶ WritePacket

メモリースティックPROにレジスタ値やユーザ・データを送信する場合はWritePacketを用います．WritePacket TPCには，WRITE REGやWRITE

表2 Read Packet TPC（一部）

Read Packet TPC	説明
GET INT	メモリースティックPROのステータスを取得
READ REG	SET R/W REG ADRSにより指定されたレジスタの値を取得
READ LONG DATA	メモリースティックPROから512バイトのデータを読み込む

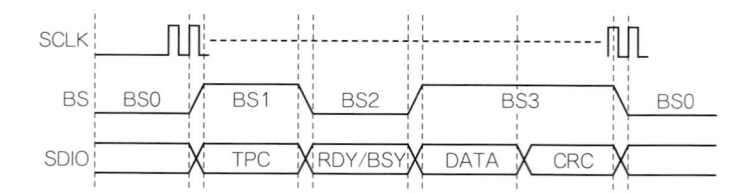

図1 Read Packetの波形

表1 Read Packetのステータス

バス・ステート		概要	方向
BS0	アイドル・ステート	何も通信していない状態	—
BS1	TPCステート	TPC（8ビット）データを送信	ホスト→メモリースティック PRO
BS2	ハンドシェイク・ステート	プロトコルの処理状態を反映	メモリースティック PRO→ホスト
BS3	データ・ステート	データ+CRC（16ビット）を受信	メモリースティック PRO→ホスト

第9章 メモリースティックPROインターフェースの実装

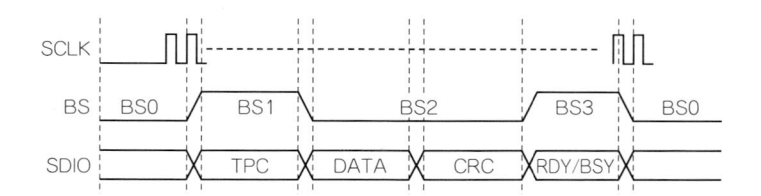

図2 Write Packetの波形

表3 Write Packetのステータス

	バス・ステート	説明	方向
BS0	アイドル・ステート	何も通信していない状態	—
BS1	TPCステート	TPC（8ビット）データを送信	ホスト→メモリースティックPRO
BS2	データ・ステート	データ＋CRC（16ビット）を送信	ホスト→メモリースティックPRO
BS3	ハンドシェイク・ステート	プロトコルの処理状態を反映	メモリースティックPRO→ホスト

LONG DATA, EX SET CMDなどがあります．**図2**にWritePacketの波形を示します．また，**表3**にWrite Packetのステータスについて，**表4**にはWrite Packet TPCについてまとめます．

● コマンド

メモリースティックPROとの通信は，TPCを使用したReadPacketとWrite Packetによって行われますが，実際の動作（フォーマットやセクタ・アドレスからデータの読み出し）は，TPCを使用したコマンド送信で行われます．それぞれの波形を**図3**と**図4**に示します．

表4 Write Packet TPC（一部）

Write Packet TPC	説明
SET R/W REG ADRS	メモリースティックPRO内へアクセスするレジスタの設定
WRITE REG	SET R/W REG ADRSにより指定されたレジスタへ値を設定
EX SET CMD	コマンド（Forma/Read/Writeなど），セクタ・アドレス，アクセスするセクタ数の設定
WRITE LONG DATA	メモリースティックPROへ512バイトのデータを送信

2 メモリースティックPROとCQ RISC評価キット/ARM7の接続

● シリアル転送モードを採用

今回はARM7のPORT3を使用し，メモリースティックPROをシリアル転送モードで制御しました（**図5**）．シリアル転送のため，実際に使用するピンはSCLKとBS，DATA0だけとなります．高速で大容量のデータを転送する場合は，DATA1〜DATA3を使用するパラレル転送モードで行います．

また，CQ RISC評価キット/ARM7にはシリアル・インターフェースがありますが，メモリースティックPROは完全なGPIO制御でも簡単に通信を行うことができるため，今回は使用しませんでした．

● ドライバの構成

今回，メモリースティックPROとのシリアル通信は，**図6**のように行いました．ここで，いちばんの要

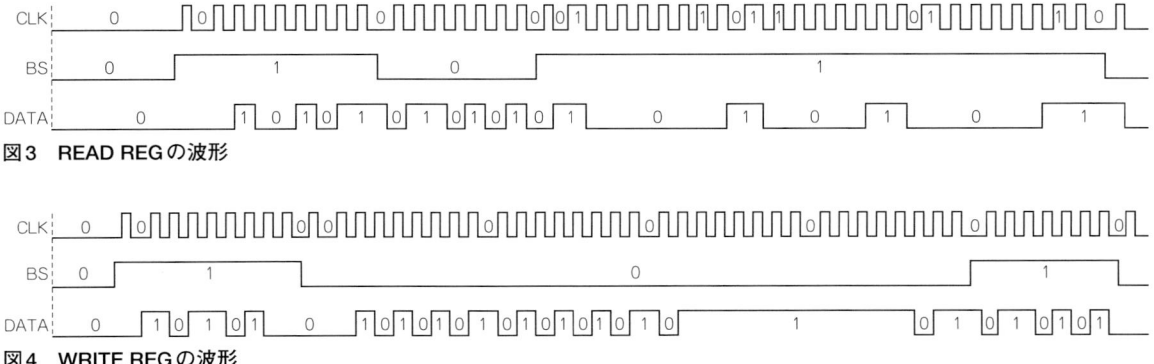

図3 READ REGの波形

図4 WRITE REGの波形

第3部 メモリースティック編

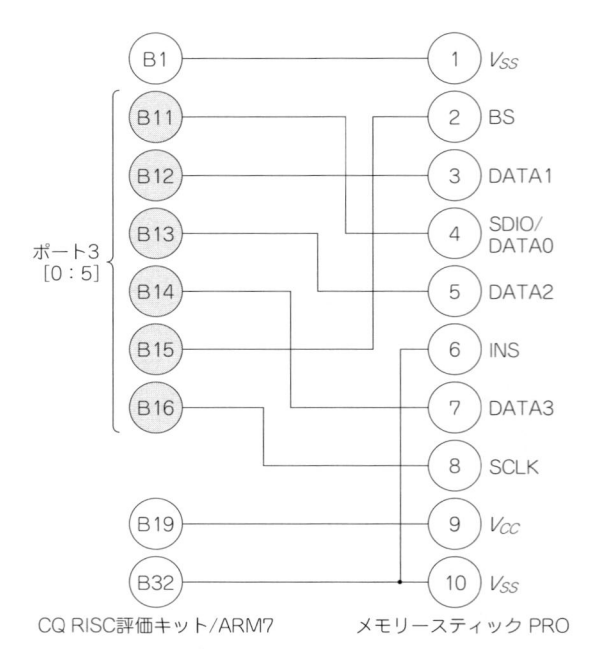

図5 CQ RISC評価キットとの接続例

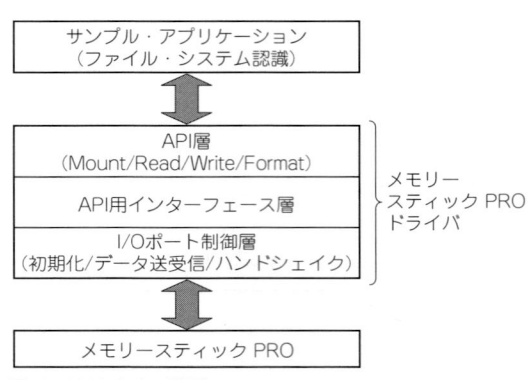

図6 ドライバの階層

となるのがAPI用インターフェース層です．今回はmspro_tpc_passthroughという関数を作成しています（リスト1）．この関数一つで，すべてのTPCを発行することが可能です．

● I/Oポート制御層

I/Oポート制御層はポート3を使用し，SCLKやBS，SDIOを制御します．各信号は表5のように割り当てられています．

▶ハードウェア（ポート3）の初期化

mspro_init関数はポート3を初期化し，SCLKとBSを出力ポートに，SDIOを入力ポートとして設定します．

▶8ビット入出力

mspro_serial_out8関数は，SDIO上に8ビットのデータを出力します．また，mspro_serial_in8関数はSDIO上から8ビットのデータを受け取ります．なお，この関数をラッピングし，指定したバイト数のデータを送受信するのがmspro_serial_read関数とmspro_serial_write関数です．

表5 SCLK，BS，SDIOの割り当て

SCLK	ポート3のビット5
BS	ポート3のビット4
SDIO	ポート3のビット0

▶ハンドシェイク

mspro_handshake関数は，メモリースティックPROとの間でネゴシエーションを行います．Read系パケットの場合はBS2，Write系パケットの場合はBS3がハンドシェイク・ステートになります．

● API層

API層ではmspro_tpc_passthrough関数を使用し，TPCを組み合わせることによって，アプリケーション層が容易にメモリースティックPROにアクセスできるインターフェースを提供します．

▶メモリースティックPROのフォーマット

mspro_format関数は，規定されているFATファイル・システムでメモリースティックPROをフォーマットします．メモリースティックPROでは，フォーマット・コマンドを使用することにより，自動的にメモリースティックPROがFATファイル・システムでフォーマットを行います．

▶メモリースティックPROから指定セクタ数を読み込む

mspro_read_sectors関数は，指定したセクタ・アドレスから512バイト（セクタ単位）でデータを読み込みます．読み込みの手順は以下のようになります（リスト2）．

(1) EX SET CMDによって，READコマンドとセクタ・アドレス，読み込むセクタ数を設定
(2) GET INTにより，メモリースティックPROのデータの準備が完了したことを確認
(3) READ LONGによって，512バイト＋2バイト（CRC）を受信
(4) (2)～(3)を指定セクタ数だけ繰り返す
(5) GET INTにより，ステータスを確認

第9章 メモリースティックPROインターフェースの実装

リスト1　mspro_tpc_passthrough関数
一部を抜粋．全体は本書付属のCD-ROMに収録されている．

```
BOOL mspro_tpc_passthrough( UINT08 tpc, UINT08 *p_data,
                            UINT32 size )
{
    BOOL ret;
    UINT16 get_crc;
    UINT16 calc_crc;

    ret = TRUE;
    if( MSPRO_TPC_IS_WRITE(tpc) )
    {
        calc_crc = mspro_crc( p_data, size );
    }

    /* BS1 */
    mspro_bs_h();
    mspro_1clk();
    mspro_serial_out8( tpc );

    /* BS2 */
    mspro_bs_l();
    if( MSPRO_TPC_IS_WRITE(tpc) )
    {
        mspro_1clk();
        mspro_serial_write( p_data, size );
        mspro_serial_write( (UINT08*)&calc_crc, 2 );

        /* BS3 */
        mspro_bs_h();
        ret = mspro_handshake();

        /* BS0 */
        mspro_bs_l();
        mspro_1clk();
    }
    else
    {
        ret = mspro_handshake();

        /* BS3 */
        mspro_bs_h();
        mspro_1clk();
        mspro_serial_read( p_data, size );
        mspro_serial_read( (UINT08*)&get_crc, 2 );
        mspro_clk_l();

        /* BS0 */
        mspro_bs_l();
        mspro_1clk();
    }
    return ret;
}
```

リスト2　リード/ライト関数

```
#include "mspro.h"

/* ----------------------------------------
 * セクタのリード
 * ---------------------------------------- */
BOOL mspro_read_sectors( UINT32 lba, UINT16 sectors, UINT08 *p_dst )
{
    BOOL ret;
    UINT16 i;
    ret = mspro_ex_set_cmd( MSPRO_CMD_READ_DATA, lba, sectors );

    for( i = 0; i < sectors; i ++ )
    {
        ret = mspro_wait_for_status( MSPRO_STS_BREQ );
        ret = mspro_tpc_passthrough( MSPRO_TPC_READ_LONG, &p_dst[i*512], 512 );
    }

    ret = mspro_wait_for_status( MSPRO_STS_CED );
    return TRUE;
}
/* ----------------------------------------
 * セクタのライト
 * ---------------------------------------- */
BOOL mspro_write_sectors( UINT32 lba, UINT16 sectors, UINT08 *p_src )
{
    BOOL ret;
    UINT16 i;
    ret = mspro_ex_set_cmd( MSPRO_CMD_WRITE_DATA, lba, sectors );

    for( i = 0; i < sectors; i ++ )
    {
        ret = mspro_wait_for_status( MSPRO_STS_BREQ );
        ret = mspro_tpc_passthrough( MSPRO_TPC_WRITE_LONG, &p_src[i*512], 512 );
    }

    ret = mspro_wait_for_status( MSPRO_STS_CED );
    return TRUE;
}
```

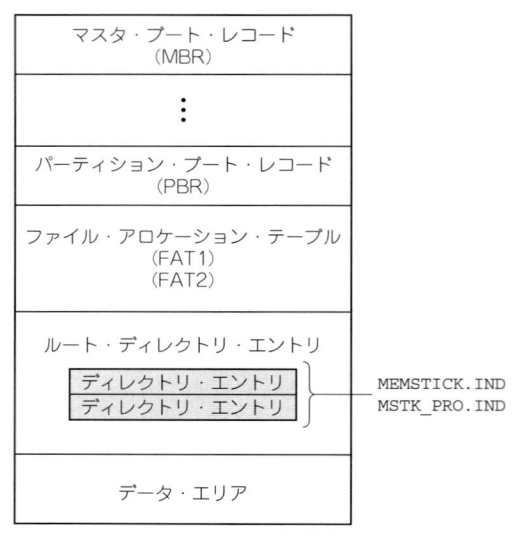

図7 FATファイル・システム構造

- マスタ・ブート・レコード（MBR）
- ︙
- パーティション・ブート・レコード（PBR）
- ファイル・アロケーション・テーブル（FAT1）（FAT2）
- ルート・ディレクトリ・エントリ
  - ディレクトリ・エントリ … MEMSTICK.IND
  - ディレクトリ・エントリ … MSTK_PRO.IND
- データ・エリア

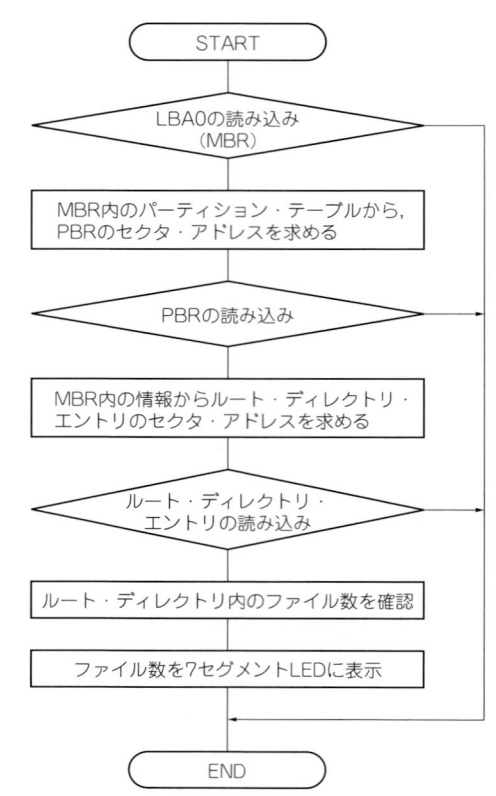

図8 サンプル・アプリケーションのフローチャート

START → LBA0の読み込み（MBR） → MBR内のパーティション・テーブルから，PBRのセクタ・アドレスを求める → PBRの読み込み → MBR内の情報からルート・ディレクトリ・エントリのセクタ・アドレスを求める → ルート・ディレクトリ・エントリの読み込み → ルート・ディレクトリ内のファイル数を確認 → ファイル数を7セグメントLEDに表示 → END

▶ メモリースティックPROへ指定セクタ数を書き込む

`mspro_write_sectors`関数は，指定したセクタ・アドレスに512バイト（セクタ単位）でデータを書き込みます（**リスト2**）．書き込みの手順は以下のようになります．

(1) EX SET CMDによって，WRITEコマンドとセクタ・アドレス，書き込むセクタ数を設定
(2) GET INTにより，メモリースティックPROでデータの受け取り準備が完了したことを確認
(3) WRITE LONGによって，512バイト＋2バイト（CRC）を送信
(4) (2)～(3)を指定セクタ数だけ繰り返す
(5) GET INTによって，ステータスを確認

3 サンプル・アプリケーション

今回は，サンプル・アプリケーションとして，メモリースティックPRO上のマスタ・ブート・レコード（MBR）とパーティション・ブート・レコード（PBR）から，ルート・ディレクトリ・エントリのセクタ・アドレスを導き，ルート・ディレクトリ・エントリに存在しているファイル数を7セグメントLEDに表示させる，というアプリケーションを作成しました．

● FATフォーマット

メモリースティックPROのFORMATコマンドを使用してメモリースティックPROをフォーマットすると，**図7**のような構成でフォーマットされます．

● マスタ・ブート・レコード（MBR）

ディスク上に存在しているパーティション情報が記録されています．この情報からパーティション・ブート・レコードのセクタ・アドレスを取得します．

● パーティション・ブート・レコード（PBR）

パーティションがフォーマットされているファイル・システムの情報やFATの情報（クラスタあたりのセクタ数など）が記録されています．この情報からルート・ディレクトリ・エントリのセクタ・アドレスを計算します．

● ファイル・アロケーション・テーブル（FAT）

FATファイル・システムでは，数セクタの固まり（クラスタ）のつながりようでファイルを表現します．このつながりが記録されているところがこの領域です．通常，この領域はエラー保護のために二つ存在し，同じ情報が記録されています．

● ルート・ディレクトリ・エントリ

`MEMSTICK.IND`および`MSTK_PRO.IND`という特殊なファイルが自動的に作成されます．

このサンプル・アプリケーションのフローチャート

表6 ソース・コードの構成
これらのソース・コードは，本書付属のCD-ROMに収録されている

ファイル名	内容
mspro_core.c	I/Oポート制御層，APIインターフェース層
mspro_seq.c	API層
fs.c	API層で作成した関数を使用し，ファイル・システムを認識するサンプル・アプリケーション
exception.c	CQ RISC評価キット/ARM7のサンプル・コードを使用
led.c	LED表示処理． CQ RISC評価キット/ARM7のサンプル・コードを流用

を図8に示します．

● 注意事項

今回，上記の処理を行う前にフォーマット・コマンドを実行しています．それはWindows上でフォーマットが行われた場合，メモリースティックPROで規定されているフォーマットが行われないため，MBRが存在しない場合があること，また，同じようにMEMSTICK.INDとMSTK_PRO.INDも存在しない場合があるからです．

したがって，サンプル・アプリケーションを実行した場合，7セグメントLEDに表示される数値は「2」となります．なお，ルート・ディレクトリ内には，MEMSTICK.INDとMSTK_PRO.INDの二つのファイルが存在します．

このサンプル・アプリケーションのソース・コード（**表6**）は本書に付属のCD-ROMに収録されています．ぜひ，お試しください．

おわりに

本章では，メモリースティックPROのインターフェースについて，CQ RISC評価キット/ARM7のGPIOポートを通して読み書きすることを例に述べました．そのサポートの容易さなどがより具体的に伝わるように心がけて解説したつもりです．

今回は，ホスト機器での実装に必要なエラー処理などは行っていませんが，メモリースティックPROがどのようなフラッシュ・メモリ・カードなのかを理解する参考になれば幸いです．

メモリースティック/メモリースティックPROでは，メディアの検出からマウント処理，そしてリード/ライト・シーケンスまで含めた，さまざまな規定がフォーマット仕様として定められています．これは，さまざまな機器間での動作の互換性を保つことを目的としているからです．そのため，フォーマット仕様に準拠した開発や製造を行うには，つまり，メモリースティックおよびメモリースティックPROの開発・製造には，ホスト機器ライセンス契約の締結が求められます．また，本書付属のCD-ROMに収録したソース・コードは，一般公開できない情報を含む部分を削除したソース・コードになっているので，実際にはそのままではコンパイルできません．

メモリースティックPROのホスト機器ライセンス契約の詳細に関しては，http://www.memorystick.org/を参照してください．

よしだ・ともかず　ソリッドギア（株）

第4部 ファイル・システム編

第10章 Windows環境とファイルをやりとりするための
組み込み向けFATファイル・システムのFFSの概要

大貫 広幸

1 FFSとは？

本章では，筆者が作成したDOS互換のFAT型ファイル・システム（以下，FFS）の使用方法について説明します．

その名が示すように，このFFSは，MS-DOSやPC-DOS，そしてWindowsで使われているFATと呼ばれるディスク形式のファイルをアクセスするために作られたファイル・システムのプログラムです．頒布時に添付されるREADME.TXTに記載されている注意事項を守っていただければ，ロイヤリティなしにだれでも自由に使用できます．

ただし，FFSはファイル・システムですから，それだけではOSのように実行させることはできません．このFFSに，ディスク入出力のドライバ・ソフトウェア，およびFFSを呼び出すアプリケーションをリンクすることにより，はじめてFFSを使用することができます（図1）．

また，FFSにはDOSで使用されているディスク装置やファイルに対する基本的な入出力の機能が，インプリメント（実装）されています．つまり，このFFSを使用すればDOSやWindowsなどのOSを使わなくても，FAT型のディスク装置にアクセスすることが可能となります（図2）．

これにより，OSを使用することが不可能なプログラム，たとえばROM化が必要な組み込み用途のプログラムなどでも，FAT型のディスクを使用できるようになります．

FAT型のディスクとしては，フロッピ・ディスクやハードディスク，光磁気ディスク，Zipなどがあります．そして，ドライバを作成すれば，これらのFAT型のディスクをFFSでアクセスすることができます．

また，最近ではフラッシュ・メモリを使用したCompactFlashやスマートメディア，メモリースティックといった半導体メモリも，PCMCIAカードを使うことによりハードディスクと同じATA規格のFAT型ディスク装置としてアクセスすることができます．

したがって，このFFSをフラッシュ・メモリのアクセスにも利用することができます（図3）．

● FFSの開発コンセプト

FFSは，最初から組み込み機器で使用するためのファイル・システムとして設計しました．いろいろなCPUで使用できるように，つまり移植が簡単に行えるように設計されています．

そのため，FFSのソース・プログラムはANSI規格

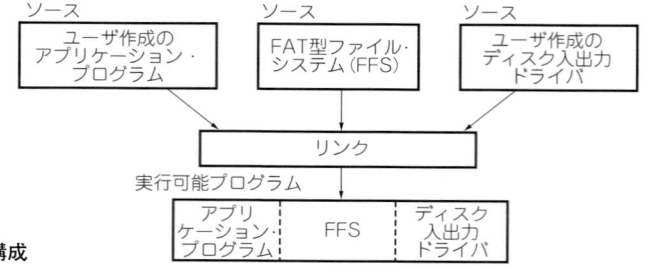

図1
FFSを使用するためのプログラム構成

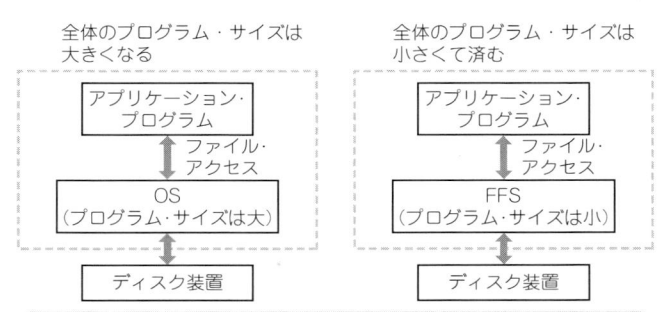

図2
アプリケーションによってはOSを使わずにFFSで代用できる

全体のプログラム・サイズは大きくなる

アプリケーション・プログラム
↕ ファイル・アクセス
OS（プログラム・サイズは大）
↓
ディスク装置

全体のプログラム・サイズは小さくて済む

アプリケーション・プログラム
↕ ファイル・アクセス
FFS（プログラム・サイズは小）
↓
ディスク装置

ファイル・アクセスのみが必要な場合，FFSを使用するとプログラム全体のサイズはOSを使用した場合に比べ小さくなる．そのため，ROM化などの用途にFFSは適している

のC言語で作成しています．また，ROM化の際のトラブルやロイヤリティの問題を解決するため，FFSはC言語で使用されている標準関数（ランタイム・ライブラリ）も使用していません．

したがって，実行の対象となるCPUをサポートするANSI規格のCコンパイラさえ用意されていれば，FFSのソース・ファイルに手を加えることなくコンパイルするだけで対象とするCPU用のFFSができ上がります．

組み込み用のプログラムは，処理速度の向上やコードの小型化のために，本来ならすべてアセンブラで作成するのがベストです．

最近では，組み込み機器に使われるCPUのメモリ空間も広くなり，速い処理速度が必要な部分のみアセンブラで作成し，そうでない部分はC言語を使用するといった方法も広く使われています．

どちらにしても，アセンブラを使用した場合は，個々のCPUごとにアセンブラの仕様が異なるうえ，同じCPU用のアセンブラであっても，メーカが違えば仕様も異なっています．したがって，アセンブラで書かれたソース・プログラムを別のCPUに移植することは，非常にたいへんな作業となります．

FFSは移植性を重視したため，すべてをANSI規格のC言語を使って作成しました．そのため，メモリ上のデータ転送など，本来はアセンブラで書かないと時間がかかるような部分もC言語で記述してあります．

したがって，FFSをそのままの状態でコンパイルすると，多少の実行速度が低下するというデメリットが発生します．

また，最終的なオブジェクト・サイズも，C言語を使用しているのでアセンブラに比べて大きくなります．

最終的なオブジェクト・サイズの大きさから考えると，FFSを4ビットCPUや8ビットCPUで使用することは無理だと思います．やはり，メモリ空間の広い

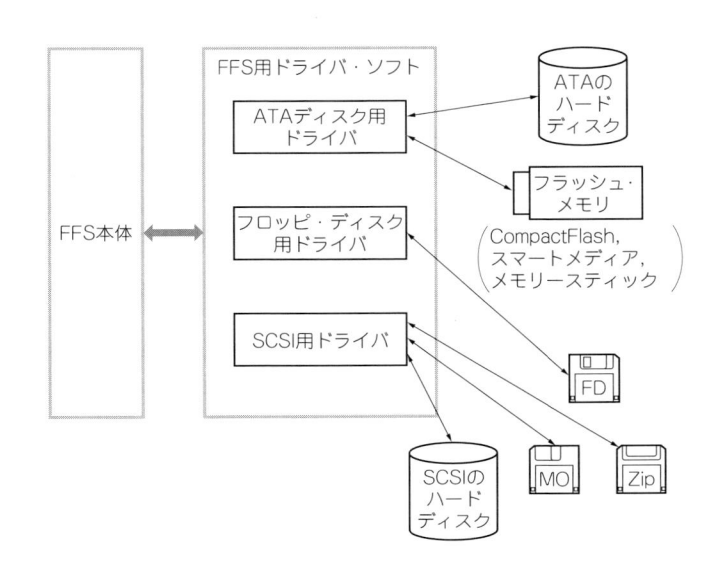

図3
FFSと使用可能な媒体

第4部　ファイル・システム編

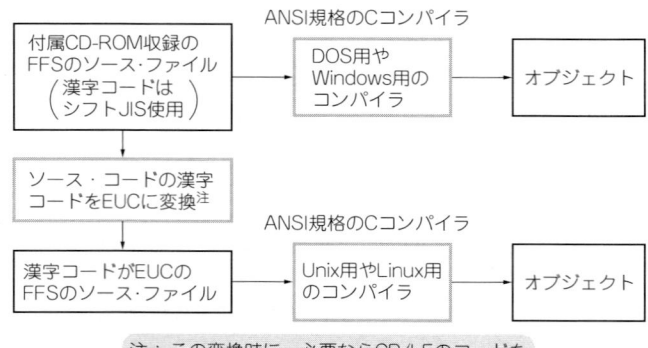

図4　FFSのコンパイル環境

注：この変換時に，必要ならCR/LFのコードをLFの1文字に変換する動作も行う

16ビット以上のCPUで使用する必要があります．

● **FFSの使用対象CPUと開発環境**

　FFSの開発は，MS-DOS用のCコンパイラであるBorland Software社のTurbo C++4.0J for DOSを使って行いました．そのため，デフォルトでは86系の16ビットCPUがターゲットとなっています．しかし，コーディング段階で86系の16ビットCPU以外でも使用できるようにしてあります．

　たとえば，Intel社の386系CPUはもちろん，Motorola社（現Freescale Semiconductor社）の68000系CPUでもFFSを使用できます．また，$V_R 4300$のような32ビットのRISC CPUでもFFSを使用できます．

　いずれの場合も，ANSI規格のCコンパイラを使用するのであれば，FFS本体のソース・ファイルを大幅に変更する必要はありません．

　ただし，使用するCPUやCコンパイラに合わせてFFSのソース・プログラムを改良することにより，リンク後のコードやデータのサイズを小さくし，実行速度を上げることができます．

　それ以外に，FFSのソース・ファイルの変更が必要になるのは，行末のコードと漢字コードの変換ぐらいです．

　公開しているFFSのソース・ファイルはDOSのファイルなので，行末がCR/LF，そしてシフトJISコードで日本語のコメントが書かれています．したがって，行末のCR/LFのコードをOSに合わせて変更し，そしてシフトJIS以外のコードで漢字を表すOSの上でFFSをコンパイルする場合は，FFSの漢字コードを変換する必要があります（**図4**）．

　たとえば，LinuxのgccでFFSをコンパイルする場合は，行末はLF1文字で，ソース・ファイル上の漢字コードはEUCである必要があります．

　この場合，オリジナルのFFSの全ファイルについて，変換ツールによってCR/LFをLFのみに変換し，さらにシフトJISからEUCにコード変換します．行末がLFで漢字コードがEUCコードになったFFSのソース・ファイルをgccでコンパイルします．

　FFSそのものは，本書付属のCD-ROMにLZH形式で収録されています．LHAの解凍プログラムで解凍すると，**図5**のようなファイルが作られます．

● **FFSの使用に関する注意**

　FFSを自分が開発したプログラムとリンクさせる場合，いくつかの注意事項があります．

　要約すると，

1) 使用者が開発したプログラムの一部としてFFSを使用する場合は，ロイヤリティの支払いは必要ない
2) FFSとその関連プログラム，つまり`FFS022.lzh`に収録されているファイルは許可なく配布できない
3) FFSには保証はない．また，損害が発生してもCQ出版（株）および筆者はいかなる責任も負わない
4) プログラムのバグ修正などの早急なメンテナンスが必要な場合は有料

となります．

　この注意事項の詳細は，FFSの付属の`README.TXT`ファイルに書かれているので，FFSを使用される前にはかならずこの`README.TXT`ファイルを参照してください．

● **FFSの現状と将来の予定**

　FFSのアーカイブ・ファイルのファイル名からわかるように，現在公開している最新のFFSのバージョンは0.22です．まだ，Ver.1.00にはなっていません．その理由は，筆者がFFSの機能はまだまだ不十分だと考えているからです．

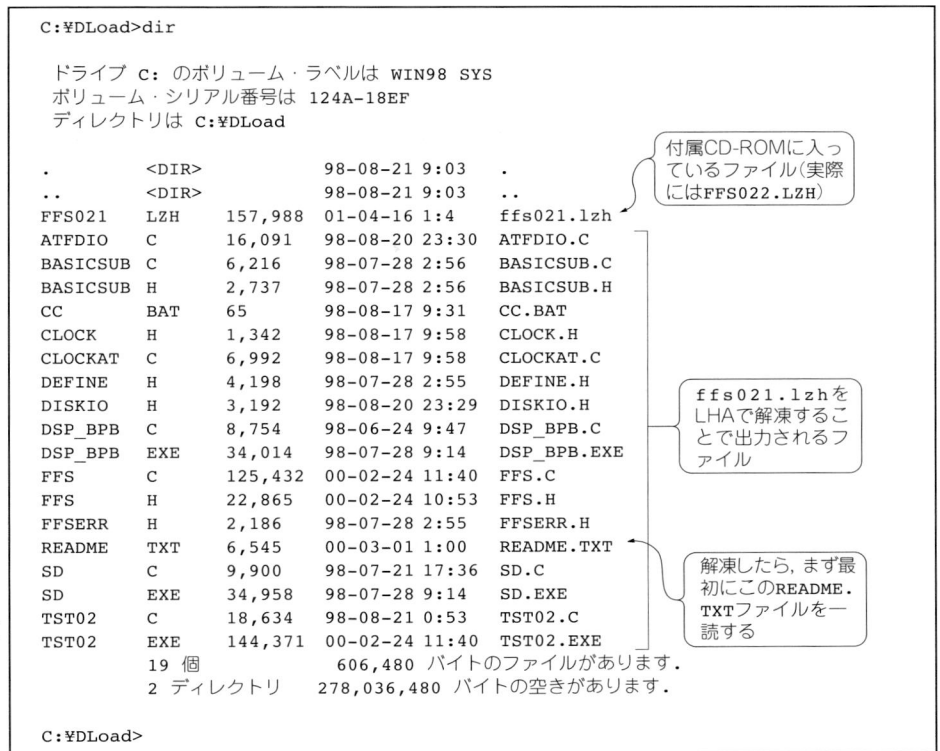

第10章 組み込み向けFATファイル・システムのFFSの概要

```
C:\DLoad>dir

 ドライブ C: のボリューム・ラベルは WIN98 SYS
 ボリューム・シリアル番号は 124A-18EF
 ディレクトリは C:\DLoad

.            <DIR>           98-08-21 9:03   .
..           <DIR>           98-08-21 9:03   ..
FFS021       LZH    157,988  01-04-16 1:4    ffs021.lzh
ATFDIO       C       16,091  98-08-20 23:30  ATFDIO.C
BASICSUB     C        6,216  98-07-28 2:56   BASICSUB.C
BASICSUB     H        2,737  98-07-28 2:56   BASICSUB.H
CC           BAT         65  98-08-17 9:31   CC.BAT
CLOCK        H        1,342  98-08-17 9:58   CLOCK.H
CLOCKAT      C        6,992  98-08-17 9:58   CLOCKAT.C
DEFINE       H        4,198  98-07-28 2:55   DEFINE.H
DISKIO       H        3,192  98-08-20 23:29  DISKIO.H
DSP_BPB      C        8,754  98-06-24 9:47   DSP_BPB.C
DSP_BPB      EXE     34,014  98-07-28 9:14   DSP_BPB.EXE
FFS          C      125,432  00-02-24 11:40  FFS.C
FFS          H       22,865  00-02-24 10:53  FFS.H
FFSERR       H        2,186  98-07-28 2:55   FFSERR.H
README       TXT      6,545  00-03-01 1:00   README.TXT
SD           C        9,900  98-07-21 17:36  SD.C
SD           EXE     34,958  98-07-28 9:14   SD.EXE
TST02        C       18,634  98-08-21 0:53   TST02.C
TST02        EXE    144,371  00-02-24 11:40  TST02.EXE
       19 個                 606,480 バイトのファイルがあります.
        2 ディレクトリ   278,036,480 バイトの空きがあります.

C:\DLoad>
```

図5
解凍したFFSのファイル(本書付属CD-ROMにはバージョン・アップしたFFSを収録しているので,ファイル・サイズやタイム・スタンプがこの図と異なるファイルもある)

付属CD-ROMに入っているファイル(実際にはFFS022.LZH)

ffs021.lzhをLHAで解凍することで出力されるファイル

解凍したら,まず最初にこのREADME.TXTファイルを一読する

現在のFFSは,DOS互換ということで,DOSで扱えるものと同じ12ビットFATのディスクと16ビットFATのディスクの2種類に対応しています.将来的には,32ビットFATのディスクも扱えるように計画しています.

また,ファイル名もDOSと同じ,名前8文字,拡張子3文字の,いわゆる8.3形式となっています.

Windowsで使われているロング・ファイル名も,できれば扱いたいと考えています.ただし,ロング・ファイル名にはUnicodeが使われているため,漢字ファイル名の扱いをどうするか悩んでいるところです.

32ビットFAT,そしてロング・ファイル名がインプリメントされたとき,FFSをVer.1.00にするつもりでいます.

実際には,筆者の時間的,経済的な理由からFFSの改良は進んでいません.ファイル・システムのようなプログラムの開発には,時間とお金がかかります.現在のところ,しごとの合間にFFSの開発を進めているため,どうしても開発ペースが遅くなってしまいます.

残念ながら,完成するまでにどのくらいの時間がかかるのかわかりませんが,32ビットFATとロング・ファイル名のインプリメントを行い,FFSをVer.1.00にする予定です.

2 FFSの概略

● FFSの仕様概略

まず,FFSの仕様の概略をまとめておきます.

1) 1セクタのサイズ:512バイトおよび1024バイト
2) サポートしているFAT:12ビット,16ビット
3) 接続可能なドライブ数:1~26台
4) 同時にオープンが可能な最大ファイル数:8~255
5) セクタ・バッファの最大数:4~255
6) ドライブ名:ドライブを表す英字1文字(A~Z)にコロン(:)を付けた2文字で表す
7) ファイル名:名前1~8文字,拡張子0~3文字

指定文字数を超える名前や拡張子については,名前は最初の8文字までを,拡張子は最初の3文字までを有効な文字列とします.

名前と拡張子は,ピリオド(.)で区切ります.拡張子がない場合,ピリオド(.)は付けても付けなくてもかまいません.

第4部 ファイル・システム編

表1 FFSと付随するファイル

ファイル名	内容
FFS.C	FAT型ファイル・システム本体のソース・ファイル
BASICSUB.C	FFSで使用する基本サブルーチンを定義している．CPUやCコンパイラの仕様により再コーディングが必要なルーチンを含む
FFS.H	FFSが使用する構造体やグローバル変数，グローバル関数の宣言
BASICSUB.H	BASICSUB.Cで定義された基本サブルーチンを宣言している
FFSERR.H	FFSで使用するエラー・コードを定義
DISKIO.H	ディスク入出力ルーチン（ディスク・ドライバ，ディスク入出力モジュール）のパラメータ構造体．グローバル関数の宣言
DEFINE.H	FFSのコンパイルで使用する型とマクロ，使用するCPUやCコンパイラの型の違いをここで定義している

使用可能な文字は，英数字と次に示す16文字の記号，そして半角カナ，半角カナ記号，シフトJISで表された全角漢字です．

$ & # % ` ' ( ) - @ ^ _ { } ~ !

FFSは，ディスク上のファイルのみを扱うので，次のキャラクタ・デバイスの名前を指定すると，エラー（エラー・コード0x2）を返します．

NULL, CON, AUX, PRN, CLOCK$, CLOCK, AUX1, AUX2, COM1, COM2, COM3, COM4, LPT1, LPT2, LPT3, LPT4

8) パス：ディレクトリとディレクトリの区切り文字に，ASCIIコードではバックスラッシュ（\）を，JISコードでは円記号（¥）を使います．パスの先頭が\または¥だった場合は，ルート・ディレクトリからパスが指定されていることを示します．

また，ピリオド（.）を使ってカレント・ディレクトリ（現在のディレクトリ）と親ディレクトリ（カレント・ディレクトリの一つ上のディレクトリ）を表します．ピリオド一つ（.）がカレント・ディレクトリ，ピリオド二つ（..）が親ディレクトリです．

そのほかの文字からパスが始まっていれば，カレント・ディレクトリからパスが指定されているものとします．

パスの最大バイト長は，ドライブ名と先頭に\または¥がある場合は，ドライブ名とその先頭の\または¥を除いたバイト数が，63バイト以下の文字列となっています．

● FFSのソース・ファイルについて

表1は，FFS本体のソース・ファイルと，それに付随するヘッダ・ファイルを示したものです．FFSは，二つのソース・ファイルと四つのヘッダ・ファイルから構成されています．

FFS単体のコンパイル（中間オブジェクトの生成段階まで）は，表1のファイルのみで可能です．しかし，実際にFFSを使用するためには，FFSを呼び出すユーザ・プログラム（アプリケーション）とディスク入出力ルーチン（ディスクの物理的な入出力を行うドライバ・プログラム）を作成する必要があります（図6）．

① FFSのソース・ファイル

ソース・ファイルのFFS.Cが，FFS本体のプログラムです．前述したように，FFS.CはCPUに依存しないようにプログラミングされているため，FFSを移植する場合でも，コードを変更する必要はありません．

また，FFS.Cを変更してしまうと，FFSが正しく動作しなくなる可能性もあるので，基本的にはFFS.Cの変更は行わないでください．

もう一つのソース・ファイルBASICSUB.Cは，CPUのアーキテクチャによって処理内容の変更が必

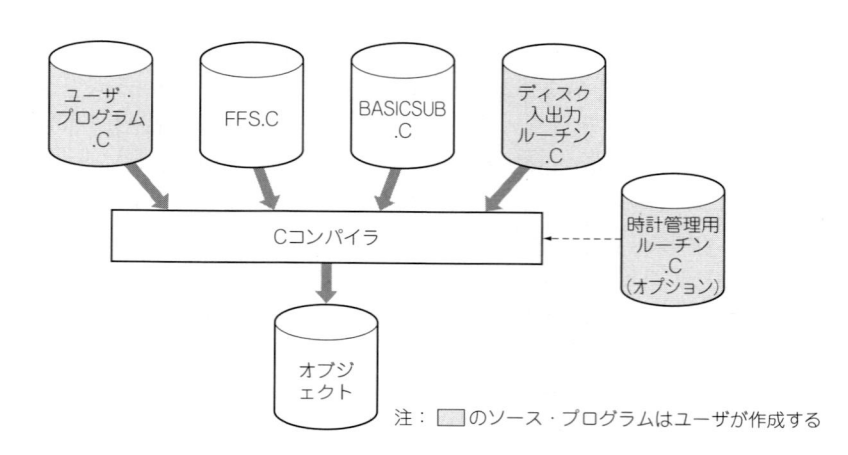

図6 FFSのコンパイル

要な場合があるサブルーチンを集めたものです．

たとえば，16ビットCPUと32ビットCPUで異なるポインタの変換や，CPUによって異なるエンディアンの違いを吸収するための関数などが定義されています．

また，`BASICSUB.C`内では，FFSがC言語の標準関数を使わない代わりに，FFSが使用する標準関数互換の関数の定義も行われています．

たとえば，この`BASICSUB.C`にはメモリを操作する`mem`で始まる関数に相当するサブルーチンや，文字列を操作する`str`で始まる関数に相当するサブルーチン，そして文字コードを調べたり変換する関数などが，ANSI規格のC言語の関数として独自に書かれています．

そのため，必要ならば`BASICSUB.C`上の関数をアセンブラに書き換えることで，FFSの処理速度を上げることができます．

なお，ディスク入出力ルーチンでC言語の標準関数が必要な場合は，C言語の標準関数（ランタイム・ライブラリ）は使わずに，この`BASICSUB.C`に自分で互換の関数を追加するようにします．

しかし，とくに上記のような必要がなければ，移植の際に`BASICSUB.C`はそのまま使用してかまいません．

② FFSのヘッダ・ファイル

`FFS.H`と`BASICSUB.H`は，`FFS.C`と`BASICSUB.C`のヘッダ・ファイルです．

`FFS.H`は，FFSを呼び出すユーザ・プログラム側と，FFSが呼び出すディスク入出力ルーチン側の両方で必要なデータや関数を定義し，宣言しています．そのため，ユーザ・プログラムとディスク入出力ルーチンの両方で`FFS.H`を`include`する必要があります．

移植に際して，`FFS.H`の内容を変更する必要はありませんし，勝手に`FFS.H`の内容を変更するとFFSが正しく動作しなくなる可能性もあります．`FFS.H`の内容は変更しないでください．

`BASICSUB.H`は，ユーザ・プログラムやディスク入出力ルーチンで`BASICSUB.C`の関数を呼び出す必要がある場合に`include`します．

ユーザが`BASICSUB.C`に関数を追加した場合，この`BASICSUB.H`にも，そのプロトタイプ宣言を記述する必要があります．

`FFSERR.H`は，FFSで使われるエラー・コードを定義しているヘッダ・ファイルです．エラー・コードは，ユーザ・プログラムやディスク入出力ルーチンの両方で使用するので，ユーザ・プログラムやディスク入出力ルーチンでは`FFSERR.H`を`include`して使用します．

`DISKIO.H`は，FFS本体が呼び出すディスク入出力ルーチン内の関数のプロトタイプ宣言や，FFS本体とディスク入出力ルーチン内の関数とやり取りするデータの構造を定義しているヘッダ・ファイルです．ディスク入出力ルーチンのプログラムは，かならずこの`DISKIO.H`を`include`する必要があります．

最後に`DEFINE.H`ですが，このファイルはコンパイル対象となるCPUやCコンパイラで使用する型を定義しています．つまり，この`DEFINE.H`というヘッダ・ファイルは，使用するCPUやCコンパイラの違いによる型の違いを吸収するために使われています．

そして，FFSを移植する場合は，使用するCPUやCコンパイラに合わせて`DEFINE.H`の定義を多少変更する必要があります．

`DEFINE.H`上には，いくつかのCPUとCコンパイラが事前に定義されています．したがって，`DEFINE.H`に定義があるCPUやCコンパイラなら，使用するCPUと使用するCコンパイラを指定して，コンパイルすれば目的のCPUのFFSが生成されます．

しかし，`DEFINE.H`上に定義のないCPUやCコンパイラを使用する場合は，使用するCPUやCコンパイラに合わせて`DEFINE.H`のヘッダ・ファイルの内容を修正する必要があります．

③ オプションのソース・ファイル

FFSにはオプションとして，日付と時間を扱う機能があります．FFSを移植するマシンで時計が使用できる場合，日付と時間を取得する関数を用意すれば，ディレクトリ・エントリ作成時および更新時に日付と時間をディレクトリ・エントリに設定できます．例えば時計管理用のルーチンを作成し，FFSとリンクすることにより，ディレクトリ・エントリに日付と時間が設定できるようになります（**図7**）．

時計管理用のルーチンが扱う時計には，リアルタイム・クロック（RTC）のようなハードウェア的な時計のほか，インターバル・タイマからの割り込み回数をカウントするようなソフトウェア的な時計などがあります．

● FFSとDOSの互換性

FFSは，できるだけDOSと互換性を持つように作られています．ここでは，FFSとDOSの間の互換性

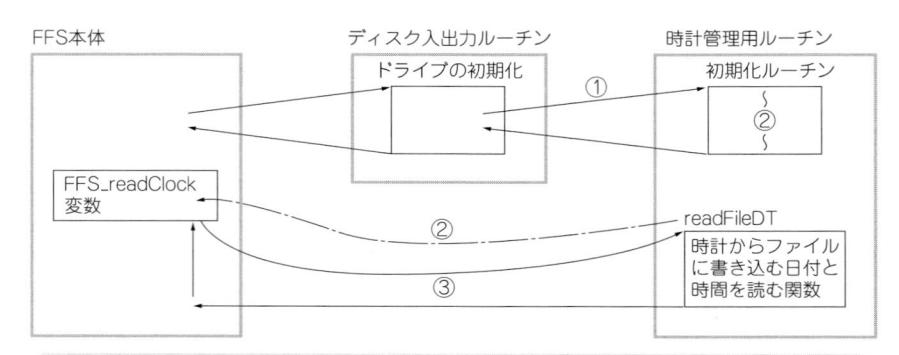

第4部 ファイル・システム編

図7
FFSに時間管理用ルーチンを追加する場合

1. 時計管理用ルーチンはディスク入出力ルーチンのドライブの初期化のときに初期化する
2. 時計管理用ルーチンの初期化ルーチン内で，FFS本体の**FFS_readClock**変数に「時計からファイルに書き込む日付と時間を読む関数（上図の**readFileDT**）」のエントリ・アドレスを書き込む
3. ファイルに日付と時間を書き込む必要ができた場合，**FFS_readClock**変数が示す関数（上図の**readfileDT**）を呼び出し，ファイルに書き込む日付と時間を取得する

について説明します．

① ディスクの互換性

FFSが扱うディスクの形式は，前述の仕様概略で示したように12ビットFAT，16ビットFATの2種類のディスクが使用できます．これは従来のDOSと同じFAT型ディスクの形式なので，DOSで読み書きしたメディアは，そのままFFSで読み書きすることが可能です．

ただし前にも述べたように，32ビットFATは現段階ではサポートしていないため，FFSでは32ビットFATでフォーマットされたハードディスクなどへのアクセスは行えません．

12ビットFAT，16ビットFATが使われている媒体としては，フロッピ・ディスクをはじめ，3.5インチの光磁気ディスクやZipなどのディスクがあります．これらのディスクはFFSでアクセスすることができます．

もう少し正確に言えば，12ビットFATあるいは16ビットFATでフォーマットされ，ブート・セクタにBPB（BIOSパラメータ・ブロック）が書き込まれたディスクなら，そのままFFSでリード/ライトすることができます（**図8**）．

MS-DOS（PC-DOS）のVer.2以降のフォーマット・プログラムでフォーマットしたディスクなら，かならずブート・セクタにBPBが書き込まれるため，現在使われているほとんどのDOSのディスクは，リード/ライトできるといえます．

② API（ファンクション）の互換性

FFSがユーザ・プログラムに提供するAPI（ファイル操作およびファイル入出力）は，一部独自仕様のものもありますが，ほとんどがDOS互換のものです．

また，FFSが提供するAPIは，DOSのVer.2以降に追加となったハンドルを使うファンクション・コールを対象としているため，現在は使われていないDOSのFCBによるファイル入出力はサポートしていません．

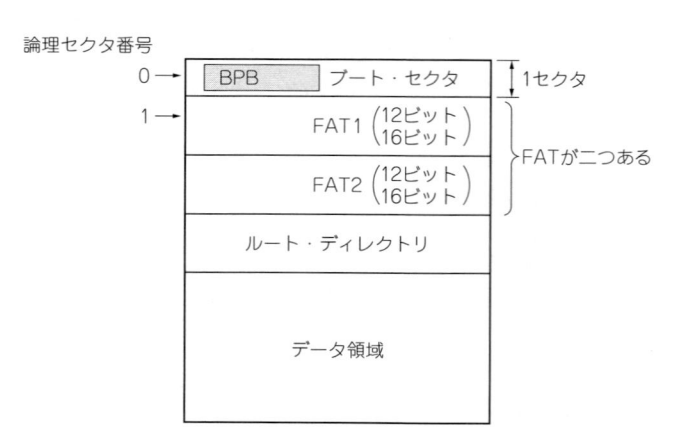

図8
FFSが扱うディスクの形式

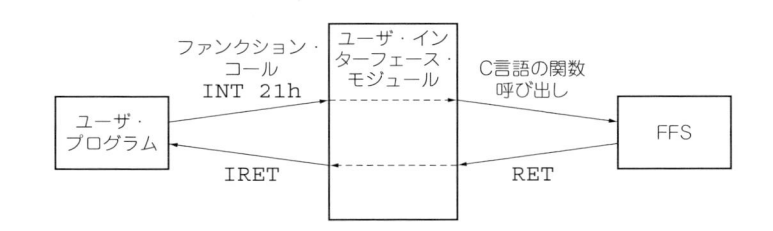

第10章　組み込み向けFATファイル・システムのFFSの概要

図9
86系CPUのFFSでINT 21hをサポートする方法

なお，ここでいうDOS互換とは，DOSのように`INT 21h`で呼び出すというものではなく，引き数や戻り値がDOSと同じ形式になっているということです．

`INT 21h`は，86系CPU固有の機械語命令であるため，別の種類のCPUの場合は，この`INT 21h`は使えません．そのため，FFSのAPIの呼び出し形式は，C言語の関数呼び出しの仕様で作られています．

16ビットの86系CPUを使用する場合なら，FFSとユーザ・プログラムの間に，ユーザ・プログラムからの`INT 21h`の呼び出しをFFSの呼び出し形式に変更するユーザ・インターフェース・モジュールのようなものを入れることで，ユーザ・プログラムで`INT 21h`を使用することが可能となります（**図9**）．

そして，FFSがユーザ・プログラムに返すエラー・コードも，DOSと同じ番号を使用するようになっています．

ただし，発生したエラーに対するエラー・コードについては，DOSとFFSで多少異なるコードを返す場合があります．したがって，エラー処理プログラムを作成する場合には，この点に注意する必要があります．

● **FFSをROM化する場合の形態**

FFSをROM化して使用する場合，**図10**のような使用形態が考えられます．

① FFSとユーザ・プログラムをリンクして一つのプログラムとする方法

小規模なアプリケーションなら，**図10(a)**のようにユーザ・プログラムとFFS，そしてディスク入出力ルーチンをコンパイルしてリンクし，一つのROMにするのがいちばん簡単な方法です．

この方法だと，ユーザ・プログラムが直接，FFSのAPIをC言語の関数として呼び出すことが可能となります．そのため，プログラミングも簡単ですし，FFSのAPI呼び出しにも余分なオーバヘッドがなくなり，呼び出しが速くなります．

しかし，リンカの性能にもよりますが，この方法ではあまり大きなプログラムを作ることができません．したがって，FFSとユーザ・プログラムをリンクして一つのプログラムにする方法は，どうしても小規模なアプリケーションにおける使用となります．

② FFSとユーザ・プログラムを別々にリンクし，ROMに書き込む方法

大規模なアプリケーションの場合，リンカによっては大きなプログラムを生成できないことがあるので，FFSとユーザ・プログラムは別々にコンパイルし，別々にROMに書き込むと便利です．

このように，FFSとユーザ・プログラムを独立したコード（二つのオブジェクト）にする場合は，FFSとユーザ・プログラムは別々にリンクされます．そのため，ユーザ・プログラムの側から，直接FFSの

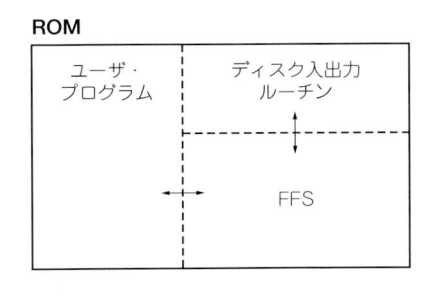

(a) FFSとユーザ・プログラムをリンクで一つのオブジェクトにした場合

(b) FFSとユーザ・プログラムを別々にリンクし，別のオブジェクトとした場合

ユーザ・プログラムからFFSを直接呼び出すことはできない

図10　ROM化プログラムでのFFSの使用形態

第4部　ファイル・システム編

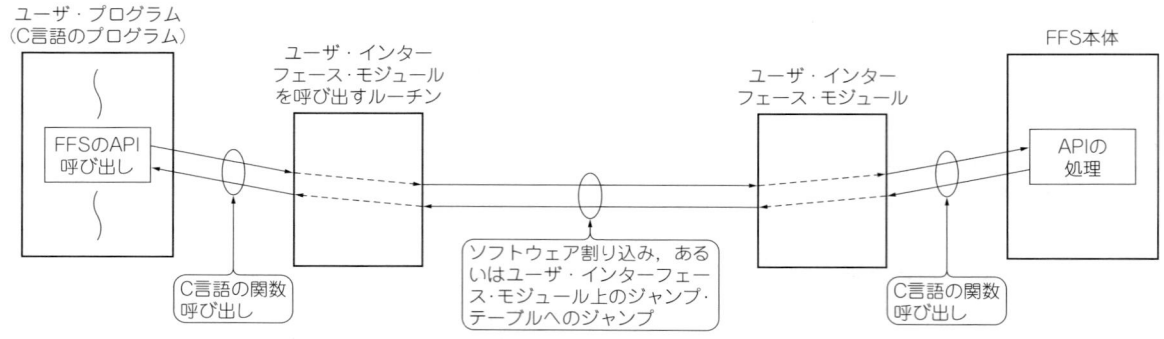

図11　ユーザ・インターフェース・モジュールの動作

APIのエントリ・アドレスを見つけることができません．

つまり，この状態でユーザ・プログラムをリンクすると，FFSのAPI呼び出しが未定義シンボルとなってしまいます．

そこで，FFSとユーザ・プログラムの間をとりもつプログラム（ここではユーザ・インターフェース・モジュールと呼ぶことにする）を作り，このユーザ・インターフェース・モジュールが，ユーザ・プログラムからのAPI呼び出しを受けるようにすることで，FFSとユーザ・プログラムをそれぞれ独立させることができます．

ユーザ・プログラムからユーザ・インターフェース・モジュールを呼び出す方法としては，
1) 機械語命令のソフトウェア割り込み命令を用いる方法
2) ユーザ・インターフェース・モジュール上にFFSへのジャンプ・テーブルを用意し，ユーザ・プログラム側からのAPI呼び出しは，このジャンプ・テーブルを経由して行うようにする方法
などがあります．

ユーザ・プログラム側がC言語のプログラムのとき，FFSのAPI呼び出しもC言語の関数となります．その場合，FFSのAPI呼び出しと同仕様の関数を用意します．ただし，このAPI呼び出しの関数の中身は，ユーザ・インターフェース・モジュールの呼び出しとなります．

これにより，ユーザ・プログラム側のFFSのAPI呼び出しは，ユーザ・インターフェース・モジュールを経由してFFS本体に渡されることになります（図11）．

3　FFSの移植方法

すでに何度も述べたように，FFSは開発初期段階から移植が簡単にできるように設計されています．

実際の移植に際しては，`DEFINE.H`と`BASIC-SUB.C`を，使用するCPUやCコンパイラに合わせて修正することになります．

● DEFINE.H

リスト1は，FFS Ver. 0.22で使われている`DEFINE.H`のソース・リストです．そして`DEFINE.H`では，表2に示す型とマクロを定義しています．また，表3に示したものが定数として定義されています．

`DEFINE.H`は，FFSおよびディスク入出力ルーチンをコンパイルするのに必要な型やマクロを定義しています．

FFSと付随するプログラム（ディスク入出力ルーチンなど）では原則的に，`DEFINE.H`で定義されている型のみを使用することにしています．

そのため，移植の際，必要があれば`DEFINE.H`上の`typedef`による型や，`#define`によるマクロ定義の内容を変更することで，一度にすべてのソースで使用されている型やマクロを変更することが可能となります．

このようにしておくことで，CPUごとに異なる型を`DEFINE.H`で一手に管理することができるようになっています．

① サポートするCPUタイプとCコンパイラの定義

リスト1の`DEFINE.H`では，はじめにFFSで使用できるCPUの種類と使用できるCコンパイラの種類を定義しています．

現在，FFSで使えるCPUには，リスト1にあるよ

第10章　組み込み向けFATファイル・システムのFFSの概要

リスト1　DEFINE.Hのソース

```c
/*
    DOS互換ファイル入出力モジュールのコンパイルで使用する型とマクロの定義

    履歴
        Ver 0.0     4-15-1998   大貫広幸    新規作成
        Ver 0.10    7-28-1998   大貫広幸    最初のリリース
*/

#ifndef __DEFINE_H__
#define __DEFINE_H__

/* staticな関数変数のデバッグ用 */
#ifdef FFSDEBUG
  #define   STATIC
#else
  #define   STATIC  static
#endif

/*=============== サポートするCPUタイプとCコンパイラの定義 ===============*/

/* マクロDEF_CPUTYPE には，CPUの形式を示す数値を設定する*/
#define CPU8616     (8616)      /* 86系16ビットCPU(8086, 8088, V20, V30, 80186, 80286 */
                                /* および386以上のリアル・モードあるいは仮想8086モード) */
#define CPU8632     (8632)      /* 86系32ビットCPU(386以上の32ビット・プロテクト・モード) */
#define CPU68000    (6800)      /* 68000 CPU */
#define CPU68020    (6802)      /* 68020 CPU */
#define CPU4300     (4300)      /* NEC VR4300 CPU */

/* マクロDEF_CCLTYPE には，使用するCコンパイラを示す数値を設定する */
#define CCLTC40DOS  (16104)     /* TC4.0 for DOS (86系16ビットCPU用) */
#define CCLMSC16    (16001)     /* MSC Ver6 (86系16ビットCPU用) */
#define CCLMSC32    (32001)     /* MSC Ver10以上 (86系32ビットCPU用) */
#define CCLMCC68K   (32100)     /* MCC68K(68000,68020用) */
#define CCLGCC      (32500)     /* GCC(各種32ビットCPU用) */


/*=============== CPUとコンパイラの定儀 ===============*/
#define DEF_CPUTYPE     (CPU8616)       /* 86系16ビットCPU */
#define DEF_CCLTYPE     (CCLTC40DOS)    /* コンパイラは TC4.0 for DOS を使用 */

/*=============== CPU，コンパイラ別の定儀 ===============*/

#if DEF_CPUTYPE==CPU8616
  /* 86系16ビットCPU */
  #define INTBITS   (16)            /* INT型のビット数 */
  #define PTR(x)        *x          /* ショート・ポインタ */
  #define LPTR(x) _far  *x          /* ロング・ポインタ */
#else
  /* 32ビットのCPU */
  #define INTBITS   (32)            /* INT型のビット数 */
  #define PTR(x)  *x                /* ショート・ポインタ */
  #define LPTR(x) *x                /* ロング・ポインタ */
#endif

/*=============== 基本的な型と定数の定義 ===============*/
typedef void VOID;                  /* void型 */
typedef int  INT;                   /* int型 */
typedef signed char     INT8;       /* 符号付き8ビット整数 */
typedef signed short    INT16;      /* 符号付き16ビット整数 */
typedef signed long     INT32;      /* 符号付き32ビット整数 */
typedef unsigned char   BYTE;       /* バイト(符号なし8ビット整数) */
typedef unsigned short  WORD;       /* ワード(符号なし16ビット整数) */
typedef unsigned long   DWORD;      /* ダブル・ワード(符号なし32ビット整数) */
typedef INT16 BOOL;                 /* プール値 */

typedef VOID    PTR(PVOID);         /* VOID型の値を示すショート・ポインタ */
typedef VOID    LPTR(LPVOID);       /* VOID型の値を示すロング・ポインタ */
typedef INT     PTR(PINT);          /* INTを示すショート・ポインタ */
typedef INT     LPTR(LPINT);        /* INTを示すロング・ポインタ */
typedef INT8    PTR(PINT8);         /* INT8を示すショート・ポインタ */
typedef INT8    LPTR(LPINT8);       /* INT8を示すロング・ポインタ */
typedef INT16   PTR(PINT16);        /* INT16を示すショート・ポインタ */
typedef INT16   LPTR(LPINT16);      /* INT16を示すロング・ポインタ */
typedef INT32   PTR(PINT32);        /* INT32を示すショート・ポインタ */
typedef INT32   LPTR(LPINT32);      /* INT32を示すロング・ポインタ */
typedef BYTE    PTR(PBYTE);         /* BYTEを示すショート・ポインタ */
typedef BYTE    LPTR(LPBYTE);       /* BYTEを示すロング・ポインタ */
typedef WORD    PTR(PWORD);         /* WORDを示すショート・ポインタ */
typedef WORD    LPTR(LPWORD);       /* WORDを示すロング・ポインタ */
```

第4部　ファイル・システム編

リスト1　DEFINE.Hのソース（つづき）

```c
typedef DWORD   PTR(PDWORD);        /* DWORDを示すショート・ポインタ */
typedef DWORD   LPTR(LPDWORD);      /* DWORDを示すロング・ポインタ */
typedef BOOL    PTR(PBOOL);         /* BOOLを示すショート・ポインタ */
typedef BOOL    LPTR(LPBOOL);       /* BOOLを示すロング・ポインタ */

typedef PBYTE   PSZ;                /* NUL文字を終端とする文字列を示すショート・ポインタ */
typedef LPBYTE  LPSZ;               /* NUL文字を終端とする文字列を示すロング・ポインタ */

typedef INT16   RESULT;             /* INT16の戻り値を返す関数の型 */
typedef INT32   LRESULT;            /* INT32の戻り値を返す関数の型 */

#define TRUE    (1)                 /* BOOL型の真 */
#define FALSE   (0)                 /* BOOL型の偽 */
#define ON      (1)                 /* BOOL型のON */
#define OFF     (0)                 /* BOOL型のOFF */

#ifndef NULL
  #define NULL  ((PVOID)0)          /* NULLポインタ */
#endif

#ifndef LNULL
  #define LNULL ((LPVOID)0)         /* ロングNULLポインタ */
#endif

#endif /* __DEFINE_H__ */
```

表2　DEFINE.H上で定義されている型とマクロ

型	内容
VOID	void型
INT	int型（16ビットあるいは32ビットの整数）
INT8	符号付き8ビット整数
INT16	符号付き16ビット整数
INT32	符号付き32ビット整数
BYTE	バイト（符号なし8ビット整数）
WORD	ワード（符号なし16ビット整数）
DWORD	ダブル・ワード（符号なし32ビット整数）
BOOL	ブール値［ゼロが偽（FALSE），非ゼロが真（TRUE）］
PVOID	VOID型のショート・ポインタ
LPVOID	VOID型のロング・ポインタ
PINT	INT型のショート・ポインタ
LPINT	INT型のロング・ポインタ
PINT8	INT8型のショート・ポインタ
LPINT8	INT8型のロング・ポインタ
PINT16	INT16型のショート・ポインタ
LPINT16	INT16型のロング・ポインタ
PINT32	INT32型のショート・ポインタ
LPINT32	INT32型のロング・ポインタ
PBYTE	BYTE型のショート・ポインタ
LPBYTE	BYTE型のロング・ポインタ
PWORD	WORD型のショート・ポインタ
LPWORD	WORD型のロング・ポインタ
PDWORD	DWORD型のショート・ポインタ
LPDWORD	DWORD型のロング・ポインタ
PBOOL	BOOL型のショート・ポインタ
LPBOOL	BOOL型のロング・ポインタ
PSZ	NUL文字を終端とする文字列を示す型のショート・ポインタ
LPSZ	NUL文字を終端とする文字列を示す型のショート・ポインタ
RESULT	INT16の戻り値を返す関数の型
LRESULT	INT32の戻り値を返す関数の型

（a）typedefで定義されている型

マクロ	内容
PTR(x)	xをショート・ポインタにする
LPPTR(x)	xをロング・ポインタにする

（b）#defineで定義されているマクロ

表3 DEFINE.H上の#defineで定義されている定数

マクロ	内容
DEF_CPUTYPE	FFSを実行するCPU
DEF_CCLTYPE	FFSをコンパイルするCコンパイラ
INTBITS	INT型のビット数
TRUE	BOOL型の真
FALSE	BOOL型の偽
ON	BOOL型のON
OFF	BOOL型のOFF
NULL	NULLポインタ
LNULL	ロングNULLポインタ

うな，86系16ビットCPU（386以上のリアル・モードおよび仮想8086モードを含む）と86系32ビットCPU，68000，68020，そしてNECのV_R4300です．

CPUの定義では，

　　#define　CPUxxxx　(9999)

でCPUを表しています．

上記CPUxxxxのxxxxにCPU名が入ります．そして，(9999)のカッコ内には，そのCPUであるとわかるような数字が入っています．CPUを追加する場合は，CPU名を表すマクロ名とCPUを表す数字に，ほかのCPUの定義と重複しないような名称と値を使用する必要があります．

また，DEFINE.H上には，各CPU用のセルフあるいはクロスのCコンパイラの定義が何種類かあります．

Cコンパイラの定義では，

　　#define　CCLyyyy　(88999)

でCコンパイラを表しています．

上記CCLyyyyのyyyyにCコンパイラ名が入ります．そして，(88999)の88に16あるいは32のCPUのビット数，999の3桁でCコンパイラの種類を表すようにしています．

新たなCコンパイラを追加する場合は，Cコンパイラ名を表すマクロ名とCコンパイラを表す数字については，ほかのCコンパイラの定義と重複しないような名称と値を使用する必要があります．

ここで定義したCPUタイプおよびCコンパイラは，DEFINE.HあるいはBASICSUB.Cにおける，特定のCPUや特定のCコンパイラを使用するときに使われる#ifの条件コンパイルで使います．

② CPUとコンパイラの定義

使用するCPUの種類はDEF_CPUTYPEマクロに設定し，Cコンパイラの種類はDEF_CCLTYPEマクロに設定します．

DEF_CPUTYPEマクロには，前に定義されているCPUを表すCPUxxxxのマクロ名を指定し，DEF_CCLTYPEマクロには，同じく前に定義されているCコンパイラを表すCCLyyyyのマクロ名を指定します．

そのため，FFSを移植する場合には，このDEF_CPUTYPEマクロとDEF_CCLTYPEマクロに，かならずFFSを実行するCPUとコンパイルに使用するCコンパイラを指定する必要があります．

公開しているFFSのDEFINE.Hは，**リスト1**のようにデフォルト状態として，CPUを86系16ビットCPU，CコンパイラをTurbo C++4.0J for DOSに設定しています．

③ CPU，コンパイラ別の定義

リスト1では，コメントの「CPU，コンパイラ別の定義」の箇所で，実際のCPUごとに異なる型やマクロの定義を行っています．

現在のところ，扱っているCPUの種類が少ないので，86系の16ビットCPUとそれ以外のCPUに分けることができます．そして，86系16ビットCPU以外は，すべて32ビットCPUに分類することができます．

リスト1に書かれているように，86系の16ビットCPUとそれ以外の32ビットCPUでは，INT型のビット数が異なり，ポインタの種類も異なります．

1) INT型のビット数

FFSでは，INTBITSマクロでINT型のビット数を定義しています．

INT型は，DEFINE.Hで，

　　typedef　int　INT;

と定義されている型です．86系の16ビットCPUの場合，int型のビット数は16になります．しかし，32ビットCPUではint型のビット数は32になります．このint型のビット数の違いは，C言語の仕様なのでしかたがありません．

そのため，プログラム上，INT型のビット数を知る必要がある場合を考え，INT型のビット数を定義しています．

2) ポインタの種類

86系の16ビットCPUでは，1Mバイトのメモリ空間をもっていますが，セグメントと呼ばれる1セグメント64Kバイトの単位に分けて管理しているため，ポインタとしては1セグメント内を対象としたショート・ポインタと全メモリ空間（1Mバイト）を対象としたロング・ポインタの二つが使われることになります．86系の16ビットCPUをサポートする場合，この

第4部 ファイル・システム編

リスト2　BASICSUB.Hのソース

```c
/*
    DOS互換ファイル入出力モジュールで使用する基本サブルーチンの宣言

    履歴
      Ver 0.0    4-15-1998  大貫広幸   新規作成
      Ver 0.10   7-28-1998  大貫広幸   最初のリリース
*/

#ifndef __BASICSUB_H__
#define __BASICSUB_H__

#include "define.h"

/*========== CPUやCコンパイラの仕様の違いにより再コーディングが必要なルーチン ==========*/

DWORD  BS_lptr2ladr(LPVOID lpv);                        /* ロング・ポインタをリニア・アドレスに変換する */
LPVOID BS_ladr2lptr(DWORD dwLadr);                      /* リニア・アドレスをロング・ポインタに変換する */

WORD   BS_wPeek(LPVOID lpvMemAdr);                      /* リトル・エンディアンのワード値の読み出し */
DWORD  BS_dwPeek(LPVOID lpvMemAdr);                     /* リトル・エンディアンのダブル・ワード値の読み出し */
VOID   BS_wPoke(LPVOID lpvMemAdr,WORD wData);           /* リトル・エンディアンのワード値の書き込み */
VOID   BS_dwPoke(LPVOID lpvMemAdr,DWORD dwData);        /* リトル・エンディアンのダブル・ワード値の書き込み */

/*================ CPUやCコンパイラの仕様の影響を受けないルーチン ================*/

#define BS_HIBYTE(x)   ((BYTE)((WORD)(x) >> 8))
#define BS_LOWBYTE(x)  ((BYTE)((WORD)(x) & 0xFF))
#define BS_HIWORD(x)   ((WORD)((DWORD)(x) >> 16))
#define BS_LOWWORD(x)  ((WORD)((DWORD)(x) & 0xFFFF))

LPSZ   BS_lstrcpy(LPSZ lpsz1,LPSZ lpsz2);               /* バイト文字列のコピー */
LPSZ   BS_lstrcat(LPSZ lpsz1,LPSZ lpsz2);               /* バイト文字列の連結 */
INT16  BS_lstrcmp(LPSZ lpsz1,LPSZ lpsz2);               /* バイト文字列の比較 */
WORD   BS_lstrlen(LPSZ lpsz);                           /* バイト文字列のバイト長 */

LPVOID BS_lmemcpy(LPVOID lpvMem1,LPVOID lpvMem2,WORD wLen);  /* メモリ・ブロックのコピー */
INT16  BS_lmemcmp(LPVOID lpvMem1,LPVOID lpvMem2,WORD wLen);  /* メモリ・ブロックの比較 */
LPVOID BS_lmembyte(LPVOID lvbMem,BYTE bd,WORD wLen);         /* メモリ・ブロック中からバイト値を探す */
LPVOID BS_lmemset(LPVOID lpvMem,BYTE bd,WORD wLen);          /* メモリ・ブロック内をバイト値で埋める */

BYTE   BS_toupper(BYTE bChr);                           /* 英小文字を英大文字に変換する */
BYTE   BS_tolower(BYTE bChr);                           /* 英大文字を英小文字に変換する */

BOOL   BS_iscntrl(BYTE bChr);                           /* 引き数のバイト値が制御コードか調べる(TRUE=制御コード) */
BOOL   BS_isdigit(BYTE bChr);                           /* 引き数のバイト値が数字か調べる(TRUE=数字) */
BOOL   BS_isxdigit(BYTE bChr);                          /* 引き数のバイト値が16進数字か調べる(TRUE=16進数字) */
BOOL   BS_isupper(BYTE bChr);                           /* 引き数のバイト値が英大文字か調べる(TRUE=英大文字) */
BOOL   BS_islower(BYTE bChr);                           /* 引き数のバイト値が英小文字か調べる(TRUE=英小文字) */
BOOL   BS_isalpha(BYTE bChr);                           /* 引き数のバイト値が英文字か調べる(TRUE=英文字) */
BOOL   BS_iskanji1(BYTE bChr);                          /* 引き数のバイト値が漢字第1バイトか調べる(TRUE=漢字第1バイト) */
BOOL   BS_iskanji2(BYTE bChr);                          /* 引き数のバイト値が漢字第2バイトか調べる(TRUE=漢字第2バイト) */
BOOL   BS_isfnchr(BYTE bChr,BOOL kanaFlag);             /* 文字がFATのファイル名として適当か調べる(TRUE=OK) */

LPSZ   BS_spSkip(LPSZ lpsz);                            /* バイト文字列の先行する空白(SP,TAB)のスキップ */

#endif /* __BASICSUB_H__ */
```

ロングとショートの二つのポインタをサポートする必要があります．

一方，32ビットCPUでは32ビット長のアドレスが使われているため，この32ビット長のポインタが1種類あるのみです．

そこで，**リスト1**では86系の16ビットCPUに合わせて，ショート・ポインタ(PTR)とロング・ポインタ(LPTR)の2種類のポインタをマクロとして用意しました．

32ビットCPUでは，ポインタは1種類しかないので，ショート・ポインタとロング・ポインタは同じものとして定義してあります．

④ 基本的な型と定数の定義

リスト1で，コメントの「基本的な型と定数の定義」以降に，FFSで使われる型と定数が定義されています．

FFS本体(FFS.H，FFS.C)は，このDEFINE.Hで定義されている型のみを使用するようにプログラミングされています．また，ユーザが作成するディスク入出力ルーチンも，このDEFINE.Hで定義されている

リスト3　BASICSUB.Cのソース（抜粋）

```c
/*
    DOS互換ファイル入出力モジュールで使用する基本サブルーチン

    履歴
       Ver 0.0    4-15-1998  大貫広幸  新規作成
       Ver 0.10   7-28-1998  大貫広幸  最初のリリース
*/

#include "basicsub.h"

/*== CPUやCコンパイラの仕様の違いにより
再コーディングが必要なルーチン ==*/

/* ロング・ポインタをリニア・アドレスに変換する */
DWORD BS_lptr2ladr(LPVOID lpv)
{
  #if DEF_CPUTYPE==CPU8616
     /* 86系16ビットCPUの場合のみ,
            FARポインタ→リニア・アドレスの計算が必要 */
     register WORD seg,off;
     seg = BS_HIWORD(lpv); off = BS_LOWWORD(lpv);
     return ((DWORD)seg<<4) + off;
  #else
     return (DWORD)lpv;
  #endif
}

/* リニア・アドレスをロング・ポインタに変換する */
LPVOID BS_ladr2lptr(DWORD dwLadr)
{
  #if DEF_CPUTYPE==CPU8616
     /* 86系16ビットCPUの場合のみ,
            リニア・アドレス→FARポインタの計算が必要 */
     register WORD seg,off;
     seg = dwLadr>>4; off = dwLadr & 0xF;
     return (LPVOID)(((DWORD)seg<<16) | off);
  #else
     return (LPVOID)dwLadr;
  #endif
}

/* リトル・エンディアンのワード値の読み出し */
WORD BS_wPeek(LPVOID lpvMemAdr)
{
  #if DEF_CPUTYPE==CPU8616 || DEF_CPUTYPE==CPU8632
     LPWORD p=lpvMemAdr;
     return *p;
  #else
     LPBYTE p=lpvMemAdr;
     return ((WORD)*(p+1)<<8) | *p;
  #endif
}

/* リトル・エンディアンのダブル・ワード値の読み出し */
DWORD BS_dwPeek(LPVOID lpvMemAdr)
{
  #if DEF_CPUTYPE==CPU8616 || DEF_CPUTYPE==CPU8632
     LPDWORD p=lpvMemAdr;
     return *p;
  #else
     LPBYTE p=lpvMemAdr;
     register DWORD x;
     x = *(p+3);
     x = (x<<8) | *(p+2);
     x = (x<<8) | *(p+1);
     x = (x<<8) | *p;
     return x;
  #endif
}

/* リトル・エンディアンのワード値の書き込み */
VOID BS_wPoke(LPVOID lpvMemAdr,WORD wData)
{
  #if DEF_CPUTYPE==CPU8616 || DEF_CPUTYPE==CPU8632
     LPWORD p=lpvMemAdr;
     *p = wData;
  #else
     LPBYTE p=lpvMemAdr;
     *p = wData; *(p+1) = wData >> 8;
  #endif
}

/* リトル・エンディアンのダブル・ワード値の書き込み */
VOID BS_dwPoke(LPVOID lpvMemAdr,DWORD dwData)
{
  #if DEF_CPUTYPE==CPU8616 || DEF_CPUTYPE==CPU8632
     LPDWORD p=lpvMemAdr;
     *p = dwData;
  #else
     LPBYTE p=lpvMemAdr;
     *p = dwData;
     *(p+1) = dwData >> 8;
     *(p+2) = dwData >> 16;
     *(p+3) = dwData >> 24;
  #endif
}
```

型のみを使用するようにプログラミングされています．

異なるCPUや異なるCコンパイラを使ってFFSを移植する場合でも，「CPU，コンパイラ別の定義」が正しく定義されていれば，とくにこの「基本的な型と定数の定義」の部分を変更する必要はありません．

● BASICSUB.C

BASICSUB.Cには，リスト2のBASICSUB.Hのような関数が記述されています．

BASICSUB.C上の関数は，使用目的によって「CPUやCコンパイラの仕様の違いにより再コーディングが必要なルーチン」と，「FFS本体やディスク入出力ルーチンで，C言語の標準関数を使わないようにするための基本的なサブルーチン」に分けることができます．

① 再コーディングが必要なルーチン

リスト3には，BASICSUB.Cのうち，CPUやCコンパイラの仕様の違いによって再コーディングが必要な部分を掲載しました．

関数は，大きくロング・ポインタ←→リニア・アドレスの変換に関する関数と，リトル・エンディアンで表されるワード値，ダブル・ワード値の読み書きに関する関数の2種類に分けられます．

1) ロング・ポインタ←→リニア・アドレスの変換

ロング・ポインタ←→リニア・アドレスの変換とは，86系の16ビットCPU特有の問題から必要になります．

先ほど述べたDEFINE.Hでは，86系の16ビットCPUのロング・ポインタ＝FARポインタなので，ロ

第4部 ファイル・システム編

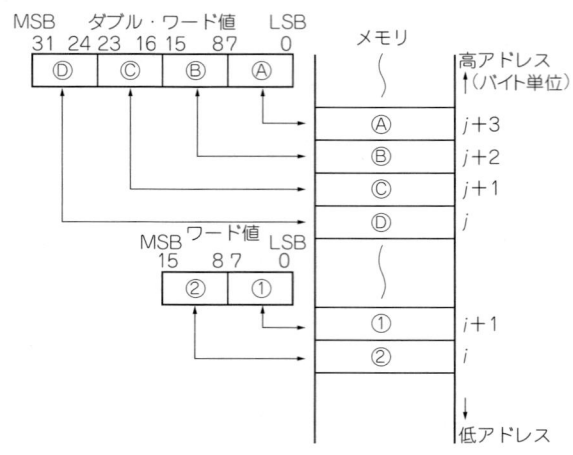

図12　リトル・エンディアンとビッグ・エンディアン
（a）リトル・エンディアンで表されるワードとダブル・ワード値
（b）ビッグ・エンディアンで表されるワードとダブル・ワード値

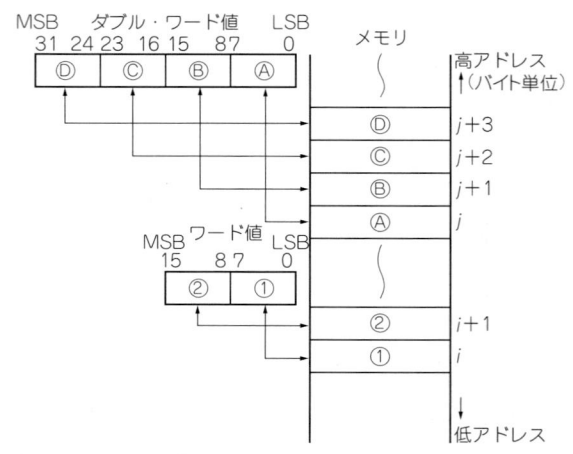

ング・ポインタの値はセグメントとオフセットという二つの値で一つのアドレスを表していることになります．

したがって，ロング・ポインタの値そのままでは直線的なアドレス（リニア・アドレス）は取得できません．そこで，ロング・ポインタ ←→ リニア・アドレスの変換が必要になります．

32ビットCPUでは，ロング・ポインタ＝リニア・アドレスなので，ロング・ポインタ ←→ リニア・アドレスの変換は必要ありません．しかし，86系の16ビットCPUをサポートする以上，FFSではつねにロング・ポインタ≠リニア・アドレスであると仮定することにしました．

そのために，BASICSUB.C上にロング・ポインタ ←→ リニア・アドレスの変換関数を用意し，その変換関数の中でCPUごとに処理内容を変えています．

つまり，新たなCPUを追加したときで，ロング・ポインタ ←→ リニア・アドレスの変換が必要な場合，その変換処理を記述しなければなりません．

その場合は，#ifを使って，

```
#if　DEF_CPUTYPE==CPUxxx
    …
#endif
```

のように，BASICSUB.Cに新たなCPU用のルーチンを追加します．

2）リトル・エンディアン値の変換

次に，リトル・エンディアンで表されるワード値とダブル・ワード値の読み書きを行う関数です．

ワード値とダブル・ワード値の表現方法には，リトル・エンディアンとビッグ・エンディアンがあり，CPUによって異なります．

図12のように複数バイトで一つの値を表す場合，リトル・エンディアンでは，低いアドレスに下位のバイトを置きます．逆にビッグ・エンディアンでは，低いアドレスに上位のバイトを置いています．

たとえば，Intel社のCPUは，昔（8ビットCPUの8080の時代）から低いアドレスに下位のバイトを置くリトル・エンディアンの方式を採用していました．

また，Motorola社の68系CPUは，昔（8ビットの6800の時代）から低いアドレスに上位のバイトを置くビッグ・エンディアンの方式を採用していました．

MS-DOSやPC-DOSは，Intel社の16ビットCPUである8086，8088用に作られたOSであるため，ディスク上のBPBやFATといった管理情報も，低いアドレスに下位のバイトを置くリトル・エンディアンの方式で格納しています．そのため，リトル・エンディアンのCPUならそのままワード値，ダブル・ワード値ともアクセスできますが，ビッグ・エンディアンのCPUの場合，バイトを入れ換えないと，リトル・エンディアンの値をアクセスできません．

そこで，リトル・エンディアンで表されていることがわかっている値については，BASICSUB.C内の関数を使うことで，ビッグ・エンディアンのCPUでもリトル・エンディアンの値を読み書きできるようにしています．

通常，BASICSUB.C上に記述されている，リト

第10章　組み込み向けFATファイル・システムのFFSの概要

ル・エンディアンで表されるワード値とダブル・ワード値の読み書きは，CPUが変わってもそのまま使うことができます．

新たなCPUを追加する場合は，そのCPUがリトル・エンディアンなのかビッグ・エンディアンなのかを確認します．そして，リトル・エンディアンで表されるワード値やダブル・ワード値の読み書きを行う関数内の`#if`の条件コンパイルされるルーチンを選択する必要があります．

② 基本的なサブルーチン

今述べたCPUやCコンパイラの仕様の違いにより，再コーディングが必要なルーチンを記述する以外に，`BASICSUB.C`にはもう一つ，FFSやディスク入出力ルーチンが使用する基本的なサブルーチンを提供するという役割があります．

`BASICSUB.C`に記述されている基本的なサブルーチンのほとんどが，C言語が標準でもっている標準関数のランタイム・ライブラリで代用がきく関数ばかりです．それならば，C言語が標準でもっている標準関数のランタイム・ライブラリを使えばよいように思われます．なぜ**リスト3**のような基本的なサブルーチンを作ったのかというと，C言語が標準でもっているランタイム・ライブラリは内容がブラックボックスだからです．さらに，ランタイム・ライブラリの配布条件というものがあり，完成したプログラムを配布するときの障害になる場合もあります．

したがって，ROM化する場合など，本当にランタイム・ライブラリが正しく実行されるかどうかの保証はありません．また，多少であってもCコンパイラによりランタイム・ライブラリの仕様や動作が異なっていたのでは，移植する場合に困ります．

そこで，FFSの移植性のことを考え，Cコンパイラに付属する標準関数のランタイム・ライブラリは，FFSとそれに付随するモジュールではいっさい使用しないようにするために，`BASICSUB.C`に必要な基本的なサブルーチンを記述しているのです．

4　ユーザ・プログラムからのFFSの使用方法

FFSのVer. 0.22が提供しているAPIには，**表4**に示す35個の関数があります．この表に示したように，FFSが提供する関数にはDOS互換の関数と独自仕様の関数の二とおりがあります．

● DOS互換関数

FFSのAPIの中で，DOS互換の関数は，引き数と戻り値のレベルではDOSのファンクション・コールと互換性があります．正確には，DOSのVer. 2互換です．

したがって，先に述べたように86系CPU（16ビット・モード）を使用し，ユーザ・インターフェース・モジュールを作成すれば，DOS Ver. 2準拠の`INT 21h`のファンクション・コールを実装することができます．

ただし，DOS互換の関数を使用する場合の注意として，ファイルを作成あるいはファイル・オープンで返される値は，DOSでは8ビット長のハンドルですが，FFSのDOS互換の関数では32ビット長の値を使用します．

この32ビット長の値を，FFSではファイルIDと呼びます．このファイルIDは，基本的にはDOSのファイル・ハンドルと同じ働きをするものです．そのため，ファイルのリード（`FFS_read`）/ライト（`FFS_write`）では，このファイルIDを使用し，オープン中のファイルを指定します．

DOSのファイル・ハンドルは8ビットの値を使用していたため，ファイル・オープンあるいは作成とクローズを短時間の内に繰り返すと，同じ値を持つハンドルがすぐに使われてしまうということがありました．

そのため，プログラムのバグなどで，過去に使用していたハンドルを使ってアクセスした場合，まれにハンドルの値が同じだったようなときはエラーとならず，まったく別のファイルを誤ってアクセスするということがありました．

これを防ぐために，FFSではファイルIDを作り，扱う値を大きくすることで，ファイル・オープンあるいは作成とクローズを短時間に繰り返し行ったとしても，`FFS_open`あるいは`FFS_create`が同じ値をすぐには返さないようにしています．

これにより，プログラムのバグなどで，過去使用していたファイルIDを使ってアクセスした場合でもエラーとなり，まったく別のファイルを誤ってアクセスするということがありません．

ただし，これではDOSとの互換がとれないので，`FFS.H`のマクロの値を変更することで，DOSのファイル・ハンドルと同じ8ビット長の値を返すようにすることもできます．

リスト4は，FFSを使用したファイル・コピーのユーザ・プログラムの例を示したものです．

第4部 ファイル・システム編

表4
FFSのファイル操作および入出力関数

関数名	内容	DOSとの互換性
FFS_init	DOS互換ファイル入出力モジュールの初期化	×
FFS_chgDefDrv	デフォルト・ドライブの設定と取得	○
FFS_chgCurDir	カレント・ディレクトリの変更と取得	○
FFS_rdyChk	ドライブ・レディのチェック	×
FFS_getFreeClu	空きクラスタ数の取得	○
FFS_getFns	指定ディレクトリのファイル数の取得	×
FFS_mkDir	新しいサブディレクトリの作成	○
FFS_rmDir	サブディレクトリの削除	○
FFS_remove	ファイルの削除	○
FFS_rename	ファイル名の変更	○
FFS_getFattr	ファイルの属性の取得	○
FFS_getFattr	ファイルの属性の設定	○
FFS_findFirst	最初のディレクトリ・エントリの取得	○
FFS_findNext	次のディレクトリ・エントリの取得	○
FFS_open	ファイルのオープン	○
FFS_create	ファイルの作成	○
FFS_close	ファイルのクローズ	○
FFS_read	ファイル・リード	○
FFS_write	ファイル・ライト	○
FFS_seek	シーク	○
FFS_getDateTime	ファイルの日付，時刻の取得	○
FFS_setDateTime	ファイルの日付，時刻の設定	○
FFS_readDir	ディレクトリ・エントリのリード	×
FFS_cvFname	ファイル名を表す11文字の固定長文字列から名前と拡張子をピリオド(.)で区切った文字列を作る	×
FFS_dirFn	ディレクトリ・エントリからのファイル名の抽出	×
FFS_cvFdate	ディレクトリ・エントリで使われる日付を表すWORD値から文字列で表された日付を作る	×
FFS_cvFtime	ディレクトリ・エントリで使われる時刻を表すWORD値から文字列で表された時刻を作る	×
FFS_dirTm	ディレクトリ・エントリからの日時の抽出	×
FFS_getFDPaddr	指定ドライブのFAT型ディスク・パラメータ構造体のアドレスの取得	×
FFS_readIOCTL	ディスク・ドライバからのデータの取得	○
FFS_writeIOCTL	ディスク・ドライバへのデータの転送	○
FFS_closeAl	全ファイルのクローズ	×
FFS_eject	ディスクのイジェクト	×
FFS_openFiles	オープン中のファイル数の取得	×
FFS_getVerNo	FFSのバージョン番号の取得	×

● 独自仕様の関数の概要

ここでは，独自仕様の関数について，その概要を説明します。

① FFS_init

FFS_init関数は，FFS本体とそれにつながるディスク入出力ルーチンの初期化を行うためのものです。

そのため，FFSを使用する場合，最初に1回だけこのFFS_init関数を実行する必要があります。

FFS_init関数は，途中で実行することも可能ですが，途中で実行すると，接続ディスク情報やオープン中のファイル情報，キャッシングしているセクタ・バッファがすべて初期状態になるため，オープン中のファイルがある場合は，この関数を実行しないでください。

② FFS_openFilesとFFS_closeAll

FFS_openFilesは，現在オープン中のファイル数を取得するのに使用します。

また，FFS_closeAllは，オープン中のファイルがあれば，すべてクローズするための関数です。

③ FFS_rdyChkとFFS_eject

第10章 組み込み向けFATファイル・システムのFFSの概要

リスト4
FFSによるファイル・コピーの
プログラム例

```
        fcpy関数は，引数srcPathで示されたパスのファイルを
        引数destPathで示されたパスのファイル名でファイル・コピーする．
#include "ffs.h"

BYTE fcpyBuf[4096];

/* ファイル・コピー */
BOOL fcpy(LPSZ srcPath,LPSZ destPath)
{
    RESULT errcd; INT i;
    INT32 fhd1,fhd2,errfhd;
    WORD rb,wb;

    errcd = FFS_open(srcPath,FFS_OPEN_RD,&fhd1);
    if( errcd ) {
      printf("\nFFS_open ... errcd=0x%X,id=%ld",errcd,fhd1);
      return FALSE;
    }
    errcd = FFS_create(destPath,FFS_AT_NOR,&fhd2);
    if( errcd ) {
      printf("\nFFS_open ... errcd=0x%X,id=%ld",errcd,fhd2);
      FFS_close(fhd1);
      return FALSE;
    }
    for( i=0;; ++i ) {
      errcd = FFS_read(fhd1,fcpyBuf,sizeof fcpyBuf,&rb);
      if( errcd ) {
        printf("\nFFS_read <%d> ... errcd=0x%X,id=%ld",i,errcd,fhd1);
        break;
      }
      if( !rb ) break;
      errcd = FFS_write(fhd2,fcpyBuf,rb,&wb);
      if( errcd ) {
        printf("\nFFS_write <%d> ... errcd=0x%X,id=%ld",i,errcd,fhd2);
        break;
      }
      if( rb!=wb ) {
        printf("\nFFS_write <%d> ... DISK OVF",i);
        break;
      }
    }
    errcd = FFS_closeAll(&errfhd);
    if( errcd ) {
      printf("\nFFS_closeAll ... errcd=0x%X,id=%ld",errcd,errfhd);
    }
    return TRUE;
}
```

`FFS_rdyChk`関数は，指定ドライブがレディかどうかを調べるための関数です．ファイル操作を行う前にドライブが使用可能か知りたいときに使用します．

`FFS_eject`関数は，指定ドライブにイジェクトの機能があれば，プログラムから媒体の排出を行うのに使用します．通常，媒体の排出はDOSではオペレータが手動で行っていましたが，FFSではこれを自動的に行うことができます．

SCSIで接続されるドライブにはこのイジェクトの機能があるため，SCSI接続されている光磁気ディスクやZipなどのドライブでは，`FFS_eject`関数を使って媒体を自動的に排出することができます．

フロッピ・ディスク・ドライブでは，一部のドライブにはイジェクトの機能をもったものもありますが，AT互換機で通常使われているフロッピ・ディスク・ドライブにはイジェクトの機能はないので，媒体の自動排出はできません．

④ `FFS_getFns`, `FFS_readDir`, `FFS_dirFn`, `FFS_dirTm`, `FFS_cvFname`, `FFS_cvFdate`, `FFS_cvFtime`

FFSでは，ディレクトリもファイルと同じようにリードでオープンできます．これらの関数は，そのときに使用します．

まず，`FFS_getFns`関数は，指定ディレクトリから条件（ファイル名と属性）に一致するファイルの数を取得する関数で，ディレクトリ・リードのときに確保するバッファのサイズを決めるのに使用します．

`FFS_readDir`関数は，通常のファイルのリードと同じようにディレクトリ・エントリを読み込みます．このとき，有効なディレクトリ・エントリのみがリー

ドされてきます。

FFS_dirFn関数は，FFS_readDir関数で読んだ一つのディレクトリ・エントリ内のファイル名から，通常使用しているピリオド(.)で名前と拡張子が区切られた文字列を生成する関数です。

同じように，FFS_dirTm関数は，FFS_readDir関数で読んだ一つのディレクトリ・エントリ内の日付と時刻を，

　　年－月－日　時：分

形式の文字列として生成します。

FFS_cvFname関数は，ディレクトリ・エントリで使われるファイル名を示す11文字の固定文字列から，名前と拡張子がピリオド(.)で区切られた文字列を生成する関数です。

FFS_cvFdateは，ディレクトリ・エントリで使われる日付の値(ワード値)から，

　　YYYY-MM-DD

形式の10文字の固定文字列を生成します。

また，FFS_cvFtime関数は，ディレクトリ・エントリで使われる時刻の値(ワード値)から，

　　HH:MM:SS

形式の8文字の固定文字列を生成します。

これらの関数の使用例として，**リスト5**を掲載しておきます。

⑤ FFS_getFDPaddr

指定ドライブのFAT型ディスク・パラメータ構造体のアドレスを取得する関数です。FAT型ディスク・パラメータ構造体には，ドライブに関する情報が格納されています。ユーザ・プログラムでドライブの情報が必要な場合に，この関数を実行します。

ただし，この関数で得られたFAT型ディスク・パラメータ構造体は，FFS本体がディスクを管理するために使用しているたいせつなデータであるため，ユーザ・プログラムによる書き込みは絶対に行わないでください。

⑥ FFS_getVerNo

FFSそのもののバージョン番号を取得するための関数です。この関数は，バージョン番号以外にFFSの著作権を表す文字列も返します。

● エラー・コード

処理中にエラーを発見した場合，FFSは**表5**に示すエラー・コードを返してきます。このエラー・コードは，その番号と意味がDOSのエラー・コードと同じになっています。

DOSの場合，DOS内で発生したエラーは，エラー・コードとして呼び出したプログラム

リスト5　ディスク上のファイル名を表示するルーチン

```
dspDir関数は，引数phのパスで指定されたディレクトリの内容を表示する．

注：dspDirでは，ディレクトリ・エントリを読み出すFFS_readDir関数を
使用するので，引数acのアクセス・コードには，FFS_OPEN_DIR_RD=0x0C
あるいは FFS_OPEN_DIR_ALL_RD=0x0D のいずれかを指定する必要がある．

#include "ffs.h"
#include "basicsub.h"

#define DIRBUFSIZ   (20)

FFS_dirEnt_t dirBuf[DIRBUFSIZ];

/* ディレクトリ・エントリの表示 */
VOID dspDir(LPSZ ph,BYTE ac)
{
    RESULT errcd; INT i,j;
    INT32 fhd; WORD ww;
    BYTE s[10];

    errcd = FFS_open(ph,ac,&fhd);
    if( errcd ) {
      printf("\nFFS_open ... errcd=%X",errcd);
      return;
    }
    for( i=0;; ) {
      errcd = FFS_readDir(fhd,dirBuf,DIRBUFSIZ,&ww);
      if( errcd ) {
        printf("\nFFS_readDir ... errcd=%X",errcd);
        printf(", fhand=%ld",fhd);
        break;
      }
      if( !ww ) break;
      for( j=0; j<ww; ++j ) {
        printf("%3d : ",++i);
        BS_lstrcpy(s,"------");
        if( dirBuf[j].atr & FFS_AT_ROL ) s[5]='r';
        if( dirBuf[j].atr & FFS_AT_HID ) s[4]='h';
        if( dirBuf[j].atr & FFS_AT_SYS ) s[3]='s';
        if( dirBuf[j].atr & FFS_AT_VOL ) s[2]='v';
        if( dirBuf[j].atr & FFS_AT_DIR ) s[1]='d';
        if( dirBuf[j].atr & FFS_AT_ARC ) s[0]='a';
        printf(" %s %Fs %10lu[Byte]",s,
               FFS_dirTm(&dirBuf[j]),dirBuf[j].fsize);
        if( dirBuf[j].fname[0]==0xE5 ) {
          printf("[0xE5]");
          dirBuf[j].fname[0] = ']';
        }
        if( dirBuf[j].atr==0x0F ) {
          printf("[long file name]\n");
          continue;
        }
        printf("%Fs\n",FFS_dirFn(&dirBuf[j]));
      }
    }
    errcd = FFS_close(fhd);
    if( errcd ) {
      printf("\nFFS_close ... errcd=%X",errcd);
      printf(", fhand=%ld",fhd);
    }
}
```

に戻されますが，ドライバで発生したエラーは，エラー処理割り込み(INT 24h)の発生で通知しています．

FFSでは，ディスク入出力ルーチンで発生したエラーも，ファイル操作あるいはファイル入出力関数を呼び出したプログラムに，**表5**のエラー・コードで返すようになっています．これは，CPUが異なるとDOSのようなソフトウェア割り込みを使って通知する方法が使用できないためです．

86系CPUを使用し，FFSでDOSと同じようなINT 24hを発生させたい場合は，INT 21hを処理するユーザ・インターフェース・モジュールに，ディスク入出力ルーチンで発生したエラーに対してINT 24hの呼び出しの機能を付加することで，DOS互換のINT 24hの実装も可能だと考えています(**図13**)．

● エラー・ハンドラ

必要があれば，ユーザ・プログラム側でディスク・リード/ライトのエラー・ハンドラの関数を一つ指定できます．

エラー・ハンドラは，呼び出されると必要な処理を施して，かならずFFSに戻るようにプログラムします．

ユーザ・プログラムのエラー・ハン

表5 FFSが返すエラー・コード

エラー・コード	FFSERR.Hのマクロ名	内容
0	FFS_EC_Ok	正常終了
1	FFS_EC_InvalidFunctionCode	ファンクション・コードが無効
2	FFS_EC_FileNotFound	ファイルが見つからない
3	FFS_EC_PathNotFound	パス名が見つからない
4	FFS_EC_TooManyOpen	ファイルをオープンしすぎている
5	FFS_EC_AccessDenied	アクセスできない
6	FFS_EC_InvalidHandle	ハンドルが無効
0xC	FFS_EC_InvalidAccessCode	アクセス・コードが無効
0xD	FFS_EC_InvalidData	データが無効
0xF	FFS_EC_InvalidDrive	ドライブ名が無効
0x10	FFS_EC_AttemptToRemoveCD	カレント・ディレクトリを削除しようとした
0x11	FFS_EC_NotSameDevice	同じデバイスではない
0x12	FFS_EC_NoMoreFiles	これ以上ファイルはない
0x13	FFS_EC_DSKwrProtected	ディスクがライト・プロテクトされている
0x14	FFS_EC_UnknownDSKunit	ディスク・ユニットが存在しない
0x15	FFS_EC_DRVnotReady	ドライブが準備されていない
0x16	FFS_EC_InvalidCmd	コマンドが無効
0x17	FFS_EC_CRCerror	CRCエラー
0x18	FFS_EC_invalidLength	長さが無効
0x19	FFS_EC_SeekError	シーク・エラー
0x1A	FFS_EC_NotDOSdisk	DOSのディスクではない
0x1B	FFS_EC_SectorNotFound	セクタが見つからない
0x1D	FFS_EC_WriteFault	書き込み失敗
0x1E	FFS_EC_ReadFault	読み出し失敗
0x1F	FFS_EC_GeneralFailure	一般的な失敗
0x22	FFS_EC_InvalidDiskChange	不正なディスク交換が行われた

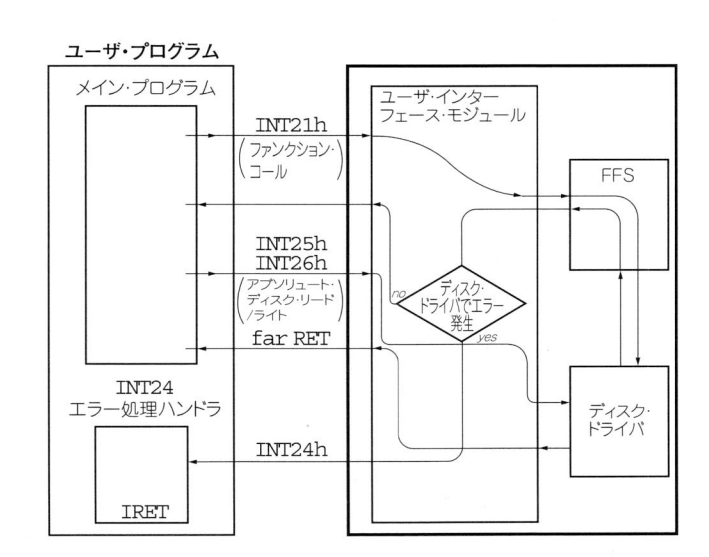

図13
86系CPUのFFSでINT 24h，INT 25h，INT 26hを実装する

第4部　ファイル・システム編

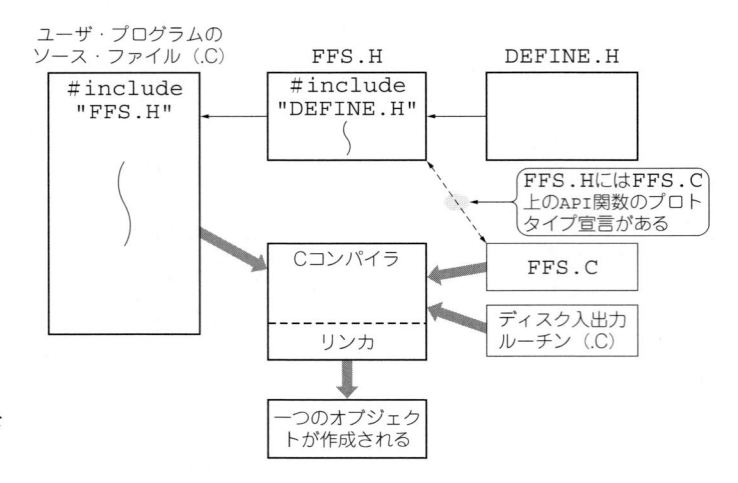

図14 直接ユーザ・プログラムがFFSを呼び出す場合

ドラは，FFS本体の`FFS_errorHandler`変数に直接登録することで，使用できるようになっています．

このエラー・ハンドラの関数は，戻り値としてエラー・ハンドラから戻った後の処理を指定できます．

処理としては，

　　無視，再試行，プログラム終了，失敗

が選択できます．

● **FFSのAPI(ファイル操作およびファイル入出力関数)のプロトタイプ宣言**

ユーザ・プログラムを作成する場合には，`FFS.H`に定義されているAPI(ファイル操作およびファイル入出力関数)のプロトタイプ宣言を直接使用する方法と，ユーザが`FFS.H`を参考に独自のAPI(ファイル操作およびファイル入出力関数)のプロトタイプ宣言を行うヘッダ・ファイルを作る方法が考えられます．

① ヘッダ・ファイル`FFS.H`を使用する場合

小規模なアプリケーションで，リンクによりユーザ・プログラムとFFSが一つのオブジェクトになる場合，FFS上のAPIを呼び出すプロトタイプ宣言は，`FFS.H`のものを使用することができます．

この場合，`FFS.H`をincludeで自分のソース・プログラムに読み込みます(**図14**)．

ヘッダ・ファイル`FFS.H`上にあるプロトタイプ宣言を使用する場合，`FFS.H`そのものがFAT型ファイル・システム本体の`FFS.C`のヘッダ・ファイルであるため，FFS上のAPI(ファイル操作関数およびファイル入出力関数)のほか，`FFS.H`上で宣言されているディスクやファイル，セクタ・バッファなどの管理用の変数へもアクセスすることができます．

ただし，ヘッダ・ファイル`FFS.H`を使用すると

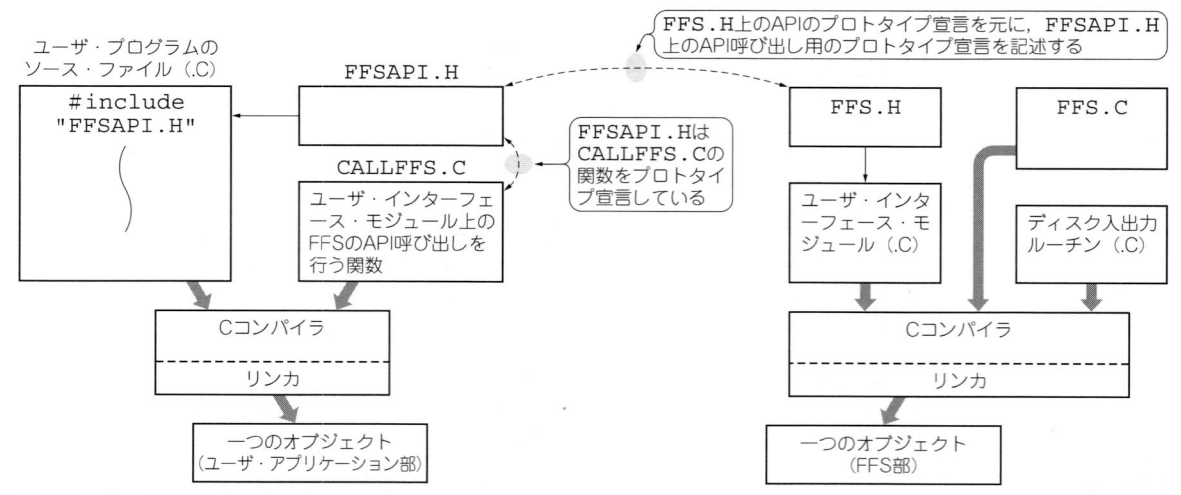

図15 間接的にユーザ・プログラムがFFSを呼び出す場合

DEFINE.Hで定義されている型とマクロを使用する必要があります．

したがって，ユーザ・プログラムでFFS.Hを使用してしまうと，ユーザ・プログラム上で使う型やマクロもDEFINE.H定義のものを強制的に使用する必要があります．DEFINE.Hの型やマクロを使うのがいやな方は，FFS.Hを参考に自分でヘッダ・ファイルを作成し，使用してください．

② ユーザ自身でFFSのAPIのプロトタイプ宣言を行うヘッダ・ファイルを作成する場合

大規模なアプリケーションで，別々にリンクを行ってユーザ・プログラムとFFSが別々のオブジェクトになる場合があります．このとき，ユーザ・プログラム側は，ユーザ・インターフェース・モジュール（ユーザ・プログラムとFFSとの間をインターフェースするためのモジュール）を経由してFFSを呼び出します．

そして，この場合はユーザ・プログラムが直接FFSを呼び出しているわけではないので，ユーザ・プログラムではFFS.Hは使用できません．

その代わりに，ユーザ・インターフェース・モジュール上のAPI呼び出しの関数をプロトタイプ宣言するヘッダ・ファイルをユーザが使用することになります（**図15**）．

5 ディスク入出力ルーチンの作成

FFSを使用する場合，ユーザ・プログラムのほかにディスク入出力ルーチンも作成する必要があります．

ディスク入出力ルーチンは，ドライブ別あるいはドライブの種類別にモジュールやドライバとして作成します．その形態は，ハードウェアあるいはアプリケーションによって違いますが，小規模なものから大規模なものまでさまざまです（**図16**）．

ディスク入出力ルーチンを作成する場合，**リスト6**のヘッダ・ファイルを使用します．

FFSからの要求は，対応する関数の呼び出しによって行われます．呼び出しのとき，リスト6で定義されているパラメータ構造体にパラメータが設定されます．また，パラメータ構造体には入出力の結果も設定する必要があります．

パラメータ構造体の使い方は，FFSからの入出力要求により異なることがあります．

FFSから要求される処理は，

① ドライブの初期化
② メディア交換のチェック
③ メディア・イジェクト
④ BPBの設定
⑤ ディスク・ライト
⑥ ディスク・リード
⑦ IOCTLリード
⑧ IOCTLライト

の八つです．

● ドライブの初期化

ドライブの初期化ルーチンは，FFSが初期化されるときに呼び出されます．これにより，ハードウェア的なドライブの初期化を行いますが，FFSの各種構造

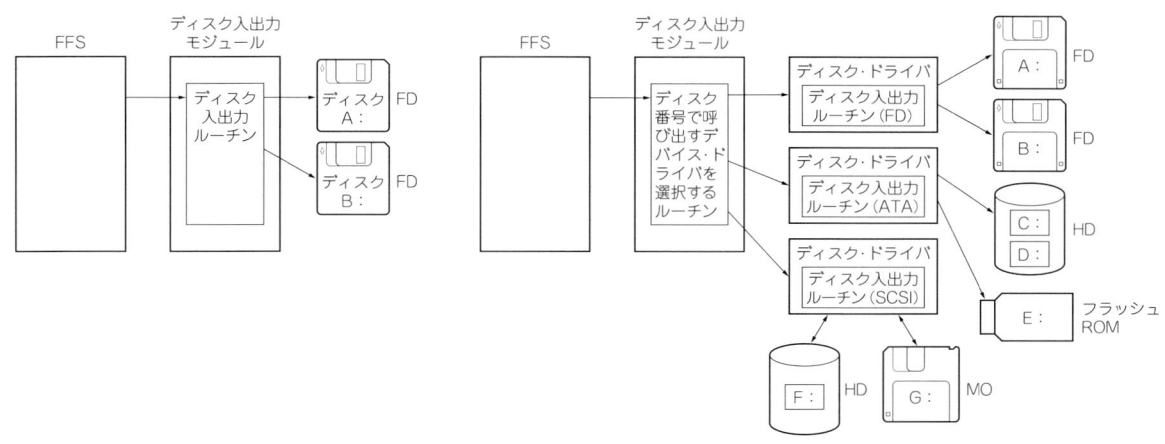

（a）ディスクの種類が1種類しかない場合　　　　　　　　（b）ディスクの種類が複数ある場合

図16 ディスク入出力ルーチンの形態

第4部　ファイル・システム編

リスト6　DISKIO.Hのソース

```c
/*
    FATファイル・システム用ディスク入出力モジュールのヘッダ・ファイル

    履歴
      Ver 1.0   4-15-1998 大貫広幸  新規作成
      Ver 1.0a  8-20-1998 大貫広幸
              ●メディア・イジェクト関数の戻り値の型と値を変更
*/

#ifndef __DISKIO_H__
#define __DISKIO_H__

#include "define.h"
#include "ffserr.h"

/* ディスク入出力ルーチンに渡すパラメータ構造体の定義 */
typedef struct {                        /* 下記[ ]内のR,Wは入出力ルーチンにとってのデータの取得書き込みの方向を示す */
    BYTE    drvNo;                      /* [R]ドライブ番号(0=A:,1=B:,2=C:,...,25=Z:) */
    BYTE    flag;                       /* [R/W]フラグ */
    RESULT  errCd;                      /* [W]実行結果(FFSERR.Hで定義されているエラー・コード) */
    DWORD   dwSecLen;                   /* [R/W]セクタ長(IOCTLではバイト長) */
    LPVOID  lpTransAdr;                 /* [R]転送アドレス */
    DWORD   dwStaSecNo;                 /* [R]開始セクタ番号(LSN) */
} DRVIO_para_t;

typedef DRVIO_para_t LPTR(DRVIO_lpPara_t);

/* DRVIO_para_t型のflagメンバのビットの定義 */
#define DRVIO_FL_FAT12    (0x10)        /* [W]1=FAT12,0=FAT16(BPBの設定のとき有効) */
#define DRVIO_FL_VERIFY   (0x80)        /* [R]1=ベリファイ(ディスク・ライトのときのみ有効) */

/* ドライブの初期化
    FD,HDなどのドライブの初期化を行う.
    初期化ではFD,HDのハードウェアの初期化とともに,
    ドライブ・テーブル，FAT型ディスク・パラメータ構造体テーブル，ファイル制御構造体テーブル
    の領域確保と設定を行う．また，セクタ・バッファの領域確保も行う． */
extern BOOL DRVIO_init(                 /* 戻り値 : TRUE=OK,FALSE=エラー */
    VOID                                /* 引き数なし */
);

/* メディア交換チェック
    メディアが交換あるいは抜き出されているか調べる． */
extern INT16 DRVIO_mediaChgChk(         /* 戻り値 : -1=交換あるいは抜かれている，
                                                    0=不明, 1=交換も抜かれてもいない */
```

体に対するドライブ情報の設定や初期化も行います．
　ドライブ情報を設定する構造体としては，
1) ドライブ・テーブル
2) FAT型ディスク・パラメータ構造体テーブル
があります．また，初期化する構造体としては，
1) ファイル制御構造体テーブル
2) セクタ・バッファ
があります．
　また，これら構造体を記憶するための領域もディスク入出力ルーチン側で確保します．
　さらに，ドライブの初期化では，
1) 最終ドライブ番号
2) 同時にオープンできるファイルの数
3) セクタ・バッファ数
も設定します．

● メディア交換のチェック
　指定されたドライブのメディアが交換されたか否かを返すルーチンです．
　メディアが交換されたかどうかはっきりわからない場合は，「不明」を返すことができます．

● メディア・イジェクト
　指定ドライブがイジェクト可能なら，イジェクトを実行します．

● BPBの設定
　FFSが指定されたドライブのBPB(BIOSパラメータ・ブロック)の情報を取得するのに使用します．
　実際には，指定ドライブがリード可能なら，ブート・セクタにあるBPBをリードし，その情報をFFSに返します．

● ディスク・ライトとディスク・リード
　指定ディスクに対するセクタ単位のライトとリード

```
    BYTE      drvNo              /* ドライブ番号(0=A:,1=B:,2=C:,...,25=Z:) */
);

/* メディア・イジェクト
     メディアをソフトウェア操作でイジェクトする．
     このメディア・イジェクトをサポートする場合は，初期化のときFAT型ディスク・パラメータ構造体の
     atrメンバのFFS_AT_EJビットで指定しておく．      */
extern RESULT DRVIO_eject(        /* 戻り値 : 0=イジェクトOK,1以上=FFSERR.Hで定義されているエラー・コード */
    BYTE      drvNo               /* ドライブ番号(0=A:,1=B:,2=C:,...,25=Z:) */
);

/* BPBの設定
     メディアが交換された場合に，新しいメディアのBPBを読み込む．
     新BPBは，ディスクのブート・セクタからリードし，引き数lpIoparaの転送アドレスが示す
     FFS_bpb_t型の領域に格納する */
extern BOOL DRVIO_setBPB(         /* 戻り値 : TRUE=設定OK,FALSE=エラー */
    DRVIO_lpPara_t lpIOpara       /* パラメータ構造体を示すポインタ */
);

/* ディスク・リード */
extern BOOL DRVIO_read(           /* 戻り値 : TRUE=リードOK,FALSE=リード・エラー */
    DRVIO_lpPara_t lpIOpara       /* パラメータ構造体を示すポインタ */
);

/* ディスク・ライト */
extern BOOL DRVIO_write(          /* 戻り値 : TRUE=ライトOK,FALSE=ライト・エラー */
    DRVIO_lpPara_t lpIOpara       /* パラメータ構造体を示すポインタ */
);

/* IOCTLリード
     このIOCTLリードをサポートする場合は，初期化のときFAT型ディスク・パラメータ構造体の
     atrメンバのFFS_AT_IOCTLビットで指定しておく．      */
extern BOOL DRVIO_iocRead(        /* 戻り値 : TRUE=リードOK,FALSE=リード・エラー */
    DRVIO_lpPara_t lpIOpara       /* パラメータ構造体を示すポインタ */
);

/* IOCTLライト
     このIOCTLライトをサポートする場合は，初期化のときFAT型ディスク・パラメータ構造体の
     atrメンバのFFS_AT_IOCTLビットで指定しておく．      */
extern BOOL DRVIO_iocWrite(       /* 戻り値 : TRUE=ライトOK,FALSE=ライト・エラー */
    DRVIO_lpPara_t lpIOpara       /* パラメータ構造体を示すポインタ */
);

#endif /* __DISKIO_H__ */
```

です．FFSからは，連続したセクタ番号で第pセクタからnセクタ分のリード/ライトという指定になります．

そのため，ディスクによってはアクセスに先立ち，連続したセクタ番号pから，ヘッド番号，シリンダ番号，セクタ番号に変換する必要があります．

ディスク・ライト，ディスク・リードでは，実際にライトあるいはリードしたセクタ数をFFSに返します．

また，ディスク・ライトやディスク・リード時にエラーが発生した場合は，FFSERR.Hに定義されているエラーをもってFFSに戻ります．

● IOCTLリードとIOCTLライト

APIのFFS_readIOCTLとFFS_writeIOCTLに対応するルーチンです．

このルーチンは，ユーザ・プログラムとディスク入出力ルーチンの通信に使うもので，通信する内容はユーザが自由に決められます．

● ディスク入出力ルーチンのプログラム例

公開しているFFSのファイルには，ディスク入出力ルーチンの例として，AT互換機のフロッピ・ディスク・ドライブのプログラム例が付属しています．

このプログラム例では，AT互換機のROM-BIOS呼び出しにより，FFSからフロッピ・ディスク・ドライブのアクセスができるようになっています．

6 FFSのデータ構造の概略

ディスク入出力ルーチンを作成する場合，「ドライブの初期化」で，FFSの構造体に直接データを書き込んで設定するか，あるいは初期化を行っています．

そのため，ディスク入出力ルーチンを作成するには，

第4部 ファイル・システム編

多少FFSの構造体の知識が必要となります．そこで最後にこのFFSのデータ構造について，その概略を説明します．

● FFSが管理しているデータについて

FFSが使用しているデータは，ヘッダ・ファイルFFS.Hにその定義があります．

リスト7は，ヘッダ・ファイルFFS.Hのデータに関係する部分を抜粋したものです．

ヘッダ・ファイルFFS.Hに定義されているデータは，

① ドライブを管理しているテーブルと，BPBより導き出されたディスクの構造を管理している構造体
② ファイルを制御するための情報を管理している構造体
③ セクタ・バッファを管理するための構造体

に分けることができます．

● ドライブを管理しているテーブルとBPBより導き出されたディスクの構造を管理している構造体

接続されているドライブ全体は，ドライブ・テーブルによって管理されています．個々のディスクは，FAT型ディスク・パラメータ構造体により管理されています．

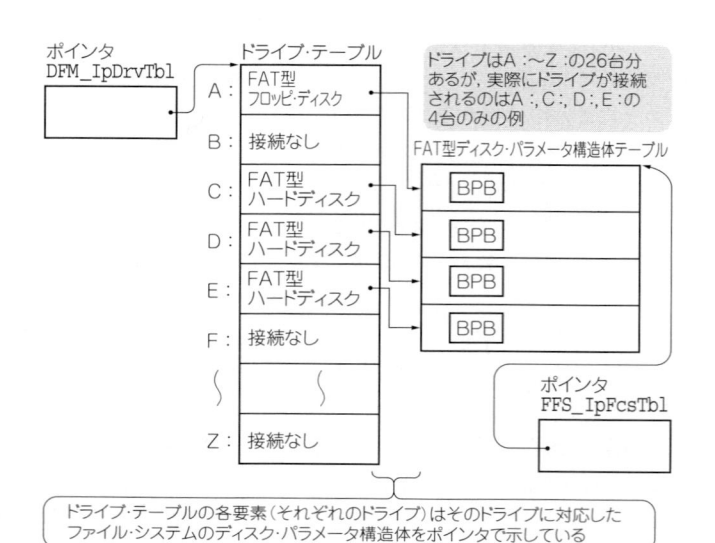

このドライブ・テーブルとFAT型ディスク・パラメータ構造体の関係は，**図17**のようになっています．

ドライブ・テーブルは，**リスト7**の定義にもあるように，ここではFAT型ディスクを接続しています．しかし，ほかのファイル・システムがあれば，ドライブ・テーブルの中のポインタを使い，ドライブと別のファイル・システムを結び付けることもできるようになっています．

FAT型ディスクは，FAT型ディスク・パラメータ構造体で管理します．FAT型ディスク・パラメータ構造体は，一つのディスクで一つだけ使うようになっています．

FAT型ディスク・パラメータ構造体は内部にBPBをもち，BPBからディスクの構成（ブートやFAT，ディレクトリ，データ，最終セクタの先頭論理セクタ番号）の情報を作成します．BPBは，メディアがドライブに挿入された後，最初のアクセスのときにディスク入出力ルーチンで読み込まれます．

また，FAT型ディスク・パラメータ構造体は，そのディスクでオープン中のファイルの数や，空きクラスタを探すときのサーチ開始クラスタ番号，そしてカレント・ディレクトリの情報などもいっしょに記憶しています．

● ファイルを制御するための情報を管理している構造体

オープンあるいは作成されたファイルは，ファイル制御構造体で管理されます．そのため，ファイル制御構造体には，ファイルに対応したディレクトリ・エントリがあります．

ディレクトリ・エントリは，オープン時にはディス

図17
FFS内のドライブ・テーブルとFAT型ディスク・パラメータ構造体テーブル

第10章 組み込み向けFATファイル・システムのFFSの概要

クから読み出され，ファイル作成時には新規のディレクトリ・エントリが作られ，同じ内容がディスクにも書かれます．

ファイルの書き込みが行われると，ファイル制御構造体上のディレクトリ・エントリも更新されます．クローズの際にファイル制御構造体上のディレクトリ・エントリが更新されていた場合は，更新されたディレクトリ・エントリがディスクに書き戻されます．

● **セクタ・バッファを管理するための構造体**

セクタ・バッファは，ディスクからリードしたセクタを記憶したり，逆にこれからディスクにライトするセクタを記憶するのに使用されます．

つまり，セクタのキャッシングを行っているのが，このセクタ・バッファです．セクタ・バッファそのものは，**図18**のようにFFS_lpSecBufから始まるポインタでつながれています．

セクタ・バッファは，つねにもっとも最近にアクセスされたセクタ・バッファを，根元のポインタFFS_lpSecBufに接続するようにします．そのため，ポインタFFS_lpSecBufから遠いセクタ・バッファになるほど，最近はアクセスがないことになります．

空きのセクタ・バッファがなくなった場合は，ポインタFFS_lpSecBufからもっとも遠く，かつポイン

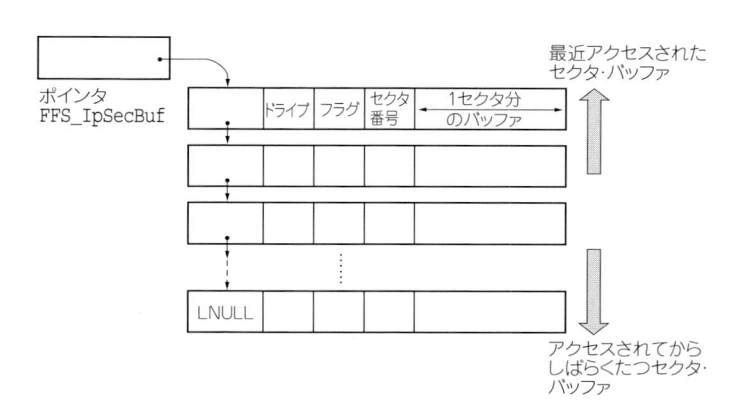

図18 FFS内のセクタ・バッファの管理

タにLNULLが入ったセクタ・バッファから自動的に解放され，使用されていきます．

本章では，FFSの紹介とFFSの移植方法と使い方の概要を説明しました．これだけの説明では，FFSを実際に移植し，自分のアプリケーションで使用する場合，不十分な点が多々あるかもしれません．

しかし，FFSはすべてソース・ファイルの形式で公開しています．意欲のある方は，ぜひFFSのソースを参考にして，FFSの使い方，そしてその構造を勉強してみてください．

きっと，なにか得るものがあると思います．

おおぬき・ひろゆき　大貫ソフトウェア設計事務所

リスト7 FFS.Hのソース・リスト（抜粋，バージョン0.21のヘッダ）

```
/*
    FATファイル・システムのヘッダ・ファイル

    履歴
        Ver 0.0     4-15-1998   大貫広幸    新規作成
        Ver 0.10    7-28-1998   大貫広幸    最初のリリース
        Ver 0.20    8-20-1998   大貫広幸    未実装のファンクションの追加とバグの修正
        Ver 0.21    2-24-2000   大貫広幸    FFS_read,FFS_writeのバグの修正
*/

#ifndef __FFS_H__
#define __FFS_H__

#include "define.h"

/* FFSのバージョン番号 */
#define FFS_MAJ_VER     (0)         /* Ver X.YY の X の部分   */
#define FFS_MIN_VER     (21)        /* Ver X.YY の YY の部分  */

/* 1セクタの最大バイト数
        AT系のディスクのみを扱うのなら 512,
        PC9801,PC9821系のディスクも扱うのなら 1024 と指定する．
        ただし，BIOSあるいはドライバが1024バイトのセクタをサポートしていること． */
#define FFS_MAXSECBYTE   (512)

/* ファイルID番号の最大値
```

第4部　ファイル・システム編

リスト7　FFS.Hのソース・リスト（抜粋，バージョン0.21のヘッダ）（つづき）

```c
          ファイル入出力で使用するファイルID番号(型はINT32)の最大値を指定する．    */
#define FFS_FILE_ID_MAX   (0x7FFFFFFF)


/*------ ドライブやファイルを管理するのに使用する構造体，定数を定義 -------*/

/* ドライブ・テーブル型の定義 */
typedef struct {
    BYTE    itf;            /* インターフェースNo */
    BYTE    unt;            /* ユニットNo */
    LPVOID  lpDrvPara;
/* 対応するファイル・システムのディスク・パラメータ構造体を示すポインタ */
} DFM_drvTbl_t;

typedef DFM_drvTbl_t LPTR(DFM_lpDrvTbl_t);

/* DFM_drvTbl_t型のdrvInfo.itfメンバの値の定義 */
#define DFM_ITF_NO       (0x00)         /* ドライブ接続なし */
/* 上位4ビットがファイル・システムを表し，下位4ビットでインターフェース
   (ドライバあるいはBIOS)を表す */
#define DFM_ITF_FAT      (0x10)
/* 上位4ビットが1 : FAT(ISO9293)ファイル・システム */
#define DFM_ITF_CDROM    (0x80)
/* 上位4ビットが8 : ISO9660ファイル・システム */
#define DFM_ITF_NET      (0x90)
/* 上位4ビットが9 : NETファイル・システム */
#define DFM_ITF_FS_MSK   (0xF0)
/* ファイル・システムを抽出する場合のビット・マスク */
#define DFM_ITF_IF_MSK   (0x0F)
/* インターフェースを抽出する場合のビット・マスク */
/* 標準的なインターフェースの定義，必要により増やすことが可能 */
#define DFM_ITF_FATFD    (DFM_ITF_FAT | 0) /* FAT型のフロッピ・ディスク*/
#define DFM_ITF_FATHD    (DFM_ITF_FAT | 1) /* FAT型のハードディスク(IDE)*/
#define DFM_ITF_FATSCSIRD(DFM_ITF_FAT | 2)
/* FAT型のリムーバブル・ディスク(SCSI) */
#define DFM_ITF_FATSCSIHD(DFM_ITF_FAT | 3) /* FAT型のハードディスク(SCSI)*/
#define DFM_ITF_FATPRTPRD(DFM_ITF_FAT | 4)
/* FAT型のリムーバブル・ディスク(プリンタ・ポート接続) */
#define DFM_ITF_FATPRTPHD(DFM_ITF_FAT | 5)
/* FAT型のハードディスク(プリンタ・ポート接続) */


/* BPB型の定義 */
typedef struct {
    WORD    bytesPerSector;     /* バイト / セクタ */
    BYTE    sectorsPerCluster;  /* セクタ / クラスタ */
    WORD    reservedSectors;    /* 予約セクタ数 */
    BYTE    numberOfFATs;       /* FATの数 */
    WORD    rootEntries;        /* ルート・ディレクトリのエントリ数 */
    DWORD   totalSectors;       /* ディスクの総セクタ数 */
    BYTE    mediaDescriptor;    /* メディア・ディスクリプタ */
    WORD    sectorsPerFAT;      /* セクタ / FAT */
    /*----- 追加情報 -----*/
    DWORD   volumeSerialNumber; /* ボリューム・シリアル番号 */
    BYTE    volumeLabel[11];    /* ボリューム・ラベル */
} FFS_bpb_t;

/* FAT型ディスク・パラメータ構造体型の定義 */
typedef struct {
    BYTE    drvNo;          /* ドライブNo (0=A:,1=B:,2=C:,...,25=Z:) */
    BYTE    atr;            /* 属性 */
    BYTE    flag;           /* フラグ */
    BYTE    openFileCnt;    /* オープン中のファイル数 */
    FFS_bpb_t bpb;          /* ドライブ上のBPBのコピー */
    struct {                /* セクタ番号情報 */
      DWORD boot;           /* ブート・セクタ番号 */
      DWORD fat1;           /* FAT1開始セクタ番号 */
      DWORD dir;            /* DIR開始セクタ番号 */
      DWORD data;           /* DATA開始セクタ番号 */
      DWORD eov;            /* 最終セクタ番号+1 */
    } sn;
    DWORD   freeClu;        /* 空きクラスタ数（不明の場合は（DWORD）-1の値が入る） */
    DWORD   defscn;         /* デフォルトの空きクラスタ・サーチ位置 */
    DWORD   eoc;            /* 最終クラスタ番号+1 */
    DWORD   cdCluNo;        /* カレント・ディレクトリのエントリがある最初のクラスタ番号　（ゼロならルート） */
    BYTE    curDir[64];     /* カレント・ディレクトリのディレクトリの区切りを0x01で表したASCIIZ */
```

第10章 組み込み向けFATファイル・システムのFFSの概要

```c
} FFS_fatDskPara_t;

typedef FFS_fatDskPara_t LPTR(FFS_lpFatDskPara_t);

/* FFS_fatDskPara_t型のatrメンバのビットの定義 */
/* FFS_AT_BUSYCHK~FFS_AT_EJは，FFS_AT_RMが指定されているときのみ指定可 */
#define FFS_AT_EJ       (0x01)
    /* ソフトウェアからのイジェクト可能(リムーバブルのみ) */
#define FFS_AT_RM       (0x10)      /* リムーバブル・ディスク */
#define FFS_AT_IOCTL    (0x40)      /* IOCTLをサポート        */

/* FFS_fatDskPara_t型のflagメンバのビットの定義 */
/* ドライブの状態を表す(bit3~0) */
#define FFS_DF_NR       (0x01)      /* ノット・レディ中 */
#define FFS_DF_WP       (0x02)      /* ライト・プロテクト中 */
/* 予約(bit4) : ゼロにしておく */
/* FATタイプを表す(bit7~5) */
#define FFS_DF_FAT16    (0x40)      /* FAT16のディスク */
#define FFS_DF_FAT12    (0x80)      /* FAT12のディスク */
#define FFS_DF_MSK_FAT  (0xE0)      /* FATタイプを抽出する場合のビット・マスク */


/* ディレクトリ・エントリ型の定義 */
#define FFS_DIRENT_SIZ  (32)        /* 1ディレクトリ・エントリは32バイト固定長 */

typedef struct {
    BYTE    fname[11];              /* ファイル名(名前8文字+拡張子3文字) */
    BYTE    atr;        /* 属性   */
    BYTE    rev[10];    /* リザーブ */
    WORD    upTime;     /* 変更時刻 */
    WORD    upDate;     /* 変更日付 */
    DWORD   fatent;     /* FATエントリ   */
    DWORD   fsize;      /* ファイル・サイズ */
} FFS_dirEnt_t;

typedef FFS_dirEnt_t PTR(FFS_pDirEnt_t);
typedef FFS_dirEnt_t LPTR(FFS_lpDirEnt_t);

/* FFS_dirEnt_t型のatrメンバのビットの定義 */
#define FFS_AT_NOR      (0x00)      /* ノーマル・ファイル */
#define FFS_AT_ROL      (0x01)      /* 読み出し専用ファイル */
#define FFS_AT_HID      (0x02)      /* 隠されたファイル */
#define FFS_AT_SYS      (0x04)      /* システム・ファイル      */
#define FFS_AT_VOL      (0x08)      /* ボリューム・ラベル */
#define FFS_AT_DIR      (0x10)      /* サブディレクトリ    */
#define FFS_AT_ARC      (0x20)      /* アーカイブ属性      */


/* ファイル制御構造体型の定義 */
typedef struct {
    BYTE    drvNo;  /* ドライブNo ((BYTE)-1=空き,0=A:,1=B:,2=C:,...,25=Z: */
    WORD    flag;           /* フラグ */
    BYTE    dupCnt;         /* ファイル・ハンドルがDUPされた回数 */
    FFS_dirEnt_t de;        /* このファイルのディレクトリ・エントリ */
    DWORD   rwPtr;          /* R/Wポインタ (バイト単位) */
    DWORD   dirFstCluNo;
/* ディレクトリの最初のエントリがあるクラスタ番号 (ゼロならルート)*/
    DWORD   dirSecNo;       /* このファイルのディレクトリ・エントリがあるセクタ番号 */
    WORD    dirSbpos;
/* このファイルのディレクトリ・エントリがあるセクタ内のバイト位置 */
    INT32   fileID;         /* ID番号 */
} FFS_fcs_t;

typedef FFS_fcs_t PTR(FFS_pFcs_t);
typedef FFS_fcs_t LPTR(FFS_lpFcs_t);

/* FFS_fcs_t型のdrvNoメンバに設定される空きマークの定義 */
#define FFS_FF_EMPTY ((BYTE)-1)

/* FFS_fcs_t型のflagメンバのビットの定義 */
/* (注)マクロFFS_OPEN_XXXとビットの定義は同じ */
/* アクセス・コードの指定(bit3~0) */
#define FFS_FF_RDMD     (0x01)      /* リード・モード            */
#define FFS_FF_WRMD     (0x02)      /* ライト・モード            */
#define FFS_FF_DIRRDMD  (0x09)      /* ディレクトリ・リード・モード */
/* 消去およびボリューム・ラベル，ロング・ファイル名のディレクトリ・エントリを除く */
#define FFS_FF_ALLDIR   (0x04)      /* 全ディレクトリ・リード指定 */
```

リスト7　FFS.Hのソース・リスト（抜粋，バージョン0.21のヘッダ）（つづき）

```c
/*  消去およびボリューム・ラベル,ロング・ファイル名のディレクトリ・エントリも含む場合  */
#define FFS_FF_MSK_AC    (0x0F)
/*  アクセス・コードを抽出する場合のビット・マスク  */
/*  予約(bit7-4)：ゼロにしておく  */
/*  後のバージョンでインヘリッド・ビット，シェアリング・モードに使用  */
#define FFS_FF_RF        (0x0100)   /*  実際にリードが実行された  */
#define FFS_FF_WF        (0x0200)   /*  実際にライトが実行された  */
#define FFS_FF_DEUPD     (0x8000)   /*  ディレクトリ・エントリが更新された  */


/*  セクタ・バッファ型の定義  */
typedef struct FFS_SECBUF_STRUC {
    struct FFS_SECBUF_STRUC LPTR(lpNextSecBuf);
/*  次のセクタ・バッファを指すポインタ  */
    BYTE  drvNo;/*  ドライブNo ((BYTE)-1=空き,0=A:,1=B:,2=C:,...,25=Z:)  */
    BYTE  flag;                     /*  フラグ  */
    DWORD secNo;                    /*  セクタ番号  */
    BYTE  buf[FFS_MAXSECBYTE];      /*  セクタ・バッファ本体  */
} FFS_secBuf_t;

typedef FFS_secBuf_t LPTR(FFS_lpSecBuf_t);

/*  FFS_secBuf_t型のdrvNoメンバに設定される空きマークの定義  */
#define FFS_BF_EMPTY ((BYTE)-1)

/*  FFS_secBuf_t型のflagメンバの値の定義  */
/*  R/Wの指定(bit3~0)  */
#define FFS_BF_RD        (0x01)  /*  読み出し済み(ディスク上のデータと同一である)  */
#define FFS_BF_WR        (0x02)  /*  書き込み待ち  */
#define FFS_BF_MSK_RM    (0x0F)  /*  R/W指定を抽出する場合のビット・マスク  */
/*  予約(bit5,4)：ゼロにしておく  */
/*  領域の指定(bit7,6)  */
#define FFS_BF_SYS       (0x00)
/*  システム領域(FAT,ディレクトリ,データを除く領域)  */
#define FFS_BF_FAT       (0x40) /*  FAT領域  */
#define FFS_BF_DIR       (0x80)
/*  ディレクトリ領域(データ領域上のサブディレクトリを含む)  */
#define FFS_BF_DATA      (0xC0) /*  データ領域  */
#define FFS_BF_MSK_AR    (0xC0) /*  領域を抽出する場合のビット・マスク  */
#define FFS_BF_SHF_AR    (6)    /*  領域を抽出する場合のビット・シフト値  */


/*  エラー情報型の定義  */
typedef struct {
    RESULT errCd;   /*  エラー・コード(ffserr.hで定義されているエラー・コード)  */
    BYTE   type;    /*  タイプ  */
    BYTE   drvNo;   /*  ドライブ番号(0=A:,1=B:,2=C:,...,25=Z:)  */
    DWORD  secNo;   /*  セクタ番号  */
} FFS_err_t;

typedef FFS_err_t LPTR(FFS_lpErr_t);

/*  FFS_err_t型のtypeメンバの値の定義  */
/*  エラーの種類(bit3-0)  */
#define FFS_ET_GENE      (0)  /*  一般的な失敗(*1,*2,*4)  */
#define FFS_ET_CHRDEV    (1)
/*  キャラクタ・デバイスをオープンしようとした(*1,*2)  */
#define FFS_ET_NOFAT     (2)
/*  FAT以外のファイル・システムのディスク(*1,*2)  */
#define FFS_ET_BADFNAME  (3)
/*  ファイル名に使われている文字が正しくない(*1,*2)  */
#define FFS_ET_BADFAT    (4)  /*  FAT,クラスタに関する情報が正しくない(*2)  */
#define FFS_ET_PARA      (5)  /*  パラメータが正しくない(*1,*2,*3)  */
#define FFS_ET_BPB_RD    (0x8) /*  BPBのディスク・リード失敗(*2)  */
#define FFS_ET_DSK_RD    (0x9) /*  ディスク・リード失敗  */
#define FFS_ET_DSK_WR    (0xA) /*  ディスク・ライト失敗  */
#define FFS_ET_MSK_RM    (0x0F) /*  エラーの種類を抽出する場合のビット・マスク  */
/*  (*1) エラーした領域(bit7,6)は使用しない       */
/*  (*2) セクタ番号は使用しない                  */
/*  (*3) ドライブ番号は使用しない                */
/*  (*4) ドライブ番号が使用されない場合がある  */
/*  プログラム終了要求(bit4)  */
#define FFS_ET_ABORT     (0x10)/*  エラー・ハンドラによりプログラム終了の要求がされた*/
/*  予約(bit5)：ゼロにしておく  */
/*  エラーした領域(bit7,6)：上記FFS_BF_XXXの領域指定の同じ  */
#define FFS_ET_SYS       (0x00)
/*  システム領域(FAT,ディレクトリ,データを除く領域)  */
```

第10章 組み込み向けFATファイル・システムのFFSの概要

```c
#define FFS_ET_FAT      (0x40)   /* FAT領域  */
#define FFS_ET_DIR      (0x80)
/* ディレクトリ領域(データ領域上のサブディレクトリを含む) */
#define FFS_ET_DATA     (0xC0)   /* データ領域 */
#define FFS_ET_MSK_AR   (0xC0)   /* 領域を抽出する場合のビット・マスク     */
#define FFS_ET_SHF_AR   (6)      /* 領域を抽出する場合のビット・シフト値 */


/*---------------------- グローバル変数の宣言 -----------------------*/
extern BYTE FFScopyright[];  /* コピーライトを表す文字列 */
extern BYTE DFM_lastDrv;     /* 最終ドライブ番号(0=A:,1=B:,2=C:,...,25=Z:) */
extern BYTE FFS_files;       /* 同時にオープンできるファイル数(8~255) */
extern BYTE FFS_buffers;     /* セクタ・バッファの個数(4~255) */

extern DFM_lpDrvTbl_t DFM_lpDrvTbl;
/* ドライブ・テーブルの先頭を示すポインタ */
extern FFS_lpFcs_t    FFS_lpFcsTbl;
/* ファイル制御構造体テーブルの先頭を示すポインタ */
extern FFS_lpSecBuf_t FFS_lpSecBuf; /* セクタ・バッファの先頭を示すポインタ */

extern BYTE FFS_defDrv;
/* デフォルト・ドライブ番号(0=A:,1=B:,2=C:,...,25=Z:) */
extern BOOL FFS_verifyFlag;
/* ベリファイ・フラグ(ON=書き込み後ベリファイする) */
extern FFS_err_t FFS_err;    /* FAT File System で発生した最新のエラー情報 */

extern BYTE FFS_volLb_NO_NAME[11]; /* ボリューム・ラベルがない場合の値 */

extern BYTE FFS_basChrDevNa[][8];
/* 基本キャラクタ・デバイスの名前と番号の定義 */

/*--- キャラクタ入出力モジュールのキャラクタ・デバイス番号取得の関数 ---
    キャラクタ・デバイスとの入出力モジュールをサポートするなら,
    キャラクタ・デバイス名から番号を取得するための関数の
    アドレスを下記のポインタに設定する.
引き数
   lpszDevNa : デバイス名が格納された8文字固定長の文字列
戻り値
    引き数で指定したデバイス名がキャラクタ・デバイスなら,個々の
    キャラクタ・デバイスに付けられたキャラクタ・デバイス番号(0x00~0xBF)
    を返す.
*/
extern BYTE (*FFS_getDevNo)(LPSZ lpszDevNa);

/*--- 時計からファイルに書き込む日付と時間を読む関数 ---
    時計のサポートがあるのなら,その読み込み関数の
    アドレスを下記のポインタに設定する.
引き数
    なし
戻り値
    ディレクトリ・エントリで使われる16ビットの形式の日付と時間.
    上位16ビットが日付,下位16ビットが時間.
*/
extern DWORD (*FFS_readClock)(VOID);

/*--- エラー・ハンドラ ---
    必要があればユーザ・プログラム側でディスク・リード・ライトの
    エラー・ハンドラを設定することができる.
引き数
   flag(bit2,1,0) : 戻り値として選択可能な処理を表す
        bit0 = 1なら失敗(FAIL)で戻れる
        bit1 = 1なら再試行(RETRY)で戻れる
        bit2 = 1なら無視(IGNORE)で戻れる
   flag(bit15~3) : 予約(0になっている)
戻り値
    エラー・ハンドラから戻ったあとのFFSの処理を指定する.
        0 = 無視(エラーを無視し,強制的にリード・ライト成功の状態にする)
        1 = 再試行
        2 = プログラム終了(エラー情報FFS_errのtypeメンバのFFS_ET_ABORTビットを1にし
            失敗でファンクション・コールを戻る)
        3 = 失敗(失敗でファンクション・コールを戻る)
        0~3以外 = 3の状態となる
*/
extern INT (*FFS_errorHandler)(WORD flag);

/* ディレクトリの区切り記号を指定する(¥か/のどちらか) */
extern BYTE FFS_dirDlm;
```

第4部 ファイル・システム編

Appendix 3

SH-4＋MMCカードでファイルを読み書きする
FATファイル・システム FFSの移植事例

横田 敬久

ここでは第4章のSH-4（SH7750）評価ボードにMMCカード・ソケットを実装したプラットホームの上に，第10章で解説されているFATファイル・システム（以下，FFS）を移植してみます．

FFSとは，Interface1998年9月号で大貫広幸氏が発表した，FAT12/16用のファイル・システムです．DOSコール互換のAPIを持っていることが特徴です．FFSはすべてC言語で書かれているため，移植性が高く，OSが存在しない環境でも動作させることができます．

公開されているFFSのアーカイブ・ファイルには，AT互換機用のフロッピ・ディスク入出力ドライバが付属しています．この部分を対応するデバイスに合わせて作成することにより，フロッピ・ディスク以外のさまざまなデバイスにも対応できることを意識して設計されています．

● マクロの変更

▶定義マクロの変更（define.h）

SH-4の定義マクロとしてCPUSH4を新たに定義し，使用するCPU（DEF_CPUTYPE）としてCPUSH4を，使用するコンパイラ（DEF_CCLTYPE）としてCCLGCCを設定しました（リストA）．

▶FFS.Hの変更（ffs.h）

今回はMMCソケットが一つ接続されている状態なので，インターフェースは後述の入出力モジュール（DRV_IO.C）のほうでつごうを合わせてしまえばだいじょうぶです．しかし，念のためフロッピ・ディスクなどとの区別を考慮して，ドライブ情報のインターフェースの定義を行います（リストB）．

● FFS用MMC制御用入出力モジュール（DRV_IO.C）の作成

MMC制御用のAPIとしてDRV_IO.Cを作成します．これはFFSのAPIからMMCDRV.Cで用意したMMCの初期化，セクタの読み書きルーチンを呼び出す橋渡しのためのモジュールで，AT互換機のフロッピ・ディスク用のモジュールではATFDIO.Cに相当します．DRV_IO.Cの処理内容を大まかに説明します．

▶DRVIO_init()

FFSの初期化の際に一度だけ呼び出されるルーチンです．MMC_DriverInit()を呼び出します．

▶DRVIO_setBPB()

メディアがイジェクトされると，MMCカードを再びソケットに挿入しても初期状態に戻ってしまうため，BPBを読み込むためにはSPIコマンドをつねに使える状態にしておく必要があります．そのため，この関数のはじめでカードが差し込まれているかどうかチェックを行います．そして，差し込まれているならMMC_CardInit()を呼び出し，CMD0とCMD1を発行してSPIコマンドを使用できるようにしてから，BPBの読み込みを始めます．

セクタ0にBPBが存在しない場合，パーティション・テーブルのいちばん最初のパーティションがあるかどうかをチェックしてからBPBを読み出します．パーティション情報もない場合は，FFS_NotDOSdiskエラーを発生させます．通常はMMCカードはCSDのFILE_FORMAT_GRP=0，FILE_FORMAT=0のハードディスク・ドライブに準じたシステム（表A）なので，パーティション・テーブルを持っており，パーティション・テーブルの解析ができなければなりません（リストC）．

▶DRVIO_read()/DRVIO_write()

AT互換機フロッピ・ディスク版のBIOSコールによる

リストA　マクロ（DEFINE.H）の変更

```
         ～中略～
#define CPU4300    (4300)    /* NEC VR4300 CPU */
#define CPUSH4     (7750)    /* Hitachi/Renesas SH-4 */
         ～中略～
/*=============== CPUとコンパイラの定義 ===============*/
#define DEF_CPUTYPE  (CPUSH4)   /* Hitachi/Renesas SH-4 */
#define DEF_CCLTYPE  (CCLGCC)   /* コンパイラはGCCを使用 */
         ～中略～
```

リストB　ドライブ情報マクロ（ffs.h）の変更

```
         ～中略～
#define DFM_ITF_FATPRTRD  (DFM_ITF_FAT | 4)  /* FAT型のリムーバブル・ディスク(プリンタ・ポート接続) */
#define DFM_ITF_FATPRTHD  (DFM_ITF_FAT | 5)  /* FAT型のハードディスク(プリンタ・ポート接続) */
#define DFM_ITF_FATMMC    (DFM_ITF_FAT | 6)  /* FAT型のMMCドライブ */
         ～中略～
```

Appendix 3 FATファイル・システムFFSの移植事例

表A　パーティション・テーブル情報

FILE_FORMAT_GRP	FILE_FORMAT	意　味
0	0	ハードディスクに準じたシステム，パーティション・テーブルあり
0	1	フロッピ・ディスクのようにブート・セクタから始まるシステム
0	2	ユニバーサル・ファイル・フォーマット
0	3	未知のファイル・システム
1	0, 1, 2, 3	予約

リストC　DRVIO_setBPB()関数

```
/* BPBの設定 */
BOOL DRVIO_setBPB( /* 戻り値 : TRUE=設定OK,FALSE=エラー */
  DRVIO_lpPara_t lpIOpara    /* パラメータ構造体を示すポインタ */
){
    INT i;
    RESULT errCd;
    BYTE unt;
    LPBYTE lpb;
    FFS_bpb_t LPTR(lpBpb);
    INT mmcRc;
    WORD bps, spt, hds;
    DWORD hid;

    mmcRc = MMC_CardInit();

    errCd = getUntNo(lpIOpara->drvNo, &unt);
    if (errCd) {
        lpIOpara->errCd = errCd;
        return FALSE;              /* ERROR */
    }
    _bps[unt] = _spt[unt] = _hds[unt] = 0;

    /* 指定MMCのLBA 0をリードする */
    i = 0;
retry:
    mmcRc = MMC_Read(0, buflsec, 1);
    if (mmcRc) {                   /* リード・エラー発生 */
        if (i < 2 && (mmcRc != DATA_NO_ERROR)) {
            ++i;
            goto retry;
        }
        lpIOpara->errCd = mmcErrCode2ffser(mmcRc);
        return FALSE;              /* ERROR */
    }
    /* FATシグネチャがあるかどうか */
    if (BS_lmemcmp(buflsec + 0x36, "FAT", 3)) {
        /* なければパーティション・テーブルとみなして一番をチェック */
        if (buflsec[0x1C2]) {
            mmcRc = MMC_Read(BS_dwPeek(buflsec + 0x1C6),
                             buflsec, 1);
            if (mmcRc) {           /* リード・エラー発生 */
                lpIOpara->errCd = FFS_EC_NotDOSdisk;
                return FALSE;      /* ERROR */
            }
        }
    }
```

フロッピ・ディスクの読み書きの扱いとは異なり，CHS（シリンダ番号，ヘッド番号，セクタ番号）という概念はMMCカードでは存在せず，対象となる32ビットのアドレスを指定して読み書きします．MMCDRV.Cで提供されるMMC_Read/MMC_Write関数の引き数は，1セクタ512バイトのLBA（論理ブロック・アドレス）を使用しているので，DRV_IO_read()/DRVIO_write()ではCHSを計算する処理は必要なく，AT互換機フロッピ・ディスク版の内容よりも簡単になります．

MMC_Read()/MMC_Write()で返ってくるエラー・コードは，後述のmmcErrCode2ffserr()関数でFFSのエラーに変換されます．FFS自体は1セクタが1024バイトであっても扱えますが，MMC_Read()/MMC_Write()は1セクタ512バイト固定の仕様であるため，こちらも1セクタ512バイトのみの対応としました（リストD）．

▶ DRVIO_mediacheck()

MMC_GetStatus()を呼び出し，メディアが交換されているかどうかを判断します（リストE）．

カードが正常に使用できる場合は交換されていないと判断して1を返します．初期化されていない場合はカードが交換されたと判断し，タイムアウト・エラーが発生した場合や，SDカード・スロット状態が検知できてカードが差し込まれていないと判断できる場合は，カードが抜かれていると判断して-1を返します．

Column
MMCカードのパーティション・テーブル

多くのMMCカードは出荷時にパーティション・テーブルをもつ状態でフォーマットされ，CSD情報はすべてFILE_FORMAT_GRP=0，FILE_FORMAT=0の設定になっているようです．しかし，Windowsのフォーマット・プログラムは，MMCカードのCSDの状態を見てフォーマットしているわけではないようです．手元にあるMMCカードのCSD情報は，すべてFILE_FORMAT_GRP=0，FILE_FORMAT=0です．けれども，セクタの書き込みでパーティション・テーブルが壊れた状態でフォーマットすると，BPBで始まるカードになってしまいました．その際にCSDの情報がFILE_FORMAT_GRP=0，FILE_FORMAT=1に変更されるわけではありません．

ファイル・システムを移植する際にはCSDの情報をあてにして判別するのではなく，パーティション・テーブルがある場合とファイル・システムから始まっている場合の両方に対応したほうが良いでしょう．

第4部　ファイル・システム編

リストD　DRVIO_read()/DRVIO_write()関数

```c
/* ディスク・リード */
BOOL DRVIO_read(
                 /* 戻り値 : TRUE=リードOK,FALSE=リード・エラー */
    DRVIO_lpPara_t lpIOpara  /* パラメータ構造体を示すポインタ */
){
    RESULT errCd;
    WORD bps, spt, hds;
    DWORD ssc, n, len;
    int mmcRc;
    BYTE unt;
    LPBYTE lpb;

    errCd = getUntNo(lpIOpara->drvNo, &unt);
    if (errCd) {
        lpIOpara->dwSecLen = 0;
        lpIOpara->errCd = errCd;
        return FALSE;              /* ERROR */
    }
    bps = _bps[unt];
    spt = _spt[unt];
    hds = _hds[unt];
    if (bps == 0 || spt == 0 || hds == 0) {  /* アクセス不能 */
        lpIOpara->dwSecLen = 0;
        lpIOpara->errCd = FFS_EC_AccessDenied;
        return FALSE;              /* ERROR */
    }
    ssc = lpIOpara->dwStaSecNo + _hid[unt];
    lpb = lpIOpara->lpTransAdr;
    n = lpIOpara->dwSecLen;
    lpIOpara->dwSecLen = 0;
    if (n)
        for (;;) {
            len = n;
            /* MMCから複数セクタ・リードする */
            mmcRc = MMC_Read(ssc, lpb, len);
            if (mmcRc)
                goto MMCrdErr;     /* MMCリード・エラー発生 */
            lpIOpara->dwSecLen += len;
            if (!(n -= len))
                break;
            ssc += len;
            lpb = BS_ladr2lptr(BS_lptr2ladr(lpb) +
                                           len * bps);
        }
    lpIOpara->errCd = FFS_EC_Ok;
    return TRUE;                   /* OK */
MMCrdErr:
    lpIOpara->errCd = mmcErrCode2ffser(mmcRc);
    return FALSE;                  /* ERROR */
}
```

```c
/* ディスク・ライト */
BOOL DRVIO_write(
                 /* 戻り値 : TRUE=ライトOK,FALSE=ライト・エラー */
    DRVIO_lpPara_t lpIOpara   /* パラメータ構造体を示すポインタ */
    )
{
    RESULT errCd;
    WORD bps, spt, hds;
    DWORD ssc, n, len;
    BYTE unt;
    LPBYTE lpb;
    int mmcRc;

    errCd = getUntNo(lpIOpara->drvNo, &unt);
    if (errCd) {
        lpIOpara->dwSecLen = 0;
        lpIOpara->errCd = errCd;
        return FALSE;              /* ERROR */
    }
    bps = _bps[unt];
    spt = _spt[unt];
    hds = _hds[unt];
    if (bps == 0 || spt == 0 || hds == 0) {  /* アクセス不能 */
        lpIOpara->dwSecLen = 0;
        lpIOpara->errCd = FFS_EC_AccessDenied;
        return FALSE;              /* ERROR */
    }
    ssc = lpIOpara->dwStaSecNo + _hid[unt];
    lpb = lpIOpara->lpTransAdr;
    n = lpIOpara->dwSecLen;
    lpIOpara->dwSecLen = 0;
    if (n)
        for (;;) {

            len = n;

            mmcRc = MMC_Write(ssc, lpb, len);
            if (mmcRc) {
                lpIOpara->errCd = mmcErrCode2ffser(mmcRc);
                return FALSE;      /* MMCライト・エラー発生 */
            }
            lpIOpara->dwSecLen += len;
            if (!(n -= len))
                break;
            ssc += len;
            lpb = BS_ladr2lptr(BS_lptr2ladr(lpb) +
                                           len * bps);
        }
    lpIOpara->errCd = FFS_EC_Ok;
    return TRUE;                   /* OK */
}
```

リストE　DRVIO_mediacheck()関数

```c
/* メディア交換チェック */
INT16 DRVIO_mediaChgChk(  /* 戻り値 : -1=交換あるいは抜かれている,
                             0=不明, 1=交換も抜かれてもいない */
    BYTE drvNo         /* ドライブ番号(0=A:,1=B:,2=C:,...,25=Z:) */
){
    RESULT errCd; BYTE unt,biosRc;
    int mmrc = MMC_GetStatus();
    if ((mmrc == MMC_CARD_DECTECT_ERROR)
        || (mmrc == MMC_TIMEOUT_ERROR)
        || ((mmrc > 0) && (mmrc & CARD_IS_NOT_READY)))
        return -1;
    else
        return 1;
}
```

▶そのほか

DRVIO_eject()関数にはダミーの処理を実装しました．DRVIO_iocRead()とDRVIO_iocWrite()の両関数に変更点はありません．

● MMCカード・エラーからFFSのエラーへのマッピング

mmcErrCode2ffserr()関数でMMCアクセス・ドライバ(MMCDRV.C)のエラー・コードをFFSのエラー・コードに割り当てます．これらは，FFSの入出力インターフェース内のMMCカード・アクセスの結果を変換する際に呼び出されます(**表B**)．

● RTC設定/取得ルーチンの作成(CLOCKSH.H)

SH-4のRTC(リアルタイム・クロック)の時刻を設定/取得するFFS用モジュールです(CLOCKSH.C)．CLOCK.Hで定義されるFFS用のインターフェースを提供します．このモジュールから取得される日時はディレクトリ作成時や

Appendix 3　FATファイル・システムFFSの移植事例

表B　MMCカードのエラーとFFSのエラーの対応

MMCカードのエラー	FFSのエラー	説　明
0, DATA_NO_ERROR	FFS_OK	正常終了
CARD_IS_NOT_READY　（C）	FFS_EC_DRVnotReady	ドライブが準備されていない
ADDRESS_ERROR　（C）	FFS_EC_SectorNotFound	セクタが見つからない
OUT_OF_RANGE　（R）	FFS_EC_SeekError	シーク・エラー
CARD_IS_LOCKED　（R）	FFS_EC_GeneralFailure	一般的なエラー
CC_ERROR　（R）	FFS_EC_GeneralFailure	一般的なエラー
OTHER_ERROR　（R）	FFS_EC_ReadFault	読み込み失敗
DATA_CRC_ERROR　（W）	FFS_EC_CRCerror	CRCエラー
DATA_WRITE_ERROR　（W）	FFS_EC_WriteFault	書き込み失敗
MMC_LBA_RANGE_ERROR	FFS_EC_SectorNotFound	セクタが見つからない
MMC_CARD_DECTECT_ERROR	FFS_EC_InvalidDiskChange	不正なディスク交換
MMC_WRITE_PROTECT_ERROR	FFS_EC_DSKwrProtected	ライト・プロテクト・エラー
MMC_TIMEOUT_ERROR	FFS_EC_InvalidDiskChange	不正なディスク交換
そのほか	FFS_EC_GeneralFailure	一般的なエラー

凡例　（C）　…　コマンド・レスポンス
　　　（R）　…　リード・オペレーション
　　　（W）　…　ライト・オペレーション

ファイル書き込み時に，タイム・スタンプの日時として使用されます．

`CLK_init()`関数でFFS用の日時読み込み関数ポインタ（`FFS_readClock`）へ日時を設定します．後述のサンプルでは`CLK_init()`で現在のRTCの設定が失敗した場合に，DATEコマンドで再設定できるようにしています．

● SDカード・ソケットの状態取得への対応

`USE_SD_CARD_PORT`を定義してコンパイルすることにより，`MMC_IO.C`で定義されているSDカード・ソケットの状態取得ルーチン（`mmcio_CardDetectCheck`，`mmcio_WriteProtectCheck`）が機能するようになり，カード挿入状態やライト・プロテクト・スイッチの状態を取得することができます．

これらの状態取得処理は`MMCDRV.C`で定義される，`MMC_CardInit()`, `MMC_Write()`, `MMC_Read()`, `MMC_GetCID`, `MMC_GetCSD`, `MMC_GetStatus()`, `MMC_SetBlockLen()`, `MMC_CRC_On_Off()`などのSPIコマンドを呼び出すルーチンで，カードにアクセスする前にチェックされます．

● FFSを使用したサンプル・プログラムについて

FFSを使ったサンプル・プログラムとして，コマンド・ライン・ベースで簡単にディレクトリ一覧やファイル内容の表示などを用意したものを作成しました．DOSのコマ

表C　サンプル・プログラムのコマンド一覧

コマンド	動　作
VOL	ボリューム情報の表示
TYPE	ファイル内容表示
DUMP	ファイル・ダンプ
DIR	カレント・ディレクトリのファイル一覧表示
COPY	ファイル・コピー
MD	ディレクトリ作成
CD	カレント・ディレクトリ変更
REN	ファイル・リネーム
RD	ディレクトリ削除
REMOVE	ファイル削除
DATE	時刻設定

ンド・ラインに似た操作でディレクトリの作成やファイルのダンプなどが行えます（表C）．

　　　　　＊　　　　　　　＊

ここで移植したプログラムは，本書付属のCD-ROMに収録しています．SH-4に限らず，いろいろなマイコン・ボードにファイル・システムを移植する際の参考になれば幸いです．

よこた・たかひさ

Appendix 4　フリーのFATファイル・システムのいろいろ
FatFsの概要と移植事例の実際

赤松 武史／横田 敬久

1　FatFsの概要

● ファイル・システム開発の背景

最近の大容量メモリ・カードの普及により，ちょっとした組み込み用途でもそれらを採用する例が増えています．メモリ・カードを使うと，パソコンと組み込み機器の間で手軽にデータの授受ができるようになり，新たな用途が広がります．メモリ・カードではファイル・システムとしてFATを採用しているため，これらを組み込み機器で使用するには，単なるセクタ・リード/ライトに加えて，FATファイル・システムも組み込む必要があります．実際にメモリ・カードを使用しようとするとき，このFATファイル・システムをどうするかがネックになります．これについては，フリー・ソフトウェアのライブラリを使うか，商用ライブラリのライセンスを購入するかのどちらかになります．趣味や実験のレベルでは，前者の選択肢しかありません．

しかし，フリー・ソフトウェアとして公開されているライブラリはあまり多くなく，筆者が調べた範囲では海外を含めて数例程度のようです．さらに，特定のメモリ・カードに特化したものが多く，いろいろなメディアに汎用的に使えそうなものはほとんど見られませんでした．

そこで今回は，筆者自身のスキルアップも兼ねて，FATファイル・システムをゼロから開発してみることにしました．FATの構造さえ理解できれば，意外に簡単に作れるものです．

今回開発したFATファイル・システムは，FatFsと名づけました．開発するうえで重視した点は次のとおりです．

(1) ひととおりのファイル・ディレクトリ制御をサポートする
(2) 8/16ビット・マイコンをおもな対象とした省メモリ設計とする
(3) 汎用性確保のため，物理メディア制御部を明確に分離する
(4) FAT12/FAT16/FAT32をサポートする

● FatFsモジュールの特徴

FatFsモジュールは，標準版（FatFs）と省メモリ版（Tiny-FatFs）の二つのバージョンに分かれていて，必要に応じて使い分けます．さらに，特定用途で最小限のファイル・アクセス機能があればいいという場合は，構成オプションを選択してコード・サイズを削減することができます．これらにより，コード・サイズは最大8.2Kバイトから最小3.2Kバイト程度（avr-gccの例）になります．標準版の特徴には，次のようなものがあります．

(1) システム用と各ファイル用のバッファを分離し，複数ファイルの高速アクセスが可能
(2) FAT12/FAT16[注1]/FAT32をサポート
(3) 8.3形式ファイル名とNT小文字フラグ[注2]に対応
(4) 二つのパーティショニング・ルール（FDISKおよびSFD）に対応

また，省メモリ版ですが，次のような違いがある以外は標準版と同じです．メモリ・カードではほとんど無用なFAT32も外してあります．

(1) システム用と各ファイル用のバッファを共通化し，RAMの少ない（1Kバイト）マイコンに対応
(2) FAT12とFAT16をサポート

● FatFsモジュールの機能

FatFsモジュールには，標準構成で次のようなAPIがあります．

- f_open：ファイルのオープンまたは作成
- f_close：ファイルのクローズ
- f_read：ファイルの読み出し
- f_write：ファイルの書き込み
- f_lseek：ファイルR/Wポインタの移動
- f_sync：キャッシュされたデータのフラッシュ（一括消去）
- f_opendir：ディレクトリのオープン
- f_readdir：ディレクトリの読み出し
- f_getfree：ディスク空き領域の取得
- f_stat：ファイル・ステータスの取得
- f_mkdir：ディレクトリの作成
- f_unlink：ファイルまたはディレクトリの削除
- f_chmod：ファイルまたはディレクトリ属性の変更
- f_mountdrv：ファイル・システムの明示的初期化

● 移植・改造の際のヒント

FatFsモジュールはANSI C準拠で書かれおり，ハード

注1：64Kバイト/クラスタ（FAT64と呼ばれている）にも対応．
注2：小文字の8.3形式ファイル名をLFNエントリを使わずに格納する機能．

Appendix 4 FatFsの概要と移植事例の実際

> **Column**
> ### NT小文字フラグについて
>
> 　FATファイル・システムにおいてNT系Windows（2000やXP）では，ある一定の条件の下で小文字のファイル名をLFNエントリを使わずに格納する機能があります．その条件とは，
> (1) 1バイト英小文字を含む，8.3形式に収まるファイル名
> (2) 本体と拡張子それぞれで，含まれる1バイト英字に大文字・小文字が混在しない
> です．この条件に合うファイル名の例を挙げると，
> - `filename.exe`
> - `12345.sys`
> - `abcdefg`
> - `DATA_21.csv`
> - `image9.BMP`
> などとなり，これらのファイルに対してLFNエントリは作成されません．しかし，8.3エントリに書き込まれるファイル名は大文字でなければならないため，代わりにフラグで小文字情報を表します．このフラグは2ビットあり，それぞれ本体と拡張子に対応しています．あまり意味のない仕様のように思われますが，実際のところ膨大な数のシステム・ファイルのほとんどがこの条件にマッチします．これによって，ディレクトリ・テーブルの増大を抑えているようです．
> 　ところが，95系のWindows（98やMe）はこの機能に対応していません．そのため，例えばWindows2000で書き込んだメディアをWindows98で読んだりすると，LFNエントリのない小文字ファイル名はすべて大文字になってしまいます．その逆であればだいじょうぶです．
> 　これは単なる表示上の問題で，通常のファイル・アクセスでは半角英字の大文字・小文字は無視されるため，Windowsのプログラミング・ルールに従っていれば互換性の問題は生じません．

ウェアや記録メディアに依存する部分はありません．ディスク・アクセスのため，下位モジュールに次のインターフェースを要求するので，移植の際にはその部分を作成することになります．
- `disk_initialize`：ディスク・ドライブの初期化
- `disk_status`：ディスク・ドライブの状態取得
- `disk_read`：セクタ読み出し
- `disk_write`：セクタ書き込み
- `get_fattime`：日付と時刻の取得

▶モジュール構成オプション

　`ff.h`（`tff.h`）内に構成オプションの定義があるので，必要に応じてこれらを変更します．もっとも重要なオプションはエンディアン定義です．一般に，異なるプラットホームで同じ構造体をアクセスする場合（通信システムやファイル・システムなど），エンディアンの違いを意識しなければなりません．FatFsモジュールの場合，
(1) ワード値がビッグ・エンディアンでストアされる
(2) アドレス・ミス・アラインが禁止されている
のうち，一方でも該当するときは`_BYTE_ACC`を指定します．どちらにも該当しない場合は，指定しなくてもOKです（しないほうが効率が良い）．そのほかのオプションは，不要な機能を外すためのものです．

▶ディスク制御モジュール

　基本的にセクタ単位の読み書きさえできればOKです．ディスク制御モジュールのサンプルとして，いくつかの8/16ビット・マイコン（AVR，H8/300H-TinyとTLCS-870/C）とMMCの接続例を用意してみました．AVRについては，CompactFlashとATAハードディスクの例も加えてあります．これらのモジュールもC言語で書かれているので，わずかな変更で各システムに移植できると思います．

　写真AにFatFsモジュールの開発に使用したテスト基板（AVR）を示します．これだけで，上記3種類のストレージの実験が行えます．

　図Aは，MMC（SDメモリーカード）を接続した例です（関係ない回路は省略）．MMCはシリアル伝送であり，4～7本の信号線で制御できます．動作モードの一つであるSPIモードを使うと，多くのマイコンに内蔵されているSPIポートで効率よくアクセスできます．SPIポートのないマイコンでは，GPIOポートで制御することになります．

　MMCの動作電圧は2.7～3.6Vです．この範囲を超える

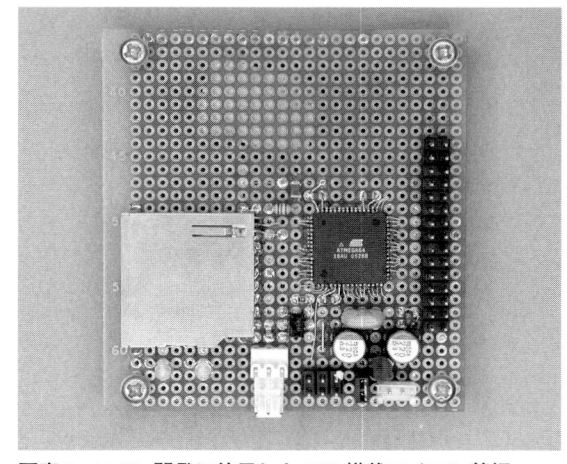

写真A　FatFs開発に使用したAVR搭載マイコン基板

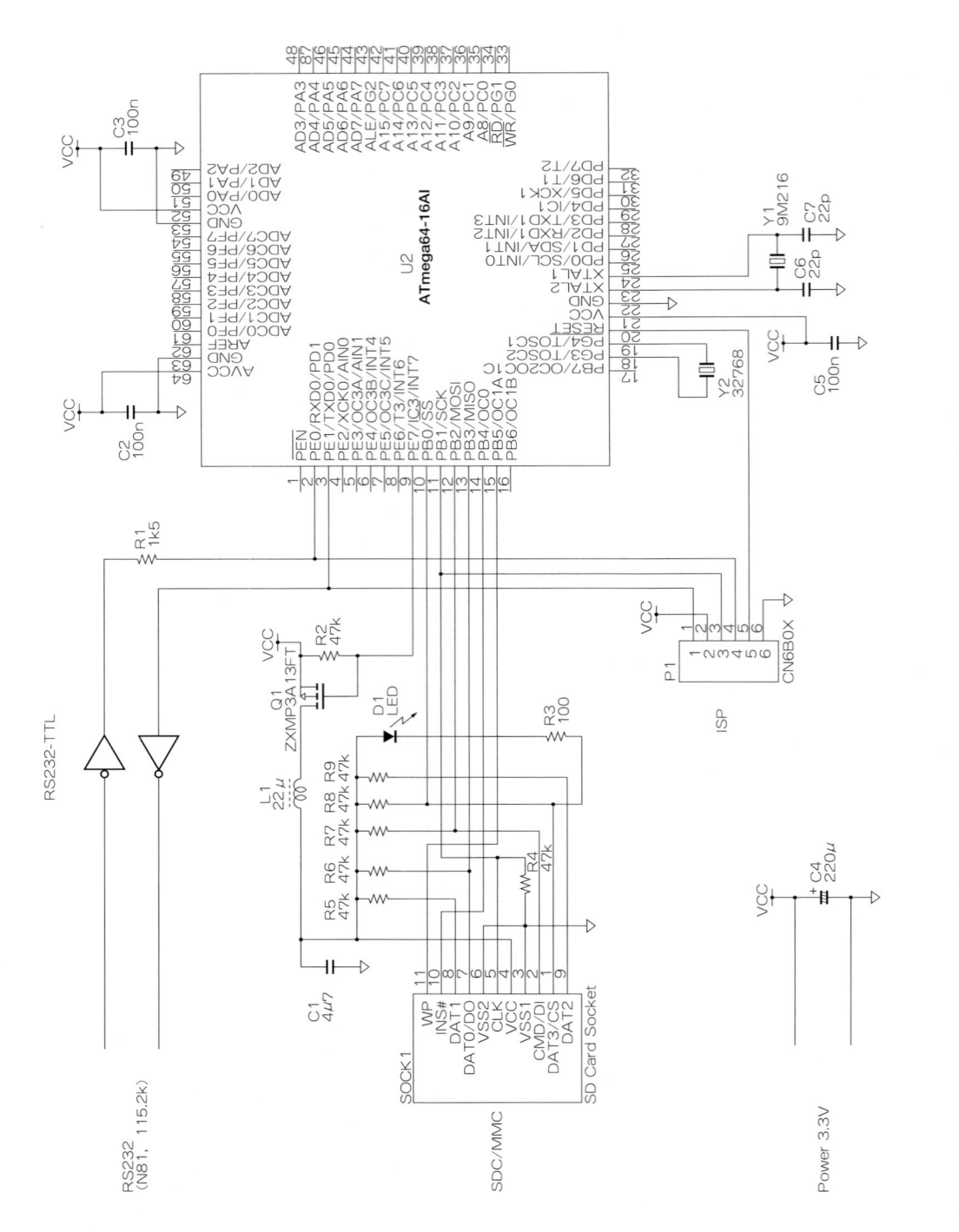

第4部 ファイル・システム編

図A　MMC(SDメモリー・カード)接続例

システム電源で使用する場合は，MMC用の電源とレベル変換が必要になります．ソケットの電源制御はなくてもだいじょうぶです．

図BはCompactFlashを接続した例です．動作モードの一つであるTrue-IDEモードを使用しており，制御方法はATAハードディスクとほぼ同じです．ただし，CompactFlashにはデータ転送を8ビットで行う機能があるため，データ信号の上位8ビットを省略できます．これにより，データ信号8本と制御信号8～11本で接続できます．True-IDEモードで活線挿抜を可能にするには，挿抜検出とソケットの電源制御が必須になります(True-IDEモード設定の条件を満たすため)．

Appendix 4　FatFsの概要と移植事例の実際

図B　CompactFlash接続例

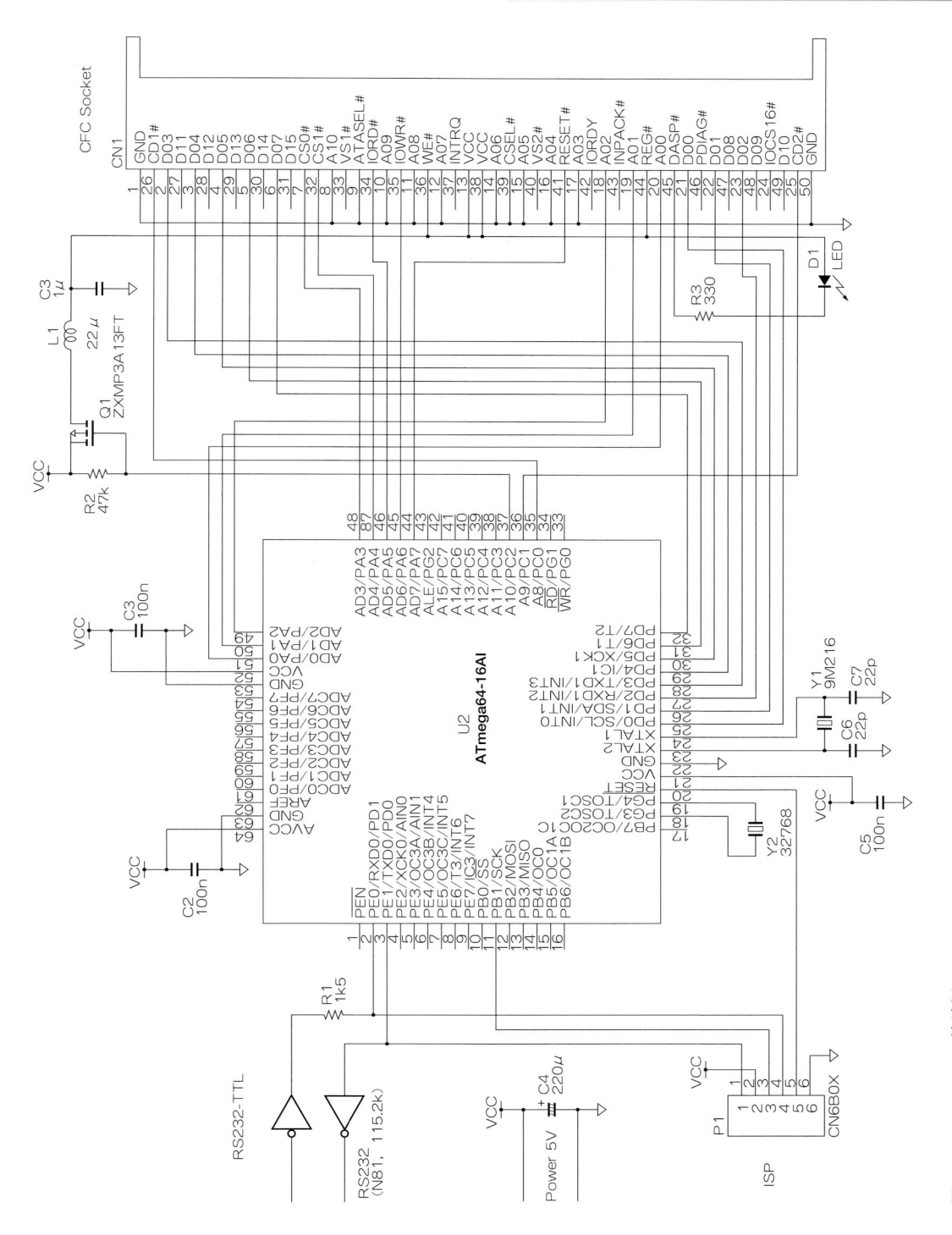

　図Cは，ATAハードディスクを接続した例です．データ信号16本と制御信号8本で接続できます．通常のATAハードディスクは，データ・バスを8ビットで使うモードがないため，16本の接続が必要です．

▶FatFsモジュールの改造

　FatFsモジュールと関連のサンプルは，教育や研究・開発に利用しやすいように，BSDライクなライセンスとしています．改造・再配布や利用目的に制限はありません（詳

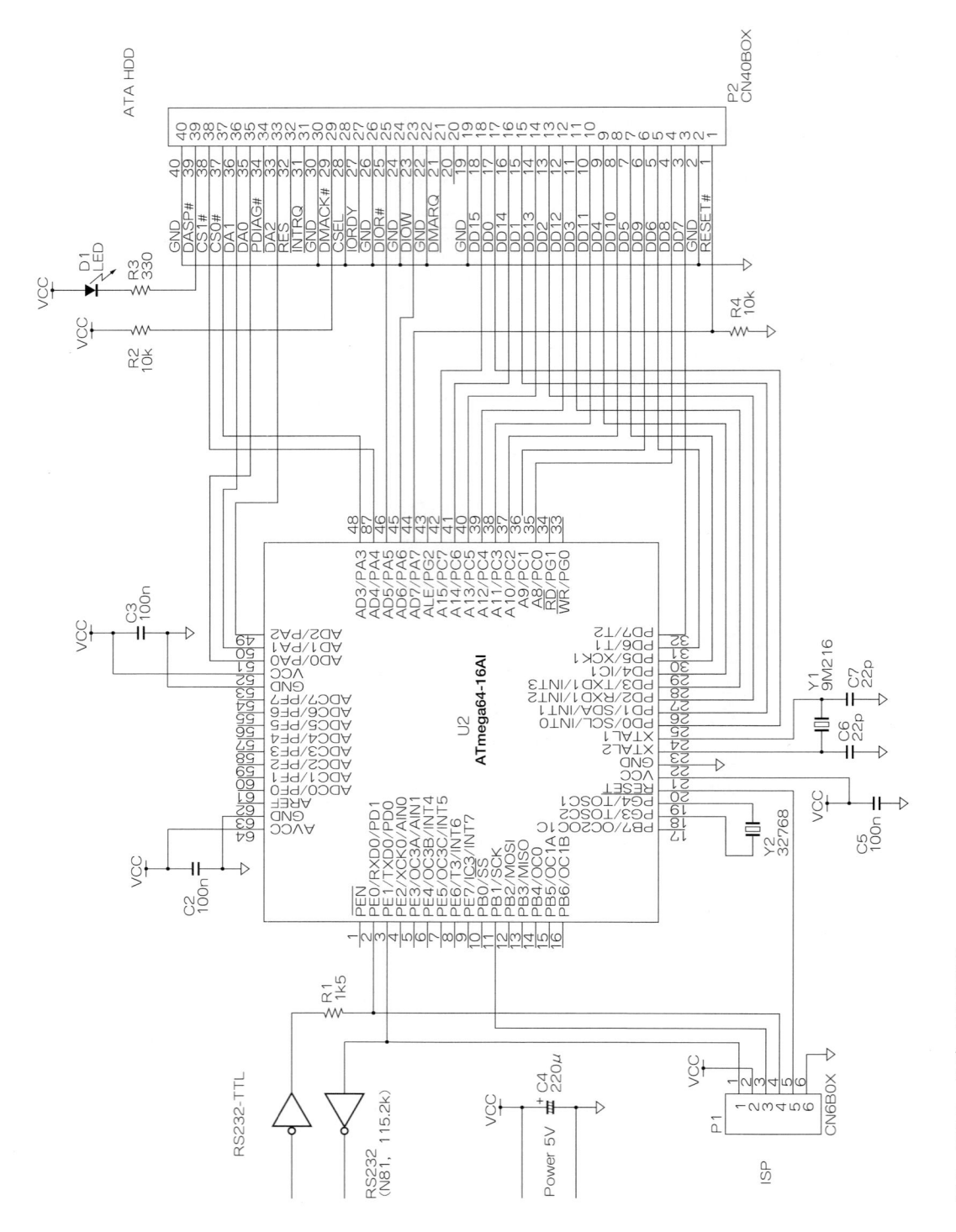

図C　ATAハードディスク接続例

細は添付文書を参照）．モジュール本体はわずか1200行程度で，コメントも十分入れたつもりなので，ファイル・アクセスの動作を追いやすいと思います．改造しようという場合，まず考えられるのは長いファイル名（LFN）のサポートでしょう．LFNをサポートするには，

(1) ファイル名一つだけでも500バイト以上のバッファが必要になる
(2) 大きなコード変換テーブル（シフトJIS－UNICODE相互変換）が必要になる

など，メモリの乏しい8/16ビットのワンチップ・マイコ

Appendix 4　FatFsの概要と移植事例の実際

表A
FFSとFatFs/Tiny-FatFsの比較

比較項目	FFS	FatFs	Tiny-FatFS
サポートしているFAT	FAT12/16	FAT12/16/32	FAT12/16
接続ドライブ数	最大26ドライブ	1ドライブ	
1セクタのサイズ（バイト）	512/1024	512	
API	DOS互換	独自	

ンに載せるには困難が多い（単にめんどうというのもある）ため，今回は対応を見送りました．十分なメモリのあるマイコンなら問題なく実装できるはずです．なお，LFN対応システムを販売する場合は，Microsoft社とのライセンス契約が必要になります．

<赤松 武史>

2　FatFsの移植の実際

FatFsは赤松氏によって開発された組み込みシステム向けの汎用ファイル・システム・モジュールです．ファイル・システムの処理部分はANSI Cで記述されており，必要なメモリ領域が確保できる環境であれば，容易に移植して動作させることが可能です．また，省メモリ版のTiny-FatFsモジュールと，高速化FAT32対応版のFatFsが存在します．

第10章で解説されているFFSとの比較を**表A**に示します．

現在のFatFsの仕様では，扱えるドライブは1ドライブ，パーティションは1パーティションまでです．パーティション・テーブルが存在するドライブでは最初に検索されるパーティションを使用します．

FFSと違い，カレント・ドライブやカレント・ディレクトリの概念は存在せず，ファイルを指定する際にはつねにルート・ディレクトリからの絶対パスによる指定になります．

MMC以外に複数のドライブを扱いたい場合や，ドライブやカレント・ディレクトリの管理をファイル・システム側で行ってほしいときは，FFSを利用したほうが良いでしょう．またFFSと違い，FatFsでは1セクタが512バイトのドライブが前提となっています．

FatFsではファイル・ハンドラごとにファイル読み書き用のバッファを持ちますが，Tiny-FatFsではFATやディレクトリ・エントリの走査エリアと共用化し，省メモリ化を実現しています．

FatFs/TinyFatFsでは，以下の関数が提供されます．

- f_open：ファイル・オープン
- f_read：ファイル読み出し
- f_close：ファイル・クローズ
- f_lseek：ファイル・シーク
- f_opendir：ディレクトリ・オープン
- f_readdir：ディレクトリ・クローズ
- f_stat：ファイル・ステータス取得
- f_getfree：空きクラスタ数取得
- f_mountdrv：ドライブのマウント

以下は，書き込みルーチンを組み込んでメイクした場合に使用できるルーチンです．

- f_write：ファイル書き込み
- f_sync：ファイル同期
- f_unlink：ファイルのアンリンク
- f_mkdir：ディレクトリの作成
- f_chmod：属性の変更

● 移植方針

ここではFFSとの最大の違いである，FAT32に対応したファイル・システムを移植する目的から，フルスペック版のFatFsを移植します．FatFsおよびTiny-FatFsでは下位レイヤの五つの関数を専用の機器向けに用意することで移植できます．なお，下位レイヤ以外の実装は変えておらず，tffs.cおよびtffs.hでメイクすれば，そのままTiny-FatFsへの対応が終わります．

▶ disk_initialize
　ディスク・ドライブの初期化
▶ disk_status
　ディスク・ドライブの状態取得
▶ disk_read
　ディスクからの読み込み
▶ disk_write
　ディスクへの書き込み
▶ get_fattime
　日付・時刻の取得（ファイル作成，書き込み時に使用）

今回の移植では，disk_read, disk_writeルーチンから直接実装することはせず，MMCカード・リーダ用に赤松氏が用意したサンプル・プロジェクト[ffsample]内のMMCカード制御ルーチン（mmc.c）をベースに実装しました．mmc.cに用意されたMMCカード制御ルーチンを使用することにより，MMCコマンドのルーチンを自前で用意しなくても実装することができます．

● mmc.cで実装が必要なプラットホーム依存の定義

▶ SELECT()
　MMCのCS信号を"L"にする処理もしくは関数
▶ DSELECT()
　MMCのCS信号を"H"にする処理もしくは関数
▶ xmit_spi()
　DO信号へ1バイト送信する関数
▶ rcvr_spi()
　DI信号から1バイト受信する関数

第4部 ファイル・システム編

表B　mmc.cとMMC_IO.Hの対応

mmc.c	MMC_IO.H
SELECT()	mmcio_CsCtrl(TRUE)
DESELECT()	mmcio_CsCtrl(FALSE)
xmit_spi()	mmcio_Send1byte(dat)
rcvr_spi()	mmcio_Recv1byte()

表C　SDカード・ソケット状態取得の共通ルーチンの対応

mmc.c	SD_PORT.Hでの共通定義
POWER_ON()	SDCardInit()
POWER_OFF()	SDCardFinal()
SOCKPORT	GetSDCardStatus()
SOCKWP	CARD_WRITE_PROTECT
SOCKINS	CARD_NOT_INSERT

　これらは，FFSでの移植時に`MMC_IO.H`で提供される最下位のルーチンに相当する関数，およびプリプロセッサの定義で，そのまま割り当てています(**表B**)．SPIコマンド発行からエラー処理まで，すべて`mmc.c`に任せてしまうので，FFSで使用した`MMCDRV.C`は使用しません．FFSの移植で行ったエラー・コードの変換なども`FatFs`では必要ありません．

▶ disk_initialize()

　ディスクの初期化ですが，MMCを使用できるようにポートを初期化し，CMD0(GO_IDLE_STATE)とCMD1(SEND_OP_COND)を送信します．ポートの初期化を行ってからのコマンドの送信部分は`mmc.c`をそのまま流用しています．カードによってはSPIモードでもCRCがONのものがあるようなので，CRCを明示的にOFFに設定します．

　SDカード・ソケットからカードの状態も取得するのであれば，`USE_SD_CARD_PORT`を定義することによって，ポートの初期化を行います．オリジナルの`mmc.c`でもカードの状態を検知するコードが入っているため，なるべく変更しないように定義を合わせます．使用する定義とSDカード・ソケット状態取得の共通ルーチンの対応を**表C**に示します．

▶ disk_shutdown()

　`USE_SD_CARD_PORT`を定義してSDカード・ソケットの状態を取得する場合は，ポートの使用を終了し，ステータスに未初期化フラグを立てます．

▶ disk_status()

　タイマ・イベントでステータスを更新するため，`disk_status`関数は`Stat`変数の値をそのまま返すだけです．

▶ disk_timerproc()

　タイマ割り込みを用いてSDカード・ソケットの状態の更新とMMCコマンドのタイムアウト用のカウンタの処理を行っています．タイムアウト処理やSDカード・ソケットの状態の更新をタイマを用いて実装しないのであれば，この関数はFatFsの移植において必須の関数ではありません．

● integer.h

　FatFsの定義と`MMC_IO.H`，exeGCCで使用するライブラリの間で矛盾が生じないようにするために，型定義を変更しています．

● FatFsを使用したサンプルについて

　FatFsのサンプルとして`ffsample.c`にあるサンプル・プログラムを移植したものを用意しました．基本的な動作は`ffsample.c`のものと同じですが，fs(ファイル・システムのステータス取得)コマンドとfl(ファイル一覧表示)コマンドで`f_getfree`を呼び出していません．大容量のMMCでは結果の取得に時間がかかるためです．

3 FatFsの改造 ～高速化とVFAT簡易対応～

● 空き容量・未使用クラスタの検索の高速化

　FatFsを使用していると，最近のギガバイト・サイズのカードの空き容量の検索などに，とてつもない時間がかかってしまいます．ここではFSINFOの情報を用いて高速化を試みました．

　空きクラスタを高速検索するために，FAT32ではFSINFOというファイル・システム情報を持っています．FSINFOの情報がある場合，BPBの0x30バイト目にFSINFOの論理セクタ番号が格納されています(**表D**，通常は1番)．今回はこれを用いて高速化してみます．

　今回の空きクラスタ格納場所として_FATFS構造体に`fsinfo`(FSINFOの存在する論理セクタ・アドレス)，`free_clusts`(総空きクラスタ数)，`next_free_clust`(次の空きクラスタ番号)を定義しました．ファイル・マウント時(`f_mountdrv`)のBPB読み込みの際にFAT32でFSINFOがあるかどうかをチェックして読み込んでいます．

▶ f_getfree()

　`f_getfree`ではFSINFOで得られた値が有効であるならばそのまま空きクラスタ数を返し，無効であるならば空きクラスタ数を従来どおりにすべてチェックします．一度チェックされた空きクラスタ数はFAT12/16の場合でもキャッシュされるため，次回以降の呼び出しでは高速化されます．FSINFOの空きクラスタ数は目安でしかないので，FATやファイルを操作する情報としては使用しません注3．

▶ create_chain()

　`create_chain`で空きクラスタの取得とクラスタ情報の作成を行っています．ここでは空きクラスタの検索を`get_free_clust`として独立させ，成功時には総空きクラスタ数の減算と，最後に確保したクラスタ番号の保存を行っています．FAT12/16でもクラスタと最後に確保した

注3：実際に解放したクラスタの数から計算した値は正しいのに，Windows環境の空き容量の表示と一致しないことが多々あった．

Appendix 4 FatFsの概要と移植事例の実際

表D　BPBのFSINFOの論理セクタ番号

OFFSET	サイズ	内容
0x0000	4バイト	"RRaA"
0x01E4	4バイト	"rrAa"
0x01E8	4バイト	総空きクラスタ数
0x01EC	4バイト	最後に確保したクラスタ番号
0x01FC	4バイト	0x00, 0x00, 0x55, 0xAA

クラスタ番号はキャッシュされ，次回検索以降の空きクラスタ検索開始番号になります．空きクラスタの検索時の基準にはなりますが，書き込みは実際に空いているクラスタを探してから行われるため，保存している値がファイル・システムそのものを破壊することはありません．

▶ remove_chain()

remove_chainはファイル・ディレクトリの削除で呼び出され，クラスタ情報の削除を行っています．クラスタの削除が成功するごとに，総空きクラスタ数に加算を行います．

▶ FSINFOの同期

最後にFATの変更などが発生するf_mkdir, f_sync, f_unlinkの場合に，sync_fsinfo()関数を呼び出して同期します．

● VFAT簡易対応化

次に，VFATへの対応も参考として行います．WindowsのFAT環境ではディレクトリ・エントリを拡張して長いファイル名を作成することが可能です．組み込み機器などの制限のある環境において長いファイル名を指定してファイルを作成したり，プログラム上からアクセスするケースはあまりないでしょう．しかし，Windows上の長いファイル名の情報を取得して利用できることは，ユーザの利便性を考えると非常に意義があります．

また，VFAT未対応の組み込み用ファイル・システムで長いファイル名を持つファイルやディレクトリのファイル名に対してファイル名変更もしくは削除を行うと，VFATのディレクトリ・エントリが残ってしまうのも気がかりです．ここでは，長いファイル名の情報を取得したりファイルを削除したりする際に，VFATの余分なディレクトリ・エントリを削除することを考えます．

長いファイル名のためのディレクトリ・エントリは短いファイル名のエントリよりも前に配置され，1エントリ13文字ごとに分割してファイル名の最後から配置されます．

ファイル・システム構造体(_FATFS)に，それぞれのVFATディレクトリ・エントリの最終番号の位置情報[注4]を記録するvclust, vsect, vindexを追加します．操作中のファイルにVFATエントリが存在しないときは，

注4：長いファイル名のエントリは最後から順番に配置されるので，ディレクトリ・エントリの順番ではいちばん最初になる．

リストA　ファイル情報構造体(vffs.c)

```
/* File status structure */
typedef struct _FILINFO {
    DWORD fsize;     /* Size */
    WORD fdate;      /* Date */
    WORD ftime;      /* Time */
    BYTE fattrib;    /* Attribute */
#ifdef _FS_VFAT
    char long_name[VFAT_NAME_MAX_LEN + 1];
                                 /* Long File Name */
#endif
    char short_name[8+1+3+1]; /* Name (8.3 format) */
} FILINFO;
```

これらの値に0が入ります．次にファイル情報構造体(_FILINFO)に長いファイル名のメンバを追加します(リストA)．

▶ f_readdir()/tracepath()

これらの関数では，最後のVFATのディレクトリ・エントリがあった場合，現在のクラスタ，セクタ，ディレクトリ・エントリのインデックスを保存します．以降のVFATのチェックサムとVFATエントリの順番に整合性がとれているかどうかのチェックを行い，とれていない場合は保存した値をクリアします．保存したクラスタやセクタ，ディレクトリ・エントリのインデックスは，get_vfat_name()とf_unlink()で使用されます(リストB)．

▶ f_unlink()

対象となるファイルでtracepathを呼び出し，VFATエントリがあるなら，VFATのディレクトリ・エントリが終わるまで削除していきます．

▶ get_fileinfo()

対象となるファイル情報を取得し，VFATのディレクトリ・エントリがあるなら解析して，長いファイル名のデコードを行います．VFATのファイル名は1文字が16ビットのUnicode(通常はUCS-2)で表されます．今回は日本語表示の対応も行います．UCS-2で入っていると仮定し，_USE_SJISを有効にして構築するとUCS-2からCP932へのデコードが行われるようにしました(リストC)．

● FatFs(VFAT対応版)を使用したサンプルについて

ffsample.cにあるサンプル・プログラムを，メンバを書き換えただけでそのまま使用しています．ディレクトリ一覧時に，長いファイル名のあるファイルが表示されるようになります．

　　　　　　　＊　　　　　　　　＊

Appendix3ではFFSの移植を，Appendix4ではFatFsの移植とFatFsのVFAT拡張を行ってみました．フリーで利用できるすばらしいファイル・システムを作成してくださった大貫氏と赤松氏に感謝いたします．

<横田 敬久>

あかまつ・たけし
よこた・たかひさ

第4部 ファイル・システム編

リストB ディレクトリ・エントリ読み込み

```c
/*---------------------------------*/
/* Read Directory Entry in Sequense */

FRESULT f_readdir (
    DIR *scan,         /* Pointer to the directory object */
    FILINFO *finfo
                       /* Pointer to file information to return */
) {
    BYTE *dir, c;
    FATFS *fs = FatFs;
#ifdef _FS_VFAT
    BYTE csum, dindex;
#endif

    if (!fs) return FR_NOT_ENABLED;
    finfo->short_name[0] = 0;
    if ((disk_status() & STA_NOINIT) ||
                        !fs->fs_type) return FR_NOT_READY;
    while (scan->sect) {
        if (!move_window(scan->sect)) return FR_RW_ERROR;
        /* pointer to the directory entry */
        dir = &(fs->win[(scan->index & 15) * 32]);
        c = *dir;
        /* Has it reached to end of dir? */
        if (c == 0) break;
#ifdef _FS_VFAT
        if ((c != 0xE5) && (c != '.') &&
            ((*(dir+11) & 0x3f)) == AM_VFAT){
                                /* Check VFAT Entry */
            if ((*dir) & 0x40) {
                csum = *(dir+13);
                fs->vclust = scan->clust;
                fs->vsect  = scan->sect;
                fs->vindex = scan->index;
                dindex = (*dir) & 0x3f;
                dindex--;
            } else {
                if (((*dir) != dindex) ||
                                   (csum != *(dir+13)))
                    fs->vclust = fs->vsect
                               = fs->vindex = 0;
                else dindex--;
            }
        }
#endif
        else if ((c != 0xE5) && (c != '.') &&
                !(*(dir+11) & AM_VOL)) {
                          /* Is it a valid entry? */
#ifdef _FS_VFAT
            if (fs->vclust) {
                if (csum != get_checksum((BYTE*)dir) ||
                                       (dindex != 0))
                    fs->vclust = fs->vsect = fs->vindex = 0;
            }
#endif
            get_fileinfo(finfo, dir);
        }
        if (!next_dir_entry(scan)) scan->sect = 0;
                                   /* Next entry */
        if (finfo->short_name[0]) break;
                                   /* Found valid entry */
    }
    return FR_OK;
}
```

リストC ファイル情報取得＆ロング・ファイル名デコード

```c
#ifdef _FS_VFAT
static
void get_vfat_name (char *fname)
{
    BYTE cnt;
    WORD n, c;
    FATFS *fs = FatFs;
    DIR dirscan;
    BYTE *p, *q;
    BYTE *dir;

    if (fs->vclust) { /* check exist VFAT info */
        dirscan.clust = fs->vclust;
        dirscan.sect  = fs->vsect;
        dirscan.index = fs->vindex;
        fs->vclust = fs->vsect = fs->vindex = 0;
                                /* Clear VFAT info */
        do {
            if (!move_window(dirscan.sect)) break;
            /* Pointer to the directory entry */
            dir = &(fs->win[(dirscan.index & 15) * 32]);
            if (!(((*dir == 0xE5) || (*dir == '.'))
                && ((*(dir+11) & 0x3f) == AM_VFAT)) break;
            cnt = ((*dir) & 0x3f);
            if (cnt > VFAT_NAME_CNT) break;
            p = fname + ((cnt - 1) * 13 * 2);
            for (n = 0; n < 5; n++) {
                c = LD_WORD(dir + n*2 + 1);
                ST_WORD(p, c);
                p += 2;
            }
            for (n = 0; n < 6; n++) {
                c = LD_WORD(dir + 14 + n*2);
                ST_WORD(p, c);
                p += 2;
            }
            for (n = 0; n < 2; n++) {
                c = LD_WORD(dir + 28 + n*2);
                ST_WORD(p, c);
                p += 2;
            }
        } else break;
        if (cnt == 1) break;
        } while (next_dir_entry(&dirscan));
        p = q = fname;
        for (n = 0; n < VFAT_NAME_MAX_LEN; n++) {
            c = LD_WORD(p);
#ifdef _USE_SJIS
            c = UCS2toSJis(c);
            if (c & 0x8000) *q++ = c >> 8;
#endif
            *q++ = c;
            if (!c) break;
            p += 2;
        }
    } else fname[0] = '\0';
}
#endif

static void get_fileinfo (
    FILINFO *finfo, /* Ptr to Store the File Information */
    const BYTE *dir        /* Ptr to the Directory Entry */
)
{
    BYTE n, c, a;
    char *p;
    p = &(finfo->short_name[0]);
    a = *(dir+12);    /* NT flag */
    for (n = 0; n < 8; n++) {  /* Convert file name (body)
*/
        c = *(dir+n);
        if (c == ' ') break;
        if (c == 0x05) c = 0xE5;
        if ((a & 0x08) && (c >= 'A') &&
                        (c <= 'Z')) c += 0x20;
        *p++ = c;
    }
    if (*(dir+8) != ' ') {
                       /* Convert file name (extension) */
        *p++ = '.';
        for (n = 8; n < 11; n++) {
            c = *(dir+n);
            if (c == ' ') break;
            if ((a & 0x10) && (c >= 'A')
                           && (c <= 'Z')) c += 0x20;
            *p++ = c;
        }
    }
    *p = '\0';

    finfo->fattrib = *(dir+11);        /* Attribute */
    finfo->fsize   = LD_DWORD(dir+28); /* Size */
    finfo->fdate   = LD_WORD(dir+24);  /* Date */
    finfo->ftime   = LD_WORD(dir+22);  /* Time */
#ifdef _FS_VFAT
    get_vfat_name(finfo->long_name);
#endif
}
```

本書に付属するCD-ROMについて

このCD-ROMは，TECH I Vol.35「フラッシュ・メモリ・カードの徹底研究」に付属するものです．

本書に収めたファイルは，下記の事項に同意していただける方のみご使用いただくようお願いいたします．同意していただける方は，ご自分の責任において自由にプログラムを使用，改造することができます．

1. このCD-ROMに収められたソースならびにプログラムは，本書の購入者のみに使用を認めます．
2. プログラムのバージョン・アップなどのCD-ROMのメンテナンスは行いません．
3. CD-ROM上のプログラムの内容と，本書掲載リストの内容に差異があった場合は，CD-ROM上のリストを優先します．
4. CD-ROM上および本書掲載リストのプログラムなどを使用して生じたトラブルについては，CQ出版(株)ならびに著者，本書掲載各社はいかなる責任も負いません．
5. CD-ROM上および本書掲載リストのプログラムにバグがあった場合でも，上記2，4の内容は有効とします．

なお，本CD-ROMは，Windows98/2000/Me/XPが搭載されたPC/AT互換機上でのみ動作を確認しています．それ以外のシステムでの動作につきましては保証いたしませんので，ご注意ください．

CD-ROMの内容

本書付属CD-ROMには，次のディレクトリ構成で各ファイルが収録されています．

● **SM_H8**

「第2章 H8マイコンによるスマートメディアへのアクセス事例」で解説したH8マイコン用のサンプル・プログラムと，PLDで設計したスマートメディア・コントローラのHDLソースとPLD開発のプロジェクト一式を収録しています．

● **MMC_PCAT**

「第4章 PC/ATのLPTポートやSH-4/SH-2，H8へのMMCカード接続事例」で紹介した，PC/AT互換機のLPT用サンプル・プログラムを収録しています．

● **MMC_SH**

「第4章 PC/ATのLPTポートやSH-4/SH-2，H8へのMMCカード接続事例」で紹介した，SH-4およびSH-2用サンプル・プログラムを収録してます．

● **MMC_H8**

「第4章 PC/ATのLPTポートやSH-4/SH-2，H8へのMMCカード接続事例」で紹介した，H8マイコン用サンプル・プログラムを収録しています．

● **MMC_R8C**

「第5章 R8C/15を使ったMMCカード・インターフェースの製作」で作成した，R8C用FATファイル・システムを収録しています．

● **FPGA_MMC**

「第6章 FPGAによるMMCカード・コントローラの設計事例」で紹介した，MMCカード・コントローラのHDLソースおよびFPGA開発のプロジェクト・ファイル一式と，設計したMMCカード・コントローラ用のDOS版制御プログラムのソース一式を収録しています．

● **MS**

「第9章 メモリースティックPROインターフェースの実装」で掲載したソース・コードを収録しています．ただし，メモリースティック機器の開発・製造にはライセンスが必要です．そのため一部ファイルを削除しています．ここで収録したソース・コードでは実際にはコンパイルできないことを，あらかじめご了承ください．

● **FFS**

「第10章 組み込み向けFATファイル・システムのFFSの概要」で紹介した，FATファイル・システムFFSのファイル一式を収録しています．

● **FFS_MMC**

「Appendix3 FATファイル・システムFFSの移植事例」で紹介した，第4章掲載のSH-4＋MMCカードのシステム上にFFSを移植したソース一式を収録しています．

● **FatFs**

「Appendix4 FatFsの概要と移植事例の実際」で紹介した，FatFsのソースとサンプル・プログラム一式を収録しています．

● **FatFs_MMC**

「Appendix4 FatFsの概要と移植事例の実際」で紹介した，第4章掲載のSH-4＋MMCカードのシステム上にFatFsを移植したソース一式を収録しています．

各ディレクトリとも README.TXT を収録しているので，収録ファイルの詳細な内容についてはそちらを参照してください．

- ●本書記載の社名，製品名について ── 本書に記載されている社名および製品名は，一般に開発メーカの登録商標です．なお，本文中では™，®，©の各表示を明記していません．
- ●本書掲載記事の利用についてのご注意 ── 本書掲載記事は著作権法により保護され，また産業財産権が確立されている場合があります．したがって，記事として掲載された技術情報をもとに製品化をする場合には，著作権者および産業財産権者の許可が必要です．また，掲載された技術情報を利用することにより発生した損害などに関して，CQ出版社および著作権者ならびに産業財産権者は責任を負いかねますのでご了承ください．
- ●本書付属のCD-ROMについてのご注意 ── 本書付属のCD-ROMに収録したプログラムやデータなどは著作権法により保護されています．したがって，特別の表記がない限り，本書付属のCD-ROMの貸与または改変，個人で使用する場合を除いて複写複製（コピー）はできません．また，本書付属のCD-ROMに収録したプログラムやデータなどを利用することにより発生した損害などに関して，CQ出版社および著作権者は責任を負いかねますのでご了承ください．
- ●本書に関するご質問について ── 文章，数式などの記述上の不明点についてのご質問は，必ず往復はがきか返信用封筒を同封した封書でお願いいたします．ご質問は著者に回送し直接回答していただきますので，多少時間がかかります．また，本書の記載範囲を越えるご質問には応じられませんので，ご了承ください．
- ●本書の複製等について ── 本書のコピー，スキャン，デジタル化等の無断複製は著作権法上での例外を除き禁じられています．本書を代行業者等の第三者に依頼してスキャンやデジタル化することは，たとえ個人や家庭内の利用でも認められておりません．

〈日本複製権センター委託出版物〉
本書の全部または一部を無断で複写複製（コピー）することは，著作権法上での例外を除き，禁じられています．本書からの複製を希望される場合は，日本複製権センター（TEL：03-3401-2382）にご連絡ください．なお，本書付属CD-ROMの複写複製（コピー）は，特別の表記がない限り許可いたしません．

フラッシュ・メモリ・カードの徹底研究

CD-ROM付き

本書に付属のCD-ROMは，図書館およびそれに準ずる施設において，館外へ貸し出すことはできません。

2006年12月1日　初版発行
2014年6月1日　第4版発行

©CQ出版株式会社 2006
（無断転載を禁じます）

編　集　インターフェース編集部
発行人　寺　前　裕　司
発行所　Ｃ Ｑ 出 版 株 式 会 社

〒170-8461　東京都豊島区巣鴨1-14-2
電話　出版　03-5395-2122
　　　販売　03-5395-2141
振替　00100-7-10665

ISBN978-4-7898-4998-2
（定価はカバーに表示してあります）

乱丁，落丁本はお取り替えします

編集担当者　村上　真紀
DTP　美和印刷（株）
印刷・製本　大日本印刷（株）
Printed in Japan